Wavelets

Theorie und Anwendungen

Von Prof. Dr. rer. nat. Alfred Karl Louis
Universität Saarbrücken

Prof. Dr. rer. nat. Peter Maaß
Universität Potsdam

Dr. rer. nat. Andreas Rieder
Universität Saarbrücken

Mit zahlreichen Abbildungen

B. G. Teubner Stuttgart 1994

Prof. Dr. rer. nat. Alfred Karl Louis

Geboren 1949 in Elversberg/Saar. Von 1968 bis 1972 Studium der Mathematik und Physik an der Universität Saarbrücken, 1976 Promotion an der Universität Mainz, 1980/81 Assistant Professor an der State University of New York at Buffalo, 1982 Habilitation an der Universität Münster. Von 1983 bis 1986 Professor an der Universität Kaiserslautern, von 1986 bis 1990 Professor an der Technischen Universität Berlin, seit 1990 Professor an der Universität des Saarlandes in Saarbrücken.

Prof. Dr. rer. nat. Peter Maaß

Geboren 1959 in Karlsruhe. Studium der Mathematik in Karlsruhe, Cambridge (UK) und Heidelberg (Diplom 1985). Promotion 1988 an der TU Berlin, 1990 Assistant Professor an der Tufts University, Boston, Habilitation 1993 (Universität Saarbrücken). Seit 1993 Professor für Numerische Mathematik an der Universität Potsdam.

Dr. rer. nat. Andreas Rieder

Geboren 1963 in Herxheim/Pfalz, von 1982 bis 1987 Studium der Mathematik mit Nebenfach Maschinenbau an der Uni Kaiserslautern und an der TU Berlin. 1990 Promotion an der TU Berlin, 1993 Feodor Lynen-Stipendiat der Alexander von Humboldt-Stiftung an der Rice University in Houston/Texas, seit 1994 wiss. Assistent an der Universität des Saarlandes in Saarbrücken.

Die Deutsche Bibliothek – CIP-Einheitsaufnahme

Louis, Alfred K.:
Wavelets : Theorie und Anwendungen / von Alfred Karl Louis ;
Peter Maass ; Andreas Rieder. – Stuttgart : Teubner, 1994
(Teubner-Studienbücher : Mathematik)
ISBN 3-519-02094-7
NE: Maass, Peter:; Rieder, Andreas:

Printed in Germany
Herstellung: Druckhaus Beltz, Hemsbach/Bergstraße

Vorwort

Wavelets haben in den letzten zwölf Jahren eine stürmische Entwicklung in Forschung und Anwendungen genommen. Wie so oft war der Anfang ein ingenieursmäßiger Zugang zu einem Anwendungsproblem, das mit den vorhandenen Mitteln nicht zufriedenstellend lösbar war. Im Falle der Wavelets war das Versagen klassischer Methoden zur Analyse geophysikalischer Daten Anlaß, "neue" Analyseverfahren zu entwickeln. Auch hier ist dann mit der Zeit deutlich geworden, daß die Wurzeln der Methode in mathematische Arbeiten hineinreichen. Dieses Zusammenspiel von Anwendungen und mathematischer Theorie hat erst den Erfolg gebracht.

Ein Nachteil der Fourier–Transformation ist das Fehlen einer Lokalisierungseigenschaft: ändert sich ein Signal an einer Stelle, so ändert sich die Transformierte überall, ohne daß durch bloßes Hinschauen die Stelle der Änderung gefunden werden kann. Der Grund ist natürlich die Verwendung der immer periodisch schwingenden trigonometrischen Funktionen. Verwendet man dagegen räumlich begrenzte Wavelets, "kleine Wellen" oder "Wellchen" sind Versuche einer Übersetzung ins Deutsche, so kann durch das Verschieben eine Lokalisierung und durch Stauchen eine Frequenzauflösung an der entsprechenden Stelle erreicht werden.

Schon früh bei der Entwicklung der *Ondelettes*, wie die Wavelets in ihrem Ursprungsland Frankreich genannt werden, sind sowohl die kontinuierliche als auch die diskrete Transformation untersucht worden.

Die kontinuierliche Wavelet–Transformation kann als eine Phasenraumdarstellung interpretiert werden. Ihre Filter- und Approximationseigenschaften werden untersucht. Der gruppentheoretische Zugang ermöglicht eine einfache Verallgemeinerung etwa zur Wavelet–Transformation in mehreren Dimensionen oder auf der Kugel. Aus diesem Grund ist das erste Kapitel des Buches dieser kontinuierlichen Transformation gewidmet. Um einen Einblick in die Hintergründe zu erhalten, sollte der mathematisch interessierte Leser wenigstens die Abschnitte 1.1 bis 1.4 lesen.

Bei allen Anwendungen steht natürlich die diskrete Transformation im Vordergrund. Die Herleitung einer schnellen Transformation, die sogar noch schneller als die schnelle Fourier–Transformation ist, erlaubt den praktischen Einsatz der Wavelet–Transformation. Verschieben und Stauchen bilden eine Gruppe, es existieren aber keine endlichen Untergruppen, so daß eine aufwendigere Herleitung als bei der Fourier–Transformation erforderlich ist. Theoretischer Hintergrund ist die Erzeugung einer Folge aufsteigender Unterräume, der Multi–Skalen–Analyse. Dies ist der Gegenstand des zweiten Kapitels, in dem die wünschenswerten Eigenschaften und deren Realisierung in einer und mehreren Dimensionen beschrieben sind. Wer sich von der Einfachheit der Algorithmen überzeugen will, sollte sich Abschnitt 2.3 vornehmen. Eine gezielte Anwendung der Wavelet–Transformation erfordert wegen der Vielfalt der Wavelets allerdings einen Einblick in die Hintergründe, dazu ist dann Abschnitt 2.2 nötig.

Das letzte Kapitel des Buches ist ganz unterschiedlichen Anwendungen gewidmet. Aus "historischen" Gründen steht eine Datenanalyse am Anfang, Qualitätsbeurteilung und Datenkompression bei Bildern folgen als zweidimensionale Anwendungen. Es schließen sich dann die Verwendung von Wavelets bei gewöhnlichen und partiellen Differentialgleichungen sowie bei Integralgleichungen und schlecht gestellten Problemen an. Der Einsatz bei realen Daten überzeugt von den Vorteilen und den Verwendungsmöglichkeiten der Wavelets. Die schon erwähnte stürmische Entwicklung von Theorie und Anwendungen der Wavelets erforderte natürlich eine Auswahl, die immer von den Vorlieben der Autoren abhängen wird.

Es bestehen mehrere Möglichkeiten, an dieses Buch heranzugehen. Wer durch Anwendungsprobleme motiviert ist, kann einen Zugang im dritten Kapitel finden, die schnelle Wavelet–Transformation ist im Abschnitt 2.3 nachzulesen, Ansätze für die Auswahl des einzusetzenden Wavelets befinden sich in den anderen oben angegebenen Abschnitten. Zum Selbststudium oder zu einer Vorlesung ist dieser Weg ebenfalls geeignet. Eine Vorlesung im Bereich der Mathematik wird im allgemeinen dem Weg des Buches folgen und den Abschluß in einem der Anwendungsbeispiele finden.

Das vorliegende Buch geht auf eine Zeit zurück, in der die Autoren an der Technischen Universität in Berlin tätig waren. Jeweils einjährige USA–Aufenthalte von zwei der Autoren bei dortigen Forschergruppen haben die Arbeit an dem Buch zwar nicht beschleunigt, aber den Inhalt positiv beeinflußt.

An dieser Stelle soll allen gedankt werden, die zum Entstehen dieses Buches beigetragen haben. Besonderer Dank gilt einer Kollegin, die im Stil des Rätsels einer großen Wochenzeitschrift im Vorwort versteckt genannt ist.

Saarbrücken und Potsdam, im September 1994
A.K. Louis, P. Maaß, A. Rieder

Inhaltsverzeichnis

Notationen

$\mathbb{N}$, $\mathbb{N}_0$	Menge der natürlichen Zahlen, $\mathbb{N}_0 = \mathbb{N} \cup \{0\}$
$\mathbb{Z}$	Menge der ganzen Zahlen
$\mathbb{R}$	Körper der reellen Zahlen
$\mathbb{R}_{>0}$, $\mathbb{R}_{\geq 0}$	$\mathbb{R}_{>0} =]0,\infty[$, $\mathbb{R}_{\geq 0} = [0,\infty[$
$\mathbb{C}$	Körper der komplexen Zahlen
$L^p(\mathbb{R})$, $1 \leq p < \infty$	$L^p(\mathbb{R}) = \{f : \mathbb{R} \to \mathbb{C} \mid \int_{\mathbb{R}} \lvert f(x)\rvert^p\, dx < \infty\}$
$L^\infty(\mathbb{R})$	Banachraum der im wesentlichen beschränkten Funktionen
$\mathcal{C}^k(\mathbb{R})$	Raum der k-mal stetig differenzierbaren Funktionen über $\mathbb{R}$
$\mathcal{C}_0^k(\mathbb{R})$	Raum der k-mal stetig differenzierbaren Funktionen mit kompaktem Träger
$\mathcal{C}^{k+\alpha}(\mathbb{R})$	Raum der Funktionen $f \in \mathcal{C}^k(\mathbb{R})$ mit $f^{(k)} \in \mathcal{C}^\alpha(\mathbb{R})$, $0 < \alpha < 1$, d.h. $\sup\limits_{\substack{x,y\in\mathbb{R}\\ x\neq y}} \frac{\lvert f^{(k)}(x)-f^{(k)}(y)\rvert}{\lvert x-y\rvert^\alpha} < \infty$.
$\mathcal{C}_0^\infty(\mathbb{R})$	Raum der unendlich oft differenzierbaren Funktionen mit kompaktem Träger
$\mathcal{S}(\mathbb{R})$	Raum der unendlich oft differenzierbaren, schnell abfallenden Funktionen über $\mathbb{R}$ (*Schwartz–Raum*)
$\mathcal{S}'(\mathbb{R})$	Raum der temperierten Distributionen (Dualraum v. $\mathcal{S}(\mathbb{R})$)
$\mathcal{D}'(\mathbb{R})$	Raum der Distributionen (Dualraum v. $\mathcal{C}_0^\infty(\mathbb{R})$)
$H^\alpha(\mathbb{R})$	Sobolev–Raum über $\mathbb{R}$ der Ordnung $\alpha \in \mathbb{R}$, $H^\alpha(\mathbb{R}) = \{f \in \mathcal{S}' \mid (1+\lvert\cdot\rvert^2)^{\alpha/2}\widehat{f}(\cdot) \in L^2(\mathbb{R})\}$
$H^\alpha_{loc}(\Omega)$	lokaler Sobolev–Raum über Ω der Ordnung $\alpha \in \mathbb{R}$

$\mathcal{L}(\mathcal{H})$	Raum der linearen Selbstabbildungen des Hilbertraums $\mathcal{H}$
$SO(n)$	n-dimensionale orthogonale Drehgruppe
$IG(n)$	n-dimensionale Euklidische Gruppe mit Dilatation
L_ψ	Wavelet–Transformation zum Wavelet ψ (Links–Transformation bzgl. der affin–linearen Gruppe)
L_ψ^{WH}, $\mathcal{F}_\psi$	gefensterte Fourier–Transformation (Links–Transformation bzgl. der Weyl–Heisenberg Gruppe)
L_ψ^{eu}	zweidimensionale Wavelet–Transformation (Links–Transformation bzgl. der euklidischen Gruppe)
A^*	zu A adjungierter Operator
A^T	Transponierte der Matrix A
range (A)	Bildbereich des Operators A
$\langle\cdot,\cdot\rangle_{L^2}$, $\\|\cdot\\|_{L^2}$	Skalarprodukt bzw. Norm von $L^2(\mathbb{R})$
$\langle\cdot,\cdot\rangle_\alpha$, $\\|\cdot\\|_\alpha$	Skalarprodukt bzw. Norm von $H^\alpha(\mathbb{R})$, $\langle\cdot,\cdot\rangle_0 = \langle\cdot,\cdot\rangle_{L^2}$
$f * g$	Faltungsprodukt von f und g, $f * g(\cdot) = \int f(\cdot - y)\, g(y)\, dy$
Λ_ψ	Faltungsoperator: $\Lambda_\psi f(\cdot) = \psi * f(\cdot)$
Ff, $\widehat{f}$	Fourier–Transformierte von f
f', f'', $f^{(k)}$	klassische oder verallgemeinerte Ableitungen von f
$\delta(\cdot)$	Dirac–Distribution (Delta–Distribution)
$\delta_{k,j}$	Kronecker–Tensor ($\delta_{k,j} = 1$, falls $k = j$, $\delta_{k,j} = 0$, sonst)
$\mathrm{Re}\, f$, $\mathrm{Im}\, f$	Real– bzw. Imaginärteil von f
$\times$	kartesisches Produkt
$\otimes$	Tensorprodukt
$\oplus$	direkte Summe
D^a	ein– bzw. zweidimensionaler Dilatationsoperator
T^b	ein– bzw. zweidimensionaler Translationsoperator

E^q	Modulationsoperator
R^ϑ	Drehoperator
χ_Ω	charakteristische Funktion der Menge Ω
G_{al}	affin–lineare Gruppe
G_{WH}	Weyl–Heisenberg Gruppe
R_α	Riesz–Kern der Ordnung α
$o(\cdot)$, $O(\cdot)$	Landau–Symbole
$\lfloor \cdot \rfloor$	Gauß–Klammer, $\lfloor x \rfloor$ ist die größte ganze Zahl, die kleiner gleich $x \in \mathbb{R}$ ist.
$\operatorname{sgn}(x)$	Vorzeichen von $x \in \mathbb{R}$

Einführung

In diesem Buch werden eine Integraltransformation und ihre diskreten Versionen vorgestellt, die in den letzten Jahren neue Aspekte in die Analyse und Synthese von Signalen, in die Mustererkennung sowie Datenkompression [92, 93, 142], in die Numerik [11, 26, 72, 139], in die Quantenfeldtheorie [8], in die Akustik [59, 76] und viele andere Gebiete gebracht haben.
Die Ursprünge der Wavelet–Theorie entstammen der Signaltheorie. Im Jahr 1984 veröffentlichten Goupillaud, Grossmann und Morlet eine Arbeit [56], in der sie eine neue Transformation zur Frequenzanalyse von Signalen (zeitabhängige Funktionen) vorstellten und damit erzielte Ergebnisse diskutierten. Diese neue Transformation, die mittlerweile als *Wavelet–Transformation* bekannt ist, wurde eingeführt, da die klassischen Verfahren zur Frequenzanalyse, das sind die Fourier– und die gefensterte Fourier–Transformation, wesentliche Nachteile in signaltheoretischer Hinsicht aufweisen. In der mathematischen Literatur war die kontinuierliche Wavelet–Transformation als Calderóns reproduzierende Formel [14] schon längere Zeit bekannt, vgl. auch David [36] und Meyer [99]. Der Durchbruch gelang ihr jedoch erst mit Erscheinen der Arbeit [56] und der Entwicklung einer diskreten Variante.

Ein Mangel der Fourier–Transformation liegt darin, daß sie nur unzureichend die lokalen Eigenschaften eines Signals berücksichtigt, es vielmehr unter dem Aspekt der "Ewigkeit" analysiert. Die Fourier–Transformation zerlegt Signale in ebene Wellen, das sind trigonometrische Funktionen, die unendlich lang mit derselben Periode schwingen, und diese haben keinen lokalen Charakter. Ein weiteres Defizit im Konzept der Fourier–Analyse findet sich in der getrennten Beschreibung und Darstellung von Zeit und Frequenz.

Bei der Wavelet–Transformation wird mehr Flexibilität dadurch erreicht, daß eine fast beliebig wählbare Funktion, das *Wavelet*, zur Analyse des Signals verschoben und gestaucht wird. Wie es ihr Name schon suggeriert, lassen sich Wavelets als verallgemeinerte Schwingungen ("Wellchen") interpretieren, was sich abstrakt durch ihren verschwindenden Mittelwert ausdrückt. Der Preis für die Vielseitigkeit ist das Auftreten zweier Variabler in der Transformation, der Ort und die Breite des Wavelet. Wird das Wavelet ψ an den Ort b verschoben und auf die "Breite" a gestaucht, so berechnen wir die Skalarprodukte des Signals f mit der so erzeugten Funktion

$$L_\psi f(a,b) = c_\psi^{-1/2} |a|^{-1/2} \int_{\mathbb{R}} f(t)\, \psi\left(\frac{t-b}{a}\right) dt\,.$$

Weist das Signal f eine starke Änderung in einer Umgebung $U(b)$ des Zeitpunkts b auf, so hat es dort ein hochfrequentes Spektrum. Da sich die Schar $\{\psi\,((\cdot - b)/a)) \mid a \in \mathbb{R} \setminus \{0\}\}$ für hinreichend kleine a in jedes Detail von f um b "zoomt", charakterisieren die zugehörigen Werte der Wavelet–Transformation die hochfrequenten Anteile von f in $U(b)$.
Die Faktoren c_ψ und $|a|^{-1/2}$ treten auf, damit der Operator L_ψ angenehme Eigenschaften hat, er ist bei der richtigen Wahl von c_ψ eine Isometrie zwischen gewichteten L^2–Räumen, was sofort eine Inversionsformel liefert, also eine Beschreibung, wie wir aus dem transformierten Signal das ursprüngliche Signal zurückrechnen können:

$$f(t) = c_\psi^{-1/2} \int_{\mathbb{R}}\int_{\mathbb{R}} L_\psi f(a,b)\, |a|^{-1/2}\, \psi\left(\frac{t-b}{a}\right) \frac{da\, db}{a^2}\,.$$

Im ersten Kapitel dieses Buches werden wir Eigenschaften dieser Integraltransfomation studieren, die erklären, warum sie so erfolgreich ist. Es stellt sich heraus, daß wir $L_\psi f$ interpretieren können als

- Phasenraumdarstellung von f,
- Approximation einer Ableitung von f,
- Aufspalten von f in Anteile zu verschiedenen Frequenzbändern.

Die erste Interpretation liefert Lokalisierungseigenschaften der Wavelet–Transformation, es ergibt sich eine verallgemeinerte Unschärferelation. Die Approximation einer Ableitung von f führt einerseits zu einer Klassifikation von Wavelets, andererseits ist sie auch Basis für das Erkennen von Sprüngen in Ableitungen, und darauf basiert die Fähigkeit zur Mustererkennung.

Ein tiefergehendes Verständnis der Wavelet–Transformation, das auch eine natürliche Interpretation der Gewichte in den L^2–Räumen erklärt, ermöglicht die Gruppentheorie. Verschieben und Stauchen sind die beiden Operationen der affin–linearen Gruppe, ihr linksinvariantes Haar–Maß ist das erwähnte Gewicht. Es bietet sich so eine Möglichkeit der Verallgemeinerung der Transformation auf Funktionen mehrerer Variabler.

Das erste Kapitel ist also dem theoretischen Hintergrund der (kontinuierlichen) Wavelet–Transformation und einiger ihrer Eigenschaften gewidmet, die sich in entsprechender Weise auf die diskrete Transformation übertragen lassen.

Für praktische Anwendungen ist natürlich eine Diskretisierung durchzuführen, es entsteht die *diskrete* Wavelet–Transformation (DWT).

Der oben erwähnte Preis für die Flexibilität, zwei Variable statt einer wie bei der Fourier–Transformation, schlägt sich *nicht* auf die Anzahl der arithmetischen Operationen nieder, im Gegenteil, die Algorithmen sind sogar schneller und einfacher als bei der schnellen Fourier–Transformation. Wer an der Beschreibung dieses Algorithmus' interessiert ist, sei auf Abschnitt 2.3 verwiesen, wer verstehen will, was ihn "im Innersten zusammenhält", kann dies in den Abschnitten 2.1 und 2.2 erfahren.

Zunächst wenden wir uns der Frage zu, unter welchen Bedingungen das Doppelintegral in der Inversionsformel durch die Trapezregel ersetzt werden darf, wann also eine Funktion als Reihe bzgl. Wavelets dargestellt werden kann. Es werden Bedingungen an das Wavelet, die Punkte b_n und die Breite a_m gesucht. Die Frage, wann Analyse und Synthese möglich sind, führt auf den Begriff der *Frames* (Rahmen). Wir untersuchen, welche Wavelets und welche Abtastpunkte (a_m, b_n) im Phasenraum Frames erzeugen. Das Aufspalten des Signals in Anteile unterschiedlicher Detailgröße ist der Schlüssel zu dem schnellen Algorithmus. Die Zerlegung $f = g + r$, wobei g den "glatten" und r den "rauhen" Anteil von f repräsentiert, erfolgt über die Berechnung von Entwicklungskoeffizienten mittels diskreter Faltungen. Zerlegt man den glatten Anteil weiter in analoger Form, so erhält man eine *Multi–Skalen–Analyse* des Ausgangssignals. Eine entsprechende Zerlegung auch des rauhen Anteils führt zu *Wavelet–Paketen.* In Abschnitt 2.4 wird die Konstruktion von Wavelets vorgestellt, welche die vorher hergeleiteten Bedingungen erfüllen. Das allgemeine Konstruktionsprinzip läßt auch eine Verallgemeinerung der DWT auf höhere Raumdimensionen zu, siehe Kapitel 2.2.2.

In Kapitel 3 präsentieren wir eine Auswahl aus den vielfältigen Anwendungen von Wavelets. Das Spektrum umfaßt Beispiele aus der Signalerkennung, der Qualitätssicherung, der Datenkompression in der digitalen Bildverarbeitung, der Regularisierung schlecht gestellter Probleme und der Numerik von Randwertaufgaben.

Die Fourier–Transformation ist dasjenige analytische Hilfsmittel, welches in diesem Buch am häufigsten verwendet wird. Deshalb haben wir die wesentlichen Ergebnisse der Fourier–Analysis in einem Anhang zusammengestellt.

Kapitel 1

Die kontinuierliche Wavelet–Transformation

In diesem Kapitel wird die Wavelet–Transformation eingeführt und als lineare Abbildung zwischen gewichteten L^2–Räumen interpretiert. Ihre Isometrie führt sofort zu einer Inversionsformel basierend auf dem adjungierten Operator. Die explizite Berechnung der Inversion erlaubt die Verwendung unterschiedlicher Wavelets für die Analyse und Synthese von Signalen. Dies entspricht bei der diskreten Wavelet–Transformation der Verwendung von biorthogonalen Systemen. Es folgen dann eine Reihe von Resultaten, die unterschiedliche Interpretationen der Wavelet–Transformation zulassen. Zunächst werden Invarianzen nachgerechnet. Über die Filtereigenschaften gelangen wir zu dem Begriff der Phasenraumdarstellungen und zu den Lokalisierungsoperatoren, die Anwendungsgebiete insbesondere in der Physik eröffnen. Eine wichtige Rolle bei der Klassifizierung unterschiedlicher Wavelets spielen die Approximationseigenschaften. Nach diesen grundlegenden Untersuchungen wird die Wavelet–Transformation in einen allgemeinen Rahmen gestellt. Gruppentheoretische Betrachtungen, die eine Möglichkeit der Verallgemeinerung der kontinuierlichen Wavelet–Transformation auf höhere Raumdimensionen bieten, beenden das erste Kapitel.

1.1 Definition und elementare Eigenschaften

Das Ziel der Signalverarbeitung ist es, aus einer gegebenen Funktion f, genannt das Signal, spezifische Informationen zu extrahieren. Zu diesem Zweck gibt es im wesentlichen ein Mittel: man transformiert das Signal in geeigneter Weise in der Erwartung, daß sich die gewünschte Information leichter aus der transformierten Funktion ablesen läßt. Welche Transformation zur Anwendung kommt, hängt natürlich von der Art der Information ab, an der man interessiert ist. Des weiteren möchte man in der Lage sein, die Funktion wieder aus ihrer Transformierten synthetisieren, d.h. rekonstruieren, zu können. In anderen Worten, die Transformation soll invertierbar sein.

Wir wollen in diesem Abschnitt untersuchen, welche Eigenschaften die Wavelet–Transformation besitzt und in welchen Bereichen sie erfolgreich eingesetzt werden kann. Bei der Wavelet–Transformation wird das Signal f mit Hilfe des sogenannten Wavelets ψ untersucht, genauer gesagt, man bildet L^2–Skalarprodukte von f mit translatierten und dilatierten Versionen von ψ:

$$\widetilde{L}_{\psi} f(a,b) = |a|^{-1/2} \int_{\mathbb{R}} f(t)\, \psi\left(\frac{t-b}{a}\right) dt. \tag{1.1.1}$$

Aus dieser groben Skizze lassen sich bereits einige Eigenschaften der Wavelet–Transformation erkennen. Zur Veranschaulichung ihrer Wirkungsweise betrachten wir ein Wavelet ψ, das einen kompakten Träger besitzt. Der Parameter b verschiebt das Wavelet so, daß in $\widetilde{L}_{\psi} f(a,b)$ lokale Informationen von f um den Zeitpunkt $t = b$ enthalten sind. Der Parameter a steuert die Größe des Einflußbereiches, für $a \to 0$ "zoomt" die Wavelet–Transformation immer schärfer auf $t = b$.
Für die folgende Untersuchung der Wavelet–Transformation benötigen wir eine weitere Integraltransformation, die *Fourier–Transformation*, deren wesentlichen Eigenschaften im Anhang nachgelesen werden können. Für Funktionen $f \in L^2(\mathbb{R})$ ist diese definiert durch

$$\widehat{f}(\omega) = \lim_{n\to\infty} (2\pi)^{-1/2} \int_{-n}^{n} f(x)\, e^{-ix\omega}\, dx,$$

worin der Grenzwert im L^2–Sinn gemeint ist.
Um das Synthese–Problem lösen zu können, brauchen wir eine technische Voraussetzung an ψ, die wir in die Definition mit aufnehmen und deren Bedeutung in Satz 1.1.8 deutlich wird.

Definition 1.1.1 *Eine Funktion $\psi \in L^2(\mathbb{R})$, welche die* Zulässigkeitsbedingung

$$0 < c_{\psi} := 2\pi \int_{\mathbb{R}} \frac{|\widehat{\psi}(\omega)|^2}{|\omega|} d\omega < \infty, \tag{1.1.2}$$

erfüllt, heißt Wavelet. *Die* Wavelet–Transformierte *einer Funktion $f \in L^2(\mathbb{R})$ zum* Wavelet *ψ ist durch*

$$L_{\psi} f(a,b) = \frac{1}{\sqrt{c_{\psi}}} |a|^{-1/2} \int_{\mathbb{R}} f(t)\, \psi\left(\frac{t-b}{a}\right) dt, \tag{1.1.3}$$

$a \in \mathbb{R} \setminus \{0\}$, $b \in \mathbb{R}$, definiert.

Aus der Zulässigkeitsbedingung an ψ können wir sofort eine notwendige Bedingung an ein Wavelet ableiten: Sei $\psi \in L^1(\mathbb{R})$ ein Wavelet. Nach dem Satz von Riemann–

Lebesgue ist die Fourier–Transformierte $\widehat{\psi}$ stetig in $\mathbb{R}$. Der Mittelwert von ψ verschwindet daher:

$$0 = \widehat{\psi}(0) = (2\pi)^{-1/2} \int_{\mathbb{R}} \psi(t)\, dt. \tag{1.1.4}$$

Wir wollen eine einfache Methode vorstellen, wie man eine Vielzahl von Wavelets konstruieren kann.

Lemma 1.1.2 *Gegeben sei eine k-fach, $k \geq 1$, differenzierbare Funktion φ mit φ, $\varphi^{(k)} \in L^2(\mathbb{R})$ und $\varphi^{(k)} \neq 0$. Dann ist*

$$\psi(x) := \varphi^{(k)}(x)$$

ein Wavelet.

Beweis: Mit den Rechenregeln der Fourier–Transformation folgt $|\widehat{\psi}(\omega)| = |\omega|^k\, |\widehat{\varphi}(\omega)|$. Die Berechnung der Zulässigkeitskonstanten c_ψ ergibt:

$$\begin{aligned} c_\psi &= 2\pi \int_{\mathbb{R}} \frac{|\widehat{\psi}(\omega)|^2}{|\omega|}\, d\omega = 2\pi \int_{\mathbb{R}} \frac{|\omega|^{2k} |\widehat{\varphi}(\omega)|^2}{|\omega|}\, d\omega \\ &= 2\pi \int_{-1}^{1} |\omega|^{2k-1} |\widehat{\varphi}(\omega)|^2\, d\omega + 2\pi \int_{|\omega|>1} \frac{|\omega|^{2k} |\widehat{\varphi}(\omega)|^2}{|\omega|}\, d\omega \\ &\leq 2\pi \left(\|\varphi\|_{L^2}^2 + \|\varphi^{(k)}\|_{L^2}^2 \right) < \infty\,. \end{aligned}$$

■

Beispiele:

1) Sei $\psi(t) = \begin{cases} 1 & : \quad 0 \leq t < 1/2 \\ -1 & : \quad 1/2 \leq t \leq 1 \\ 0 & : \quad \text{sonst} \end{cases}$.

Dann ist die Fourier–Transformation von ψ mit Hilfe der sinc–Funktion, siehe Abbildung 1.5 auf Seite 28,

$$\operatorname{sinc}(x) = \frac{\sin(x)}{x}, \tag{1.1.5}$$

gegeben durch $\widehat{\psi}(\omega) = ie^{-i\omega/2} \sin(\omega/4) \operatorname{sinc}(\omega/4)/\sqrt{2\pi}$, d.h. $|\widehat{\psi}|$ ist eine gerade Funktion mit $c_\psi = 2 \ln 2$ und einem betragsmäßigen globalen Maximum bei $\omega_0 = \pm 4.6622$. ψ ist das *Haar–Wavelet*, das in Abbildung 1.1 zu sehen ist. Es wird uns als ein Standardbeispiel durch dieses Buch begleiten.

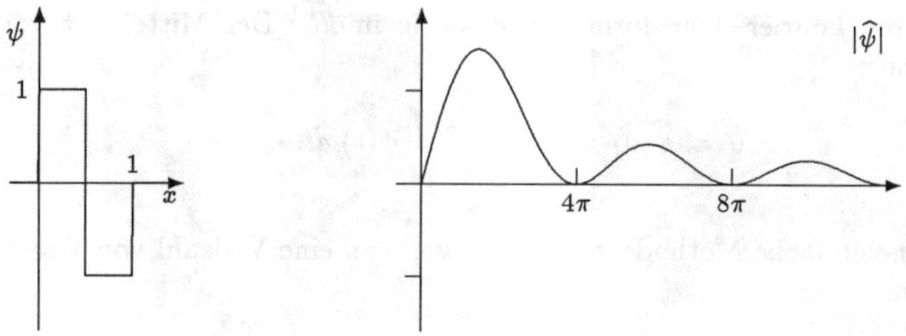

Abbildung 1.1: Das Haar-Wavelet und seine Fourier-Transformierte

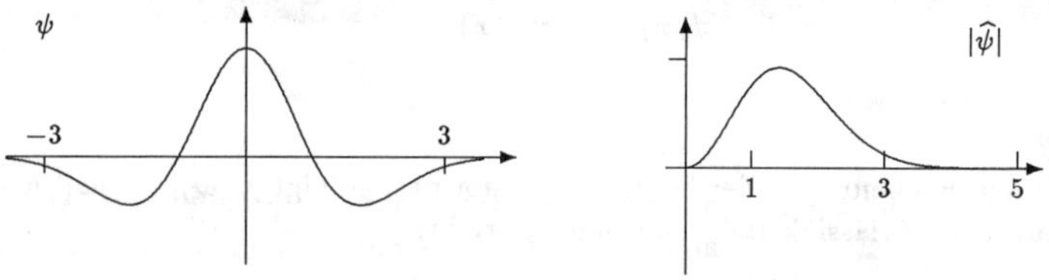

Abbildung 1.2: Der Mexikanische Hut und seine Fourier-Transformierte

2) Ist $\varphi \in L^1(\mathbb{R})$ eine stetig differenzierbare Funktion und ist $\psi = \varphi' \in L^2$, so erfüllt ψ die Zulässigkeitsbedingung. Ein wichtiges Beispiel dieser Art ist der sogenannte *Mexikanische Hut*, siehe Abbildung 1.2:

$$\psi(x) = -\frac{d^2}{dx^2} e^{-x^2/2} = (1 - x^2)\, e^{-x^2/2} . \tag{1.1.6}$$

Hier ist $\widehat{\psi}(\omega) = \omega^2 e^{-\omega^2/2}/\sqrt{2\pi}$ mit $c_\psi = 1$ und mit einem globalen Maximum bei $\omega_0 = \sqrt{2}$ mit $\widehat{\psi}(\sqrt{2}) = 2/(\sqrt{2\pi}\, e)$. Im Gegensatz zum Haar–Wavelet ist der Mexikanische Hut eine C^∞–Funktion. Dies bewirkt ein schnelleres Abfallen im Fourier–Bereich bzw. eine schärfere Lokalisierung um die Frequenz ω_0.

Abbildung 1.3 zeigt die Wavelet–Transformierte von

$$f(x) = \begin{cases} 1 & : \quad -1 \le x \le 0 \quad \text{oder} \quad 1 \le x \le 3/2 \\ 2 + x & : \quad -2 \le x \le -1 \\ 0 & : \quad \text{sonst} \end{cases} \tag{1.1.7}$$

zum Haar–Wavelet (links) und zum Mexikanischen Hut (rechts). Deutlich zu erkennen ist, daß sich für $a \to 0$ Singularitäten an den Sprungstellen von f bilden. Dies ist zumindest für das Haar–Wavelet nicht überraschend, da die Wavelet–Transformation

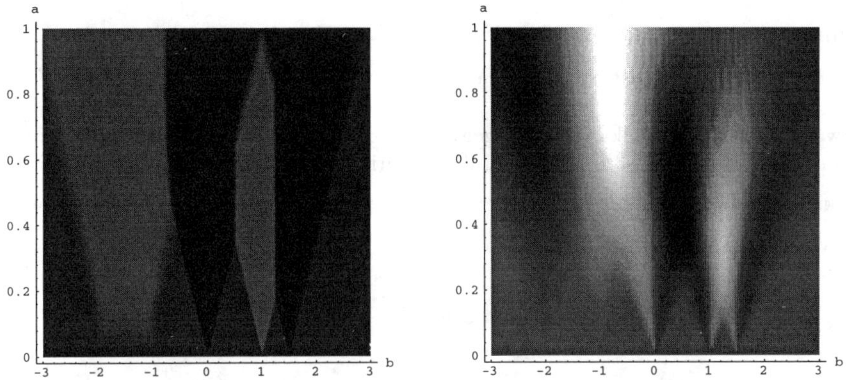

Abbildung 1.3: Die Wavelet–Transformierte der Funktion (1.1.7) zum Haar–Wavelet (links) und zum Mexikanischen Hut (rechts).

in diesem Fall den Differenzenquotienten erster Ordnung approximiert. Auf diese Eigenschaft der Wavelet–Transformation wird im Abschnitt über Approximationseigenschaften detailliert eingegangen.

Die Zulässigkeitsbedingung (1.1.2) ist eine schwache Forderung, denn die Menge der Wavelets liegt dicht in $L^2(\mathbb{R})$.

Lemma 1.1.3 *Die Menge der Wavelets* $\Psi = \{\psi \in L^2(\mathbb{R}) \mid \psi \text{ ist zulässig}\}$ *ist eine dichte Teilmenge von* $L^2(\mathbb{R})$.

Beweis: Sei $f \in L^2(\mathbb{R})$, somit ist auch $\widehat{f} \in L^2(\mathbb{R})$. Wir definieren f_ε als

$$\widehat{f_\varepsilon}(\omega) = \begin{cases} \widehat{f}(\omega) & : \quad \omega \geq \varepsilon \\ 0 & : \quad |\omega| < \varepsilon \end{cases} . \tag{1.1.8}$$

Damit erfüllt f_ε für jedes ε die Zulässigkeitsbedingung und ist also ein Wavelet. Aufgrund von $\|f\|_{L^2} = \|\widehat{f}\|_{L^2}$ folgt

$$\|f - f_\varepsilon\|_{L^2}^2 = \int_{-\varepsilon}^{\varepsilon} |\widehat{f}(\omega)|^2 d\omega \overset{\varepsilon \to 0}{\longrightarrow} 0\,, \tag{1.1.9}$$

somit kann jede L^2–Funktion f beliebig genau durch Wavelets approximiert werden. ∎

Wie bereits erwähnt wurde, haben integrable Wavelets einen verschwindenden Mittelwert. Zusammen mit einem moderaten Abklingverhalten ist ein verschwindender Mittelwert einer Funktionm auch hinreichend für die Zulässigkeitsbedingung (1.1.2). Das nachfolgende Lemma stellt sehr milde Forderungen an eine Funktion, damit diese ein Wavelet ist.

Lemma 1.1.4 *Sei* $0 \neq \psi \in L^1(\mathbb{R}) \cap L^2(\mathbb{R})$ *mit* $\int_{\mathbb{R}} \psi(t)\, dt = 0$ *und* $\int_{\mathbb{R}} |x|^\beta |\psi(x)|\, dx < \infty$ *für ein* $\beta > 1/2$. *Dann ist* ψ *ein Wavelet.*

Beweis: Ohne Beschränkung der Allgemeinheit dürfen wir $1/2 < \beta \leq 1$ annehmen. Dann folgen $(1 + |x|)^\beta \leq 1 + |x|^\beta$ und die Integrierbarkeit von $(1 + |x|)^\beta |\psi(x)|$. Die Funktion $\Phi(x) = \int_{-\infty}^{x} \psi(t)\, dt$ ist fast überall differenzierbar mit $\Phi'(\cdot) = \psi(\cdot)$. Wir führen die Abschätzung

$$
\begin{aligned}
|\Phi(x)| &\leq \int_{-\infty}^{x} (1 + |t|)^{-\beta} (1 + |t|)^\beta |\psi(t)| dt \\
&\leq \frac{1}{(1 + |x|)^\beta} \int_{\mathbb{R}} (1 + |t|)^\beta |\psi(t)| dt \qquad (1.1.10)
\end{aligned}
$$

für $x \leq 0$ durch. Im Fall von $x > 0$ impliziert der verschwindende Mittelwert von ψ die Darstellung $\Phi(x) = -\int_{x}^{\infty} \psi(t) dt$. Daraus folgt die Gültigkeit der Abschätzung (1.1.10) für alle $x \in \mathbb{R}$, womit wir zu $\Phi \in L^2(\mathbb{R})$ gelangen. Da aber auch $\Phi' = \psi \in L^2(\mathbb{R})$ ist, resultiert die Behauptung aus Lemma 1.1.2. ■

Als Beispiel für obiges Lemma können wir Funktionen mit kompaktem Träger und verschwindendem Mittelwert heranziehen.

Korollar 1.1.5 *Die Funktion* $0 \neq \psi \in L^2(\mathbb{R})$ *habe kompakten Träger. Dann sind gleichwertig:*

(i) *Der Mittelwert* $\int_{\mathbb{R}} \psi(t)\, dt$ *von* ψ *ist Null.*

(ii) ψ *ist ein Wavelet.*

Beweis: Die Richtung (ii) $\Rightarrow$ (i) ist schon bekannt.
(i) $\Rightarrow$ (ii): Das Integral $\int_{\mathbb{R}} |x|^\beta |\psi(x)|\, dx$ bleibt für alle $\beta \geq 0$ endlich. ■

Bemerkung 1.1.6 Da die Wavelet–Transformierte von f von der Wahl des Wavelets ψ abhängt, müßte man korrekterweise immer von der "Wavelet–Transformation zum Wavelet ψ" sprechen. Sofern sie unmißverständlich ist, werden wir die verkürzte Sprechweise verwenden.

Eine der wichtigsten Eigenschaften der Wavelet–Transformation ist, daß sie – ebenso wie die Fourier–Transformation – eine Isometrie darstellt. Um dies zu zeigen, müssen wir allerdings gewichtete L^2–Räume einführen. Die zunächst willkürlich erscheinende

Wahl des Gewichts im Bildraum wird bei der Diskussion über die gruppentheoretischen Grundlagen der Wavelet–Transformation einsichtig werden.
In Vorbereitung auf diesen Satz beweisen wir ein Lemma, bei dem wir ausnutzen, daß $L_\psi f$ für jeden festen Wert von a als Faltung von f mit dem dilatierten Wavelet $\psi(\cdot/a)$ interpretiert werden kann.

Lemma 1.1.7 *Es gilt*

$$\begin{aligned}(L_\psi f)^\wedge(a,\omega) &= (2\pi)^{1/2}\,|a|^{1/2}\,c_\psi^{-1/2}\,\widehat{\psi}(-a\omega)\,\widehat{f}(\omega) \qquad (1.1.11)\\ &= (2\pi)^{1/2}\,|a|^{1/2}\,c_\psi^{-1/2}\,\overline{\widehat{\psi}(a\omega)}\,\widehat{f}(\omega).\end{aligned}$$

Beweis: Das Ergebnis folgt, wenn wir den Faltungssatz, siehe Anhang, bezüglich der Variablen b auf

$$L_\psi f(a,b) = \frac{|a|^{-1}}{\sqrt{c_\psi}}\,(f * \psi(\cdot/(-a)))(b)$$

anwenden. ■

Satz 1.1.8 *(Isometrie)*
Die Wavelet–Transformation zum Wavelet ψ

$$L_\psi : L^2(\mathbb{R}) \longrightarrow L^2\left(\mathbb{R}^2, \frac{dadb}{a^2}\right) \qquad (1.1.12)$$

ist eine Isometrie.

Beweis: Da $\psi \in L^2(\mathbb{R})$ ist, folgt $\psi\,((\cdot - b)/a) \in L^2(\mathbb{R})$, damit ist $L_\psi f(a,b)$ wohldefiniert. Bei der Berechnung von $\|L_\psi f\|^2_{L^2(\mathbb{R}^2,dadb/a^2)}$ wenden wir in dieser Reihenfolge den Satz von Parseval bezüglich der Variablen b, Lemma 1.1.7 und die Substitution $(\tau = a\omega\,,\ da = d\tau/\omega)$ an:

$$\begin{aligned}\|L_\psi f\|^2_{L^2(\mathbb{R}^2,\,dadb/a^2)} &= \int_{\mathbb{R}}\int_{\mathbb{R}} |(L_\psi f)^\wedge(a,\omega)|^2\,\frac{dad\omega}{a^2}\\ &= \frac{2\pi}{c_\psi}\int_{\mathbb{R}}\int_{\mathbb{R}} |a|\,|\widehat{\psi}(a\,\omega)|^2\,|\widehat{f}(\omega)|^2\,\frac{dad\omega}{a^2} \qquad (1.1.13)\\ &= \frac{2\pi}{c_\psi}\int_{\mathbb{R}}\int_{\mathbb{R}} \frac{|\widehat{\psi}(\tau)|^2}{|\tau|}\,|\widehat{f}(\omega)|^2\,d\tau d\omega\\ &= \|f\|^2_{L^2}\,.\end{aligned}$$

■

Als Isometrie zwischen Hilbert–Räumen wird die Wavelet–Transformation auf ihrem Bildbereich durch ihre adjungierte Abbildung L_ψ^* invertiert.

Satz 1.1.9 *(Inversion)*
Der adjungierte Operator

$$\begin{array}{rcccl} L_\psi^* & : & L^2\left(\mathbb{R}^2, \dfrac{dadb}{a^2}\right) & \longrightarrow & L^2(\mathbb{R}) \\ & & g & \longmapsto & c_\psi^{-1/2} \displaystyle\int_{\mathbb{R}}\int_{\mathbb{R}} |a|^{-1/2}\,\psi\left(\frac{t-b}{a}\right) g(a,b)\,\frac{dadb}{a^2} \end{array}$$

invertiert die Wavelet–Transformation auf ihrem Bildbereich, d.h.

$$L_\psi^*\, L_\psi = Id \qquad \text{und} \qquad L_\psi\, L_\psi^* = P_{\mathrm{range}(L_\psi)}\,,$$

wobei $P_{\mathrm{range}(L_\psi)}$ *die Orthogonalprojektion auf den Bildbereich* $\mathrm{range}(L_\psi)$ *von* L_ψ *ist.*

Beweis: Die beiden Identitäten folgen direkt aus Ergebnissen über partielle Isometrien in Hilbert–Räumen, siehe Satz 1.6.6 und Bemerkung 1.6.7. Die definierende Eigenschaft des adjungierten Operators ist

$$\langle L_\psi\, f, g\rangle_{L^2(\mathbb{R}^2, dadb/a^2)} = \langle f, L_\psi^*\, g\rangle_{L^2}. \tag{1.1.14}$$

Vertauschen der Integrationsreihenfolge führt zu

$$\begin{aligned} \langle L_\psi\, f, g\rangle_{L^2(\mathbb{R}^2, dadb/a^2)} &= \int_{\mathbb{R}}\int_{\mathbb{R}} L_\psi\, f(a,b)\, g(a,b)\,\frac{dadb}{a^2} \\ &= \int_{\mathbb{R}}\int_{\mathbb{R}} c_\psi^{-1/2} \int_{\mathbb{R}} f(t)\, |a|^{-1/2}\,\psi\left(\frac{t-b}{a}\right) g(a,b)\, dt\,\frac{dadb}{a^2} \qquad (1.1.15) \\ &= \int_{\mathbb{R}} f(t)\, L_\psi^*\, g(t)\, dt\,. \end{aligned}$$

■

Bemerkung 1.1.10
a) Das Integral, das in der Definition des adjungierten Operators auftritt, definiert tatsächlich ein Element des Hilbert-Raumes $L^2(\mathbb{R})$. Da $L^2(\mathbb{R})$ zu sich selbst dual ist, muß lediglich $\langle L_\psi^*\, g, f\rangle_{L^2}$ für alle $f \in L^2(\mathbb{R})$ definiert sein. Mit dem Satz von Cauchy–Schwarz erhalten wir

$$|\,\langle L_\psi^*\, g, f\rangle_{L^2}\,| \le \|g\|_{L^2(\mathbb{R}^2, dadb/a^2)}\, \|f\|_{L^2}\,, \tag{1.1.16}$$

das bedeutet, daß $L_\psi^* g \in L^2(\mathbb{R})$ ist, vgl. Bemerkung 1.6.9.

b) Bei dem Nachweis der Existenz im klassischen Sinn des Integrals, das $L_\psi^*\, g$ darstellt, bereitet u.U. $a \to 0$ Probleme. Wenn jedoch für $a \to 0$ gilt $|g(a,b)| \le |a|^s\, h(b)$, mit einem festen $s > 0$, $h \in L^2(\mathbb{R})$, so existiert das Integral. Diese Bedingung wird unter bestimmten Voraussetzungen von allen Funktionen im Bildbereich von L_ψ erfüllt, siehe Kapitel 1.5.

c) Ohne Mehraufwand bei der Beweisführung lassen sich die Aussagen der Sätze 1.1.8 und 1.1.9 verallgemeinern. Bezeichnen wir mit $\widetilde{L}_\psi$ die Transformation (1.1.1), wobei ψ zunächst nicht zulässig (1.1.2) sein muß, so zeigt eine zu (1.1.13) analoge Rechnung

$$\langle \widetilde{L}_\psi f_1, \widetilde{L}_\varphi f_2 \rangle_{L^2(\mathbb{R}^2, dadb/a^2)} = \underbrace{2\pi \int_{\mathbb{R}} \frac{\widehat{\psi}(\omega)\,\overline{\widehat{\varphi}}(\omega)}{|\omega|}\, d\omega}_{=:\, c_{\psi\varphi}} \; \langle f_1, f_2 \rangle_{L^2} \tag{1.1.17}$$

für alle $f_1,\, f_2 \in L^2(\mathbb{R})$, falls $\psi,\, \varphi \in L^2(\mathbb{R})$ und $|c_{\psi\varphi}| < \infty$, $c_{\psi\varphi} \neq 0$ ist. Daraus leiten wir

$$c_{\psi\varphi}^{-1}\, \widetilde{L}_\varphi^* \, \widetilde{L}_\psi f = f \tag{1.1.18}$$

im L^2-Sinn ab. Die "Prä"-Wavelet-Transformation $\widetilde{L}_\psi$ wird also durch den zu $\widetilde{L}_\varphi$ adjungierten Operator invertiert, wenn $c_{\psi\varphi}$ endlich und ungleich Null ist. Für zwei Wavelets trifft das zu, denn $|c_{\psi\varphi}| \leq c_\psi\, c_\varphi$. Aber Gleichung (1.1.18) bietet viel mehr Freiheiten. In der Transformation $\widetilde{L}_\psi$ können wir zur Analyse des Signals f das "analysierende Wavelet" $\psi \in L^2(\mathbb{R})$ unseren Bedürfnissen entsprechend auswählen. Den Preis dafür bezahlen wir erst bei der Rekonstruktion (Synthese). Das "rekonstruierende Wavelet" $\varphi \in L^2(\mathbb{R})$ muß dazu so angepaßt werden, daß $0 < c_{\psi\varphi} < \infty$ ist.
Eine tiefergehende Erklärung für die Gleichung (1.1.17), die die Orthogonalitätsrelation der Wavelet-Transformation genannt wird, findet man in Kapitel 1.6. Ihre Entsprechung für die diskrete Wavelet-Transformation führt zu biorthogonalen Systemen in Kapitel 2.4.5.

d) Die kontinuierliche Wavelet-Transformation war in der Mathematik seit geraumer Zeit als ein Derivat von *Calderóns reproduzierender Formel* bekannt: Sei $\psi \in L^1(\mathbb{R}^n)$ reell und radial, mit verschwindendem Mittelwert, so daß $\int_0^\infty |\widehat{\psi}(a\xi)|^2 \,/a\, da \equiv 1$ ist. Mit $\psi_a(x) = a^{-n}\, \psi(x/a)$, $a > 0$, schreibt sich Calderóns Formel als

$$f = \int_0^\infty \psi_a * \psi_a * f \; \frac{da}{a},$$

für $f \in L^2(\mathbb{R}^n)$ ($*$ symbolisiert das Faltungsprodukt). Eine breite wissenschaftliche Öffentlichkeit wurde jedoch erst durch die Veröffentlichung [56] auf die Wavelet-Transformation aufmerksam. Zum endgültigen Durchbruch verhalf ihr die Entwicklung einer schnellen diskreten Version, siehe Kapitel 2.3.

Beispiel:
Betrachtet wird wieder die Funktion f aus (1.1.7). Mit der Inversionsformel aus Satz 1.1.9 können wir f aus $L_\psi f$ zurückrechnen. Wir wollen untersuchen, wie es sich auswirkt, wenn kleine Skalenparameter a in der Inversionsformel nicht berücksichtigt werden. Wir berechnen

$$f_t(x) = \int\limits_{|a|>t} \int\limits_{\mathbb{R}} L_\psi f(a,b) \frac{1}{\sqrt{|a|}} \frac{1}{\sqrt{c_\psi}} \psi\left(\frac{x-b}{a}\right) \frac{da\,db}{a^2} .$$

Natürlich ist

$$\lim_{t\to 0} f_t = f .$$

Die Abbildung 1.4 zeigt, daß t als Glättungsparameter interpretiert werden kann: mit wachsendem t ist f_t eine immer stärker geglättete Version von f, siehe auch den Abschnitt Filtereigenschaften der Wavelet–Transformation.

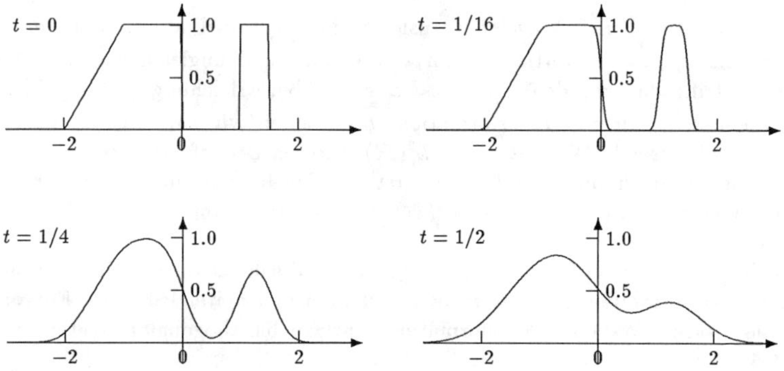

Abbildung 1.4: Rekonstruktionen eines Signals aus seiner Wavelet-Transformierten für $t = 0, 1/16, 1/4, 1/2$.

Der Projektionsoperator $P_{\text{range}(L_\psi)}$ liefert eine Charakterisierung der Elemente des Bildbereichs von L_ψ.

Korollar 1.1.11 *Die Funktionen im Bild von L_ψ sind bestimmt durch*

$$P_{\text{range}(L_\psi)}\, g = g , \tag{1.1.19}$$

$$P_{\text{range}(L_\psi)}\, g(a,b) = \int\limits_{\mathbb{R}}\int\limits_{\mathbb{R}} p(a,b,a',b')\, g(a',b') \frac{da'db'}{(a')^2} ,$$

der Kern des Projektionsoperators ist

$$p(a,b,a',b') = \frac{1}{c_\psi} \int_{\mathbb{R}} |a|^{-1/2} \psi\left(\frac{t-b}{a}\right) |a'|^{-1/2} \psi\left(\frac{t-b'}{a'}\right) dt\,. \tag{1.1.20}$$

1.2 Affine Operatoren

Hier wollen wir ausnutzen, daß sich die Wavelet–Transformierte von f als L^2–Skalarprodukte von f mit allen Dilatationen und Translationen des Wavelets ψ ausdrücken läßt. Führen wir den Dilatationsoperator

$$\begin{array}{rlcl} D^a: & L^2(\mathbb{R}) & \longrightarrow & L^2(\mathbb{R}) \\ & f & \longmapsto & D^a f = |a|^{-1/2} f(\cdot/a)\,, \quad a \neq 0 \end{array}$$

und den Translationsoperator

$$\begin{array}{rlcl} T^b: & L^2(\mathbb{R}) & \longrightarrow & L^2(\mathbb{R}) \\ & f & \longmapsto & T^b f = f(\cdot - b) \end{array}$$

ein, so ist

$$L_\psi f(a,b) = c_\psi^{-1/2} \langle f, T^b D^a \psi \rangle_{L^2}\,. \tag{1.2.1}$$

Die Wavelet–Transformation ist also nichts anderes als die Berechnung der Skalarprodukte von f mit dem Funktionensystem $\{T^b D^a \psi \mid a \neq 0,\, b \in \mathbb{R}\}$. Die Inversionsformel besagt, daß dieses System vollständig ist, sofern ψ die Zulässigkeitsbedingung erfüllt. In einem Vorgriff auf das nächste Kapitel sei erwähnt, daß es bei der diskreten Wavelet–Transformation unter anderem darum geht, Wavelets ψ zu klassifizieren, so daß die Kenntnis von $L_\psi f$ auf einer diskreten Teilmenge $\{(a_i, b_j)\}$ zur Rekonstruktion ausreicht.
Dilatationen und Translationen sind Isometrien, die zusammen die affine Gruppe

$$G_{al} = \{T^b D^a \mid \; a,b \in \mathbb{R},\; a \neq 0\} \tag{1.2.2}$$

bilden. Das Verknüpfungsgesetz erhalten wir durch direktes Einsetzen:

$$T^{b'} D^{a'} T^b D^a = T^{b'+a'b} D^{aa'}\,. \tag{1.2.3}$$

Dieser Zusammenhang zwischen den Wavelet–Transformationen und der affinen Gruppe wird in Kapitel 1.6 genauer untersucht werden. Wir interessieren uns hier für die Vertauschungseigenschaften von L_ψ mit affinen Operatoren. Da die affinen Abbildungen Isometrien sind, deren Bildbereich den gesamten $L^2(\mathbb{R})$ umfaßt, sind adjungierte Operatoren und Inverse identisch.

Lemma 1.2.1 *(adjungierte affine Operatoren)*
Die zu D^a, T^b adjungierten Operatoren sind

$$(D^a)^* = D^{1/a} \qquad \textit{und} \qquad (T^b)^* = T^{-b}. \tag{1.2.4}$$

Damit können wir einfach ablesen, wie sich affine Operatoren auf f in der Wavelet-Transformierten $L_\psi f$ auswirken.

Lemma 1.2.2 *Es gilt*

$$\begin{aligned} L_\psi(T^{b'} D^{a'} f)(a,b) &= L_{T^b D^a \psi} f(1/a', -b'/a') \qquad (1.2.5) \\ &= L_\psi f\left(\frac{a}{a'}, \frac{b-b'}{a'}\right). \end{aligned}$$

Beweis: Wegen $D^a T^b = T^{ab} D^a$ haben wir

$$\begin{aligned} c_\psi^{1/2} L_\psi(T^{b'} D^{a'} f)(a,b) &= \langle T^{b'} D^{a'} f, T^b D^a \psi\rangle_{L^2} \qquad (1.2.6) \\ &= \langle f, D^{1/a'} T^{-b'} T^b D^a \psi\rangle_{L^2} \\ &= \langle f, T^{-b'/a'} D^{1/a'} T^b D^a \psi\rangle_{L^2} \\ &= \langle f, T^{(b-b')/a'} D^{a/a'} \psi\rangle_{L^2}. \end{aligned}$$

■

1.3 Filtereigenschaften der Wavelet–Transformation

Filter werden in vielen Anwendungen der Signalverarbeitung eingesetzt, um z.B. den Einfluß von Datenfehlern zu verringern, hochfrequente von niederfrequenten Anteilen zu trennen und um bestimmte Frequenzbereiche im Signal hervorzuheben. Die gebräuchlichsten Filter sind lineare Faltungsfilter, d.h. man berechnet

$$f_\varphi = f * \varphi.$$

Der Faltungssatz der Fourier–Transformation beschreibt die Auswirkungen des Filters im Frequenzbereich:

$$\widehat{f_\varphi} = \sqrt{2\pi}\, \widehat{f} \cdot \widehat{\varphi}.$$

Je nach Verhalten von $\widehat{\varphi}$ unterscheidet man

Tiefpaßfilter: $\widehat{\varphi} \sim \chi_{[-B,B]}$, d.h. hohe Frequenzen werden gedämpft,

Bandpaßfilter: $\widehat{\varphi} \sim \chi_{B_1 \leq |\omega| \leq B_2}$, d.h. der Frequenzbereich zwischen B_1 und B_2 wird untersucht,

Hochpaßfilter: $\widehat{\varphi} \sim 1 - \chi_{[-B,B]}$.

Für die Anwendungen wichtig ist die Interpretation des Shannonschen Abtasttheorems, das den Zusammenhang zwischen der Größe von Details in einem Signal und der Fourier–Transformierten von f, d.h. der Aufspaltung von f in seine Frequenzanteile, beschreibt. Dazu stellen wir die folgenden Vorüberlegungen an. Nehmen wir an, daß f nur aus Details besteht, die größer als L sind, d.h. f sei eine Linearkombination von charakteristischen Funktionen χ_I

$$f(x) = \sum_{j=1}^{N} \alpha_j \chi_{I_j}(x), \tag{1.3.1}$$

deren Intervallängen $|I_j| > L$ erfüllen. Wir berechnen den Absolutbetrag der Fourier–Transformierten von χ_I, $I = [c, d]$, $|I| := d - c \geq L$

$$|\widehat{\chi}_I(\omega)| = \frac{1}{\sqrt{2\pi}} \left| e^{-i(c+d)\omega/2}\, 2\, \frac{\sin(\omega\, |I|/2)}{\omega} \right| = \frac{|I|}{\sqrt{2\pi}} \cdot \left| \operatorname{sinc}\left(|I| \frac{\omega}{2} \right) \right| . \tag{1.3.2}$$

Akzeptieren wir die Vereinfachung, daß der Träger von $\widehat{\chi}_I$ im wesentlichen auf das Intervall $[-2\pi/|I|, 2\pi/|I|]$ beschränkt ist, so bedeutet dies, daß die Details der Größe $|I| \geq L$ aus Frequenzen $|\omega| \leq 2\pi/L$ bestehen. Oder etwas schärfer formuliert:

Einem Detail der Größe L entspricht die Frequenz $2\pi/L$.

Umgekehrt erhalten wir die folgende Interpretation: Falls $|\widehat{f}(\omega_0)| \gg 0$ ist, so erwarten wir, daß f Details der Größe $2\pi/\omega_0$ hat. Nun wollen wir untersuchen, inwiefern die Wavelet–Transformation als Filter interpretiert werden kann. Im letzten Abschnitt haben wir ausgenutzt, daß sich die Wavelet–Transformation durch Skalarprodukte ausdrücken läßt. Nach Lemma 1.1.7 entspricht die Wavelet–Transformation von f,

$$L_\psi f(a,b) = \frac{1}{\sqrt{c_\psi}} (D^{-a}\,\psi * f)(b), \tag{1.3.3}$$

für festes a einer Filterung mit $\psi(\cdot/a)$. Wegen der Zulässigkeitsbedingung (1.1.2) ist $\widehat{\psi}(0) = 0$ und, falls $\psi \in L^1(\mathbb{R}) \cap L^2(\mathbb{R})$, folgt $\lim_{\omega\to\infty} \widehat{\psi}(\omega) = 0$, somit ist ψ ein Bandfilter.

Die Fourier–Inversionsformel oder der Satz von Plancherel liefern das folgende Ergebnis.

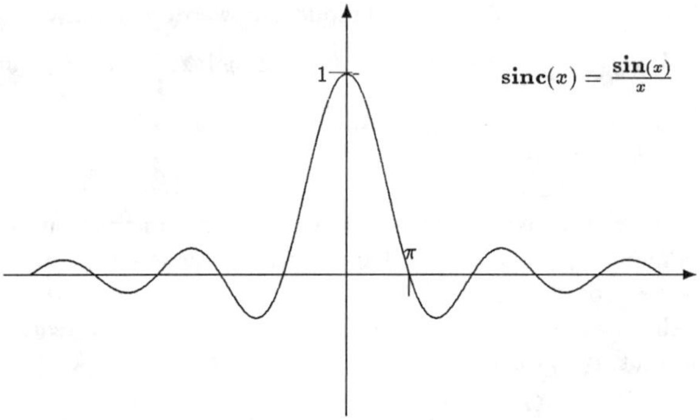

Abbildung 1.5: Die sinc–Funktion ist die Fourier–Transformierte der charakteristischen Funktion $\chi_{[-1,1]}$.

Lemma 1.3.1 *Es gilt*

$$L_\psi f(a,b) = \frac{|a|^{1/2}}{\sqrt{c_\psi}} \int_{\mathbb{R}} \widehat{\psi}(a\omega)\, \overline{\widehat{f}(\omega)}\, e^{-ib\omega}\, d\omega. \tag{1.3.4}$$

Beweis: Aus dem Satz von Plancherel folgt

$$c_\psi^{1/2} L_\psi f(a,b) = \langle f, D^a T^b \psi\rangle_{L^2} = \langle \widehat{f}, (D^a T^b \psi)^\wedge\rangle_{L^2}. \tag{1.3.5}$$

■

In unseren Standardbeispielen, Haar–Wavelet und Mexikanischer Hut, ist $\widehat{\psi}$ um die Frequenz ω_0 konzentriert, somit ist $\widehat{\psi}(a\omega)$ um ω_0/a konzentriert, d.h. für festes a wird $L_\psi f(a,\cdot)$ nur von den Frequenzen von f um ω_0/a bestimmt. Oder in der anderen Richtung, $L_\psi f(a,\cdot)$ enthält nur Informationen über Anteile der Frequenz ω_0/a in f. Wir nennen deshalb a den *Frequenzparameter*. Assoziieren wir mit unterschiedlichen Frequenzen Details unterschiedlicher Größe, so wird die ebenfalls gebräuchliche Sprechweise des Skalenparameters deutlich: für festes a enthält $L_\psi f(a,\cdot)$ die Informationen über Details der Größe $2\pi\omega_0/a$ von f. Dieser Ansatz wird im nächsten Abschnitt über Phasenraumdarstellung und Lokalisierungen weiter ausgeführt.

Beispiel:
Da $L_\psi f(a,b)$, $|a| > t$, nach unserer obigen Interpretation die wesentlichen Daten über Details von f, die größer als $2\pi t/\omega_0$ sind, enthält, erwarten wir, daß sich dies in der Rekonstruktion

$$f_t(x) = \int_{|a|>t} \int_{\mathbb{R}} L_\psi f(a,b) \frac{1}{\sqrt{|a|}} \frac{1}{\sqrt{c_\psi}} \psi\left(\frac{x-b}{a}\right) \frac{da\, db}{a^2}$$

widerspiegelt. f aus (1.1.7) enthält ein Detail der Größe 2 und ein Detail der Größe 1/2. Für das Mexikanische Hut Wavelet ist $\omega_0 = \sqrt{2}$. Die Abbildung 1.4 auf Seite 24 zeigt f_t für $t = 1/2$, $1/4$, $1/16$ und für $t = 0$. Sprünge in f bewirken ein hochfrequentes Spektrum. Die Kanten sind daher selbst für 1/16 noch stark geglättet.
Außerdem kann man L_ψ auch als Filter– oder Glättungsoperator betrachten. Dann entspricht $L_\psi f(a, \cdot)$ einer gefilterten Version f mit dem Fourier–Filter $\widehat{\psi}(a\omega)$. Wir erkennen sofort, daß für große Werte von $|a|$ stark geglättet wird, d.h. die hohen Frequenzen von f werden gedämpft. Für kleine Werte von $|a|$ dagegen ist eine gesonderte Untersuchung nötig, siehe Kapitel 1.4. Wegen der notwendigen Bedingung $\int_{\mathbb{R}} \psi(t)dt = \sqrt{2\pi}\,\widehat{\psi}(0) = 0$ sowie auch durch unser Standardbeispiel des Haar–Wavelets motiviert, wird diese Art von Filter *Differenzenfilter* genannt.

1.3.1 Phasenraumdarstellung und Lokalisierungsoperatoren

Zur adäquaten Beschreibung vieler Phänomene aus der Physik und der Signalverarbeitung benötigt man Informationen über die Frequenzverteilung einer Funktion zu einem bestimmten Zeitpunkt bzw. während eines beschränkten Zeitintervalls. Man möchte also dem Signal f eine Funktion $Df(t, \omega)$ zuordnen, die angibt, wieviel die Frequenz ω zum Zeitpunkt t zum Signal f beiträgt. Die Menge aller Paare $\{(t, \omega) \mid t, \omega \in \mathbb{R}\}$ nennt man den *Phasenraum*, Df eine *Phasenraumdarstellung* von f. Der Begriff der Phasenraumdarstellung ist nicht eindeutig festgelegt.
Sei z.B. $g_{t_0\omega_0}$ eine Funktion, die – auf eine genauer anzugebende Art und Weise – im Zeitbereich um t_0 und deren Fourier–Transformierte um ω_0 konzentriert ist. Dann ist

$$D\,f(t_0, \omega_0) = \langle g_{t_0\,\omega_0}, f \rangle_{L^2} \tag{1.3.6}$$

eine Phasenraumdarstellung von f. Bekannterweise kann $g_{t_0\omega_0}$ nicht beliebig um t_0 und gleichzeitig um ω_0 konzentriert werden, siehe z.B. [104]:

Satz 1.3.2 (Heisenbergsche Unschärferelation) *Sei $g \in L^2(\mathbb{R})$, $\|g\|_{L^2} = 1$, dann gilt*

$$\int_{\mathbb{R}} (t - t_0)^2\, |g(t)|^2\, dt \int_{\mathbb{R}} (\omega - \omega_0)^2\, |\widehat{g}(\omega)|^2\, d\omega \geq \frac{1}{4} \tag{1.3.7}$$

für alle $t_0, \omega_0 \in \mathbb{R}$.

Wir wollen definieren, was es heißt, daß eine Funktion um den Zeitpunkt t_0 und die Frequenz ω_0, i.e. um den Phasenpunkt (t_0, ω_0), konzentriert ist.

Definition 1.3.3 *Sei* $g \in L^2(\mathbb{R})$, $\|g\|_{L^2} = 1$, *und erfülle*

$$-\infty < t_0 := \int_{\mathbb{R}} t\,|g(t)|^2\,dt < \infty\,,$$

$$-\infty < \omega_0 := \int_{\mathbb{R}} \omega\,|\widehat{g}(\omega)|^2\,d\omega < \infty\,.$$

Dann heißt g lokalisiert um den Phasenpunkt (t_0, ω_0) mit Unschärfe

$$\mu(g) := \int_{\mathbb{R}} (t-t_0)^2\,|g(t)|^2\,dt \int_{\mathbb{R}} (\omega-\omega_0)^2\,|\widehat{g}(\omega)|^2\,d\omega\,.$$

Die Motivation zu dieser Definition des Lokalisierungspunktes und der Unschärfe kommt aus der Quantenmechanik. Hier wird ein einzelnes Partikel betrachtet, dessen Aufenthaltswahrscheinlichkeit am Ort x zu einem festen Zeitpunkt durch $|\psi(x)|^2$ beschrieben wird, d.h. $\psi(x)$ ist die Zustandsfunktion des Systems. Man beachte, daß wir hier die Variable mit x bezeichnen, da sie den Ort angibt. Dann ist t_0 der Erwartungswert der Position und

$$\omega_0 = \int_{\mathbb{R}} \omega\,|\widehat{\psi}(\omega)|^2\,d\omega = \langle -i\,\frac{d}{dx}\,\psi, \psi\rangle_{L^2} \tag{1.3.8}$$

der Erwartungswert des Impulses des Partikels. Die Unschärferelation besagt, daß das Produkt der Varianzen von Position und Impuls größer gleich 1/4 ist. Nach diesem klassischen Ergebnis können Position und Impuls eines Teilchens nicht gleichzeitig mit beliebiger Genauigkeit gemessen werden. Wegen $t_0 = \langle t\psi, \psi\rangle_{L^2}$, $\omega_0 = \langle -i\frac{d}{dx}\psi, \psi\rangle_{L^2}$ heißen P und Q, definiert durch $(Pg)(t) = tg(t)$, $(Qg)(t) = -ig'(t)$, *Positions–* und *Impulsoperatoren.*
Die (1.3.7) entsprechende Unschärferelation für die Wavelet–Transformation wird in [24] hergeleitet. Dort werden auch die Operatoren angegeben, die im Wavelet–Fall den Positions- und Impulsoperator ersetzen.

Bemerkung 1.3.4 Die beste Lokalisierung im Zeitbereich um t_0 hat der Dirac–Impuls $\delta(\cdot - t_0)$, und $e^{-i\omega_0\,\cdot}$ weist die beste Lokalisierung im Frequenzbereich um ω_0 auf. Trotzdem sind beide keine Phasenraumlokalisierungen, da sie in der jeweils komplementären Variablen nicht lokalisieren. Diejenige Funktion, die mit minimaler Unschärfe um (t_0, ω_0) konzentriert liegt, ist

$$g_{t_0\,\omega_0}(t) := \pi^{-1/4}\,e^{-i\omega_0 t}\,e^{-(t-t_0)^2/2}, \tag{1.3.9}$$

d.h. $\mu\left(g_{t_0\,\omega_0}\right) = 1/4$.

Nach der Bemerkung 1.3.4 liefert die übliche Fourier–Transformation keine Lokalisierung im Phasenraum. Aus diesem Grund wurde bereits 1946 von D. Gabor [50] die *gefensterte Fourier–Transformation* eingeführt:

$$\mathcal{F}_\psi f(p,q) = \frac{1}{\sqrt{2\pi}} \int_{\mathbb{R}} f(x)\, e^{-iqx}\, \psi(x-p)\, dx\,. \tag{1.3.10}$$

Aus der Sicht der Gruppentheorie sind Wavelet– und gefensterte Fourier–Transformation das gleiche. Beide werden über dieselbe Konstruktion eingeführt, für die Wavelet–Transformation ausgehend von der affinen Gruppe und für die gefensterte Fourier–Transformation ausgehend von der Weyl–Heisenberg Gruppe, siehe Kapitel 1.6.
Üblicherweise wird in (1.3.10) $\psi(x) = \pi^{-1/4}\, e^{-x^2/2}$ gewählt. Die daraus resultierende gefensterte Fourier–Transformation bewirkt gemäß Bemerkung 1.3.4 eine optimale Lokalisierung im Phasenraum. Dies ist nicht überraschend, da sowohl Transformation als auch Unschärferelation über dieselbe Gruppe eingeführt werden. Wir wollen erwähnen, daß für jede Gruppe, deren Lie–Algebra zwei nicht miteinander kommutierende Operatoren enthält, eine Unschärferelation hergeleitet werden kann. Insbesondere existiert eine affine Unschärferelation [24], für die dann $g(x) = e^{-x^2/2}$ nicht optimal ist. Hier wollen wir uns jetzt aber darauf beschränken, die Wavelet–Transformation in dem bisher beschriebenen Rahmen als Phasenraumdarstellung zu interpretieren.
Sei also ψ ein Wavelet mit $\|\psi\|_{L^2} = 1$. Wir nehmen $\int_{\mathbb{R}} t\, |\psi(t)|^2\, dt = 0$ an, dies können wir durch Translation erreichen. Die obige Definition der Lokalisierung im Frequenzbereich ist für die Wavelet–Transformation nicht angebracht, da für eine Vielzahl gebräuchlicher Wavelets $\widehat{\psi}$ eine gerade Funktion ist, die zudem jeweils genau ein ausgeprägtes Maximum für positive bzw. negative Frequenzen besitzt. Sei deshalb

$$\begin{aligned} \omega_0^+ &:= \int_0^\infty \omega\, |\widehat{\psi}(\omega)|^2\, d\omega \qquad \text{und} \\ \omega_0^- &:= \int_{-\infty}^0 \omega\, |\widehat{\psi}(\omega)|^2\, d\omega\,. \end{aligned} \tag{1.3.11}$$

Wir sagen, daß ψ um $(t_0, \omega_0^\pm)$ lokalisiert. Damit ist $\psi_{ab}(t) = a^{-1/2}\, \psi\left((t-b)/a\right)$ eine Lokalisierung um

$$t_0^{ab} = \frac{1}{a} \int_{\mathbb{R}} t \left| \psi\left(\frac{t-b}{a}\right)\right|^2 dt = b\,, \tag{1.3.12}$$

$$\omega_0^{\pm ab} = a \int_{0 \le \pm\omega < \infty} \omega\, |\widehat{\psi}(a\omega)|^2\, d\omega = \frac{\omega_0^\pm}{a}\,. \tag{1.3.13}$$

Mit $(a,b) \in \mathbb{R}^2$, $a \neq 0$, durchläuft $(t_0^{ab}, \omega_0^{\pm ab})$ den gesamten Phasenraum, wir können also

$$L_\psi f(a,b) = Df\left(b, \frac{\omega_0^\pm}{a}\right) \tag{1.3.14}$$

als Phasenraumlokalisierung von f interpretieren. Genauer gesagt: Für festes a gibt $L_\psi f(a,\cdot)$ die zeitlichen Veränderungen der Frequenzen um $\omega_0^\pm/a$ wieder, während für festes b die Wavelet–Transformierte $L_\psi f(\cdot,b)$ die Verteilung der Frequenzen zum Zeitpunkt b beschreibt. Anschaulich folgt diese Interpretation bereits aus Lemma 1.1.7:

$$(L_\psi f)^\wedge(a,\omega) = (2\pi)^{1/2}\,|a|^{1/2}\,c_\psi^{-1/2}\,\overline{\widehat{\psi}(a\omega)}\,\widehat{f}(\omega). \tag{1.3.15}$$

Ist ψ im Frequenzbereich um ω_0 konzentriert, so wird $(L_\psi f)^\wedge(a,\omega)$ und damit $L_\psi f(a,b)$ von den Anteilen zu den Frequenzen um ω_0/a in f bestimmt. Von einer “guten Phasenraumdarstellung” erwarten wir allerdings mehr: Da $Df(t,\omega)$ alle Information über f enthält, sollte man f zumindest annähernd dadurch zurückgewinnen können, daß man alle Phasenraumanteile aufsummiert:

$$f \sim \iint_{\mathbb{R}^2} D\,f(t_0,\omega_0)\,g_{t_0\omega_0}(t)\,dt_0\,d\omega_0 \quad . \tag{1.3.16}$$

In der Tat gilt für die Wavelet–Transformation

$$\begin{aligned}
&\iint_{\mathbb{R}^2} D\,f(s,\omega)\,g_{s\omega}(t)\,ds\,d\omega \\
&\overset{\omega_0/\omega=a}{=} \iint_{\mathbb{R}^2} L_\psi f\left(\frac{\omega_0}{\omega},s\right)\psi\left(\frac{t-s}{\omega_0/\omega}\right)(\omega_0/\omega)^{-1/2}\,ds\,d\omega \qquad (1.3.17)\\
&= \omega_0 \iint_{\mathbb{R}^2} L_\psi f(a,b)\,a^{-1/2}\,\psi\left(\frac{t-b}{a}\right)\frac{da\,db}{a^2} \quad .
\end{aligned}$$

Dies stimmt bis auf den Faktor ω_0 mit der Inversionsformel der Wavelet–Transformation überein, siehe Satz 1.1.9.

Bisher haben wir uns auf Phasenraumlokalisierungen um einen Phasenraumpunkt (t_0,ω_0) konzentriert. Betrachten wir nun ein Signal f, wie es typischerweise bei einem Meßvorgang entsteht. Zum einen können wir f nur über ein beschränktes Zeitintervall T betrachten, zum anderen wirkt jedes Meßgerät wie ein Tiefpaßfilter φ_B, wobei $\widehat{\varphi}_B$ die Charakteristik des Gerätes beschreibt. Anstelle von f wird also

$$L_{TB}\,f = Q_T\,P_B\,f$$

beobachtet, wobei P_B einen Filter, definiert durch

$$\begin{aligned}
(P_B\,f)^\wedge(\omega) &= \widehat{\varphi}_B(\omega)\,\widehat{f}(\omega)\,,\\
\widehat{\varphi}_B(\omega) &= 0 \quad \text{für} \quad |\omega| > B\,,
\end{aligned}$$

beschreibt und Q_T im Zeitbereich abschneidet:

$$(Q_T\,f)(x) = \chi_T(x)\,f(x)\,.$$

Der Operator L_{TB} beschreibt somit eine Phasenraumlokalisierung um $T \times [-B, B]$. Aufgrund der Unschärferelation ist ein exaktes Abschneiden im Zeit– und im Frequenzbereich nicht möglich; das Abschneiden im Zeitbereich durch Q_T führt wieder höhere Frequenzen ein.
Trotzdem wurden Phasenraumlokalisierungen dieser Art, insbesondere mit $\widehat{\psi}_B = \chi_{[-B,B]}$, intensiv untersucht [29, 78, 79, 118]. Die Eigenfunktionen von L_{TB}, die beschreiben, welche Signale mit welcher Zuverlässigkeit gemessen werden können, sind von großer Bedeutung zur optimalen Filterung verrauschter Signale. Das bekannteste Beispiel sind die sogenannten Sphäroid–Funktionen, das sind die Eigenfunktionen von P_B mit $\widehat{\varphi}_B = \chi_{[-B,B]}$.
Mit unserer obigen Interpretation der Wavelet–Transformation erhalten wir über die Inversionsformel ebenfalls Lokalisierungen im Phasenraum. Sei $S \subset \{(a,b) \mid a, b \in \mathbb{R},\, a \neq 0\}$, so definieren wir

$$L_S\, f(x) = \iint\limits_S L_\psi\, f(a,b) \frac{1}{\sqrt{|a|\, c_\psi}}\, \psi\left(\frac{x-b}{a}\right) \frac{da\, db}{a^2} .$$

Wegen des Bandpaßfilters ψ ist es sinnvoll, Teilmengen S zu betrachten, die sowohl hohe als auch niedrige Frequenzen abschneiden. Für eine ausführliche Beschreibung der so gewonnenen Phasenraumlokalisierung und der Konstruktion ihrer Eigenfunktionen sei auf [35] verwiesen.

1.4 Approximationseigenschaften

Wir haben bisher gesehen, daß es beliebig viele Wavelets (sie liegen sogar dicht in $L^2(\mathbb{R})$, siehe Lemma 1.1.3) und damit entsprechend viele zugehörige Transformationen gibt. Die Bereitstellung eines Kriteriums, das Ordnung und Übersicht in ihre Vielzahl bringt und darüber hinaus noch eine signaltheoretische Relevanz besitzt, ist für Anwender der Wavelet–Transformation zur Interpretation der erzielten Ergebnisse von vitalem Interesse.
Das nachfolgend bereitgestellte Unterscheidungsmerkmal klassifiziert die Wavelet–Transformationen nach ihrem Hochfrequenzverhalten. Es wird also nach der oder den Eigenschaften eines Wavelets gefahndet, die das Verhalten der Wavelet–Transformation für betragsmäßig kleine Frequenzparameter ($|a| \to 0$) dominieren.

1.4.1 Asymptotisches Verhalten im Frequenzparameter

Zur Einstimmung betrachten wir ein paar motivierende Untersuchungen: Sei ψ ein Wavelet aus dem Schwartz–Raum $S(\mathbb{R})$, dessen erstes Moment $\mu = \int x\psi(x)dx \neq 0$ nicht verschwinde. Aus Lemma 1.1.7 folgt

$$\sqrt{c_\psi}\, (L_\psi f)^\wedge(a,\omega) = (2\pi)^{1/2}\, |a|^{1/2}\, \widehat{\psi}(-a\omega)\, \widehat{f}(\omega) . \tag{1.4.1}$$

Eine Taylor–Entwicklung von $\widehat{\psi}$ im Nullpunkt ergibt

$$\widehat{\psi}(\xi) = \underbrace{\widehat{\psi}(0)}_{=0} + \widehat{\psi}'(\tau)\,\xi \tag{1.4.2}$$

mit $\tau \in [0, \xi]$ bzw. $\tau \in [\xi, 0]$. Einsetzen von (1.4.2) in (1.4.1) liefert für $a > 0$

$$\begin{aligned} -\frac{\sqrt{c_\psi}}{a^{3/2}}\,(L_\psi f)^\wedge(a,\omega) &= (2\pi)^{1/2}\,\widehat{\psi}'(\tau_a)\,\omega\,\widehat{f}(\omega) \\ &= -i\,(2\pi)^{1/2}\,\widehat{\psi}'(\tau_a)\,\widehat{f'}(\omega)\,, \end{aligned}$$

wobei $\tau_a \in [0, a\omega]$ bzw. $\tau_a \in [a\omega, 0]$ ist, und wir die Beziehung $\omega\widehat{f}(\omega) = -i\widehat{f'}(\omega)$ ausgenutzt haben. Wegen der Stetigkeit von $\widehat{\psi}'$ erhalten wir

$$\widehat{\psi}'(\tau_a) \stackrel{a\to 0}{\longrightarrow} \widehat{\psi}'(0) = -i\,(2\pi)^{-1/2} \int_{I\!R} x\psi(x)\,dx\,.$$

Dies impliziert die Konvergenz

$$\frac{\sqrt{c_\psi}}{a^{3/2}}\,L_\psi f(a,b) \stackrel{a\to 0}{\longrightarrow} \mu\,f'(b)\,, \tag{1.4.3}$$

die punktweise gilt, falls z.B. $f \in C_0^1(I\!R)$ vorausgesetzt wird.

Beispiel:
Mittels einer Graphik soll die Konvergenz (1.4.3) veranschaulicht werden. Dazu benutzen wir das Wavelet $\psi(x) := -\sqrt{8/\pi}\,x\,e^{-x^2} \in \mathcal{S}(I\!R)$ mit erstem Moment $\mu = \int x\psi(x)\,dx = -1$. Die zu analysierende Funktion $f \in C_0^4(I\!R)$ ist zusammen mit ihrer Ableitung f' in Abbildung 1.6 (oben, links f, rechts f') zu sehen. Auf ihre analytische Beschreibung verzichten wir. Die punktweise Konvergenz ($a > 0$)

$$\lim_{a\to 0} a^{-3/2}\,\sqrt{c_\psi}\,L_\psi f(a,b) = -\,f'(b) \tag{1.4.4}$$

ist in Abbildung 1.6 unten links erkennbar, und unten rechts wurde $\sqrt{c_\psi}\,L_\psi f(a,b)$ aufgetragen. Die Wertebereiche der Parameter a und b entnimmt man den Graphiken.

Für unsere einleitenden Untersuchungen haben wir zwei Voraussetzungen an das Wavelet ψ gemacht: es sollte eine Schwartz–Funktion mit nicht verschwindendem Mittelwert sein. Beide Bedingungen können verallgemeinert werden. Sind höhere Momente des Wavelets Null, so verschwinden entsprechend höhere Terme in der Taylor–Entwicklung von $\widehat{\psi}$ im Nullpunkt. Wir erwarten daher die Approximation einer Ableitung höherer Ordnung durch die Wavelet–Transformation L_ψ. Die (1.4.3) entsprechende Konvergenz im allgemeineren Fall läßt sich am einfachsten in einem Sobolev–Raum (siehe Anhang) formulieren, da Glattheitseigenschaften von f eingehen und diese sich über den Sobolev–Raum–Index quantifizieren lassen.

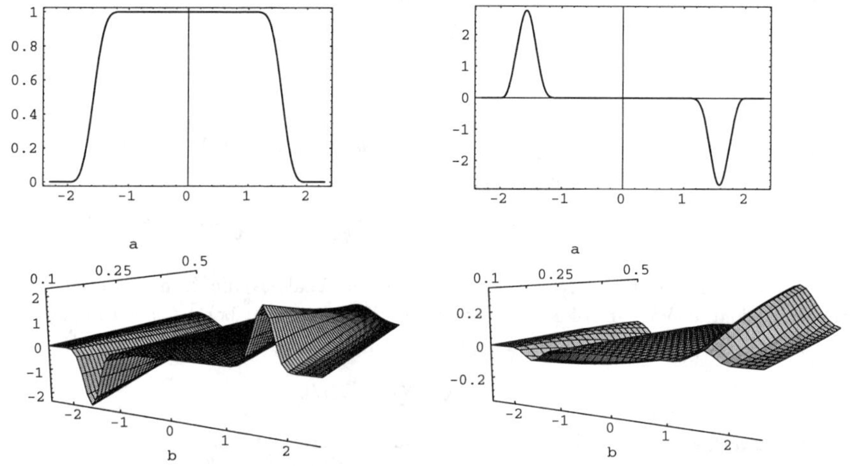

Abbildung 1.6: Das asymptotische Verhalten der Wavelet–Transformation ($a \to 0$). Oben: links f, rechts f'. Unten: links die Konvergenz (1.4.4), rechts die Wavelet–Transformierte von f.

Definition 1.4.1 *Ein Wavelet* ψ *heißt von der* Ordnung $N \in I\!N$, *wenn gilt:*

a) *Der Mittelwert und die ersten* $N-1$ *Momente von* ψ *verschwinden:*

$$\int_{I\!R} x^k \psi(x)\, dx \;=\; 0\,, \qquad 0 \le k \le N-1\,.$$

b) *Das N-te Moment ist endlich und ungleich Null:*

$$\int_{I\!R} x^N \psi(x)\, dx \;\neq\; 0\,.$$

Satz 1.4.2 *Sei* $f \in H^s(I\!R)$, $s \in I\!R$, *und sei* $\psi \in L^2(I\!R)$ *ein Wavelet der Ordnung* N *mit* $\mu = (-1)^N (\int x^N \psi(x) dx)/N!$. *Dann gilt:*

$$\lim_{a \to 0} \left\| \frac{\operatorname{sgn}^N(-a)}{|a|^{N+1/2}} \sqrt{c_\psi}\, L_\psi f(a,\cdot) \;-\; \mu\, f^{(N)}(\cdot) \right\|_{s-N} \;=\; 0\,.$$

Mit $f^{(k)}$ bezeichnen wir je nach Kontext die klassiche oder verallgemeinerte Ableitung der Ordnung k.

Beweis: Wir setzen

$$I(a,\omega) \;=\; (1+\omega^2)^{s-N} \left| (2\pi)^{1/2} \frac{\operatorname{sgn}^N(-a)}{|a|^N}\, \widehat{\psi}(-a\omega)\, \widehat{f}(\omega) \;-\; \mu\, \widehat{f^{(N)}}(\omega) \right|^2$$

und erhalten damit

$$\left\| \frac{\operatorname{sgn}^N(-a)}{|a|^{N+1/2}} \sqrt{c_\psi}\, L_\psi f(a,\cdot) - \mu\, f^{(N)}(\cdot) \right\|_{s-N}^2 = \int_{\mathbb{R}} I(a,\omega)\, d\omega\,.$$

Wegen der Zusammenhänge $\widehat{f^{(N)}}(\omega) = i^N \omega^N \widehat{f}(\omega)$ und $\mu = (2\pi)^{1/2} (-i)^N \widehat{\psi}^{(N)}(0)/N!$ können wir $I(a,\omega)$ vereinfachen:

$$I(a,\omega) = 2\pi\,(1+\omega^2)^{s-N}\, |\widehat{f}(\omega)|^2 \left| (-a)^{-N} \widehat{\psi}(-a\omega) - \widehat{\psi}^{(N)}(0)\, \omega^N/N! \right|^2 .$$

Da ψ die Ordnung N hat, folgt aus der Fourier–Analysis die N-mal stetige Differenzierbarkeit von $\widehat{\psi}$. Berücksichtigen wir $\widehat{\psi}^{(k)}(0) = (-i)^k (2\pi)^{-1/2} \int x^k \psi(x) dx = 0$, $0 \le k \le N-1$, so hat $\widehat{\psi}$ die einfache Taylor–Entwicklung

$$\widehat{\psi}(\xi) = \widehat{\psi}^{(N)}(\tau)\, \xi^N / N!$$

mit einem geeigneten τ zwischen 0 und ξ. Dadurch erhalten wir

$$\begin{aligned} I(a,\omega) &= \frac{2\pi}{(N!)^2} (1+\omega^2)^{s-N} |\omega|^{2N} |\widehat{f}(\omega)|^2 |\widehat{\psi}^{(N)}(\tau_a) - \widehat{\psi}^{(N)}(0)|^2 \\ &\le \frac{2\pi}{(N!)^2} (1+\omega^2)^{s} |\widehat{f}(\omega)|^2 |\widehat{\psi}^{(N)}(\tau_a) - \widehat{\psi}^{(N)}(0)|^2 , \end{aligned}$$

worin τ_a zwischen 0 und $a\omega$ geignet zu wählen ist. Das Supremum $S = \sup_{\omega\in\mathbb{R}} |\widehat{\psi}^{(N)}(\tau_a) - \widehat{\psi}^{(N)}(0)|^2$ ist nach dem Lemma von Riemann–Lebesgue endlich und unabhängig von $a \neq 0$. Damit bleibt $I(a,\omega)$ fast überall durch eine integrable Funktion majorisiert,

$$I(a,\omega) \le S\, \frac{2\pi}{(N!)^2} (1+\omega^2)^s\, |\widehat{f}(\omega)|^2 .$$

Der Zwischenwert τ_a strebt mit a gegen 0. Daher konvergiert $I(a,\omega)$ wegen der Stetigkeit von $\widehat{\psi}^{(N)}$ fast überall gegen 0,

$$\lim_{a\to 0} I(a,\omega) = 0\,.$$

Der Satz von der majorisierten Konvergenz vervollständigt den Beweis. ∎

Wir setzen

$$R(a,f,\psi,N)(\cdot) := \frac{\operatorname{sgn}^N(-a)}{|a|^{N+1/2}} \sqrt{c_\psi}\, L_\psi f(a,\cdot) - \mu f^{(N)}(\cdot)$$

und gelangen zu

$$L_\psi f(a,\cdot) = \frac{\mu \operatorname{sgn}^N(-a)}{\sqrt{c_\psi}} |a|^{N+1/2} f^{(N)}(\cdot) + \frac{\operatorname{sgn}^N(-a)}{\sqrt{c_\psi}} |a|^{N+1/2} R(a,f,\psi,N)(\cdot)\,.$$

Die asymptotische Gleichheit ($a > 0$)

$$L_\psi f(a,\cdot) = \gamma\, a^{N+1/2} f^{(N)}(\cdot) + o\left(|a|^{N+1/2}\right) \tag{1.4.5}$$

mit

$$\gamma = \frac{1}{\sqrt{c_\psi}\, N!} \int_{\mathbb{R}} x^N \psi(x)\, dx \neq 0$$

muß daher im Sinn der Konvergenz

$$\|R(a,f,\psi,N)(\cdot)\|_{s-N} \quad \overset{a\to 0}{\longrightarrow} \quad 0$$

interpretiert werden.
Das Hochfrequenzverhalten zweier Wavelet–Transformationen zu verschiedenen Wavelets der gleichen Ordnung unterscheidet sich nur um den Faktor γ, mit anderen Worten:

> *Die Ordnung eines Wavelets bestimmt das Verhalten der Wavelet–Transformation für betragsmäßig kleine Frequenzparameter.*

Beispiel:
Wir betrachten das Wavelet

$$\psi(x) = \begin{cases} 4 & : \quad 0.5 \le |x| \le 1 \\ -4 & : \quad |x| < 0.5 \\ 0 & : \quad \text{sonst} \end{cases}, \tag{1.4.6}$$

das die Ordnung $N = 2$ besitzt:

$$\int_{\mathbb{R}} \psi(x)\, dx = \int_{\mathbb{R}} x\, \psi(x)\, dx = 0,$$

$$\int_{\mathbb{R}} x^2\, \psi(x)\, dx = 2.$$

Die Wavelet–Transformation L_ψ gehorcht der Asymptotik

$$L_\psi f(a,\cdot) = |a|^{5/2} f''(\cdot)/\sqrt{c_\psi} + o(|a|^{5/2})$$

bzw. der Konvergenz

$$|a|^{-5/2} \sqrt{c_\psi}\, L_\psi f(a,\cdot) \quad \overset{a\to 0}{\longrightarrow} \quad f''(\cdot) \tag{1.4.7}$$

in $H^r(\mathbb{R})$, $r \le s-2$, falls $f \in H^s(\mathbb{R})$. Einen Eindruck von (1.4.7) vermittelt Abbildung 1.7. Als Funktion f wurde

$$f(x) = \begin{cases} 1 & : \quad 1 < |x| \le 1.5 \\ 2+x & : \quad -1 \le x \le 0 \\ 2-x & : \quad 0 < x \le 1 \\ 0 & : \quad \text{sonst} \end{cases} \in H^s(\mathbb{R}), \quad s < 1/2, \tag{1.4.8}$$

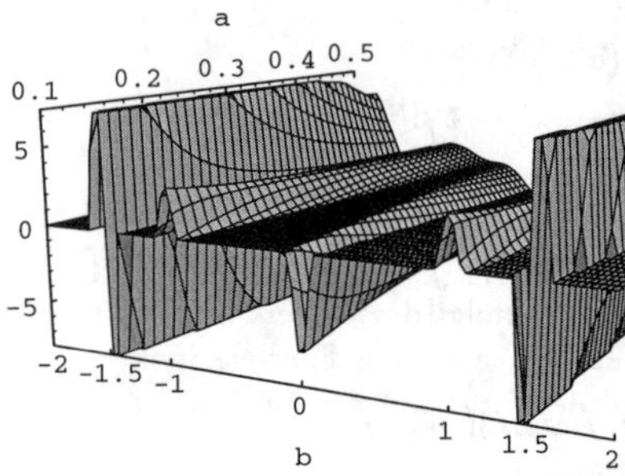

Abbildung 1.7: Die Konvergenz (1.4.7) mit dem Wavelet (1.4.6) und der Funktion (1.4.8). Der Wertebereich der Wavelet–Transformation wurde wegen der besseren Detaildarstellung beschnitten.

gewählt. Ihre zweite verallgemeinerte Ableitung lautet

$$f''(x) = \delta'(x+1.5) + \delta(x+1) - 2\delta(x) + \delta(x-1) - \delta'(x-1.5),$$

wobei δ die Dirac–Distribution bezeichnet. In Abbildung 1.7 erkennt man gut die Approximation an f''. Analytisch exakt erfolgt die Konvergenz (1.4.7) in jedem Sobolev–Raum $H^r(I\!R)$ mit $r < -3/2$.

Ist $f \in C^{N+1}(I\!R)$ derart, daß $f^{(i)} \in L^2(I\!R)$, $1 \leq i \leq N+1$, so liegt f in $H^{N+1}(I\!R)$. Der Einbettungssatz von Sobolev (siehe Anhang) liefert dann punktweise Konvergenz für alle $b \in I\!R$

$$\lim_{a\to 0} \frac{\operatorname{sgn}^N(-a)}{|a|^{N+1/2}} \sqrt{c_\psi}\, L_\psi f(a,b) = \mu\, f^{(N)}(b). \tag{1.4.9}$$

In den meisten Anwendungen der Wavelet–Transformation, z.B. der Signaltheorie, liegt das zu analysierende Signal f häufig über einem kompakten Intervall vor. Unter einem globalen Gesichtspunkt kann im allgemeinen nur auf $f \in H^0(I\!R) = L^2(I\!R)$ geschlossen werden, und nach Satz 1.4.2 approximiert $|a|^{-N-1/2} \operatorname{sgn}^N(-a) \sqrt{c_\psi}\, L_\psi f$ die N-te Ableitung von f nur in der schwachen $H^{-N}(I\!R)$–Norm, obwohl f lokal einen hohen Glattheitsgrad aufweisen kann. Wir erwarten eine Art lokaler Konvergenz in einer stärkeren Norm. In der Tat läßt sich (1.4.9) lokal in $b \in I\!R$ erreichen unter den milden Bedingungen, daß ψ einen kompakten Träger hat und f lokal um b differenzierbar ist. Davon wollen wir uns jetzt überzeugen:

Lemma 1.4.3 *Sei ψ ein Wavelet der Ordnung N mit kompaktem Träger $[T_1, T_2]$ und f sei $(N+1)$-mal stetig differenzierbar in einer Umgebung von $b_0 \in I\!R$. Für $|a|$ hinreichend klein gilt:*

$$|a|^{-N-1/2} \sqrt{c_\psi}\, L_\psi f(a, b_0) = \operatorname{sgn}^N(-a)\, \mu\, f^{(N)}(b_0) + O(|a|)$$

bzw.

$$\sqrt{c_\psi}\, L_\psi f(a,b_0) = \operatorname{sgn}^N(-a)\,|a|^{N+1/2}\,\mu\, f^{(N)}(b_0) + O(|a|^{N+3/2}),$$

wobei der Faktor μ *wie in Satz* 1.4.2 *ist.*

Beweis: In Kontrast zu Satz 1.4.2 erfolgt der Beweis von Lemma 1.4.3 nicht mit Hilfe der Fourier–Transformation, da sich aus dem Fourier–Spektrum einer Funktion nur bedingt Aussagen über das lokale Verhalten der Funktion im Orts- oder Zeitbereich gewinnen lassen.
Wir beginnen mit der Feststellung, daß das Wavelet ψ die N-te Ableitung der Funktion

$$\varrho(x) = \frac{1}{(N-1)!}\int_{T_1}^{x} (x-z)^{N-1}\,\psi(z)\,dz$$

ist, $\psi = \varrho^{(N)}$. Ferner gilt (ϱ hat ebenfalls den Träger $[T_1, T_2]$)

$$\begin{aligned}
\int_{T_1}^{T_2} \varrho(x)\,dx &= \frac{1}{(N-1)!}\int_{T_1}^{T_2}\psi(z)\int_{z}^{T_2}(x-z)^{N-1}\,dx\,dz \\
&= \frac{1}{N!}\int_{T_1}^{T_2}(T_2-z)^N\psi(z)\,dz = \frac{(-1)^N}{N!}\int_{T_1}^{T_2} z^N\psi(z)\,dz \\
&= \mu\,.
\end{aligned}$$

Das abgeschlossene Intervall zwischen $b_0 + aT_1$ und $b_0 + aT_2$ kürzen wir mit $\mathcal{I}(a, b_0)$ ab. Für hinreichend kleine $|a|$ ist f in $\mathcal{I}(a, b_0)$ hinreichend glatt, und wir können N-mal partiell integrieren:

$$\begin{aligned}
|a|^{-N-1/2}\sqrt{c_\psi}\, L_\psi f(a,b_0) &= |a|^{-N-1}\int_{\mathcal{I}(a,b_0)} \varrho^{(N)}\left(\frac{x-b_0}{a}\right) f(x)\,dx \\
&= \operatorname{sgn}^N(-a)\,|a|^{-1}\int_{\mathcal{I}(a,b_0)} \varrho\left(\frac{x-b_0}{a}\right) f^{(N)}(x)\,dx\,.
\end{aligned}$$

In unserer abschließenden Rechnung benutzen wir den Mittelwertsatz der Differentialrechnung mit $M = \sup_{x\in\mathcal{I}(a,t_0)} \left|f^{(N+1)}(x)\right| < \infty$ ($|a|$ hinreichend klein):

$$\begin{aligned}
&\left|\,|a|^{-N-1/2}\sqrt{c_\psi}\, L_\psi f(a,b_0) - \operatorname{sgn}^N(-a)\,\mu\, f^{(N)}(b_0)\right| \\
&= \left|\frac{1}{|a|}\int_{\mathcal{I}(a,b_0)} \varrho\left(\frac{x-b_0}{a}\right) f^{(N)}(x)\,dx - \frac{1}{|a|}\int_{\mathcal{I}(a,b_0)} \varrho\left(\frac{x-b_0}{a}\right) f^{(N)}(b_0)\,dx\right|
\end{aligned}$$

$$\leq \frac{1}{|a|} \int\limits_{\mathcal{I}(a,b_0)} \left|\varrho\left(\frac{x-b_0}{a}\right)\right| \left|f^{(N)}(x) - f^{(N)}(b_0)\right| dx$$

$$\leq \frac{1}{|a|} M \int\limits_{\mathcal{I}(a,b_0)} \left|\varrho\left(\frac{x-b_0}{a}\right)\right| |x - b_0|\, dx$$

$$= K\,|a|$$

mit $K = M \int_{T_1}^{T_2} |\varrho(y)||y|dy\,.$ ∎

Das Lemma 1.4.3 bezieht sich nicht nur auf die lokale Konvergenz, sondern auch auf die lokale Konvergenzgeschwindigkeit: $O(|a|)$.

1.4.2 Bemerkungen zur Ordnung von Wavelets

Im Beweis von Lemma 1.4.3 ist ein Zusammenhang angedeutet zwischen der Ordnung eines Wavelets und der Darstellung dieses Wavelets als Ableitung einer Funktion mit nicht verschwindendem Mittelwert. Tatsächlich handelt es sich um eine Äquivalenz. Die Formulierung in Satz 1.4.4 verzichtet auf den kompakten Träger des Wavelets.

Satz 1.4.4 *Sei* $\psi \in L^2(\mathbb{R})$ *mit* $\int\limits_{\mathbb{R}} |x|^{N+\alpha}\, |\psi(x)|\, dx < \infty$ *für ein* $\alpha > 0$. *Dann sind die beiden Aussagen äquivalent:*

(i) *Das Wavelet* ψ *hat die Ordnung* N.

(ii) *Die Funktion* $\varrho(x) := \dfrac{1}{(N-1)!} \displaystyle\int\limits_{-\infty}^{x} (x-z)^{N-1}\, \psi(z)\, dz$ *erfüllt:*

a) $\varrho \in H^N(\mathbb{R}) \cap L^1(\mathbb{R})\,,$

b) $\displaystyle\int\limits_{\mathbb{R}} \varrho(t)\, dt = \frac{(-1)^N}{N!} \int\limits_{\mathbb{R}} x^N \psi(x)\, dx \neq 0$ *und*

c) $\varrho^{(N)} = \psi\,.$

Der Beweis von Satz 1.4.4 beruht im wesentlichen auf dem "N-maligen Integrieren" des Wavelets ψ. Die technischen Einzelheiten können in [111] nachgelesen werden.

Beispiel:
Das Wavelet ψ (1.4.6) hat die Ordnung 2. Die in $H^2(\mathbb{R}) \cap L^1(\mathbb{R})$ eindeutig

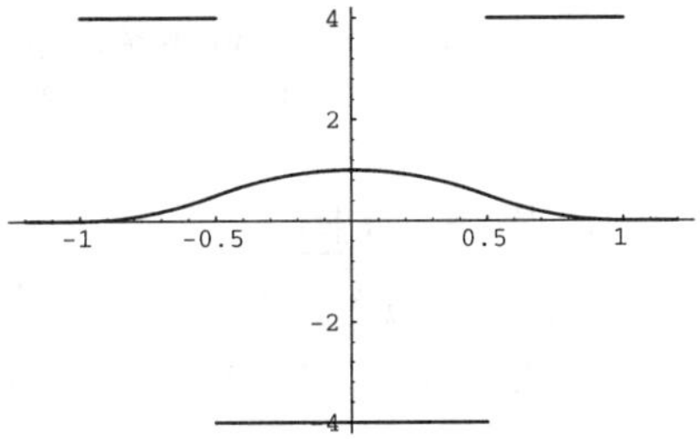

Abbildung 1.8: Das Wavelet (1.4.6) der Ordnung 2 mit der Funktion ϱ (1.4.10).

bestimmte Funktion ϱ mit

$$\int_{\mathbb{R}} \varrho(x)\,dx = \frac{(-1)^2}{2!} \int_{\mathbb{R}} x^2\,\psi(x)\,dx = 1$$

und $\varrho'' = \psi$ lautet

$$\varrho(x) = \int_{-1}^{x} (x-z)\psi(z)\,dz = 2 \begin{cases} x^2+2x+1 : & x \in [-1,-0.5[\\ -x^2+0.5 : & |x| \leq 0.5 \\ x^2-2x+1 : & x \in]0.5,1] \\ 0 : & \text{sonst} \end{cases} . \quad (1.4.10)$$

Sie ist in Abbildung 1.8 dargestellt.
Der Mexikanische Hut (1.1.6) hat ebenfalls die Ordnung 2, da er die zweite Ableitung der Gaußschen Glockenkurve ist.

Die ausgezeichnete Stellung der Wavelets mit kompaktem Träger wurde schon in Korollar 1.1.5 angedeutet, sie wird durch folgende Äquivalenz (h hat kompakten Träger)

$$\int_{\mathbb{R}} x^k h(x)\,dx = 0 \quad \text{für alle } k \in \mathbb{N}_0 \quad \Longleftrightarrow \quad h \equiv 0$$

noch deutlicher, d.h

Wavelets mit kompaktem Träger haben eine endliche Ordnung.

Die zugehörigen Transformationen weisen also immer das einfache Hochfrequenzverhalten (1.4.5) auf.

Ein anderes Extrem finden wir in Wavelets, deren sämtliche Momente verschwinden:

Lemma 1.4.5 *Es existieren Wavelets $\psi \in \mathcal{S}(\mathbb{R})$ mit*

$$\int_{\mathbb{R}} x^k\,\psi(x)\,dx = 0 \quad \textit{für alle } k \in \mathbb{N}_0\,.$$

Beweis: Wir geben ein $0 \neq \varphi \in C_0^\infty(\mathbb{R}) \subset \mathcal{S}(\mathbb{R})$ mit $0 \notin \operatorname{supp} \varphi$ vor und definieren ψ als inverse Fourier–Transformation von φ: $\psi(x) = F^{-1}\varphi(x)$ ist eine temperierte Funktion ungleich der Null. Das Integral

$$\int_{\mathbb{R}} \frac{|\widehat{\psi}(\omega)|^2}{|\omega|} d\omega = \int_{\mathbb{R}} \frac{|\varphi(\omega)|^2}{|\omega|} d\omega$$

nimmt einen endlichen Wert an, d.h. ψ ist ein Wavelet. Die schon benutzte Relation

$$\varphi^{(k)}(\omega) = \widehat{\psi}^{(k)}(\omega) = (-i)^k \left((\cdot)^k \varrho(\cdot)\right)^\wedge(\omega), \quad k \in \mathbb{N}_0,$$

ergibt für $\omega = 0$

$$0 = \varphi^{(k)}(0) = \frac{(-i)^k}{\sqrt{2\pi}} \int_{\mathbb{R}} x^k \psi(x) dx \quad \text{für alle } k \in \mathbb{N}_0.$$

■

Die Wavelet–Transformationen L_ψ mit Wavelets wie sie in Lemma 1.4.5 vorgestellt wurden, entziehen sich einer Interpretation innerhalb der in Abschnitt 1.4.1 entwickelten Konvergenztheorie. Ein prominentes Wavelet dieser Art ist das sogenannte *Meyer–Wavelet* (2.1.25) [97], auf das wir in Kapitel 2 noch zu sprechen kommen.

1.5 Abklingverhalten

Die Fourier–Transformierte einer Funktion fällt in den hohen Frequenzen um so schneller, je glatter die Funktion im Zeitbereich ist, siehe z.B. [73]. Die entsprechende Aussage für Wavelet–Transformationen hat dieser Paragraph zum Inhalt. Sie fällt uns – dank der bereits gemachten Untersuchungen – ohne großen Aufwand in den Schoß.

Als Hilfsmittel bemühen wir noch die *Youngsche Ungleichung*

$$\|w * v\|_{L^p} \leq \|w\|_{L^1} \|v\|_{L^p}, \quad 1 \leq p \leq \infty, \, w \in L^1, \, v \in L^p.$$

Lemma 1.5.1 *Es seien $\psi \in L^1(\mathbb{R})$ ein Wavelet und $f \in L^2(\mathbb{R}) \cap L^\infty(\mathbb{R})$. Dann gilt:*

$$|L_\psi f(a,b)| \leq \|L_\psi f(a,\cdot)\|_{L^\infty} = O(|a|^{1/2}), \quad a \to 0,$$

für fast alle $b \in \mathbb{R}$.

Beweis: Die rechte Seite von $L_\psi f(a,\cdot) = c_\psi^{-1/2} D^{-a}\psi * f(\cdot)$ wird mit der Youngschen Ungleichung abgeschätzt:

$$\|L_\psi f(a,\cdot)\|_{L^\infty} \leq c_\psi^{-1/2} \|D^{-a}\psi\|_{L^1} \|f\|_{L^\infty} = c_\psi^{-1/2} \sqrt{|a|} \, \|\psi\|_{L^1} \|f\|_{L^\infty}.$$

■

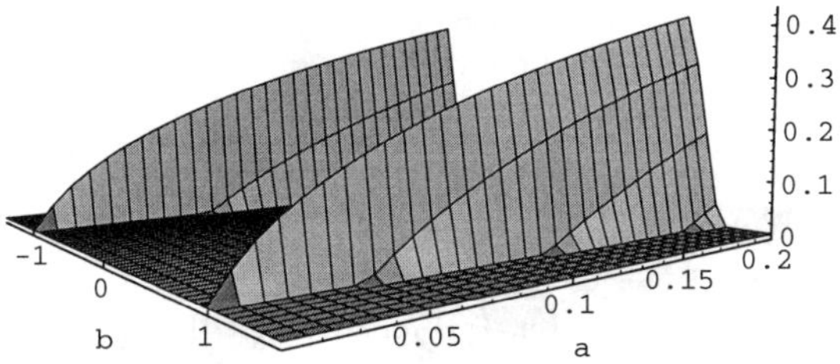

Abbildung 1.9: $|L_\psi \chi_{[-1,1]}(a,b)|$ mit dem Haar–Wavelet.

Beispiel:
Ist ψ das Haar–Wavelet und $f(x) = \chi_{[-1,1]}(x)$ die charakteristische Funktion des Intervalls $[-1,1]$, so sind die Voraussetzungen von Lemma 1.5.1 erfüllt. Das angegebene Abklingen von $|L_\psi \chi_{[-1,1]}(a,b)|$ ist in der Abbildung 1.9 deutlich zu erkennen.

Das langsame Abklingverhalten aus obigem Lemma wurde mit sehr schwachen Forderungen an ψ und f bewiesen. Durch Einführen einer Regularitätsbedingung an $\widehat{\psi}$ und f kann selbstverständlich ein schnelleres Abklingen bewiesen werden:

Lemma 1.5.2 *Das Wavelet $\psi \in L^1(\mathbb{R})$ erfülle*

$$\int_{\mathbb{R}} x^k\, \psi(x)\, dx = 0\,, \quad k = 0, \dots, N-1,$$

und

$$\int_{\mathbb{R}} x^N\, \psi(x)\, dx \in \mathbb{R}$$

(z.B. habe ψ die Ordnung N). Für $f \in L^2(\mathbb{R})$ gebe es ein $k \in \{1, \dots, N\}$, so daß $f^{(k)} \in L^\infty(\mathbb{R})$. Dann gilt:

$$|L_\psi f(a,b)| \le \|L_\psi f(a,\cdot)\|_{L^\infty} = O(|a|^{k+1/2})\,, \quad a \to 0\,,$$

für fast alle $b \in \mathbb{R}$.

Beweis: Die in Satz 1.4.4 (ii) definierte Funktion ϱ erfüllt $\varrho^{(N)} = \psi$ und $\varrho^{(j)} \in L^1(\mathbb{R})$, $1 \le j \le N$. Durch partielle Integration erhalten wir

$$L_\psi f(a,\cdot) = L_{\varrho^{(N)}}(a,\cdot) = c_\psi^{-1/2}\, (-a)^k\, D^{-a}(\varrho^{(N-k)}) * f^{(k)}(\cdot)$$

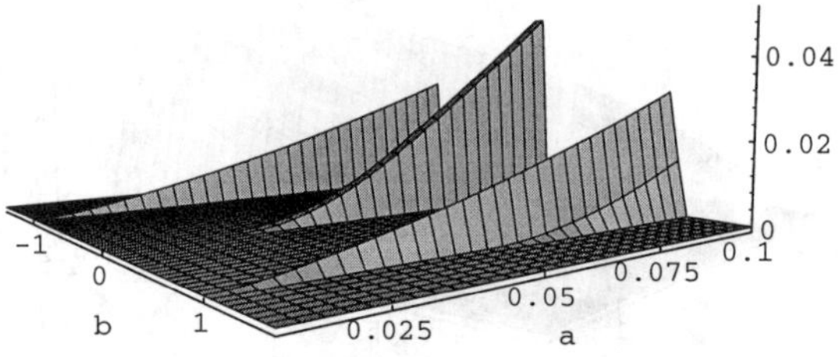

Abbildung 1.10: Darstellung von (1.5.1)

und daraus

$$\begin{aligned} \|L_\psi f(a,\cdot)\|_{L^\infty} &\leq c_\psi^{-1/2}\,|a|^k\,\|D^{-a}(\varrho^{(N-k)})\|_{L^1}\,\|f^{(k)}\|_{L^\infty} \\ &= c_\psi^{-1/2}\,|a|^{k+1/2}\,\|\varrho^{(N-k)}\|_{L^1}\,\|f^{(k)}\|_{L^\infty}\,. \end{aligned}$$

■

Bemerkung 1.5.3

a) Im Gegensatz zur Fourier–Transformation, wo das Abklingverhalten der hohen Frequenzen allein durch die Differenzierbarkeitsordnung der Argumentfunktion bestimmt wird, hängt es bei der Wavelet–Transformation von Wavelet *und* Argumentfunktion ab. Die Anzahl der verschwindenden Momente beschränkt sogar die maximal erreichbare Abklingrate.

b) Einen eigenen Fall bilden die Wavelets aus Lemma 1.4.5. Ihre sämtlichen Momente verschwinden; sie erfüllen also die Voraussetzungen des eben bewiesenen Lemmas für alle $N \in \mathbb{N}$. Das Abklingverhalten hängt somit allein von der Regularität der Argumentfunktion ab.

c) Die Funktionen aus $H^s(\mathbb{R})$, $0 \leq s \leq N$, lassen sich durch das Abklingverhalten der Entwicklungskoeffizienten der diskreten Wavelet–Transformation (Kapitel 2) charakterisieren. Dieses Verhalten entspricht der Aussage von Lemma 1.5.2, vorausgesetzt das zugrundeliegende Wavelet besitzt neben der Ordnung N auch Ableitungen bis zur Ordnung N, die hinreichend schnell fallen [84, 94, 125].

Beispiele:
Anhand der Graphiken veranschaulichen wir die Aussage von Lemma 1.5.2.
Wir benutzen jeweils das Wavelet

$$\psi(x) = \begin{cases} 4 & : \quad 0.5 \leq |x| \leq 1 \\ -4 & : \quad |x| < 0.5 \\ 0 & : \quad \text{sonst} \end{cases}$$

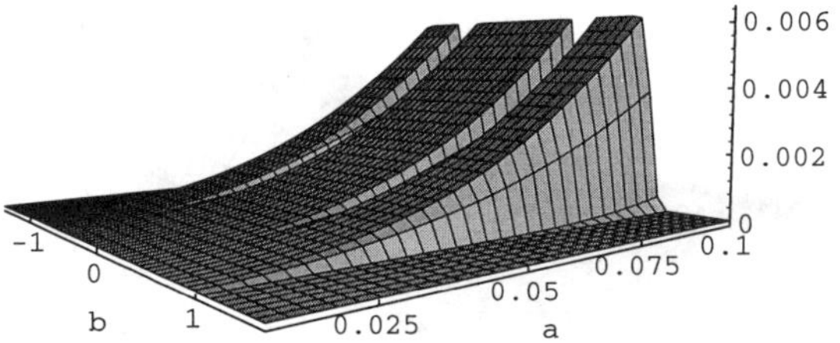

Abbildung 1.11: Darstellung von (1.5.2)

der Ordnung 2, vgl. (1.4.6).

a) Die erste verallgemeinerte Ableitung von

$$f_1(x) = \begin{cases} x+1 & : \quad -1 \leq x < 0 \\ 1-x & : \quad 0 \leq x \leq 1 \\ 0 & : \quad \text{sonst} \end{cases}$$

stellt eine beschränkte Funktion dar. Alle höheren Ableitungen sind keine regulären Distributionen mehr. Es folgt, siehe Abbildung 1.10,

$$|\, L_\psi f_1(a,b) \,| = O(|a|^{3/2})\,. \tag{1.5.1}$$

b) Die glattere Funktion

$$f_2(x) = \begin{cases} x^2+2x+1 & : \quad x \in [-1,-0.5[\\ -x^2+0.5 & : \quad |x| \leq 0.5 \\ x^2-2x+1 & : \quad x \in]0.5,1] \\ 0 & : \quad \text{sonst} \end{cases}$$

besitzt beschränkte Ableitungen bis zur Ordnung 2. Das spiegelt sich in

$$|\, L_\psi\, f_2(a,b) \,| = O(|a|^{5/2}) \tag{1.5.2}$$

wider, siehe Abbildung 1.11.

c) Die Gaußsche Glockenkurve $f_3(x) = e^{-x^2/2}$ ist beliebig oft beschränkt differenzierbar, trotzdem kommt die Abklingrate von $|L_\psi f_3(a,b)|$ nicht über $O(|a|^{5/2})$ hinaus, siehe Abbildung 1.12. Das liegt an der Ordnung 2 des Wavelets ψ.

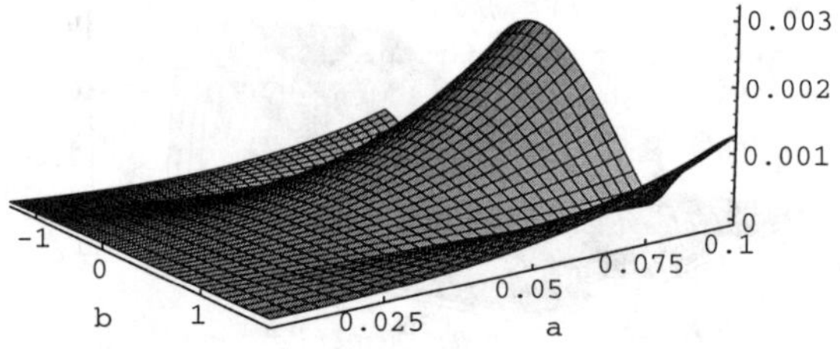

Abbildung 1.12: Darstellung von $|L_\psi f_3(a,b)|$ mit dem Wavelet (1.4.6)

1.6 Gruppentheoretische Grundlagen und Verallgemeinerungen

In diesem Abschnitt beleuchten wir die gruppentheoretischen Wurzeln der Wavelet–Transformation. Wir werden sehen, wie sich die Zulässigkeitsbedingung (1.1.2) und der speziell gewählte Bildraum $L^2(\mathbb{R}^2, dadb/a^2)$ der Wavelet–Transformation in natürlicher Weise ergeben. Ihr "mysteriöses" Erscheinen in Kapitel 1.1 findet nun seine Erklärung. Das Zurückführen der Wavelet–Transformation auf ihren abstrakten Kern bietet auch eine sinnvolle Möglichkeit ihrer Verallgemeinerung auf höhere Raumdimensionen.

1.6.1 Die Orthogonalitätsrelation für lokalkompakte Gruppen

Zur Motivation und zum leichteren Einstieg in ein etwas abstraktes Kapitel betrachten wir die unitären Operatoren $U(a,b) = T^b D^a : L^2(\mathbb{R}) \to L^2(\mathbb{R})$, $a \in \mathbb{R}\backslash\{0\}$, $b \in \mathbb{R}$, die bei der Definition der Wavelet–Transformation, vgl. (1.2.1), eine Rolle spielen. Wie in Kapitel 1.2 bereits erwähnt, bilden sie eine multiplikative Gruppe, wobei die Multiplikation die Komposition von Operatoren ist. Wir sehen leicht, daß

$$\begin{aligned} U(a,b)\,U(\alpha,\beta) &= U(a\alpha\,,\,a\beta+b)\,, \\ U(1,0) &= Id \end{aligned}$$

und

$$U(a,b)^{-1} = U\left(\frac{1}{a}, -\frac{b}{a}\right)$$

ist. Die Multiplikation der Operatoren definiert eine Multiplikation von Paaren (a,b), $(\alpha,\beta) \in \mathbb{R}\backslash\{0\} \times \mathbb{R}$, via

$$(a,b) \circ (\alpha,\beta) = (a\alpha\,,\,a\beta+b)\,. \tag{1.6.1}$$

Wie die Operatoren $\{U(a,b) \mid (a,b) \in \mathbb{R}\backslash\{0\} \times \mathbb{R}\}$ bilden die Paare $(a,b) \in \mathbb{R}\backslash\{0\} \times \mathbb{R}$ zusammen mit der Verknüpfung $\circ$ eine Gruppe.
Unter einer *Gruppe* $(G,\circ)$ verstehen wir eine Menge G versehen mit einer Verknüpfung $\circ : G \times G \to G$, die folgende Eigenschaften besitzt:

a) G enthält ein *neutrales Element* e, d.h.
$e \circ g = g \circ e = g$ für alle $g \in G$.

b) Zu jedem $g \in G$ existiert das *inverses Element* g^{-1} in G, d.h. $g \circ g^{-1} = g^{-1} \circ g = e$.

Bemerkung 1.6.1 Eine Gruppe heißt *abelsch*, falls für alle $g_1, g_2 \in G$ gilt $g_1 \circ g_2 = g_2 \circ g_1$.

Versehen mit der Multiplikation (1.6.1) bildet $\mathbb{R}\backslash\{0\} \times \mathbb{R}$ die sogenannte *affin–lineare* Gruppe G_{al}. Ihr Name erklärt sich folgendermaßen: Identifiziert man das Paar (a,b) mit der affin–linearen Abbildung $x \mapsto ax + b$, so spiegelt sich die Komposition zweier affin–linearer Abbildungen in der Multiplikation der zugehörigen Paare wider.
Wie wir zu Beginn dieses Abschnitts gesehen haben, kann jedem Paar $(a,b) \in G_{al}$ der Operator $U_{al}(a,b) := U(a,b) \in \mathcal{L}(L^2(\mathbb{R}))$ zugeordnet werden ($\mathcal{L}(\mathcal{H})$ bezeichnet die linearen Selbstabbildungen des Hilbertraums $\mathcal{H}$), und es besteht der offensichtliche Zusammenhang

$$\begin{array}{ccccc} (a,b) & \circ & (\alpha,\beta) & = & (a\alpha\,,\, a\beta + b) \\ \updownarrow & & \updownarrow & & \updownarrow \\ U_{al}(a,b) & \cdot & U_{al}(\alpha,\beta) & = & U_{al}(a\alpha\,,\, a\beta + b)\,. \end{array}$$

Die Operatormultiplikation in $\mathcal{L}(L^2(\mathbb{R}))$ und die Gruppenmultiplikation in G_{al} sind verträglich. Man nennt U_{al} eine Darstellung der Gruppe G_{al} bzgl. $L^2(\mathbb{R})$.

Allgemein ist eine *Darstellung* U einer Gruppe G bezüglich des Hilbert–Raums $\mathcal{H}_U$ eine homomorphe (strukturverträgliche) Abbildung $U : G \to \mathcal{L}(\mathcal{H}_U)$, d.h.

$$\begin{aligned} U(g_1 \circ g_2) &= U(g_1)\,U(g_2), \\ U(e) &= Id\,. \end{aligned}$$

Die Gruppendarstellung U heißt

unitär,	falls für alle $g \in G$ der Operator $U(g)$ unitär ist,
(stark) stetig,	falls für jedes $u \in \mathcal{H}_U$ die Zuordnung $G \ni g \mapsto U(g)u \in \mathcal{H}_U$ stetig ist.
reduzibel,	falls ein echter Teilraum V, $\{0\} \neq V \subset \mathcal{H}_U$, existiert mit $\{U(g)v \mid g \in G,\, v \in V\} \subseteq V$,
irreduzibel,	falls sie nicht reduzibel ist.

Als weiteres Objekt auf Gruppen führen wir das *Haar–Maß* ein. Exemplarisch betrachten wir erneut die affin–lineare Gruppe $G_{al} = \mathbb{R}\backslash\{0\} \times \mathbb{R}$, die wir nun als Teilmenge des $\mathbb{R}^2$ auffassen. So lassen sich alle topologischen und maßtheoretischen Begriffe von $\mathbb{R}^2$ (offen, abgeschlossen, kompakt, meßbar, usw.) auf Teilmengen von G_{al} übertragen, insbesondere lassen sich meßbare Funktionen $f : G_{al} \to \mathbb{C}$ über meßbare Teilmengen H von G_{al} bzgl. des Lebesgue–Maßes integrieren. Durch den Gruppencharakter von G_{al} zeichnet sich jedoch ein spezielles Maß besonders aus:
Mit μ_L bzw. μ_R bezeichnen wir das *links-* bzw. *rechtsinvariante* Haar–Maß, d.h.

$$\begin{aligned} \mu_L((\bar{a},\bar{b}) \circ H) &= \mu_L(H), \\ \mu_R(H \circ (\bar{a},\bar{b})) &= \mu_R(H). \end{aligned}$$

für alle $(\bar{a},\bar{b}) \in G_{al}$.

In geometrischer Deutung ist die Abbildung $G_{al} \ni (a,b) \mapsto (\bar{a},\bar{b}) \circ (a,b) \in G_{al}$ maßerhaltend bzgl. des linksinvarianten Haar–Maßes (analog $(a,b) \mapsto (a,b) \circ (\bar{a},\bar{b})$ für das rechtsinvariante Haar–Maß). Das linksinvariante (bzw. rechtsinvariante) Haar–Maß auf *lokalkompakten* Gruppen existiert, und die Eigenschaft der Maßerhaltung bestimmt es bis auf Normierung eindeutig [117].

Eine Gruppe heißt *lokalkompakt*, falls auf ihr eine lokalkompakte Topologie erklärt ist, in der die Abbildung $\varphi : G \times G \to G$, $(g_1, g_2) \mapsto g_1 \circ g_2^{-1}$ stetig ist, m.a.W. die Gruppenmultiplikation $\circ$ und die Inversion eines Elementes sind stetige Operationen.
Dieser Forderung genügt G_{al} mit der induzierten Topologie von $\mathbb{R}^2$, denn

$$\varphi((a,b),(\alpha,\beta)) = (a,b) \circ (\alpha,\beta)^{-1} = (a\alpha^{-1}\,,\, -a\beta/\alpha + b)$$

ist eine stetige Funktion.
Wir versuchen nun, das linksinvariante Haar–Maß auf G_{al} als gewichtetes Lebesgue–Maß zu bestimmen. Wir machen den Ansatz

$$\mu_L(H) = \int_H w(a,b)\,da\,db\,, \quad w(a,b) \geq 0\,,$$

und erhalten

$$\begin{aligned} \mu_L((\bar{a},\bar{b}) \circ H) &= \int_{(\bar{a},\bar{b})\circ H} w(a,b)\,da\,db \\ &= \int_{t(H)} w(a,b)\,da\,db\,, \end{aligned}$$

dabei bezeichnet t die invertierbare C^1-Abbildung $t(\alpha,\beta) = (\bar{a},\bar{b})\circ(\alpha,\beta) = (\bar{a}\alpha\,,\, \bar{a}\beta+\bar{b})$.
Nun führen wir neue Koordinaten durch $(a,b) = t(\alpha,\beta)$ ein und wenden den Trans-

formationssatz für Lebesgue–Integrale an, wobei $Jt(\alpha,\beta)$ die Jacobi– oder Funktionalmatrix von t bezeichnet:

$$\begin{aligned}
\mu_L((\bar a,\bar b)\circ H) &= \int_H w(\bar a\alpha\,,\,\bar a\beta+\bar b)\,|\det\,Jt(\alpha,\beta)|\,d\alpha\,d\beta \\
&= \int_H w(\bar a\alpha\,,\,\bar a\beta+\bar b)\left|\det\begin{pmatrix}\bar a & 0\\ 0 & \bar a\end{pmatrix}\right|\,d\alpha\,d\beta \\
&= \int_H w(\bar a\alpha\,,\,\bar a\beta+\bar b)\,\bar a^2\,d\alpha\,d\beta \\
&\overset{!}{=} \int_H w(\alpha,\beta)\,d\alpha\,d\beta \;=\; \mu_L(H)\,,
\end{aligned}$$

d.h. $w(\alpha,\beta)\overset{!}{=} w(\bar a\alpha\,,\,\bar a\beta+\bar b)\,\bar a^2$. Eine mögliche Funktion, die die Gleichheit erfüllt, ist $w(a,b)=a^{-2}$. Da das Haar–Maß bis auf einen Faktor eindeutig bestimmt ist, sind wir am Ziel unserer Wünsche. Wir gebrauchen die Schreibweise

$$d\mu_L(a,b) \;=\; a^{-2}\,da\,db\,.$$

Das rechtsinvariante Haar–Maß schreibt sich dann als

$$d\mu_R(a,b) \;=\; |a|^{-1}\,da\,db\,.$$

Um die Konzepte "Darstellung" und "Haar–Maß" weiter zu verdeutlichen, betrachten wir eine andere lokalkompakte Gruppe, die *Weyl–Heisenberg Gruppe*.

Beispiel:
Im Gegensatz zur affin–linearen Gruppe hat ein Element der Weyl–Heisenberg Gruppe drei Komponenten. Man nennt sie daher eine dreiparametrige Gruppe. Die Menge G_{WH} der Tripel $(p,q,\tau)\in \mathbb{R}^2\times\Pi$, $\Pi=\{e^{i\gamma}\,|\,0\le\gamma<2\pi\}$, erhält durch die Definitionen

$$\begin{aligned}
(p_1,q_1,\tau_1)\circ(p_2,q_2,\tau_2) &:= (p_1+p_2,q_1+q_2,\tau_1\tau_2e^{i(q_1p_2-q_2p_1)/2}) \\
(p,q,\tau)^{-1} &:= (-p,-q,\tau^{-1})
\end{aligned}$$

eine Gruppenstruktur, die topologisch wird, falls man G_{WH} die durch $\mathbb{R}^2\times\mathbb{C}$ induzierte Topologie aufprägt. Beschreiben wir die Multiplikation einer Funktion mit einem Phasenfaktor durch den unitären Operator

$$E^q : L^2(\mathbb{R}) \to L^2(\mathbb{R})\,, \qquad E^q\varphi(x) = e^{iqx}\,\varphi(x),$$

so erhalten wir durch

$$\begin{aligned} U_{WH}(p,q,\tau) &:= \tau\, e^{ipq/2}\, T^p\, E^q \,:\, L^2(\mathbb{R}) \to L^2(\mathbb{R}), \\ U_{WH}(p,q,\tau)\,\varphi(x) &= \tau\, e^{ipq/2}\, e^{iq(x-p)}\, \varphi(x-p) \\ &= \tau\, e^{-ipq/2}\, e^{iqx}\, \varphi(x-p), \end{aligned}$$

eine unitäre Darstellung von G_{WH} in $L^2(\mathbb{R})$.
Die Gruppe G_{WH} zeichnet sich durch eine besondere Eigenschaft aus. Sie ist *unimodular* (obwohl *nicht* abelsch), d.h. linksinvariantes und rechtsinvariantes Haar–Maß stimmen überein:

$$d\mu_L(p,q,\tau) = d\mu_R(p,q,\tau) = dp\, dq\, d\gamma\,,$$

wobei $\tau = e^{i\gamma}$ gesetzt wurde.

Im weiteren betrachten wir nur noch die linksinvarianten Maße von topologischen Gruppen und bezeichnen sie generell mit μ.

Definition 1.6.2 *Sei U eine stetige, unitäre Darstellung der Gruppe G im komplexen Hilbert–Raum $(\mathcal{H}_U, (\cdot,\cdot))$.*

a) *Ein Vektor $v \in \mathcal{H}_U$ heißt* zulässig, *falls das Integral $\int_G |(U(g)v,v)|^2\, d\mu(g)$ endlich ist.*

b) *Unter den Voraussetzungen*

   i) *U ist irreduzibel,*

   ii) *in $\mathcal{H}_U$ existiert mindestens ein zulässiger, nichttrivialer Vektor,*

   nennen wir U quadratintegrabel.

Den zentralen Satz dieses Abschnitts geben wir ohne Beweis an. Er würde den Rahmen dieses Buches sprengen. Wir verweisen hierfür auf [61] und die dort zitierte Originalliteratur.

Satz 1.6.3 *(Orthogonalitätsrelation)*
Die quadratintegrable Darstellung U der lokalkompakten Gruppe G operiere auf dem Hilbert–Raum $\mathcal{H}_U$. Dann existiert ein eindeutig bestimmter, selbstadjungierter Operator C, dessen Definitionsbereich in $\mathcal{H}_U$ mit der Menge der zulässigen Vektoren übereinstimmt. Ferner gilt für zulässige Vektoren $v_1, v_2 \in \mathcal{H}_U$ und beliebige Elemente $u_1, u_2 \in \mathcal{H}_U$:

$$\int_G \overline{(U(g)v_1, u_1)}\,(U(g)v_2, u_2)\, d\mu(g) = \overline{(Cv_1, Cv_2)}\,(u_1, u_2)\,. \tag{1.6.2}$$

Der Operator C ist ein Vielfaches der Identität, falls G unimodular ist.

Als Spezialfall erhalten wir:

$$\int_G |(U(g)v, v)|^2 \, d\mu(g) \;=\; \|\mathcal{C}v\|^2 \, \|v\|^2 .$$

Diese Integralrelation, die durch Abstraktheit eine große Allgemeinheit besitzt, stellt den gemeinsamen gruppentheoretischen Nenner der Wavelet– sowie der gefensterten Fourier–Transformation dar. Wie sich beide aus (1.6.2) ergeben, wollen wir nun darlegen. Auch beinhaltet Satz 1.6.3 einen Weg zur Verallgemeinerung der Wavelet–Transformation als Operator auf $L^2(\mathbb{R}^n)$, $n \geq 2$.

1.6.2 Die Links–Transformationen

Die *Links–Transformation* L_v definieren wir für einen zulässigen Vektor $v \neq 0$ als Operator auf $\mathcal{H}_U$ durch

$$L_v u(g) \;=\; \frac{1}{\sqrt{c_v}} (U(g)v, u) , \qquad g \in G ,$$

mit $c_v \;=\; \|\mathcal{C}v\|^2 \;=\; \int_G |(U(g)v, v)|^2 \, d\mu(g) / \|v\|^2$.
Die Definition hängt natürlich von der Wahl des zulässigen Elements $v \in \mathcal{H}_U$ ab.

Bemerkung 1.6.4 Wie die Bezeichnung "Links–Transformation" vermuten läßt, gibt es auch eine *Rechts–Transformation*, definiert durch

$$R_v u(g) \;:=\; \frac{1}{\sqrt{c_v}} (v, U(g)u) , \qquad g \in G .$$

Es besteht der einfache Zusammenhang $R_v u(g) \;=\; L_v u(g^{-1})$.

Die Funktion $L_v u \;:\; G \;\to\; \mathbb{C}$ ist punktweise beschränkt. Dies sieht man durch die Cauchy–Schwarzsche Ungleichung:

$$|L_v u(g)| \leq \frac{\|u\| \, \|v\|}{\sqrt{c_v}} .$$

Substantiellere Aussagen können wir über L_v als Operator von $\mathcal{H}_U$ in den $L^2(G, d\mu)$ machen. Hier bezeichnet $L^2(G, d\mu)$ den Hilbert–Raum der bezüglich μ quadratintegrierbaren Funktionen über G.

Korollar 1.6.5 *Die Abbildung $u \mapsto L_v u$ ist eine Isometrie von $\mathcal{H}_U$ in den $L^2(G, d\mu)$. Insbesondere gilt für $u_1, u_2 \in \mathcal{H}_U$*

$$\int_G \overline{L_v u_1(g)} \, L_v u_2(g) \, d\mu(g) \;=\; (u_1, u_2) . \tag{1.6.3}$$

Beweis: Die linke Seite von (1.6.3) stimmt mit dem Integral

$$\frac{1}{\|Cv\|^2} \int_G \overline{(U(g)v, u_1)}\,(U(g)v, u_2)\, d\mu(g)$$

überein und dieses ist nach Satz 1.6.3 gleich (u_1, u_2). Die Isometrie folgt aus (1.6.3), wenn man $u = u_1 = u_2$ setzt,

$$\|L_v u\|_{L^2(G,d\mu)} = \|u\|_{\mathcal{H}_U} .$$

■

Isometrien zwischen Hilbert–Räumen sind sehr angenehme Abbildungen, die man gut kennt:

Satz 1.6.6 *Seien $\mathcal{H}_1$ und $\mathcal{H}_2$ Hilbert–Räume und $\mathcal{J} : \mathcal{H}_1 \to \mathcal{H}_2$ linear mit $\|\mathcal{J}u\|_{\mathcal{H}_2} = \|u\|_{\mathcal{H}_2}$, dann gilt:*

$$\mathcal{J}^*\mathcal{J} = Id_{\mathcal{H}_1} \qquad \textit{und} \qquad \mathcal{J}\mathcal{J}^* = P_{\mathrm{range}(\mathcal{J})} .$$

$P_{\mathrm{range}(\mathcal{J})}$ bezeichnet den Orthogonalprojektor auf das Bild range$(\mathcal{J})$ *von $\mathcal{J}$.*

Beweis: siehe Weidmann [132]. ■

Bemerkung 1.6.7 Der Satz liefert uns folgende Informationen:

i) Der Operator $L_v : \mathcal{H}_U \to L^2(G, d\mu)$ läßt sich auf seinem Bild durch seine Adjungierte invertieren.

ii) Das Bild range(L_v) von L_v ist durch

$$w \in \mathrm{range}(L_v) \qquad \Longleftrightarrow \qquad L_v L_v^* w = w$$

charakterisiert.

Die Aussage i) obiger Bemerkung entspricht dem

Lemma 1.6.8 *Auf* range$(L_v) = L_v\mathcal{H}_U \subset L^2(G, d\mu)$ *invertiert*

$$L_v^{-1} w = \frac{1}{\sqrt{C_v}} \int_G w(g)\, U(g)v\, d\mu(g) \tag{1.6.4}$$

die Links–Transformation L_v.

Bemerkung 1.6.9 Die Existenz des Integrals (1.6.4) ist nur *schwach* gesichert, d.h.

$$(L_v^{-1}w,\gamma) := \frac{1}{\sqrt{c_v}} \int_G \bar{w}(g)\,(U(g)v,\gamma)\,d\mu(g) \tag{1.6.5}$$

für alle $\gamma \in \mathcal{H}_U$. Die rechte Seite hiervon existiert, und $L_v^{-1}w$ kann über diese Definition der schwachen Existenz als ein Element von $\mathcal{H}_U$ aufgefaßt werden: Die Cauchy–Schwarzsche Ungleichung, angewandt auf (1.6.5), ergibt zusammen mit der Orthogonalitätsrelation (1.6.2)

$$(L_v^{-1}w,\gamma) \leq \|w\|_{L^2(G,d\mu)}\,\|\gamma\|_{\mathcal{H}_U}\,.$$

Durch L_v^{-1} wird also ein stetiges Funktional auf $\mathcal{H}_U$ repräsentiert. Der Rieszsche Darstellungssatz, siehe z.B. [132], beendet unsere Argumentation.

Beweis von Lemma 1.6.8: Mit einer einfachen Rechnung zeigen wir die Identität $L_v^{-1}L_v u = u$ in $\mathcal{H}_U$:

$$\begin{aligned}
(L_v^{-1}L_v u,\gamma) &= \frac{1}{\sqrt{c_v}} \int_G \overline{L_v u(g)}\,(U(g)v,\gamma)\,d\mu(g) \\
&= \frac{1}{c_v} \int_G \overline{(U(g)v,u)}\,(U(g)v,\gamma)\,d\mu(g) \\
&\overset{(1.6.2)}{=} (u,\gamma) \quad \text{für alle } \gamma \in \mathcal{H}_U\,.
\end{aligned}$$

■

Die Charakterisierung ii) aus Bemerkung 1.6.7 des Bildes von L_v lautet:

Lemma 1.6.10 *Sei $w \in L^2(G,d\mu)$. Dann gilt:*

$$w \in \mathrm{range}(L_v) \iff w(g) = \frac{1}{\sqrt{c_v}} \int_G L_v v(h^{-1}g)\,w(h)\,d\mu(h)\,.$$

Beweis:

$\underline{\Rightarrow:}$ Da $w \in \mathrm{range}(L_v)$ ist, existiert ein $u \in \mathcal{H}_U$ mit $L_v u = w$. Damit folgt

$$\begin{aligned}
\frac{1}{\sqrt{c_v}} \int_G L_v v(h^{-1}g) w(h)\,d\mu(h) &= \frac{1}{\sqrt{c_v}} \int_G \overline{L_v(U(g)v)}(h)\,L_v u(h)\,d\mu(h) \\
&\overset{(1.6.3)}{=} \frac{1}{\sqrt{c_v}} (U(g)v,u) = L_v u(g) = w(g)\,.
\end{aligned}$$

$\Leftarrow$: Wir definieren $u = \frac{1}{\sqrt{c_v}} \int_G w(h)\, U(h)v\, d\mu(h) \in \mathcal{H}_U$ und zeigen $L_v u = w$:

$$\begin{aligned} L_v u(g) &= \frac{1}{\sqrt{c_v}} (U(g)v, u) = \frac{1}{\sqrt{c_v}} \overline{(u, U(g)v)} \\ &= \frac{1}{\sqrt{c_v}} \int_G \overline{\bar{w}(h)\, (U(h)v, U(g)v)\, d\mu(h)} \\ &= \frac{1}{\sqrt{c_v}} \int_G w(h)\, (U(h^{-1}g)v, v)\, d\mu(h) \\ &= \frac{1}{\sqrt{c_v}} \int_G w(h)\, L_v v(h^{-1}g)\, d\mu(h) \\ &= w(h)\,. \end{aligned}$$

■

Nach so vielen abstrakten Ergebnissen wird es Zeit, sich wieder konkreteren Dingen zu zuwenden.

1.6.2.1 Die Wavelet–Transformation auf $L^2(\mathbb{R})$

Die Gruppe G_{al} der affin–linearen Transformationen wurde schon in Kapitel 1.6.1 eingeführt. Von ihrer unitären Darstellung $U_{al}(a,b) = T^b D^a$ zeigen wir jetzt, daß sie die Voraussetzungen der Orthogonalitätsrelation (Satz 1.6.3) erfüllt:

Lemma 1.6.11 $U_{al} : G_{al} \to \mathcal{L}(L^2(\mathbb{R}))$ *ist eine quadratintegrable Darstellung von* G_{al}.

Beweis: Wir verifizieren

a) die Irreduzibilität und

b) die Existenz zulässiger Vektoren in $\mathcal{H}_{U_{al}} = L^2(\mathbb{R})$.

Der Nachweis der starken Stetigkeit von U_{al} bleibt dem Leser überlassen.

a) Wir führen einen indirekten Beweis.
<u>Annahme:</u> U_{al} ist reduzibel, d.h. es gibt einen abgeschlossenen, echten Unterraum V von $L^2(\mathbb{R})$ mit

$$U_{al}(a,b)V \subset V \quad \text{für alle} \quad (a,b) \in G_{al}\,. \tag{1.6.6}$$

Unter dieser Annahme gibt es nichttriviale Funktionen $g \in V$ und $f \in V^\perp$. Aus (1.6.6) folgt $\langle U(a,b)g, f\rangle_{L^2} = 0$ für alle $(a,b) \in G_{al}$ und weiter

$$\begin{aligned}
0 &= \int_{G_{al}} |\langle U_{al}(a,b)g, f\rangle_{L^2}|^2 \, d\mu_{al}(a,b) \\
&= \int_{\mathbb{R}\setminus\{0\}} \int_{\mathbb{R}} |(D^{-a}\bar{g} * f)(b)|^2 \, db \, \frac{da}{a^2} \\
&= 2\pi \int_{\mathbb{R}\setminus\{0\}} \int_{\mathbb{R}} |(D^{-a}\bar{g})^\wedge(\xi)|^2 \, |\widehat{f}(\xi)|^2 \, d\xi \, \frac{da}{a^2} \qquad (1.6.7) \\
&= 2\pi \int_{\mathbb{R}} |\widehat{f}(\xi)|^2 \int_{\mathbb{R}\setminus\{0\}} |\widehat{g}(-a\xi)|^2 \, \frac{da}{|a|} \, d\xi \\
&= 2\pi \, \|f\|_{L^2}^2 \int_{\mathbb{R}\setminus\{0\}} |\widehat{g}(a)|^2 \, \frac{da}{|a|},
\end{aligned}$$

wobei μ_{al} das linksinvariante Haar–Maß von G_{al} bezeichnet. $da/|a|$ ist das links- und rechts–invariante Haar–Maß der Multiplikationsgruppe $(\mathbb{R}\setminus\{0\}, \cdot)$. Daher war die letzte Umformung erlaubt, sie führt uns auf den Widerspruch $f = 0$ oder $g = 0$.

b) Sei $0 \neq g \in L^2(\mathbb{R})$ eine Funktion, deren Fourier–Transformierte $\widehat{g}$ in einer Umgebung des Nullpunkts identisch verschwindet. Setzen wir in (1.6.7) $f = g$, so erhalten wir

$$\int_{G_{al}} |\langle U_{al}(a,b)g, g\rangle_{L^2}|^2 \, d\mu_{al}(a,b) = 2\pi \, \|g\|_{L^2}^2 \int_{\mathbb{R}_0} |\widehat{g}(a)|^2 \, \frac{da}{|a|}. \qquad (1.6.8)$$

Die Endlichkeit des Integrals auf der rechten Seite schließt den Beweis ab. ■

Eine direkte Konsequenz aus (1.6.8) ist das

Lemma 1.6.12 *Eine Funktion ψ ist genau dann zulässig bezüglich der Darstellung U_{al} der Gruppe G_{al}, wenn das Integral $\int_{\mathbb{R}_0} |\widehat{\psi}(\xi)|^2/|\xi| \, d\xi$ existiert.*

Wir können nun die Links–Transformation der affin–linearen Gruppe untersuchen. Sei $\psi \neq 0$ zulässig und sei $f \in L^2(\mathbb{R})$,

$$\begin{aligned}
L_\psi^{al} f(a,b) &:= \frac{1}{\sqrt{c_\psi}} \langle U_{al}(a,b)\psi, f\rangle_{L^2} \\
&= \frac{1}{\sqrt{c_\psi}} \frac{1}{\sqrt{|a|}} \int_{\mathbb{R}} \bar{\psi}\left(\frac{x-b}{a}\right) f(x) \, dx
\end{aligned}$$

mit

$$c_\psi = \|\psi\|_{L^2}^{-2} \int\limits_{G_{al}} |\langle U_{al}(a,b)\psi, \psi\rangle_{L^2}|^2 \, d\mu_{al}(a,b) = 2\pi \int\limits_{\mathbb{R}_0} |\widehat{\psi}(\xi)|^2 \, \frac{d\xi}{|\xi|} .$$

Damit ist L_ψ^{al} nichts anderes als die in Kapitel 1.1 eingeführte Wavelet–Transformation und Wavelets, vgl. (1.1.2), sind "nur" die zulässigen Elemente bezüglich der Darstellung U_{al} der Gruppe G_{al}. Die Inversionsformel der Wavelet–Transformation, Satz 1.1.9, und Charakterisierung ihres Bildes, Korollar 1.1.11, ergeben sich aus den Lemmata 1.6.8 und 1.6.10.
Die Orthogonalitätsrelation für die Wavelet–Transformation lautet

$$\int\limits_{G_{al}} \overline{L_\psi^{al} f_1(a,b)} \, L_\psi^{al} f_2(a,b) \, d\mu_{al}(a,b)$$

$$= \frac{1}{\|\mathcal{C}^{al}\psi\|_{L^2} \, \|\mathcal{C}^{al}\varphi\|_{L^2}} \overline{\langle \mathcal{C}\psi^{al}, \mathcal{C}\varphi^{al}\rangle}_{L^2} \, \langle f_1, f_2\rangle_{L^2} ,$$

wobei der selbstadjungierte Operator $\mathcal{C}^{al}$ zunächst nur implizit über

$$(\mathcal{C}^{al}\psi)^\wedge(\xi) = |\xi|^{-1/2} \, \widehat{\psi}(\xi)$$

definiert ist. $\mathcal{C}^{al}$ soll abschließend noch explizit angegeben werden. Die Funktion

$$R_\alpha(\cdot) := \frac{\Gamma(\,(1-\alpha)/2\,)}{\sqrt{\pi}\, 2^\alpha \, \Gamma\,(\alpha/2)} \, \|\cdot\|^{\alpha-1}$$

definiert für $0 < \alpha < 1$ den *Riesz–Kern der Ordnung* α. Hierbei bezeichnet Γ die *Eulersche Gamma–Funktion* [1]. R_α fassen wir auch als Faltungsoperator

$$R_\alpha \, h(x) := R_\alpha * h(x) = \int\limits_{\mathbb{R}} R_\alpha(x-y) \, h(y) \, dy$$

auf. Die Menge $\mathcal{D}(\alpha) := \{\, f \in L^2(\mathbb{R}) \mid |\cdot|^{-\alpha} \, \widehat{f}(\cdot) \in L^2(\mathbb{R}) \}$ zeichnet sich als wichtige Funktionenklasse in bezug auf den Riesz–Kern aus:

Lemma 1.6.13 *Sei $h \in \mathcal{D}(\alpha)$ für ein $\alpha \in\,]0,1[$. Dann liegt das Faltungsprodukt $R_\alpha h$ in $L^2(\mathbb{R})$.*

Satz 1.6.14 *Sei $h \in \mathcal{D}(\alpha)$ für ein $\alpha \in\,]0,1[$, und das Integral $\int_{\mathbb{R}} (1+|y|)^{\alpha-1} \, |h(y)| \, dy$ sei endlich. Dann gilt:*

$$(R_\alpha h)^\wedge(\xi) = |\xi|^{-\alpha} \, \widehat{h}(\xi) .$$

Das Lemma 1.6.13 und der Satz 1.6.14 wurden der Arbeit [119] entnommen.
Für unsere Belange ist $\alpha = 1/2$, und es ergibt sich

$$\mathcal{C}^{al} \, \psi(x) = R_{1/2} \, \psi(x) = \frac{1}{\sqrt{2\pi}} \int\limits_{\mathbb{R}} \frac{\psi(y)}{\sqrt{|x-y|}} \, dy \qquad (1.6.9)$$

für solche Wavelets ψ, die den Anforderungen des Satzes 1.6.14 genügen. Die Gleichung (1.6.9) gilt insbesondere für integrable Wavelets, denn

$$\int_{\mathbb{R}} \frac{|\psi(y)|}{\sqrt{1+|y|}}\, dy \;\leq\; \int_{\mathbb{R}} |\psi(y)|\, dy \;=\; \|\psi\|_{L^1} .$$

Wegen

$$\left(-\frac{d^2}{dx^2} f\right)^{\wedge}(\xi) \;=\; \xi^2\, \widehat{f}(\xi)\,, \quad f \in \mathcal{S}(\mathbb{R})\,,$$

läßt sich $\mathcal{C}^{al}$ formal als die negative Potenz $(-\frac{d^2}{dx^2})^{-1/4}$ des eindimensionalen Laplace–Operators deuten.

1.6.2.2 Die gefensterte Fourier–Transformation

Lemma 1.6.15 *Die unitäre Darstellung* $U_{WH}(p,q,\tau) \;=\; \tau\, e^{ipq/2}\, T^p\, E^q \;:\; G_{WH} \;\rightarrow\; \mathcal{L}(L^2(\mathbb{R}))$ *ist eine quadratintegrable Darstellung der Weyl–Heisenberg Gruppe. Alle Funktionen in* $L^2(\mathbb{R})\backslash\{0\}$ *sind zulässig bezüglich* U_{WH}.

Beweis: Analog dem Beweis von Lemma 1.6.11 prüfen wir
a) die Irreduzibilität und
b) die Zulässigkeit aller Funktionen aus $L^2(\mathbb{R})\backslash\{0\}$ nach.

a) Annahme: U_{WH} ist reduzibel, d.h. es existieren $L^2(\mathbb{R})$–Funktionen $\psi \neq 0$ und $\varphi \neq 0$ mit

$$\begin{aligned} 0 &= \langle U_{WH}(p,q,\tau)\psi, \varphi\rangle_{L^2} \\ &= \tau\, e^{-ipq/2} \int_{\mathbb{R}} e^{-iqx}\, \bar{\psi}(x-p)\, \varphi(x)\, dx \\ &= \tau\, e^{-ipq/2} \sqrt{2\pi}\, (T^p\, \bar{\psi}\, \varphi)^{\wedge}(q) \qquad \text{für alle } (p,q,\tau) \in G_{WH} . \end{aligned}$$

Daraus folgt

$$\begin{aligned} 0 &= \int_{G_{WH}} |\langle U_{WH}(p,q,\tau)\psi, \varphi\rangle_{L^2}|^2\, d\mu_{WH}(p,q,\tau) \\ &= 4\pi^2 \int_{\mathbb{R}} \int_{\mathbb{R}} |(T^p\, \bar{\psi}\, \varphi)(\lambda)|^2\, d\lambda\, dp \qquad (1.6.10) \\ &= 4\pi^2 \int_{\mathbb{R}} \int_{\mathbb{R}} |\bar{\psi}(\lambda - p)|^2\, dp\, |\varphi(\lambda)|^2\, d\lambda \\ &= 4\pi^2\, \|\psi\|_{L^2}^2\, \|\varphi\|_{L^2}^2 . \end{aligned}$$

Wir sind auf den Widerspruch $\psi = 0$ oder $\varphi = 0$ gestoßen.

b) Sei $0 \neq \psi \in L^2(\mathbb{R})$. Wir setzen $\varphi = \psi$ in (1.6.10) und erhalten

$$\int_{G_{WH}} |\langle U_{WH}(p,q,\tau)\psi, \psi\rangle_{L^2}|^2 \, d\mu_{WH}(p,q,\tau) = 4\pi^2 \, \|\psi\|_{L^2}^4 .$$

■

Die Links–Transformation $L_\psi^{WH} : L^2(\mathbb{R}) \to L^2(G_{WH}, \mu_{WH})$, $\psi \neq 0$, der Weyl–Heisenberg Gruppe ergibt sich aus

$$\begin{aligned} L_\psi^{WH} f(P,q,\tau) &= \frac{1}{\sqrt{c_\psi}} \langle U_{WH}(p,q,\tau)\psi, f\rangle_{L^2} \\ &= \frac{1}{\sqrt{c_\psi}} \, \tau \, e^{-ipq/2} \int_{\mathbb{R}} e^{-iqx} \, \bar{\psi}(x-p) \, f(x) \, dx \end{aligned}$$

mit $c_\psi = \|\psi\|_{L^2}^{-2} \int_{G_{WH}} |\langle U_{WH}(p,q,\tau)\psi, \psi\rangle|^2 \, d\mu_{WH}(p,q,\tau) = 4\pi^2 \, \|\psi\|_{L^2}^2$.
Die gefensterte Fourier–Transformation $\mathcal{F}_\psi : L^2(\mathbb{R}) \to L^2(\mathbb{R})$ erhalten wir durch eine geeignete Normierung von L_ψ^{WH}:

$$\begin{aligned} \mathcal{F}_\psi f(p,q) &:= \frac{\sqrt{2\pi}}{\tau} \, e^{ipq/2} \, L_\psi^{WH} f(p,q,\tau) \\ &= \frac{1}{\sqrt{2\pi} \, \|\psi\|_{L^2}} \int_{\mathbb{R}} e^{-iqx} \, \bar{\psi}(x-p) \, f(x) \, dx . \end{aligned}$$

Sie erfüllt die Orthogonalitätsbeziehung

$$\begin{aligned} \langle \mathcal{F}_\psi f, \mathcal{F}_\varphi h\rangle_{L^2} &= \int_{\mathbb{R}^2} \overline{e^{ipq/2} \, \tau \mathcal{F}_\psi f(p,q)} \; e^{ipq/2} \, \tau \, \mathcal{F}_\varphi h(p,q) \, dp \, dq \\ &= \int_{G_{WH}} \overline{L_\psi^{WH} f(p,q,\tau)} \; L_\psi^{WH} h(p,q,\tau) \, d\mu_{WH}(p,q,\tau) \\ &= \frac{\overline{\langle \psi, \varphi\rangle}_{L^2}}{\|\psi\|_{L^2} \, \|\varphi\|_{L^2}} \, \langle f, h\rangle_{L^2} \end{aligned}$$

und bildet damit den $L^2(\mathbb{R})$ isometrisch in den $L^2(\mathbb{R}^2)$ ab.

1.6.2.3 Die Wavelet–Transformation auf $L^2(\mathbb{R}^2)$

Die in diesem Kapitel bisher entwickelte gruppentheoretische Maschinerie liefert eine sinnvolle Verallgemeinerung der eindimensionalen kontinuierlichen Wavelet–Transformation auf höhere Raumdimensionen, vorausgesetzt wir finden eine geeignete

lokalkompakte Gruppe und eine quadratintegrable Darstellung von ihr. Wir folgen dabei dem Zugang von Murenzi [100], der die *n-dimensionale Euklidische Gruppe* $IG(n)$ *mit Dilatation* vorschlägt.
Eine Beschränkung auf den zweidimensionalen Fall ($n = 2$) bedeutet nur eine Vereinfachung der Darstellungsweise ohne einen Verlust an wesentlicher Einsicht.
Wir betrachten Abbildungen der Form

$$\mathbb{R}^2 \ni x \mapsto a\,Ox + b \in \mathbb{R}^2 \tag{1.6.11}$$

mit $a > 0$, $b \in \mathbb{R}^2$ und $O \in SO(2) = \{A \in \mathbb{R}^{2\times 2} \mid A^T = A^{-1}, \det A = 1\}$ der *speziellen orthogonalen* Gruppe (*Drehgruppe*). Die Matrizen aus $SO(2)$ lassen sich mit Hilfe eines Winkels parametrisieren,

$$SO(2) = \{\, O(\vartheta) \mid \; 0 \leq \vartheta < 2\pi \,\}$$

mit

$$O(\vartheta) = \begin{pmatrix} \cos\vartheta & -\sin\vartheta \\ \sin\vartheta & \cos\vartheta \end{pmatrix}.$$

Die Matrix $O(\vartheta)$ angewandt auf $x \in \mathbb{R}^2$ bewirkt eine Drehung von x um den Winkel ϑ in mathematisch positivem Sinn.
Die Abbildung (1.6.11) identifizieren wir mit dem Paar $(a\,O(\vartheta), b)$. Durch die Multiplikationsvorschrift

$$\begin{aligned} (\bar{a}\,O(\bar{\vartheta}), \bar{b})\,(a\,O(\vartheta), b) &= (\bar{a}a\,O(\bar{\vartheta})\,O(\vartheta), \bar{a}\,O(\bar{\vartheta})b + \bar{b}) \\ &= (\bar{a}a\,O(\bar{\vartheta} + \vartheta), \bar{a}\,O(\bar{\vartheta})b + \bar{b}) \end{aligned} \tag{1.6.12}$$

geben wir die Komposition der zugehörigen Transformationen wieder. $IG(2)$ ist gerade die Gesamtheit der Paare $(a\,O(\vartheta), b) \in (\mathbb{R}_{>0} \cdot SO(2)) \times \mathbb{R}^2$ versehen mit der Multiplikation (1.6.12). Mit dem neutralen Element $(O(0), 0)$ und der Inversion $(a\,O(\vartheta), b)^{-1} = (a^{-1}\,O(2\pi - \vartheta), -a^{-1}O(2\pi - \vartheta)b)$ bildet $IG(2)$ eine (nicht abelsche) Gruppe. Als Produkt lokalkompakter Gruppen ist sie selbst lokalkompakt.

Lemma 1.6.16 *Das linksinvariante Haar–Maß* μ_{eu} *auf* $IG(2)$ *ist gegeben durch*

$$\mu_{eu}(H) = \int_H 1\, d\mu_{eu}(a, \vartheta, b) = \int_{H^*} \frac{1}{a^3}\, da\, d\vartheta\, d^2b\,.$$

Hierbei bezeichnet H^* *die Menge* $\{(a, \vartheta, b) \mid (a\,O(\vartheta), b) \in H\} \subset \mathbb{R}_{>0} \times \mathbb{R} \times \mathbb{R}^2 =: \Omega$.

Beweis: Wir haben

$$\begin{aligned} \mu_{eu}((\bar{a}\,O(\bar{\vartheta}), \bar{b})\,H) &= \int_{(\bar{a}\,O(\bar{\vartheta}), \bar{b})\,H} 1\, d\mu_{eu}(a, \vartheta, b) \\ &= \int_{\Phi(H^*)} \frac{1}{a^3}\, da\, d\vartheta\, d^2b\,, \end{aligned}$$

wobei die Transformation $\Phi : \Omega \longrightarrow \Omega$ durch

$$\Phi(a, \vartheta, b_1, b_2) = (\bar{a}a\,,\, \bar{\vartheta} + \vartheta\,,\, \bar{a}\,(b_1 \cos\bar{\vartheta} - b_2 \sin\bar{\vartheta}) + \bar{b_1}\,,\, \bar{a}\,(b_1 \sin\bar{\vartheta} + b_2 \cos\bar{\vartheta}\,) + \bar{b_2}\,)$$

definiert ist ($b = (b_1, b_2)^T$, $\bar{b} = (\bar{b}_1, \bar{b}_2)^T$). Eine Anwendung des Transformationssatzes liefert

$$\mu_{eu}((\bar{a}\,O(\bar{\vartheta}), \bar{b})\,H) = \int\limits_{H^*} \frac{1}{\bar{a}^3 a^3}\,|\det\, J\Phi(a, \vartheta, b_1, b_2)|\, da\, d\vartheta\, db_1\, db_2$$

mit

$$J\Phi = \begin{pmatrix} \bar{a} & 0 & 0 & 0 \\ 0 & 1 & 0 & 0 \\ 0 & 0 & \bar{a}\cos\bar{\vartheta} & -\bar{a}\sin\vartheta \\ 0 & 0 & \bar{a}\sin\bar{\vartheta} & \bar{a}\cos\bar{\vartheta} \end{pmatrix},$$

und weiter ist

$$\begin{aligned} \mu_{eu}((\bar{a}\,O(\bar{\vartheta}), \bar{b})\,H) &= \int\limits_{H^*} \frac{1}{\bar{a}^3 a^3}\,\bar{a}^3\, da\, d\vartheta\, d^2 b \\ &= \int\limits_{H^*} 1\, d\mu_{eu}(a, \vartheta, b) \\ &= \mu_{eu}(H)\,. \end{aligned}$$

■

Die nachfolgend definierten unitären Operatoren auf $L^2(\mathbb{R}^2)$ ermöglichen uns die Konstruktion einer quadratintegrablen Darstellung von $IG(2)$ in $L^2(\mathbb{R}^2)$. Wir definieren

i) den Translationsoperator

$$(T^b\,\varphi)(x) = \varphi(x - b)\,, \qquad x, b \in \mathbb{R}^2\,,$$

ii) den Dilatationsoperator

$$(D^a\,\varphi)(x) = a^{-1}\,\varphi\left(\frac{1}{a}\,x\right)\,, \qquad x \in \mathbb{R}^2,\, a > 0\,,$$

iii) den Drehoperator

$$(R^{\vartheta}\,\varphi)(x) = \varphi(O(2\pi - \vartheta)x)\,, \qquad 0 \leq \vartheta < 2\pi,\, x \in \mathbb{R}^2\,,$$

iv) den Modulationsoperator

$$(E^b \varphi)(x) = e^{ix^T b} \varphi(x) , \qquad b, x \in \mathbb{R}^2 ,$$

und

v) die Fourier–Transformation

$$F \varphi(\xi) = \widehat{\varphi}(\xi) = \frac{1}{2\pi} \int\limits_{\mathbb{R}^2} \varphi(x) \, e^{-ix^T \xi} \, d^2x .$$

Diese Operatoren erfüllen einfache Rechenregeln:

$$\begin{aligned} T^b D^a &= D^a T^{b/a} , & F D^a &= D^{1/a} F , \\ T^b R^\vartheta &= R^\vartheta T^{O(2\pi-\vartheta)b} , & F T^b &= E^{-b} F , \\ R^\vartheta D^a &= D^a R^\vartheta , & F R^\vartheta &= R^\vartheta F . \end{aligned}$$

Lemma 1.6.17 *Der unitäre Operator $U_{eu}(a, \vartheta, b) := T^b D^a R^\vartheta : L^2(\mathbb{R}^2) \to L^2(\mathbb{R}^2)$ ist eine quadratintegrable Darstellung der Gruppe $IG(2)$ in $L^2(\mathbb{R}^2)$.*

Beweis:

a) Der Operator U_{eu} ist eine Darstellung,

$$\begin{aligned} U_{eu}(\bar{a}, \bar{\vartheta}, \bar{b}) \, U_{eu}(a, \vartheta, b) &= T^{\bar{b}} D^{\bar{a}} R^{\bar{\vartheta}} T^b D^a R^\vartheta \\ &= T^{\bar{b}} D^{\bar{a}} T^{O(\bar{\vartheta})b} R^{\bar{\vartheta}} D^a R^\vartheta \\ &= T^{\bar{b}} T^{\bar{a}O(\bar{\vartheta})b} D^{\bar{a}} R^{\bar{\vartheta}} D^a R^\vartheta \\ &= T^{\bar{b}+\bar{a}O(\bar{\vartheta})b} D^{\bar{a}a} R^{\bar{\vartheta}+\vartheta} \\ &= U_{eu}(\bar{a}a, \bar{\vartheta}+\vartheta, \bar{a}\, O(\bar{\vartheta})b + b) . \end{aligned}$$

b) Die Darstellung U_{eu} ist irreduzibel.
<u>Annahme:</u> U_{eu} ist reduzibel.
Dann existieren Funktionen $f, g \in L^2(\mathbb{R}^2)$, $f \neq 0$, $g \neq 0$ mit

$$\begin{aligned} 0 &= \langle U_{eu}(a, \vartheta, b) f, g \rangle_{L^2} \\ &= \langle F U_{eu}(a, \vartheta, b) f, F g \rangle_{L^2} \\ &= \langle E^{-b} D^{1/a} R^\vartheta F f, F g \rangle_{L^2} = 2\pi \, F^{-1}(D^{1/a} R^\vartheta \overline{Ff} \, Fg)(b) \end{aligned}$$

für alle $a > 0$, $0 \leq \vartheta < 2\pi$, $b \in \mathbb{R}^2$. Es folgt

$$\begin{aligned} 0 &= \int\limits_{IG(2)} |\langle U_{eu}(a,\vartheta,b)f, g\rangle_{L^2}|^2 \, d\mu(a,\vartheta,b) \\ &= 4\pi \int\limits_0^\infty \int\limits_0^{2\pi} |F^{-1}(D^{1/a} R^\vartheta \, \overline{Ff} \, Fg)(b)|^2 \, db \, d\vartheta \, \frac{da}{a^3} \\ &= 4\pi^2 \int\limits_{\mathbb{R}^2} |\widehat{g}(b)|^2 \underbrace{\int\limits_0^\infty \int\limits_0^{2\pi} |D^{1/a} R^\vartheta \widehat{f}(b)|^2 \, d\vartheta \, \frac{da}{a^3}}_{= I(b)} \, db \end{aligned}$$

mit

$$\begin{aligned} I(b) &= \int\limits_0^\infty \int\limits_0^{2\pi} |\widehat{f}(a\, O(2\pi - \vartheta) b)|^2 \, d\vartheta \, \frac{da}{a} \\ &= \int\limits_0^\infty \int\limits_0^{2\pi} |\widehat{f} \circ p(a\|b\|, \varphi + \vartheta)|^2 \, d\vartheta \, \frac{da}{a}, \quad b = \|b\| \, (\cos\varphi, \sin\varphi)^T. \end{aligned}$$

Die Abbildung $p : \mathbb{R}_{>0} \times [0; 2\pi[\to \mathbb{R}^2$ beschreibt den Übergang von Polarkoordinaten zu euklidischen Koordinaten, d.h. $p(r,\gamma) = r\,(\cos\gamma, \sin\gamma)^T$. Weiter berechnen wir

$$\begin{aligned} I(b) &= \int\limits_0^\infty \int\limits_0^{2\pi} |\widehat{f} \circ p(a\,\|b\|, \vartheta)|^2 \, d\vartheta \, \frac{da}{a} \\ &= \int\limits_0^\infty \int\limits_0^{2\pi} |\widehat{f} \circ p(a, \vartheta)|^2 \, a \, d\vartheta \, \frac{da}{a^2} \\ &= \int\limits_{\mathbb{R}^2} \frac{|\widehat{f}(\xi)|^2}{\|\xi\|^2} \, d^2\xi \, . \end{aligned}$$

Insgesamt erhalten wir so

$$\begin{aligned} 0 &= \int\limits_{IG(2)} |\langle U_{eu}(a,\vartheta,b)f, g\rangle_{L^2}|^2 \, d\mu_{eu}(a,\vartheta,b) \qquad (1.6.13) \\ &= 4\pi^2 \, \|g\|_{L^2}^2 \int\limits_{\mathbb{R}^2} \frac{|\widehat{f}(\xi)|^2}{\|\xi\|^2} \, d^2\xi \end{aligned}$$

bzw. den Widerspruch $g = 0$ oder $f = 0$.

c) Es gibt nicht-triviale zulässige Funktionen in $L^2(\mathbb{R}^2)$.
Sei $0 \neq f \in L^2(\mathbb{R}^2)$ eine Funktion, deren Fourier–Transformierte in einer Umgebung der Null verschwindet, dann gilt

$$\int_{IG(2)} |\langle U_{eu}(a,\vartheta,b)f, f\rangle_{L^2}|^2 \, d\mu_{eu}(a,\vartheta,b) = 4\pi^2 \, \|f\|_{L^2}^2 \int_{\mathbb{R}^2} \frac{|\widehat{f}(\xi)|^2}{\|\xi\|^2} \, d^2\xi < \infty .$$

■

Korollar 1.6.18 *Eine Funktion $\psi \in L^2(\mathbb{R}^2)$ ist genau dann zulässig bzgl. der Darstellung $T^b D^a R^\vartheta$ der Gruppe $IG(2)$, wenn das Integral*

$$\int_{\mathbb{R}^2} |\widehat{\psi}(\xi)|^2 / \|\xi\|^2 \, d^2\xi \tag{1.6.14}$$

existiert.

Definition 1.6.19 *Die nicht-trivialen zulässigen Funktionen der Gruppe $IG(2)$ bzgl. der Darstellung $T^b D^a R^\vartheta$ heißen* zweidimensionale kontinuierliche Wavelets.

Bemerkung 1.6.20

i) Den zweidimensionalen Wavelets von Definition 1.6.19 wurde das Adjektiv *kontinuierlich* beigefügt, um deutlich hervorzuheben, daß sie sich aus einer Verallgemeinerung der kontinuierlichen eindimensionalen Wavelet–Transformation ergeben. Es gibt nämlich auch zweidimensionale *diskrete* Wavelets, die ebenfalls kontinuierliche Funktionen sind, aber in Zusammenhang mit einer Verallgemeinerung der diskreten eindimensionalen Wavelet–Transformation stehen. Die diskrete Wavelet–Transformation in mehreren Dimensionen wird im nächsten Kapitel behandelt.

ii) Genau wie im eindimensionalen Fall bezieht sich die Zulässigkeitsbedingung (1.6.14) auf das Verhalten zulässiger Funktionen in der Nähe der Frequenz $\xi = 0$. Für integrable Wavelets bedeutet dies

$$\widehat{\psi}(0) = 0 \qquad \text{oder} \qquad \int_{\mathbb{R}^2} \psi(x) \, d^2x = 0 .$$

Bei der eindimensionalen Wavelet–Transformation versetzt uns Lemma 1.1.2 in die Lage, durch Differentiation Wavelets zu erzeugen. Dieses Ergebnis bleibt auch in zwei Dimensionen gültig. Im folgenden bezeichnen wir mit d^α, $\alpha = (\alpha_1, \alpha_2) \in \mathbb{N}_0^2$, den zweidimensionalen Differentialoperator $\dfrac{\partial^{\alpha_1+\alpha_2}}{\partial^{\alpha_1} x \, \partial^{\alpha_2} y}$.

Lemma 1.6.21 *Sei* $0 \neq \varrho \in H^\beta(\mathbb{R}^2)$, $\beta \geq 1$.
Dann ist $d^\alpha \varrho$ $(\alpha \in \mathbb{N}^2)$ *für* $1 \leq |\alpha| = \alpha_1 + \alpha_2 \leq \beta$ *ein zweidimensionales Wavelet.*

Beweis: Wegen $\beta - |\alpha| \geq 0$ ist ϱ ein Element ungleich der Nullfunktion aus $L^2(\mathbb{R}^2)$. Die bekannte Gleichheit

$$(d^\alpha \varrho)^\wedge(\xi) = i^{|\alpha|}\, \xi_1^{\alpha_1}\, \xi_2^{\alpha_2}\, \widehat{\varrho}(\xi) \qquad \text{fast überall}$$

liefert

$$\begin{aligned}
\int_{\mathbb{R}^2} \frac{|\xi_1|^{2\alpha_1}\, |\xi_2|^{2\alpha_2}\, |\widehat{\varrho}(\xi)|^2}{\|\xi\|^2}\, d^2\xi &\leq \int_{\mathbb{R}^2} \frac{\|\xi\|^{2|\alpha|}\, |\widehat{\varrho}(\xi)|^2}{\|\xi\|^2}\, d^2\xi \\
&\leq \int_{\mathbb{R}^2} \|\xi\|^{2(|\alpha|-1)}\, |\widehat{\varrho}(\xi)|^2\, d^2\xi \\
&\leq \int_{\mathbb{R}^2} (1 + \|\xi\|^2)^{|\alpha|-1}\, |\widehat{\varrho}(\xi)|^2\, d^2\xi \\
&\leq \|\varrho\|^2_{H^\beta(\mathbb{R}^2)} .
\end{aligned}$$

■

Korollar 1.6.22 *Sei* Γ *der lineare Differentialoperator mit konstanten Koeffizienten* c_α

$$\Gamma = \sum_{1 \leq |\alpha| \leq k} c_\alpha\, d^\alpha , \quad \alpha \in \mathbb{N}^2 ,$$

der Ordnung k. *Für* $\varrho \in H^k(\mathbb{R}^2)$ *ist* $\Gamma\varrho$ *ein zweidimensionales Wavelet.*

Beweis: Die Menge der Wavelets ist ein linearer Teilraum von $L^2(\mathbb{R}^2)$. ■

Die *zweidimensionale Wavelet–Transformation* L_ψ^{eu} definieren wir als Links–Transformation der Gruppe $IG(2)$ bzgl. $T^b\, D^a\, R^\vartheta$:

$$\begin{aligned}
L_\psi^{eu} f(a, \vartheta, b) &:= \frac{1}{\sqrt{c_\psi}} \langle U_{eu}(a, \vartheta, b) f, \psi \rangle_{L^2} \\
&= \frac{1}{\sqrt{c_\psi}} \frac{1}{a} \int_{\mathbb{R}^2} \bar{\psi}\left(\frac{1}{a} O^T(\vartheta)(x - b)\right) f(x)\, d^2x ,
\end{aligned}$$

wobei $c_\psi = 4\pi^2 \int_{\mathbb{R}^2} |\widehat{\psi}(\xi)|^2 / \|\xi\|^2\, d\xi$ ist. Ihre Orthogonalitätsrelation folgt aus dem allgemeinen Fall (Satz 1.6.3)

$$\langle L_\psi^{eu} f(a, \vartheta, b), L_\varphi^{eu} g(a, \vartheta, b) \rangle_{L^2(IG(2), d\mu_{eu})} = \frac{4\pi^2}{\sqrt{c_\psi c_\varphi}} \int_{\mathbb{R}^2} \frac{\overline{\widehat{\psi}}(\xi)\, \varphi(\xi)}{\|\xi\|^2}\, d\xi\, \langle f, g \rangle_{L^2} .$$

Bemerkung 1.6.23 (Interpretation der zweidimensionalen Wavelet–Transformation) Die zweidimensionale Wavelet–Transformation stellt eine Funktion zweier Variabler in einem Funktionenraum mit vier Variablen $(a, \vartheta, b) \in \mathbb{R}_{>0} \times [0, 2\pi[\times \mathbb{R}^2$ dar. Der Dilatationsparameter $a > 0$ kann wieder als inverse Frequenz angesehen werden, so daß $L_\psi^{eu} f(a, \vartheta, b)$ für kleine a Informationen aus dem Hochfrequenzbereich von f im Punkt $b \in \mathbb{R}^2$ enthält. Über den Drehwinkel ϑ wird diese Frequenzinformation richtungsselektiv, falls ψ nicht rotationssymmetrisch ist. Durch die zweidimensionale Wavelet–Analyse eines Bildes erfährt man somit nicht nur den Ort von Sprüngen und Kanten, sondern auch deren Orientierung innerhalb des Bildes [3, 100].

Die Inversionsformel und die Charakterisierung des Bildes von L_ψ^{eu} können über die beiden Lemmata 1.6.8 und 1.6.10 gewonnen werden. Besondere Bemerkung verdient jedoch eine Inversionsformel, die $L_\psi f(a, \vartheta, x)$ nur über alle Dilatationen und über alle Winkel integriert, um $f(x)$ zu erhalten.

Lemma 1.6.24 *Sei ψ ein zweidimensionales Wavelet und sei $f \in L^2(\mathbb{R}^2)$. Die Fourier–Transformierten $\widehat{\psi}$ und $\widehat{f}$ seien integrabel. Dann gilt fast überall*

$$f(x) = \frac{2\pi}{\sqrt{c_\psi}} \int_0^{2\pi} \int_0^{\infty} L_\psi^{eu} f(a, \vartheta, x) \frac{da}{a^2} \, d\vartheta \, .$$

Beweis: Die auftretenden Integrale in der nachfolgenden Rechnung existieren absolut, ihre Vertauschung ist damit erlaubt:

$$\begin{aligned}
&\frac{2\pi}{\sqrt{c_\psi}} \int_0^{2\pi} \int_0^{\infty} L_\psi^{eu} f(a, \vartheta, x) \frac{da}{a^2} \, d\vartheta \\
&= \frac{2\pi}{c_\psi} \int_0^{2\pi} \int_0^{\infty} \int_{\mathbb{R}^2} e^{-i\xi^T x} \, \widehat{\psi}(a \, O^T(\vartheta)\xi) \, \widehat{f}(\xi) \, d^2\xi \, \frac{da}{a} \, d\vartheta \\
&= \frac{2\pi}{c_\psi} \int_{\mathbb{R}^2} e^{-i\xi^T x} \, \widehat{f}(\xi) \underbrace{\int_0^{2\pi} \int_0^{\infty} \widehat{\psi}(a \, O^T(\vartheta)\xi) \, \frac{da}{a} \, d\vartheta}_{= \, c_\psi / 4\pi^2} \, d^2\xi \\
&= \frac{1}{2\pi} \int_{\mathbb{R}^2} e^{-i\xi^T x} \, \widehat{f}(\xi) \, d^2\xi \, = \, f(x) \, .
\end{aligned}$$

■

Die Ausführungen zur zweidimensionalen Wavelet–Transformation wollen wir mit einem Ausblick auf ihr Hochfrequenzverhalten beenden. Wir sind also an dem Verhalten

von $L_\psi f(a,\vartheta,b)$ für kleine Dilatationen ($a \to 0$) interessiert. Wir legen dabei keinen Wert auf größtmögliche Allgemeinheit oder absolute mathematische Detailgenauigkeit, obwohl dies analog zu Kapitel 1.4 möglich wäre.
Um uns von jeder technischen Schwierigkeit zu befreien, nehmen wir an, daß unser Wavelet ψ durch Differentiation einer Schwartz–Funktion gewonnen wurde, d.h. es gibt ein Paar $\alpha = (\alpha_1,\alpha_2) \in \mathbb{N}^2$ und ein $\varrho \in \mathcal{S}(\mathbb{R}^2)$ mit $\psi = d^\alpha \varrho$. Das zu analysierende zweidimensionale Signal f sei ebenfalls aus $\mathcal{S}(\mathbb{R}^2)$. Damit erhalten wir

$$\begin{aligned} L_\psi^{eu} f(a,\vartheta,b) &= \frac{1}{\sqrt{c_\psi}} \langle U_{eu}(a,\vartheta,b) d^\alpha \varrho, f\rangle_{L^2} \\ &= \frac{1}{\sqrt{c_\psi}} \langle F\, T^b\, D^a\, R^\vartheta\, d^\alpha \varrho, F f\rangle_{L^2} \\ &= \frac{1}{\sqrt{c_\psi}} \langle E^{-b}\, D^{1/a}\, R^\vartheta\, M^\alpha\, F\varrho, F f\rangle_{L^2}\ , \end{aligned}$$

wobei $M^\alpha : \mathcal{S}(\mathbb{R}^2) \to \mathcal{S}(\mathbb{R}^2)$ durch $M^\alpha f(x) = i^{|\alpha|}\, x^\alpha\, f(x) = i^{(\alpha_1+\alpha_2)}\, x_1^{\alpha_1}\, x_2^{\alpha_2}\, f(x_1,x_2)$ definiert ist. Wir vertauschen $R^\vartheta\, M^\alpha$ mit $E^{-b}\, D^{1/a}$ und gelangen zu

$$\begin{aligned} L_\psi^{eu} f(a,\vartheta,b) &= \frac{1}{\sqrt{c_\psi}}\, a^{|\alpha|}\, \langle R^\vartheta\, M^\alpha\, E^{-O(-\vartheta)b}\, D^{1/a}\, F\varrho, F f\rangle_{L^2} \\ &= \frac{1}{\sqrt{c_\psi}}\, a^{|\alpha|}\, \langle E^{-O(-\vartheta)b}\, D^{1/a}\, F\varrho, M^\alpha\, R^{-\vartheta}\, F f\rangle_{L^2} \\ &= \frac{1}{\sqrt{c_\psi}}\, a^{|\alpha|}\, \langle T^{O(-\vartheta)b}\, D^a\, \varrho, d^\alpha\, R^{-\vartheta}\, f\rangle_{L^2} \\ &= \frac{1}{\sqrt{c_\psi}}\, a^{|\alpha|}\, \frac{1}{a} \int_{\mathbb{R}^2} \bar{\varrho}\left(\frac{1}{a}\Big(x - O^T(\vartheta) b\Big)\right) (d^\alpha\, R^{-\vartheta}\, f)(x)\, d^2x \end{aligned}$$

oder

$$\frac{\sqrt{c_\psi}}{a^{|\alpha|+1}}\, L_\psi^{eu} f(a,\vartheta,b) = \frac{1}{a^2} \int_{\mathbb{R}^2} \bar{\varrho}\left(\frac{1}{a}\Big(x - O^T(\vartheta) b\Big)\right) (d^\alpha\, R^{-\vartheta}\, f)(x)\, d^2x\ .$$

Mit ähnlichen Argumenten wie im Beweis von Satz 1.4.2 zeigt man die Konvergenz der rechten Seite in $L^2(\mathbb{R}^2)$ (hier gilt sie sogar gleichmäßig) gegen $\widehat{\bar{\varrho}}(0)\, (d^\alpha\, R^{-\vartheta}\, f)(O^T(\vartheta) b) = \widehat{\bar{\varrho}}(0)\, (R^\vartheta\, d^\alpha\, R^{-\vartheta}\, f)(b)$, d.h.

$$L_\psi^{eu} f(a,\vartheta,b) = a^{|\alpha|+1}\, \sqrt{c_\psi}\, \widehat{\bar{\varrho}}(0)\, (R^\vartheta\, d^\alpha\, R^{-\vartheta}\, f)(b) + o(a^{|\alpha|+1})\ .$$

Für eine aussagekräftige Interpretation der asymptotischen Gleichheit untersuchen wir die Wirkung von $R^\vartheta\, d^\alpha\, R^{-\vartheta}$ auf das Signal f. Wir betrachten die zwei einfachen Fälle

$\alpha_1 = (1,0)$ bzw. $\alpha_2 = (0,1)$, i.e. $d^{\alpha_1} = \partial/\partial x_1$ und $d^{\alpha_2} = \partial/\partial x_2$. Der Gradient der Funktion $g(x) = (R^{-\vartheta} f)(x) = f(O(\vartheta)x)$ läßt sich durch die Kettenregel auswerten,

$$\operatorname{grad} g(x) = \operatorname{grad} f(O(\vartheta)\, x)\, O(\vartheta)\ ,$$

woraus

$$\begin{aligned}\frac{\partial g}{\partial x_1}(x) &= \frac{\partial f}{\partial x_1}(O(\vartheta)x)\,\cos\vartheta + \frac{\partial f}{\partial x_2}(O(\vartheta)x)\,\sin\vartheta\,,\\ \frac{\partial g}{\partial x_2}(x) &= -\frac{\partial f}{\partial x_1}(O(\vartheta)x)\,\sin\vartheta + \frac{\partial f}{\partial x_2}(O(\vartheta)x)\,\cos\vartheta\end{aligned}$$

folgt. Insgesamt werden wir auf

$$\begin{aligned}(R^{\vartheta}\, d^{\alpha_1}\, R^{-\vartheta} f)(x) &= \frac{\partial f}{\partial x_1}(x)\,\cos\vartheta + \frac{\partial f}{\partial x_2}(x)\,\sin\vartheta\\ &= \langle \operatorname{grad}^T f(x), \omega(\vartheta)\rangle\\ &= \frac{\partial}{\partial t} f(x + t\,\omega(\vartheta))\Big|_{t=0} =: \frac{\partial}{\partial\omega(\vartheta)}\, f(x)\end{aligned}$$

und

$$\begin{aligned}(R^{\vartheta}\, d^{\alpha_2}\, R^{-\vartheta} f)(x) &= \langle \operatorname{grad}^T f(x), \omega^{\perp}(\vartheta)\rangle\\ &= \frac{\partial}{\partial t} f(x + t\,\omega^{\perp}(\vartheta))\Big|_{t=0} =: \frac{\partial}{\partial\omega^{\perp}(\vartheta)}\, f(x)\,.\end{aligned}$$

geführt. Die "komplizierten" Ausdrücke auf der linken Seite entpuppen sich als simple Richtungsableitungen von f im Punkte x in Richtung der orthogonalen Einheitsvektoren $\omega(\varphi) = (\cos\varphi, \sin\varphi)^T$ bzw. $\omega^{\perp}(\varphi) = (-\sin\varphi, \cos\varphi)^T$. Wenden wir uns nun Paaren α der Gestalt $\alpha = k\,\alpha_1$, $k \in \mathbb{N}$ zu,

$$\begin{aligned}R^{\vartheta}\, d^{k\,\alpha_1}\, R^{-\vartheta} &= R^{\vartheta}\, \underbrace{\frac{\partial}{\partial x_1}\,\frac{\partial}{\partial x_1}\cdots\frac{\partial}{\partial x_1}}_{k-\text{mal}}\, R^{-\vartheta}\\ &= \underbrace{R^{\vartheta}\,\frac{\partial}{\partial x_1}\, R^{-\vartheta}\, R^{\vartheta}\,\frac{\partial}{\partial x_1}\, R^{-\vartheta}\,\ldots\, R^{\vartheta}\,\frac{\partial}{\partial x_1}\, R^{-\vartheta}}_{k-\text{mal}}\\ &= \underbrace{\frac{\partial}{\partial\omega(\vartheta)}\,\frac{\partial}{\partial\omega(\vartheta)}\cdots\frac{\partial}{\partial\omega(\vartheta)}}_{k-\text{mal}} =: \frac{\partial^k}{\partial\omega(\vartheta)}\,.\end{aligned}$$

In diesem Fall wird f durch $R^{\vartheta}\, d^{k\alpha_1}\, R^{-\vartheta}$ k-mal in Richtung $\omega(\vartheta)$ differenziert. Analog differenziert $R^{\vartheta}\, d^{k\alpha_2}\, R^{-\vartheta} = \partial^k/\partial\omega^{\perp}(\vartheta)$ k-mal in Richtung $\omega^{\perp}(\vartheta)$.

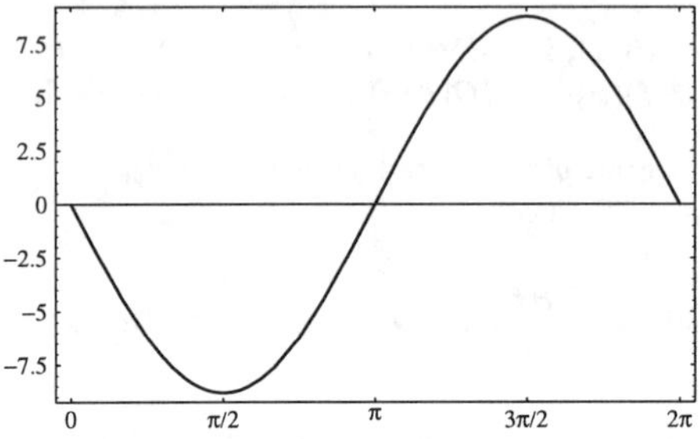

Abbildung 1.13: Graph von $h(\vartheta)$ (1.6.17) für $0 \leq \vartheta \leq 2\pi$

Für allgemeines $\alpha \in I\!N^2$, $\alpha = (k_1, k_2)$, wenden wir den gleichen Trick an; der Differentialausdruck

$$R^\vartheta\, d^\alpha\, R^{-\vartheta} \;=\; R^\vartheta\, d^{k_1\alpha_1}\, R^{-\vartheta}\, R^\vartheta\, d^{k_2\alpha_2}\, R^{-\vartheta}$$
$$= \frac{\partial^{k_1}}{\partial\omega(\vartheta)}\,\frac{\partial^{k_2}}{\partial\omega^\perp(\vartheta)} = \frac{\partial^{k_2}}{\partial\omega^\perp(\vartheta)}\,\frac{\partial^{k_1}}{\partial\omega(\vartheta)}$$

differenziert k_1-mal in Richtung $\omega(\vartheta)$ und k_2-mal Richtung $\omega^\perp(\vartheta)$.
Abschließend notieren wir die Asymptotiken

$$L_\psi^{eu} f(a,\vartheta,b) = a^{|\alpha|+1}\sqrt{c_\psi}\,\widehat{\widehat{\varrho}}(0)\left(\frac{\partial^{k_1}}{\partial\omega(\vartheta)}\,\frac{\partial^{k_2}}{\partial\omega^\perp(\vartheta)}\,f\right)(b) + o(a^{|\alpha|+1})\,, \qquad (1.6.15)$$

$$a^{-|\alpha|-1}\, L_\psi^{eu} f(a,\vartheta,b) = \sqrt{c_\psi}\,\widehat{\widehat{\varrho}}(0)\left(\frac{\partial^{k_1}}{\partial\omega(\vartheta)}\,\frac{\partial^{k_2}}{\partial\omega^\perp(\vartheta)}\,f\right)(b) + R(a)\,, \qquad (1.6.16)$$

mit $R(a) \stackrel{a\to 0}{\longrightarrow} 0$, die uns verraten, daß die zweidimensionale Wavelet–Transformation für kleine Dilatationsparameter Richtungsableitungen des zu analysierenden Signals approximiert. Die in Bemerkung 1.6.23 salopp erwähnte Richtungsselektivität kommt deutlich und exakt zum Vorschein.

Beispiel:
Eine graphische Verifikation der Asymptotik (1.6.16) gibt Abbildung 1.13. Aufgetragen wurde die Funktion

$$h(\vartheta) = 0.1^{-2}\; L_\psi^{eu} f(0.1, \vartheta, (0,0))\,, \quad 0 \leq \vartheta < 2\pi\,, \qquad (1.6.17)$$

für das Wavelet

$$\psi(x,y) = \frac{\partial}{\partial y}\, e^{-(x^2+y^2)/2} = -y\, e^{-(x^2+y^2)/2}$$

und die Funktion

$$f(x,y) = \begin{cases} 1 & : \quad (x,y) \in K_{1/2}(0,1/2) \\ 0 & : \quad \text{sonst} \end{cases} .$$

Es bezeichnet $K_{1/2}(0,1/2)$ die Kreischeibe mit Radius $1/2$ und Mittelpunkt $(0,1/2)$. Die Richtungsableitung $\partial f/\partial\omega^{\perp}(\vartheta)$ im Punkt $(0,0)$ läßt sich *formal* durch

$$\frac{\partial}{\partial\omega^{\perp}(\vartheta)} f(0,0) = -\delta(0) \sin \vartheta$$

ausdrücken. Genau dieses Verhalten zeigt h in Abbildung 1.13 als Approximation an $\frac{\partial}{\partial\omega^{\perp}(\vartheta)} f(0,0)$.

1.7 Fortsetzung der eindimensionalen Wavelet–Transformation auf Sobolev–Räume

Die bisher nur auf $L^2(\mathbb{R})$ definierte Wavelet–Transformation wird auf die Sobolev–Räume $H^{\alpha}(\mathbb{R})$, $\alpha \in \mathbb{R}$, fortgesetzt und ihre Bilder als Elemente des Faserraums $L^2((\mathbb{R}, da/a^2), H^{\alpha}(\mathbb{R}))$, den wir mit $\mathcal{F}^{\alpha}$ abkürzen, interpretiert. Der Raum $\mathcal{F}^{\alpha}$ ist zu dem Tensorprodukt $L^2(\mathbb{R}, da/a^2) \otimes H^{\alpha}(\mathbb{R})$ bzw. zu dem Sobolev–Raum mit zwei Variablen $H^{0,\alpha}(\mathbb{R}^2, da\, db/a^2)$ isomorph [5].

Ist λ ein Maß auf $\mathbb{R}$ und $(B, \|\cdot\|)$ ein normierter Raum, dann besteht der *Faserraum* $L^2((\mathbb{R}, d\lambda), (B, \|\cdot\|))$ aus Abbildungen $\varphi : (\mathbb{R}, d\lambda) \to (B, \|\cdot\|)$, deren Normquadrate $\|\varphi(\cdot)\|_B^2$ über $\mathbb{R}$ gegen das Maß λ integrabel sind, i.e. die Integrale

$$\|\varphi\|^2 = \int_{\mathbb{R}} \|\varphi(x)\|_B^2 \, d\lambda(x)$$

existieren. Die Darstellung der Wavelet–Transformation als Faltungsprodukt ist uns schon bekannt

$$L_{\psi} f(a,\cdot) = \frac{1}{\sqrt{c_{\psi}}} D^{-a}\psi * f(\cdot).$$

Daher beschäftigen wir uns zunächst mit Faltungsoperatoren.

Lemma 1.7.1 *Der Faltungsoperator Λ_{ψ}, definiert durch $\Lambda_{\psi} f(\cdot) = \psi * f(\cdot)$ für $\psi \in L^1(\mathbb{R})$ und $f \in S(\mathbb{R})$, läßt sich als stetige Abbildung des $H^{\alpha}(\mathbb{R})$, $\alpha \in \mathbb{R}$, in sich mit der Norm $\|\Lambda_{\psi}\| \le \|\psi\|_{L^1}$ fortsetzen. Ferner gilt punktweise fast überall*

$$(\Lambda_{\psi} f)^{\wedge}(\cdot) = \sqrt{2\pi}\, \widehat{\psi}(\cdot) \widehat{f}(\cdot). \tag{1.7.1}$$

Beweis: Für eine temperierte Funktion $f \in S(\mathbb{R})$ berechnen wir die $H^\alpha(\mathbb{R})$–Norm von $\Lambda_\psi f$, wobei wir den aus der klassischen Analysis bekannten Faltungssatz

$$(\psi * f)^\wedge(\xi) = \sqrt{2\pi}\,\widehat{\psi}(\xi)\,\widehat{f}(\xi)$$

benutzen:

$$\begin{aligned}
\|\Lambda_\psi f\|_\alpha^2 = \|\psi * f\|_\alpha^2 &= \int_{\mathbb{R}} (1+\xi^2)^\alpha |(\psi * f)^\wedge(\xi)|^2 d\xi \\
&= 2\pi \int_{\mathbb{R}} (1+\xi^2)^\alpha |\widehat{\psi}(\xi)|^2 |\widehat{f}(\xi)|^2 d\xi \\
&\leq \|\psi\|_{L^1}^2 \|f\|_\alpha^2.
\end{aligned}$$

Wir gebrauchten die Abschätzung $|\widehat{\psi}(\xi)| \leq \|\psi\|_{L^1}/\sqrt{2\pi}$. Der Schwartz–Raum $S(\mathbb{R})$ liegt dicht in $H^\alpha(\mathbb{R})$. Somit kann Λ_ψ in bekannter Weise [132] als stetiger Operator auf $H^\alpha(\mathbb{R})$ fortgesetzt werden.
Im zweiten Teil zeigen wir, daß $(\Lambda_\psi f)^\wedge = (\psi * f)^\wedge$ und $\sqrt{2\pi}\widehat{\psi}\widehat{f}$ als temperierte Distributionen identisch sind. Sei dazu $\{f_n\}_{n\in\mathbb{N}} \in S(\mathbb{R})$ eine Folge, die in $H^\alpha(\mathbb{R})$ gegen f konvergiert. Wir benötigen noch eine Abschätzung von $T_{\widehat{g}}\varphi := \int \widehat{g}(\xi)\varphi(\xi)d\xi$, wobei $g \in H^\alpha(\mathbb{R})$ und $\varphi \in S(\mathbb{R})$ eine Testfunktion ist:

$$\begin{aligned}
|T_{\widehat{g}}\varphi| &= \Big|\int_{\mathbb{R}} \widehat{g}(\xi)\varphi(\xi)\,d\xi\Big| \leq \int_{\mathbb{R}} (1+\xi^2)^{\alpha/2}|\widehat{g}(\xi)|(1+\xi^2)^{-\alpha/2}|\varphi(\xi)|\,d\xi \\
&\leq \|g\|_\alpha \,\|F^{-1}\varphi\|_{-\alpha},
\end{aligned}$$

$$\begin{aligned}
|T_{(\Lambda_\psi f)^\wedge}\varphi - T_{\sqrt{2\pi}\widehat{\psi}\widehat{f}}\varphi| &\leq |T_{(\Lambda_\psi f)^\wedge}\varphi - T_{(\Lambda_\psi f_n)^\wedge}\varphi| + |T_{\sqrt{2\pi}\widehat{\psi}\widehat{f}_n}\varphi - T_{\sqrt{2\pi}\widehat{\psi}\widehat{f}}\varphi| \\
&\leq |T_{\Lambda_\psi(f-f_n)^\wedge}\varphi| + \|\psi\|_{L^1}|T_{\widehat{f}-\widehat{f}_n}\varphi| \\
&\leq \|\Lambda_\psi(f-f_n)\|_\alpha \|F^{-1}\varphi\|_{-\alpha} + \|\psi\|_{L^1}\|f-f_n\|_\alpha \|F^{-1}\varphi\|_{-\alpha} \\
&\leq 2\|\psi\|_{L^1}\|F^{-1}\varphi\|_{-\alpha}\|f-f_n\|_\alpha .
\end{aligned}$$

Dies impliziert $T_{(\Lambda_\psi f)^\wedge}\varphi = T_{\sqrt{2\pi}\widehat{\psi}\widehat{f}}\varphi$ für alle Testfunktionen $\varphi \in S(\mathbb{R})$, d.h. $(\Lambda_\psi f)^\wedge(\cdot) = \sqrt{2\pi}\,\widehat{\psi}(\cdot)\widehat{f}(\cdot)$ im Distributionssinn. Da beide Ausdrücke reguläre Distributionen sind, gilt die Gleichheit punktweise fast überall in $\mathbb{R}$. ∎

Der bekannte Glättungseffekt von Faltungsoperatoren, d.h. $\Lambda_\psi f$ ist im allgemeinen glatter als f, wird in Korollar 1.7.2 quantifiziert.

Korollar 1.7.2 *Sei $\psi \in L^1(\mathbb{R})$ mit $\||\cdot|^\beta\widehat{\psi}(\cdot)\|_{L^\infty} = M < \infty$ für $\beta > 0$.*
Dann ist $\Lambda_\psi : H^s(\mathbb{R}) \to H^{s+\beta}(\mathbb{R})$ stetig mit $\|\Lambda_\psi\| \leq 2^{\beta/2}\sqrt{\|\psi\|_{L^1}^2 + 2\pi M^2}$.

Der Faltungsoperator glättet in der Sobolev–Skala um β-Stufen.

Beweis: Wir schätzen die $H^{s+\beta}(\mathbb{R})$–Norm von $\Lambda_\psi f,\ f \in H^s(\mathbb{R})$, ab:

$$
\begin{aligned}
\|\Lambda_\psi f\|_{s+\beta}^2 &= \int_{\mathbb{R}} (1+\xi^2)^{s+\beta}\, |(\psi * f)^\wedge(\xi)|^2 d\xi \\
&= \int_{|\xi|<1} (1+\xi^2)^s \underbrace{(1+\xi^2)^\beta}_{<2^\beta,\text{ für } \xi^2<1} |(\psi * f)^\wedge(\xi)|^2 d\xi \\
&\quad + 2\pi \int_{|\xi|\geq 1} (1+\xi^2)^s \underbrace{(1+\xi^2)^\beta}_{\leq 2^\beta \xi^{2\beta},\text{ für } \xi^2 \geq 1} |\widehat{\psi}(\xi)|^2 |\widehat{f}(\xi)|^2 d\xi \\
&\leq 2^\beta \left(\|\Lambda_\psi f\|_s^2 + 2\pi \int_{\mathbb{R}} (1+\xi^2) \underbrace{\left| |\xi|^\beta \widehat{\psi}(\xi) \right|^2}_{\leq M^2 \text{ a.e.}} |\widehat{f}(\xi)|^2 d\xi \right) \\
&\leq 2^\beta \left(\|\psi\|_{L^1}^2 + 2\pi M^2 \right) \|f\|_s^2 .
\end{aligned}
$$

■

Bemerkung 1.7.3 Eine integrable Funktion ψ, deren k-te Ableitung $\psi^{(k)}$ $(k \in \mathbb{N})$ ebenfalls integrabel ist, genügt der Voraussetzung von Korollar 1.7.2 mit $\beta = k$ und $M \leq \|\psi^{(k)}\|_{L^1}/\sqrt{2\pi}$, denn aus $\widehat{\psi^{(k)}}(\cdot) = i^k(\cdot)^k \widehat{\psi}(\cdot)$, folgt

$$
|(\cdot)^k \widehat{\psi}(\cdot)| \leq \frac{1}{\sqrt{2\pi}} \|\psi^{(k)}\|_{L^1} .
$$

Beispiel:
Die charakteristische Funktion χ des Intervalls $[-0.5, 0.5]$,

$$
\chi(x) = \begin{cases} 1 & : \quad x \in [-0.5, 0.5] \\ 0 & : \quad \text{sonst} \end{cases} ,
$$

liegt in $L^1(\mathbb{R}) \cap H^s(\mathbb{R})$, $s < 1/2$. Ihre Fourier–Transformierte $\widehat{\chi}(\xi) = (\sin 2\xi)/(\sqrt{2\pi}\xi)$ erfüllt

$$
\| |\cdot|^1 \widehat{\chi}(\cdot)\|_{L^\infty} = \frac{1}{\sqrt{2\pi}} ,
$$

wobei der Exponent 1 maximal ist. Nach Korollar 1.7.2 ist der B–Spline $B_l = \underbrace{\chi * \chi * \ldots * \chi}_{l - \text{Faktoren}}$ der Ordnung l ein Element jedes Sobolev–Raums $H^r(\mathbb{R})$ mit $r < l - 1/2$.

Falls das Wavelet $\psi \in L^1(\mathbb{R})$ ist, erhalten wir via Lemma 1.7.1 die Fortsetzung von $L_\psi f(a,\cdot)$ für festes $a \neq 0$ auf $H^\alpha(\mathbb{R})$ mit

$$\begin{aligned} \|L_\psi f(a,\cdot)\|_\alpha &\leq \frac{1}{\sqrt{c_\psi}} \|D^{-a}\psi\|_{L^1} \|f\|_\alpha \qquad (1.7.2) \\ &= \sqrt{|a|}\,\frac{1}{\sqrt{c_\psi}} \|\psi\|_{L^1} \|f\|_\alpha \end{aligned}$$

sowie

$$\begin{aligned} (L_\psi f(a,\cdot))^\wedge(\xi) &= \sqrt{\frac{2\pi}{c_\psi}}\,(D^{-a}\bar{\psi})^\wedge(\xi)\,\widehat{f}(\xi) \qquad (1.7.3) \\ &= \sqrt{\frac{2\pi}{c_\psi}}\,\overline{(D^a\psi)^\wedge(\xi)}\,\widehat{f}(\xi) \end{aligned}$$

punktweise fast überall für $f \in H^\alpha(\mathbb{R})$. Erfüllt ψ zusätzlich die Voraussetzungen von Korollar 1.7.2 für ein $\beta > 0$, so haben wir $L_\psi f(a,\cdot) \in H^{\alpha+\beta}(\mathbb{R})$ für jedes $a \neq 0$.

Lemma 1.7.4 *Der Integraloperator L_ψ mit integrablem Wavelet ψ ist eine Isometrie von $H^\alpha(\mathbb{R})$, $\alpha \in \mathbb{R}$, in den Faserraum $\mathcal{F}^\alpha$, d.h.*

$$\|L_\psi f\|^2_{\mathcal{F}^\alpha} = \int_{\mathbb{R}} \|L_\psi f(a,\cdot)\|^2_\alpha \frac{da}{a^2} = \|f\|^2_\alpha .$$

Beweis: Die Isometrie sieht man über eine einfache Rechnung ein:

$$\begin{aligned} \int_{\mathbb{R}} \|L_\psi f(a,\cdot)\|^2_\alpha \frac{da}{a^2} &\overset{(1.7.3)}{=} \frac{2\pi}{c_\psi} \int_{\mathbb{R}}\int_{\mathbb{R}} (1+\xi^2)^\alpha\,|a|\,|\widehat{\psi}(a\xi)|^2\,|\widehat{f}(\xi)|^2\,d\xi\,\frac{da}{a^2} \\ &= \frac{2\pi}{c_\psi} \int_{\mathbb{R}} (1+\xi^2)^\alpha |\widehat{f}(\xi)|^2 \int_{\mathbb{R}} |\widehat{\psi}(a\xi)|^2 \frac{da}{|a|}\,d\xi \\ &= \frac{2\pi}{c_\psi} \int_{\mathbb{R}} |\widehat{\psi}(a)|^2 \frac{da}{|a|}\,\|f\|^2_\alpha . \end{aligned}$$

■

Eine genauere Betrachtung der erweiterten Wavelet–Transformation $L_\psi : H^\alpha(\mathbb{R}) \to L^2((\mathbb{R}, da/a^2), H^\alpha(\mathbb{R}))$ ermöglicht uns der Satz 1.6.6. Dazu geben wir eine explizite Darstellung des adjungierten Operators $L_\psi^* : \mathcal{F}^\alpha \to H^\alpha(\mathbb{R})$ an. Das kanonische Skalarprodukt auf $\mathcal{F}^\alpha$ bezeichnen wir mit

$$(\varrho,\gamma)_{\mathcal{F}^\alpha} := \int_{\mathbb{R}} \langle \varrho(a,\cdot), \gamma(a,\cdot)\rangle_\alpha \frac{da}{a^2}$$

und untersuchen für $f \in H^\alpha(\mathbb{R})$, $g \in \mathcal{F}^\alpha$ das skalare Produkt von $L_\psi f$ mit g:

$$\begin{aligned}
(L_\psi f, g)_{\mathcal{F}^\alpha} &= \int_{\mathbb{R}}\int_{\mathbb{R}} (1+\xi^2)^\alpha \overline{(L_\psi f(a,\cdot))^\wedge(\xi)}\,(g(a,\cdot))^\wedge(\xi)\,d\xi\,\frac{da}{a^2} \\
&= \sqrt{\frac{2\pi}{c_\psi}} \int_{\mathbb{R}}\int_{\mathbb{R}} (1+\xi^2)^\alpha \overline{\widehat{f}}(\xi)\,(D^a\psi)^\wedge(\xi)\,(g(a,\cdot))^\wedge(\xi)\,d\xi\,\frac{da}{a^2} \\
&= \frac{1}{\sqrt{c_\psi}} \int_{\mathbb{R}} (1+\xi^2)^\alpha \overline{\widehat{f}}(\xi)\,(\Lambda_{D^a\psi}\, g(a,\cdot))^\wedge(\xi)\,d\xi\,\frac{da}{a^2} \\
&= \frac{1}{\sqrt{c_\psi}} \int_{\mathbb{R}} \langle f(x), \Lambda_{D^a\psi}\, g(a,\cdot)(x)\rangle_\alpha\,\frac{da}{a^2} \\
&= \left\langle f(x), \frac{1}{\sqrt{c_\psi}} \int_{\mathbb{R}} \Lambda_{D^a\psi}\, g(a,\cdot)(x)\,\frac{da}{a^2}\right\rangle_\alpha .
\end{aligned}$$

Diese Gleichungskette verifiziert die Aussage

$$\begin{aligned}
L_\psi^* g(x) &= \frac{1}{\sqrt{c_\psi}} \int_{\mathbb{R}} \Lambda_{D^a\psi}\, g(a,\cdot)(x)\,\frac{da}{a^2} \qquad (1.7.4) \\
&= \frac{1}{\sqrt{c_\psi}} \int_{\mathbb{R}} (D^a\psi * g(a,\cdot))(x)\,\frac{da}{a^2}
\end{aligned}$$

im *schwachen* Sinn (vgl. Bemerkung 1.6.9).

Lemma 1.7.5 *Das Bild* $\mathrm{range}(L_\psi) \subset \mathcal{F}^\alpha$ *ist ein Hilbert–Raum mit reproduzierendem Kern*

$$P(a,b,\lambda,\tau) := \frac{1}{\sqrt{c_\psi}} L_\psi \psi\left(\frac{a}{\lambda}, \frac{b-\tau}{\lambda}\right),$$

d.h. es besteht die Äquivalenz

$$g \in \mathrm{range}(L_\psi) \iff g(\cdot,\cdot) = \int_{\mathbb{R}}\int_{\mathbb{R}} P(\cdot,\cdot,\lambda,\tau)\,g(\lambda,\tau)\,\frac{d\tau\,d\lambda}{\lambda^2}.$$

Es versteht sich, daß das Integral schwach zu erklären ist und daß die formale Integration bzgl. τ eine Faltung gemäß Lemma 1.7.1 bezeichnet.

Beweis: Es seien $f, g \in \mathcal{F}^\alpha$.

$$(L_\psi L_\psi^* g, f)_{\mathcal{F}^\alpha} = \langle L_\psi^* g, L_\psi^* f\rangle_\alpha$$

$$= \frac{1}{\sqrt{c_\psi}} \int_{\mathbb{R}} \langle D^\lambda \psi * g(\lambda, \cdot)(x), L_\psi^* f(x) \rangle_\alpha \frac{d\lambda}{\lambda^2}$$

$$= \frac{1}{\sqrt{c_\psi}} \int_{\mathbb{R}} (L_\psi (D^\lambda \psi * g(\lambda, \cdot))(a,b), f(a,b))_{\mathcal{F}^\alpha} \frac{d\lambda}{\lambda^2}$$

$$= \left(\int_{\mathbb{R}} \frac{1}{\sqrt{c_\psi}} L_\psi (D^\lambda \psi * g(\lambda, \cdot))(a,b) \frac{d\lambda}{\lambda^2}, f(a,b) \right)_{\mathcal{F}^\alpha}$$

Die aufgestellte Gleichheit gilt für jedes $f \in \mathcal{F}^\alpha$, somit folgt

$$\begin{aligned} L_\psi L_\psi^* g(a,b) &= \frac{1}{\sqrt{c_\psi}} \int_{\mathbb{R}} L_\psi (D^\lambda \psi * g(\lambda, \cdot))(a,b) \frac{d\lambda}{\lambda^2} \\ &= \frac{1}{\sqrt{c_\psi}} \int_{\mathbb{R}} [L_\psi (D^\lambda \psi)(a, \cdot) * g(\lambda, \cdot)](b) \frac{d\lambda}{\lambda^2} \\ &= \frac{1}{\sqrt{c_\psi}} \int_{\mathbb{R}} \left[L_\psi \psi \left(\frac{a}{\lambda}, \frac{\cdot}{\lambda} \right) * g(\lambda, \cdot) \right](b) \frac{d\lambda}{\lambda^2} \\ &= \int_{\mathbb{R}} \int_{\mathbb{R}} L_\psi \psi \left(\frac{a}{\lambda}, \frac{b-\tau}{\lambda} \right) g(\lambda, \tau) \frac{d\tau \, d\lambda}{\lambda^2} . \end{aligned}$$

■

Die mehr oder weniger technischen Einzelheiten der Erweiterung der Wavelet–Transformation auf Sobolev–Räume haben wir nicht aus reiner mathematischer Selbstgefälligkeit auf uns genommen, vielmehr wollen wir auch einen Nutzen daraus ziehen. Im Rest dieses Abschnitts sollen daher Abschätzungen der Wavelet–Transformation in Sobolev–Normen gezeigt werden.

Als erstes gestattet uns die Ungleichung (1.7.2) einen Einblick in das Verhalten der Wavelet–Transformation bei Änderung des Arguments und des Wavelets.

Lemma 1.7.6 *Für Wavelets $\psi, \gamma \in L^1(\mathbb{R})$ und $f, g \in H^s(\mathbb{R})$, $s \in \mathbb{R}$, gilt:*

$$\begin{aligned} &\| L_\psi f(a, \cdot) - L_\gamma g(a, \cdot) \|_s \\ &\quad \le \sqrt{|a|} \left(\left\| \frac{\psi}{\sqrt{c_\psi}} - \frac{\gamma}{\sqrt{c_\gamma}} \right\|_{L^1} \|f\|_s + \frac{\|\gamma\|_{L^1}}{\sqrt{c_\psi}} \|f - g\|_s \right) . \end{aligned}$$

Beweis: Die Dreiecksungleichung führt auf

$$\| L_\psi f(a, \cdot) - L_\gamma g(a, \cdot) \|_s \le \| L_\psi f(a, \cdot) - L_\gamma f(a, \cdot) \|_s + \| L_\gamma (f - g)(a, \cdot) \|_s .$$

Die beiden Summanden schätzen wir mit (1.7.2) ab:

$$\begin{aligned}
\|L_\psi f(a,\cdot) - L_\gamma f(a,\cdot)\|_s &= \left\| \frac{1}{\sqrt{c_\psi}} \Lambda_{D^{-a}\psi} f(\cdot) - \frac{1}{\sqrt{c_\gamma}} \Lambda_{D^{-a}\gamma} f(\cdot) \right\|_s \\
&= \|\Lambda_{D^{-a}(\psi/\sqrt{c_\psi} - \gamma/\sqrt{c_\gamma})} f(\cdot)\|_s \\
&\le \sqrt{|a|} \left\| \frac{\psi}{\sqrt{c_\psi}} - \frac{\gamma}{\sqrt{c_\gamma}} \right\|_{L^1} \|f(\cdot)\|_s
\end{aligned}$$

und

$$\|L_\gamma (f-g)(a,\cdot)\|_s \le \sqrt{|a|} \frac{\|\gamma\|_{L^1}}{\sqrt{c_\psi}} \|f-g\|_s .$$

■

Korollar 1.7.7 *Unter den Voraussetzungen des Lemmas* 1.7.6 *gelten:*

a) $\|L_\psi f(a,\cdot)\|_s = O(\sqrt{|a|})$, $a \to 0$, $s \in \mathbb{R}$,

b) $\|L_\psi f(a,\cdot)\|_{C^k} = O(\sqrt{|a|})$, $a \to 0$, $s > 1/2 + k$, $k \in \mathbb{N}_0$.

Beweis: Die Behauptung b) ist eine einfache Konsequenz aus dem Sobolevschen Einbettungssatz, siehe Anhang. ■

Bemerkung 1.7.8 Das obige allgemeine Abklingverhalten wird mit einem L^1-Wavelet erreicht. Unter stärkeren Forderungen an ψ haben wir in Abschnitt 1.5 ein vom Glattheitsgrad von f abhängiges (schnelleres) Abklingen bewiesen.

In einem weiteren Lemma und seinen Korollaren halten wir eine Asymptotik der Wavelet–Transformation im Zeitparameter fest.

Lemma 1.7.9 *Sei* $\psi \in L^1(\mathbb{R})$ *ein Wavelet und* $f \in H^s(\mathbb{R})$, $s \in \mathbb{R}$. *Dann gilt mit* $a \neq 0$ *fest*

$$\|L_\psi f(a,\cdot+h) - L_\psi f(a,\cdot)\|_{s-\alpha} = O(|h|^\alpha)$$

für $0 < \alpha \le 1$.

Beweis: Man verifiziert sofort $L_\psi f(a,b+h) = L_\psi (T^{-h} f)(a,b)$. Zusammen mit (1.7.2) führt dies auf

$$\begin{aligned}
\|L_\psi f(a,\cdot+h) - L_\psi f(a,\cdot)\|_{s-\alpha} &= \|L_\psi (T^{-h} f - f)(a,\cdot)\|_{s-\alpha} \\
&\le \sqrt{|a|} \frac{\|\psi\|_{L^1}}{\sqrt{c_\psi}} \|T^{-h} f - f\|_{s-\alpha}
\end{aligned}$$

mit

$$\|T^{-h} f - f\|_{s-\alpha}^2 = \int_{\mathbb{R}} (1+\xi^2)^{s-\alpha} |\widehat{f}(\xi)|^2 \, |1-e^{ih\xi}|^2 \, d\xi \, .$$

Wir benutzen $|\sin\xi| \le |\xi|^\alpha$, $0<\alpha<1$ für eine Abschätzung von $|1-e^{ih\xi}|^2$:

$$\begin{aligned} |1-e^{ih\xi}|^2 &= (1-\cos h\xi)^2 + (\sin h\xi)^2 = 2(1-\cos h\xi) \\ &= 4\sin^2\left(\frac{h\xi}{2}\right) \le 4|h|^{2\alpha}\,|\xi|^{2\alpha}, \quad 0<\alpha<1 \, . \end{aligned}$$

Daraus resultiert

$$\begin{aligned} \|T^{-h} f - f\|_{s-\alpha}^2 &\le 4|h|^{2\alpha} \int_{\mathbb{R}} (1+\xi^2)^{s-\alpha}\,|\xi|^{2\alpha}\,|\widehat{f}(\xi)|^2\,d\xi \\ &\le 4|h|^{2\alpha} \int_{\mathbb{R}} (1+\xi^2)^{s-\alpha}\,(1+\xi^2)^{\alpha}\,|\widehat{f}(\xi)|^2\,d\xi \\ &= 4|h|^{2\alpha}\,\|f\|_s^2 \, . \end{aligned}$$

■

Korollar 1.7.10 *Sei ψ ein integrables Wavelet und f ein Element von $H^{1/2+k+\alpha}(\mathbb{R})$, $0<\alpha<1$, $k\in\mathbb{N}_0$. Dann ist für $|h|\le 1$ die Asymptotik*

$$\|L_\psi f(a,\cdot+h) - L_\psi f(a,\cdot)\|_{C^k} = O(|h|^\alpha)$$

erfüllt. Insbesondere ergibt sich für $k=0$ und $b\in\mathbb{R}$

$$|L_\psi f(a,b+h) - L_\psi f(a,b)| = O(|h|^\alpha)\, .$$

Beweis: Wir wenden den Sobolevschen Einbettungssatz und das Lemma 1.7.9 an:

$$\begin{aligned} \|L_\psi f(a,\cdot+h) - L_\psi f(a,\cdot)\|_{C^k} &\le \mathcal{K}_1\,\|L_\psi f(a,\cdot+h) - L_\psi f(a,\cdot)\|_{1/2+k+\beta} \\ &\le \mathcal{K}_2\,|h|^{\alpha-\beta} \qquad \text{für } 0<\beta<\alpha<1\, , \end{aligned}$$

denn $1/2+k+\beta = 1/2+k+\alpha-(\alpha-\beta)$ und $0<\alpha-\beta<1$. Die Folgerung

$$\begin{aligned} \|L_\psi f(a,\cdot+h) - L_\psi f(a,\cdot)\|_{C^k} &\le \mathcal{K}_2 \inf\left\{ |h|^{\alpha-\beta} \,\middle|\, 0<\beta<\alpha,\ |h|\le 1 \right\} \\ &= \mathcal{K}_2\,|h|^\alpha \end{aligned}$$

beendet den Beweis. ■

Die Gültigkeit des vorgenannten Ergebnisses fordert von f eine globale Glattheit, auf die man unter bestimmten Umständen zugunsten einer lokalen Glattheitsbedingung verzichten kann. Zur Beschreibung lokaler Effekte eignen sich die lokalen Sobolev-Räume [115]:

Definition 1.7.11 *Sei $\Omega \subset \mathbb{R}$ offen, $\alpha \in \mathbb{R}$.*

$$H^{\alpha}_{loc}(\Omega) = \{ f \in \mathcal{D}'(\Omega) \mid f\varphi \in H^{\alpha}(\mathbb{R}) \text{ für alle } \varphi \in C_0^{\infty}(\Omega) \}$$

heißt lokaler Sobolev–Raum der Ordnung α.

Korollar 1.7.12 *Für Wavelets mit kompaktem Träger und für $f \in H^{1/2+\alpha}_{loc}(]b_0-\delta, b_0+\delta[)$, $0 < \alpha < 1$, $b_0 \in \mathbb{R}$, sowie $\delta > 0$ genügt $L_\psi f$, falls $|a|$ und $|h|$ hinreichend klein sind, der Gleichung*

$$|L_\psi f(a, b_0 + h) - L_\psi f(a, b_0)| = O(|h|^\alpha).$$

Beweis: O.B.d.A. dürfen wir $b_0 = 0$ setzen. Zu $0 < \varepsilon < \delta$ existiert ein $\Gamma_\varepsilon \in C_0^\infty(]-\delta, \delta[)$ mit $\Gamma_\varepsilon|_{[-\varepsilon,\varepsilon]} \equiv 1$. Wegen $\Gamma_\varepsilon f \in H^{1/2+\alpha}(\mathbb{R})$ folgt aus Korollar 1.7.10

$$|L_\psi(\Gamma_\varepsilon f)(a, h) - L_\psi(\Gamma_\varepsilon f)(a, 0)| = O(|h|^\alpha).$$

Falls $|a|$ und $|h|$ hinreichend klein sind, liegt der Träger von $T^h D^a \bar{\psi}$ vollständig in $[-\varepsilon, \varepsilon]$, d.h.

$$\begin{aligned} L_\psi(\Gamma_\varepsilon f)(a, h) &= \frac{1}{\sqrt{c_\psi}} \int_{\mathbb{R}} (T^h D^a \bar{\psi})(t)\, \Gamma_\varepsilon(t)\, f(t)\, dt \\ &= \frac{1}{\sqrt{c_\psi}} \int_{\mathbb{R}} (T^h D^a \bar{\psi})(t)\, f(t)\, dt \\ &= L_\psi f(a, h) \quad \text{für } |a| \text{ und } |h| \text{ klein.} \end{aligned}$$

∎

Eine Funktion $f \in H^{1/2+\alpha}_{loc}(]b_0 - \delta, b_0 + \delta[)$, $\delta > 0$, $0 < \alpha < 1$, ist in $b_0 \in \mathbb{R}$ hölderstetig von der Ordnung α, d.h.

$$|f(b_0 + h) - f(b_0)| = O(|h|^\alpha)$$

($|h|$ hinreichend klein).
Für hölderstetige Funktionen wurden von Holschneider, Tchamitchian [68] sowie von Jaffard [71] nicht nur das Abklingverhalten von Korollar 1.7.12, sondern auch dessen Umkehrung bewiesen. Wir zitieren ein Ergebnis [68] ohne Beweis.

Satz 1.7.13 *Sei f eine stetige, beschränkte Funktion, und ψ sei ein stetig differenzierbares Wavelet mit kompaktem Träger. Für ein $\gamma > 0$ und ein $\alpha \in]0,1[$ gelte*

i) $L_\psi f(a, b) = O(|a|^{1/2+\gamma})$ *gleichmäßig in b,*

ii) $L_\psi f(a, b_0 + h) = |a|^{1/2}\, O(|a|^\alpha + |h|^\alpha / |\log|h||)$, *dann ist f hölderstetig in b_0 mit Exponent α,*

$$|f(b_0 + h) - f(b_0)| = O(|h|^\alpha)$$

für $|h|$ hinreichend klein.

Im Gegensatz zur Fourier–Transformation kann bei der Wavelet–Transformation vom Abklingen der Transformierten auf die Glattheit der Funktion geschlossen werden. Der obige Satz läßt sich so modifizieren, daß ein bestimmtes Abklingverhalten von $L_\psi f$ sogar Differenzierbarkeit von f impliziert. Die zitierten Autoren benutzen dieses Ergebnis zum Nachweis der Glattheit der Riemannschen Funktion

$$W(x) = \sum_{n=1}^{\infty} \frac{1}{n^2} \sin(\pi n^2 x)$$

an ausgewählten Stellen. Riemann vermutete, daß die stetige Funktion W nirgends differenzierbar ist.

Bemerkung 1.7.14 Es gibt noch eine andere, ebenfalls naheliegende Methode, um die Wavelet–Transformation auf Sobolev–Räume fortzusetzen. Dazu muß man sich eine quadratintegrable Darstellung der affin–linearen Gruppe G_{al} auf den Hilbert–Räumen $H^\alpha(\mathbb{R})$, $\alpha \in \mathbb{R}$, besorgen. Über diesen Zugang wird sogar der Begriff "Wavelet" auf Distributionen ausgeweitet.
Mit dem Operator $\Gamma_\alpha : \mathcal{S}'(\mathbb{R}) \to \mathcal{S}'(\mathbb{R})$, $(\Gamma_\alpha f)^\wedge(\xi) := (1+\xi^2)^{\alpha/2}\,\widehat{f}(\xi)$ läßt sich $H^\alpha(\mathbb{R})$ schreiben als

$$H^\alpha(\mathbb{R}) = \{f \in \mathcal{S}'(\mathbb{R}) \,|\, \Gamma_\alpha f \in L^2(\mathbb{R})\}.$$

Was liegt näher, als durch

$$U_{al}^\alpha(a,b) = \Gamma_{-\alpha}\, U_{al}(a,b)\, \Gamma_\alpha : H^\alpha \to H^\alpha$$

eine Darstellung von G_{al} auf $H^\alpha(\mathbb{R})$ zu definieren?

Wegen $\langle U_{al}^\alpha(a,b)\, g, f\rangle_\alpha = \langle \Gamma_\alpha\, U_{al}^\alpha(a,b)\, g, \Gamma_\alpha f\rangle_{L^2} = \langle U_{al}(a,b)\, \Gamma_\alpha\, g, \Gamma_\alpha f\rangle_{L^2}$ ist sie quadratintegrabel und ihre Wavelets $0 \neq \psi \in H^\alpha(\mathbb{R})$ sind durch

$$\int_{\mathbb{R}} (1+\xi^2)^\alpha \frac{|\widehat{\psi}(\xi)|^2}{|\xi|}\, d\xi < \infty$$

charakterisiert.

Kapitel 2

Die diskrete Wavelet–Transformation

Die im vorausgegangenen Kapitel dargestellte kontinuierliche Theorie diente hauptsächlich dem Verständnis und der "richtigen" Interpretation der Wavelet–Transformation. Dieses Kapitel befaßt sich nun mit den Problemen, die auftauchen, wenn man mit der Wavelet–Transformation konkret rechnen möchte, das sind

a) die effiziente Berechnung der Transformation,

b) die effiziente Rekonstruktion von Signalen aus ihren Transformierten (Inversion der Wavelet–Transformation).

Zunächst wenden wir uns dem Problem b) zu. Dies führt auf das Konzept der *Frames* und dann auf das Konzept der *Multi–Skalen–Analyse*, das in sehr eleganter Weise das Problem a) löst.

2.1 Wavelet–Frames

2.1.1 Einführung und Definition

Eine Funktion $f \in L^2(\mathbb{R})$ besitzt die Darstellung

$$f(x) = \frac{1}{\sqrt{c_\psi}} \int_{\mathbb{R}} \int_{\mathbb{R}} L_\psi f(a,b) \frac{1}{\sqrt{|a|}} \psi\left(\frac{x-b}{a}\right) \frac{da\,db}{a^2} \tag{2.1.1}$$

mit der Wavelet–Transformation L_ψ zum Wavelet ψ (vgl. Satz 1.1.9). Wir stellen uns hier die Frage, ob $L_\psi f$ wirklich an jedem Punkt $(a,b) \in \mathbb{R}\backslash\{0\} \times \mathbb{R}$ bekannt sein muß, um f zurückzuerhalten. Wir vermuten vielmehr, daß die Integraldarstellung (2.1.1)

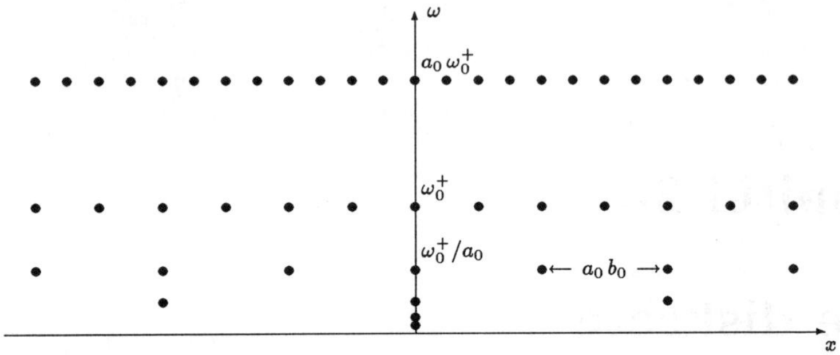

Abbildung 2.1: Verteilung der Phasenraumpunkte $(nb_0 a_0^m, a_0^{-m}\omega_0^+)$ für $a_0 = 2$

hochgradig redundant ist und daß somit das Integral ohne Informationsverlust durch eine Doppelsumme ersetzt werden kann.
Natürlich wird das nicht für jedes Wavelet und jede beliebige diskrete Teilmenge von $\mathbb{R}\backslash\{0\} \times \mathbb{R}$ zutreffen. Es ist auch nicht unser Ziel, diese diskreten Teilmengen und Wavelets in größter Allgemeinheit zu charakterisieren. Hierfür verweisen wir auf [47, 48, 49, 58]. Exemplarisch betrachten wir das Gitter

$$\{(a_0^m\,,\, n\, b_0\, a_0^m) \mid m,n \in \mathbb{Z}\} \subset \mathbb{R}\backslash\{0\} \times \mathbb{R} \tag{2.1.2}$$

mit $a_0 > 1$, $b_0 > 0$ und die zugehörige Funktionenmenge

$$\left\{\psi_{m,n}^{(a_0,b_0)}(\cdot) \;:=\; U(a_0^m\,,\, n\, b_0\, a_0^m)\,\psi(\cdot) \;=\; a_0^{-m/2}\,\psi(a_0^{-m}\;\cdot\; - nb_0)\;\middle|\; m,n \in \mathbb{Z}\right\}. \tag{2.1.3}$$

Das Gitter (2.1.2) steht in engem Zusammenhang zur Phasenrauminterpretation der Wavelet–Transformation in Kapitel 1.3.1. Dort wurde ausgeführt, daß die Funktion $\psi_{m,n}^{(a_0,b_0)}$ um den Phasenraumpunkt $(nb_0 a_0^m\,,\, a_0^{-m}\omega_0^\pm)$ mit $\omega_0^\pm = \int_{0\le\pm\omega\le\infty} \omega\,|\widehat{\psi}(\omega)|^2\,d\omega$ lokalisiert ist, vgl. (1.3.12) und (1.3.13). Mit wachsender Frequenz ($m \to -\infty$) liegen die Funktionen $\{\psi_{m,n}^{(a_0,b_0)} \mid n \in \mathbb{Z}\}$ dichter im Ort, vgl. Abbildung 2.1. Der Zoom–Effekt der kontinuierlichen Wavelet–Transformation bleibt bei dieser Diskretisierung erhalten. Gitter wie (2.1.2) sind optimal für die Wavelet–Transformation.

Definition 2.1.1 *Seien $a_0 > 1$, $b_0 > 0$ und $\psi \in L^2(\mathbb{R})$. Das Funktionensystem $\{\psi_{m,n}^{(a_0,b_0)} \mid m,n \in \mathbb{Z}\}$ bildet einen* Wavelet–Frame *für $L^2(\mathbb{R})$, falls es Konstanten $A, B > 0$ gibt, so daß*

$$A\,\|f\|_{L^2}^2 \;\le\; \sum_{m\in\mathbb{Z}}\sum_{n\in\mathbb{Z}} |\langle\psi_{m,n}^{(a_0,b_0)}\,,\, f\rangle_{L^2}|^2 \;\le\; B\,\|f\|_{L^2}^2 \tag{2.1.4}$$

gilt. Man sagt, das Tripel (ψ, a_0, b_0) erzeugt den Frame. Die Konstanten A und B werden als Schranken des Frames bezeichnet. Der Frame heißt fest *(tight), falls $A = B$ ist.*

In der Definition eines Wavelet–Frames wurde von $\psi \in L^2(\mathbb{R})$ zunächst nicht die Zulässigkeit (1.1.2) gefordert. Wir werden später jedoch sehen, daß die Zulässigkeit von ψ eine notwendige Bedingung ist, damit (ψ, a_0, b_0) einen Frame erzeugt.
Im weiteren identifizieren wir das erzeugende Tripel (ψ, a_0, b_0) mit dem Frame (2.1.3).

Bemerkung 2.1.2 Jedem Frame (ψ, a_0, b_0) kann der Operator $T : L^2(\mathbb{R}) \rightarrow l^2(\mathbb{Z}^2)$, $(Tf)_{m,n} := \langle \psi_{m,n}^{(a_0,b_0)}, f\rangle_{L^2}$, zugeordnet werden, der

$$A^{1/2}\,\|f\|_{L^2} \le \|Tf\|_{l^2} \le B^{1/2}\,\|f\|_{L^2}$$

erfüllt. Der Operator ist somit stetig, $\|T\| \le B^{1/2}$, und auf seinem Bild stetig invertierbar, $\|T^{-1}|_{\mathrm{range}(T)}\| \le A^{-1/2}$, d.h. f kann aus den diskreten Werten $(Tf)_{m,n} = \sqrt{c_\psi}\, L_\psi\, f(a_0^m\,, nb_0a_0^m)$ zurückgewonnen werden. Dazu muß allerdings T^{-1} bekannt sein. Wie man diesen Operator erhält, untersuchen wir später in einem abstrakteren Kontext.

Zunächst wollen wir jedoch ein Kriterium an (ψ, a_0, b_0) angeben, damit (2.1.3) einen Frame bildet. Wir orientieren uns dabei und beim verbleibenden Rest des Kapitels 2.1 an der Arbeit [31] von Daubechies.

Lemma 2.1.3 *Sei (ψ, a_0, b_0) ein Frame mit den Schranken A und B. Dann gilt*

$$A \le \frac{\pi}{b_0 \ln a_0} \int\limits_{\mathbb{R}} |\omega|^{-1}\, |\widehat{\psi}(\omega)|^2\, d\omega \le B\,. \tag{2.1.5}$$

Die Ungleichung (2.1.5) gilt für jeden Frame (ψ, a_0, b_0), d.h. die Basisfunktion ψ des Frames muß die gleiche Zulässigkeitsbedingung (1.1.2) wie die Wavelets erfüllen. Allerdings besteht ein Unterschied: Die Bedingung (2.1.5) ist notwendig für die Erzeugung eines Frames durch (ψ, a_0, b_0), auf keinen Fall ist sie hinreichend. Die Bezeichnung Wavelet–Frame in Definition 2.1.1 wird durch Lemma 2.1.3 nachträglich gerechtfertigt.

Korollar 2.1.4 *Der Wavelet–Frame (ψ, a_0, b_0) sei fest. Dann gilt*

$$A = \frac{\pi}{b_0 \ln a_0} \int\limits_{\mathbb{R}} |\omega|^{-1}\, |\widehat{\psi}(\omega)|^2\, d\omega\,.$$

Für den Beweis von Lemma 2.1.3 benötigen wir ein kleines

Hilfslemma: *Sei die Funktion $f : \mathbb{R} \rightarrow \mathbb{R}$ positiv, stetig, auf $]-\infty, x_1]$ monoton wachsend und auf $[x_1, \infty[$ monoton fallend. Weiter möge das Integral $\int\limits_{-\infty}^{\infty} f(x)\,dx$ (uneigentlich) existieren. Dann gilt:*

$$\int\limits_{-\infty}^{\infty} f(x)\,dx - f(x_1) \le \sum_{n\in\mathbb{Z}} f(n) \le \int\limits_{-\infty}^{\infty} f(x)\,dx + f(x_1)\,.$$

Beweis: O.B.d.A. können wir $x_1 = 0$ annehmen. Ist nämlich $x_1 \neq 0$, so betrachte $\tilde{f}(x) = f(x + \lfloor x_1 \rfloor)$, wobei $\lfloor x_1 \rfloor$ die größte ganze Zahl bezeichnet, die kleiner gleich x_1 ist. Sei $n \in \mathbb{N}_0$. Wegen $f(n) \leq f(x) \leq f(n-1)$ für $n-1 \leq x \leq n$ erhalten wir

$$f(n) \leq \int_{n-1}^{n} f(x)\,dx \leq f(n-1)\,.$$

Eine Summation über $n = 1, 2, \ldots$ führt auf

$$\sum_{n=1}^{\infty} f(n) \leq \int_{0}^{\infty} f(x)\,dx \leq \sum_{n=0}^{\infty} f(n)\,. \tag{2.1.6}$$

Auf dieselbe Weise gelangen wir zu

$$\sum_{n=-\infty}^{-1} f(n) \leq \int_{-\infty}^{0} f(x)\,dx \leq \sum_{n=-\infty}^{0} f(n)\,. \tag{2.1.7}$$

Die Addition von (2.1.6) und (2.1.7) liefert

$$\sum_{n\in\mathbb{Z}} f(n) - f(0) \leq \int_{-\infty}^{\infty} f(x)\,dx \leq \sum_{n\in\mathbb{Z}} f(n) + f(0)\,.$$

■

Beweis von Lemma 2.1.3: Zunächst betrachten wir den Operator $\mathcal{K} : L^2(\mathbb{R}) \to L^2(\mathbb{R})$, der durch

$$\mathcal{K}g(x) = \int_{\mathbb{R}}\int_{\mathbb{R}} U(a,b)\,h(x)\,\langle U(a,b)\,h\,,\,g\rangle_{L^2}\,w(a,b)\,\frac{da\,db}{a^2}$$

mit dem Wavelet h, $\|h\|_{L^2} = 1$, und der positiven Funktion $w \in L^1(\mathbb{R}^2\,,\,a^{-2}\,da\,db)$ definiert ist. Im Sinne der Bemerkung 1.6.9 ist der Operator $\mathcal{K}$ wohldefiniert.
Die Identität

$$\langle \mathcal{K}\,\psi_{m,n}^{(a_0,b_0)}\,,\,\psi_{m,n}^{(a_0,b_0)}\rangle_{L^2} = \int_{\mathbb{R}}\int_{\mathbb{R}} \left|\langle U(a,b)\,h\,,\,\psi_{m,n}^{(a_0,b_0)}\rangle_{L^2}\right|^2\,w(a,b)\,\frac{da\,db}{a^2} \tag{2.1.8}$$

und (2.1.4) ergeben

$$A\,\|w\| \leq \sum_{m,n\in\mathbb{Z}} \langle \mathcal{K}\,\psi_{m,n}^{(a_0,b_0)}\,,\,\psi_{m,n}^{(a_0,b_0)}\rangle_{L^2} \leq B\,\|w\| \tag{2.1.9}$$

mit $\|w\| = \int_{\mathbb{R}}\int_{\mathbb{R}} w(a,b)/a^2\,dadb$.

Das Skalarprodukt (2.1.8) formen wir weiter um:

$$\begin{aligned}
\langle \mathcal{K}\,\psi_{m,n}^{(a_0,b_0)}\,,\,\psi_{m,n}^{(a_0,b_0)}\rangle_{L^2} &= \int_{\mathbb{R}}\int_{\mathbb{R}} |\langle U(a_0^m\,,\,a_0^m\,nb_0)^{-1}\,U(a,b)\,h\,,\,\psi\rangle_{L^2}|^2\,w(a,b)\,\frac{da\,db}{a^2} \\
&= \int_{\mathbb{R}}\int_{\mathbb{R}} |\langle U(a_0^{-m}\,,\,-nb_0)\,U(a,b)\,h\,,\,\psi\rangle_{L^2}|^2\,\cdot \\
&\qquad w((a_0^{-m}\,,\,-nb_0)\circ(a_0^m\,,\,a_0^m\,nb_0)\circ(a,b))\,\frac{da\,db}{a^2} \\
&= \int_{\mathbb{R}}\int_{\mathbb{R}} |\langle U((a_0^{-m}\,,\,-nb_0)\circ(a,b))\,h\,,\,\psi\rangle_{L^2}|^2\,\cdot \\
&\qquad w((a_0^{-m}\,,\,-nb_0)\circ(a_0^m\,a\,,\,a_0^m\,(b+nb_0))\,\frac{da\,db}{a^2}\,.
\end{aligned}$$

Hier bezeichnet $\circ$ die Multiplikation der affin–linearen Gruppe G_{al}, vgl. (1.6.1). Aus der Links–Invarianz des Haar–Maßes $a^{-2}\,da\,db$ auf G_{al} (siehe Kapitel 1.6.1) folgt

$$\langle \mathcal{K}\,\psi_{m,n}^{(a_0,b_0)}\,,\,\psi_{m,n}^{(a_0,b_0)}\rangle_{L^2} = \int_{\mathbb{R}}\int_{\mathbb{R}} |\langle U(a,b)\,h\,,\,\psi\rangle_{L^2}|^2\,w(a_0^m\,a\,,\,a_0^m\,(b+nb_0))\,\frac{da\,db}{a^2}\,. \tag{2.1.10}$$

Wir schränken uns nun auf Funktionen w der speziellen Form $w(a,b) = \chi_{[1,a_0[}(|a|)\,t(b/|a|)$ ein. Wegen $\sum_m \chi_{[1,a_0[}(a_0^m\,|a|) = 1$ erhalten wir aus (2.1.10)

$$\sum_{m,n\in\mathbb{Z}} \langle \mathcal{K}\,\psi_{m,n}^{(a_0,b_0)}\,,\,\psi_{m,n}^{(a_0,b_0)}\rangle_{L^2} = \int_{\mathbb{R}}\int_{\mathbb{R}} |\langle U(a,b)\,h\,,\,\psi\rangle_{L^2}|^2 \sum_{n\in\mathbb{Z}} t\left(\frac{b+nb_0}{|a|}\right)\frac{da\,db}{a^2}\,. \tag{2.1.11}$$

Sei f eine Funktion, die die Voraussetzung des Hilfslemmas mit $x_1 = 0$ erfüllt. Wir definieren $t(x) := f(\lambda x)$, $\lambda > 0$, und

$$g(x) := t\left(\frac{b+xb_0}{|a|}\right) = f\left(\lambda\,\frac{b+xb_0}{|a|}\right)\,.$$

Die Funktion g genügt ebenfalls den Forderungen des Hilfslemmas mit $x_1 = -b/b_0$, d.h.

$$\int_{-\infty}^{\infty} g(x)\,dx - g(-b/b_0) \le \sum_{n\in\mathbb{Z}} g(n) \le \int_{-\infty}^{\infty} g(x)\,dx + g(-b/b_0)$$

oder

$$\frac{|a|}{\lambda b_0}\int_{-\infty}^{\infty} f(x)\,dx - f(0) \le \sum_{n\in\mathbb{Z}} t\left(\frac{b+nb_0}{|a|}\right) \le \frac{|a|}{\lambda b_0}\int_{-\infty}^{\infty} f(x)\,dx + f(0)\,.$$

Diese Abschätzung setzen wir in (2.1.11) ein, i.e.

$$\begin{aligned} \frac{1}{\lambda b_0}\int_{-\infty}^{\infty} f(x)\,dx\, I_1 - f(0)\, I_2 \quad &\le \quad \sum_{m,n\in\mathbb{Z}} \langle \mathcal{K}\,\psi_{m,n}^{(a_0,b_0)}\,,\,\psi_{m,n}^{(a_0,b_0)}\rangle_{L^2} \\ &\le \quad \frac{1}{\lambda b_0}\int_{-\infty}^{\infty} f(x)\,dx\, I_1 + f(0)\, I_2\,, \end{aligned} \tag{2.1.12}$$

dabei sind

$$I_1 = \int_{\mathbb{R}}\int_{\mathbb{R}} |\langle U(a,b)\,h\,,\,\psi\rangle_{L^2}|^2\,\frac{da\,db}{|a|}$$

und

$$I_2 = \int_{\mathbb{R}}\int_{\mathbb{R}} |\langle U(a,b)\,h\,,\,\psi\rangle_{L^2}|^2\,\frac{da\,db}{a^2}\,.$$

Berechnen wir noch

$$\|w\| = 2\int_1^{a_0}\int_{-\infty}^{\infty} f(\lambda b/a)\,\frac{da\,db}{a^2} = \frac{2}{\lambda}\ln a_0 \int_{-\infty}^{\infty} f(x)\,dx\,,$$

so folgt aus (2.1.9), (2.1.12) und dem Grenzübergang $\lambda \to 0$

$$A \le \frac{1}{2\ln a_0\, b_0}\int_{\mathbb{R}}\int_{\mathbb{R}} |\langle U(a,b)\,h\,,\,\psi\rangle_{L^2}|^2\,\frac{da\,db}{|a|} \le B\,.$$

Der Beweis wird durch

$$\begin{aligned} \int_{\mathbb{R}}\int_{\mathbb{R}} |\langle U(a,b)\,h\,,\,\psi\rangle_{L^2}|^2\,\frac{da\,db}{|a|} \quad &= \quad \int_{\mathbb{R}}\int_{\mathbb{R}} \left|\langle h\,,\,U\left(\frac{1}{a}\,,\,-\frac{b}{a}\right)\,\psi\rangle_{L^2}\right|^2\,\frac{da\,db}{|a|} \\ &= \quad \int_{\mathbb{R}}\int_{\mathbb{R}} |\langle h\,,\,U(\alpha,\beta)\,\psi\rangle_{L^2}|^2\,\frac{d\alpha\,d\beta}{\alpha^2} \\ &\overset{(1.6.7)}{=} \quad 2\pi\int_{\mathbb{R}} |\omega|^{-1}\,\widehat{\psi}(\omega)\,d\omega \end{aligned}$$

abgeschlossen. ∎

Der folgende Satz sichert die Existenz von Wavelet–Frames.

Satz 2.1.5 *Unter den Voraussetzungen*

$$m(\psi; a_0) = \operatorname{ess} \inf_{|\omega| \in [1,a_0]} \sum_{m \in \mathbb{Z}} |\widehat{\psi}(a_0^m \omega)|^2 > 0 , \tag{2.1.13}$$

$$M(\psi; a_0) = \operatorname{ess} \sup_{|\omega| \in [1,a_0]} \sum_{m \in \mathbb{Z}} |\widehat{\psi}(a_0^m \omega)|^2 < \infty \tag{2.1.14}$$

und

$$\sup_{s \in \mathbb{R}} \left\{ (1+s^2)^{(1+\varepsilon)/2} \beta(s) \right\} < \infty \text{ für ein } \varepsilon > 0 , \tag{2.1.15}$$

wobei

$$\beta(s) = \sup_{|\omega| \in [1,a_0]} \sum_{m \in \mathbb{Z}} |\widehat{\psi}(a_0^m \omega)| \, |\widehat{\psi}(a_0^m \omega + s)|$$

ist, existiert ein $\Gamma > 0$, *so daß*

a) (ψ, a_0, b_0) *mit* $\psi \in L^2(\mathbb{R})$, $a_0 > 1$, $0 < b_0 < \Gamma$, *einen Wavelet–Frame erzeugt,*

b) *es für alle* $\delta > 0$ *ein* $b_0 \in [\Gamma, \Gamma + \delta]$ *gibt, mit dem* (ψ, a_0, b_0) *keinen Wavelet–Frame erzeugt.*

Beweis:

a) Die Fourier–Transformation ist unitär, d.h. wir können

$$\sum_{m,n \in \mathbb{Z}} |\langle \psi_{m,n}^{(a_0,b_0)} , f \rangle_{L^2}|^2 =$$

$$\sum_{m,n \in \mathbb{Z}} \langle FU(a_0^m , a_0^m n b_0) \psi , Ff \rangle_{L^2} \overline{\langle FU(a_0^m , a_0^m n b_0) \psi , Ff \rangle_{L^2}}$$

schreiben. Die Auswertung der Skalarprodukte mit der Rechenregel $F T^b D^a = e^{ib\cdot} D^{1/a} F$ führt auf

$$\sum_{m,n \in \mathbb{Z}} |\langle \psi_{m,n}^{(a_0,b_0)} , f \rangle_{L^2}|^2 =$$

$$\sum_{m,n \in \mathbb{Z}} a_0^m \int_{\mathbb{R}} \int_{\mathbb{R}} \widehat{\psi}(a_0^m \omega) \overline{\widehat{\psi}(a_0^m y)} \widehat{f}(\omega) \overline{\widehat{f}(y)} e^{i n b_0 a_0^m (\omega - y)} \, d\omega \, dy .$$

Unter Verwendung der Poissonschen Summenformel

$$\sum_{n \in \mathbb{Z}} e^{in\varrho z} = \frac{2\pi}{\varrho} \sum_{k \in \mathbb{Z}} \delta \left(z - \frac{2\pi}{\varrho} k \right) ,$$

die im Distributionensinn Gültigkeit besitzt, finden wir

$$\sum_{n\in\mathbb{Z}} \int_{\mathbb{R}} \overline{\widehat{\psi}(a_0^m\, y)\, \widehat{f}(y)}\, e^{inb_0 a_0^m(\omega-y)}\, dy$$

$$= \sum_{n\in\mathbb{Z}} \int_{\mathbb{R}} \overline{\widehat{\psi}(a_0^m(\omega-z))\, \widehat{f}(\omega-z)}\, e^{inb_0 a_0^m z}$$

$$= \frac{2\pi}{b_0\, a_0^m} \sum_{k\in\mathbb{Z}} \overline{\widehat{\psi}\left(a_0^m \omega - \frac{2\pi}{b_0}\, k\right)\, \widehat{f}\left(\omega - \frac{2\pi}{b_0}\, a_0^{-m}\, k\right)}$$

und damit

$$\sum_{m,n\in\mathbb{Z}} |\langle \psi_{m,n}^{(a_0,b_0)}\, ,\, f\rangle_{L^2}|^2 =$$

$$\frac{2\pi}{b_0} \sum_{m,k\in\mathbb{Z}} \int_{\mathbb{R}} \widehat{\psi}(a_0^m\, \omega)\, \overline{\widehat{\psi}\left(a_0^m\, \omega - \frac{2\pi}{b_0}\, k\right)}\, \widehat{f}(\omega)\, \overline{\widehat{f}\left(\omega - \frac{2\pi}{b_0}\, a_0^{-m}\, k\right)}\, d\omega\, .$$

Wir teilen die Summe über k auf in einen Teil für $k = 0$ und den Rest r, d.h.

$$\sum_{m,n\in\mathbb{Z}} |\langle \psi_{m,n}^{(a_0,b_0)}\, ,\, f\rangle_{L^2}|^2 = \frac{2\pi}{b_0} \int_{\mathbb{R}} \sum_{m\in\mathbb{Z}} |\widehat{\psi}(a_0^m\, \omega)|^2\, |\widehat{f}(\omega)|\, d\omega + r\, . \qquad (2.1.16)$$

Den Rest r schätzen wir mit Hilfe der Cauchy–Schwarzschen Ungleichung ab, die wir zuerst auf das Integral und dann auf die Summe über m anwenden:

$$\begin{aligned}
|r| \;&\le\; \frac{2\pi}{b_0} \sum_{k\neq 0} \sum_{m\in\mathbb{Z}} \int_{\mathbb{R}} \left| \widehat{\psi}(a_0^m\, \omega)\, \widehat{\psi}\left(a_0^m\, \omega - \frac{2\pi}{b_0}\, k\right)\right|^{1/2} |\widehat{f}(\omega)| \\
&\qquad \cdot \left| \widehat{\psi}(a_0^m\, \omega)\, \widehat{\psi}\left(a_0^m\, x - \frac{2\pi}{b_0}\, k\right)\right|^{1/2} \left| \widehat{f}\left(\omega - \frac{2\pi}{b_0}\, k\, a_0^{-m}\right)\right| d\omega \\
&\le\; \frac{2\pi}{b_0} \sum_{k\neq 0} \sum_{m\in\mathbb{Z}} \left(\int_{\mathbb{R}} \left| \widehat{\psi}(a_0^m\, \omega)\, \widehat{\psi}\left(a_0^m\, \omega - \frac{2\pi}{b_0}\, k\right)\right| |\widehat{f}(\omega)|^2\, d\omega \right)^{1/2} \\
&\qquad \cdot \left(\int_{\mathbb{R}} \left| \widehat{\psi}(a_0^m\, \omega)\, \widehat{\psi}\left(a_0^m\, \omega + \frac{2\pi}{b_0}\, k\right)\right| |\widehat{f}(\omega)|^2\, d\omega \right)^{1/2} \\
&\le\; \frac{2\pi}{b_0} \sum_{k\neq 0} \left(\int_{\mathbb{R}} \sum_{m\in\mathbb{Z}} |\widehat{\psi}(a_0^m\, \omega)| \left| \widehat{\psi}\left(a_0^m\, \omega - \frac{2\pi}{b_0}\, k\right)\right| |\widehat{f}(\omega)|^2\, d\omega \right)^{1/2}
\end{aligned}$$

$$\cdot \left(\int_{\mathbb{R}} \sum_{m \in \mathbb{Z}} |\widehat{\psi}(a_0^m\,\omega)| \left| \widehat{\psi}\left(a_0^m\,\omega + \frac{2\pi}{b_0}\,k \right) \right| |\widehat{f}(\omega)|^2\,d\omega \right)^{1/2}$$

$$\leq \quad \|f\|_{L^2}^2 \underbrace{\frac{2\pi}{b_0} \sum_{k \neq 0} \left(\beta\left(\frac{2\pi}{b_0}\,k\right) \beta\left(-\frac{2\pi}{b_0}\,k\right) \right)^{1/2}}_{=:\,C(b_0)} . \tag{2.1.17}$$

Aufgrund der Bedingung (2.1.15) konvergiert die Summe $C(b_0)$, und es gilt sogar $\lim_{b_0 \to 0} C(b_0) = 0$. Wir kombinieren (2.1.13), (2.1.14), (2.1.16) und (2.1.17) zu

$$\begin{aligned} \frac{2\pi}{b_0}\Big(m(\psi;a_0) - C(b_0)\Big)\,\|f\|_{L^2}^2 \;&\leq\; \sum_{m,n \in \mathbb{Z}} |\langle \psi_{m,n}^{(a_0,b_0)}\,,\,f\rangle_{L^2}|^2 \qquad (2.1.18)\\ &\leq\; \frac{2\pi}{b_0}\Big(M(\psi;a_0) + C(b_0)\Big)\,\|f\|_{L^2}^2\,. \end{aligned}$$

Für b_0 hinreichend klein ist $A := 2\pi\Big(m(\psi;a_0) - C(b_0)\Big)/b_0 > 0$ eine untere Schranke des Wavelet–Frames (ψ, a_0, b_0).

b) Mit der Wahl

$$\Gamma = \inf\{b_0 \mid (\psi, a_0, b_0) \text{ erzeugt keinen Frame}\}$$

folgt $\Gamma > 0$. ∎

Bemerkung 2.1.6

a) Die Bedingungen (2.1.13) und (2.1.14) sind notwendige Bedingungen. Falls (2.1.13) nicht erfüllt ist, folgt

$$\inf_{f \in L^2} \|f\|^{-2} \sum_{m,n \in \mathbb{Z}} |\langle \psi_{m,n}^{(a_0,b_0)}\,,\,f\rangle_{L^2}|^2 = 0\,,$$

was die Existenz einer positiven unteren Schranke ausschließt. In ähnlicher Weise wird (2.1.14) für die Existenz einer endlichen oberen Schranke benötigt.

b) Der Satz 2.1.5 kann wegen (2.1.13) nur auf Wavelets ψ angewendet werden, die sowohl positive als auch negative Frequenzen besitzen. In manchen Fällen möchte man aber mit Wavelets ψ arbeiten, deren Spektrum nur positive Frequenzen enthält, d.h. $\operatorname{supp}\widehat{\psi} \subset \mathbb{R}_{\geq 0}$. Ausgehend von solch einem Wavelet leistet der Frame

$$(\psi^1\,,\,\psi^2\,,\,a_0\,,\,b_0) := (\psi^1\,,\,a_0\,,\,b_0) \cup (\psi^2\,,\,a_0\,,\,b_0)$$

mit

$$\psi^1 = \sqrt{2}\,\mathrm{Re}\,\psi$$
$$\psi^2 = \sqrt{2}\,\mathrm{Im}\,\psi$$

das Gewünschte, falls man die Voraussetzungen von Satz 2.1.5 leicht ändert. Die Änderungen betreffen die Definitionen von $m(\psi;a_0)$, $M(\psi;a_0)$ und $\beta(s)$. In jeder dieser Definitionen muß die Bedingung $|\omega| \in [1,a_0]$ durch $\omega \in [1,a_0]$ ersetzt werden. Die zusätzliche Summe, die wegen der zwei Wavelets nötig wird, modifiziert (2.1.16) in

$$\sum_{\lambda=1}^{2} \sum_{m,n\in\mathbb{Z}} |\langle \psi^\lambda_{m,n}, f\rangle_{L^2}|^2 =$$

$$\frac{2\pi}{b_0} \int_{\mathbb{R}} \left(\sum_{m\in\mathbb{Z}} |\widehat{\psi}(a_0^m\,\omega)|^2 + \sum_{m\in\mathbb{Z}} |\widehat{\psi}(-a_0^m\,\omega)|^2 \right) |\widehat{f}(\omega)|^2\,d\omega + r\,,$$

wodurch in der Abschätzung von r (2.1.17) ein zusätzlicher Faktor 2 auftaucht,

$$|r| \le \|f\|^2_{L^2} \frac{2\pi}{b_0}\, 2 \sum_{k\neq 0} \left(\beta\left(\frac{2\pi}{b_0}k\right) \beta\left(-\frac{2\pi}{b_0}k\right)\right)^{1/2} .$$

Auf diesen Faktor 2 kann wiederum verzichtet werden, falls wir uns auf reelle f beschränken.

Die Ungleichung (2.1.18) ermöglicht uns Abschätzungen der Schranken A und B des Wavelet–Frames.

Korollar 2.1.7 *Unter den Voraussetzungen des Satzes* 2.1.5 *gelten:*

i) $\gamma = \inf \left\{ b_0 \mid 2 \sum_{k=1}^{\infty} (\beta(-2\pi\,k/b_0)\,\beta(2\pi\,k/b_0))^{1/2} \ge m(\psi;a_0) \right\}$ *ist eine untere Schranke für* Γ, $\Gamma \ge \gamma$.

ii) *Für* $0 < b_0 < \gamma$ *können die Schranken* A *und* B *des Frames* (ψ, a_0, b_0) *abgeschätzt werden durch*

$$A \ge \frac{2\pi}{b_0} \left(m(\psi;a_0) - 2\sum_{k=1}^{\infty} \left(\beta\left(-\frac{2\pi}{b_0}k\right) \beta\left(\frac{2\pi}{b_0}k\right)\right)^{1/2} \right), \tag{2.1.19}$$

$$B \le \frac{2\pi}{b_0} \left(M(\psi;a_0) + 2\sum_{k=1}^{\infty} \left(\beta\left(-\frac{2\pi}{b_0}k\right) \beta\left(\frac{2\pi}{b_0}k\right)\right)^{1/2} \right). \tag{2.1.20}$$

Beweis:
Die Aussagen folgen direkt aus (2.1.18) und $C(b_0) = 2\sum_{k=1}^{\infty}(\beta(-2\pi k/b_0)\beta(2\pi k/b_0))^{1/2}$.

■

Bemerkung 2.1.8 Die Abschätzungen aus Korollar 2.1.7 können auch auf den Fall $\operatorname{supp}\widehat{\psi} \subset \mathbb{R}_{\geq 0}$ ausgedehnt werden. Neben den Modifikationen gemäß der Bemerkung 2.1.6 b) muß in (2.1.19) bzw. (2.1.20) jeweils der Faktor 2 vor der Summe über k durch eine 4 ersetzt werden, falls man komplexe f betrachten möchte.

Wir wenden uns nun Spezialfällen von Wavelets zu, deren Fourier–Transformierte einen kompakten Träger in den positiven Frequenzen hat (vgl. Bemerkung 2.1.6 b)) und die auf feste Frames führen.

Satz 2.1.9 *Sei $a_0 > 1$ und $\widehat{\psi} \in L^2(\mathbb{R})$ habe den Träger $[l_1, l_2]$, $l_1 > 0$. Ferner gelte*

$$\sum_{k\in\mathbb{Z}} |\widehat{\psi}(a_0^k\,\omega)|^2 = c(a_0)\,\chi_{]0,\infty[}(\omega)\,, \quad c(a_0) \neq 0\,.$$

Für $b_0 = 2\pi/(l_2 - l_1) > 0$ erzeugt

i) *(ψ, a_0, b_0) einen festen Frame für $L^2_r(\mathbb{R}) = \{f \in L^2(\mathbb{R}) \mid f = \bar{f}\}$ mit der Schranke $\pi\,c(a_0)/b_0$,*

ii) *$(\sqrt{2}\operatorname{Re}\psi\,, \sqrt{2}\operatorname{Im}\psi\,, a_0\,, b_0)$ einen festen Frame für $L^2(\mathbb{R})$ mit der Schranke $2\pi\,c(a_0)/b_0$.*

Beweis: Die Identität

$$\sum_{m,n\in\mathbb{Z}} |\langle\psi_{m,n}^{(a_0,b_0)}\,, f\rangle_{L^2}|^2 = \sum_{m,n\in\mathbb{Z}} a_0^m \left| \int_{l_1/a_0^m}^{l_2/a_0^m} e^{i\,n\,b_0\,a_0^m\,\omega}\,\overline{\widehat{\psi}(a_0^m\,\omega)}\,\widehat{f}(\omega)\,d\omega\right|^2$$

haben wir bereits zu Beginn des Beweises von Satz 2.1.5 hergeleitet. Das Funktionensystem $\{\sqrt{b_0\,a_0^m/2\pi}\,e^{i\,n\,b_0\,a_0^m\,\omega} \mid n \in \mathbb{Z}\}$ ist eine vollständige Orthonormalbasis des $L^2([l_1/a_0^m\,, l_2/a_0^m])$, d.h.

$$\begin{aligned}\sum_{m,n\in\mathbb{Z}} |\langle\psi_{m,n}^{(a_0,b_0)}\,, f\rangle_{L^2}|^2 &= \sum_{m\in\mathbb{Z}} \frac{2\pi}{b_0} \int_{\mathbb{R}} |\widehat{\psi}(a_0^m\,\omega)|^2\,|\widehat{f}(\omega)|^2\,d\omega \\ &= \frac{2\pi}{b_0}\,c(a_0) \int_0^{\infty} |\widehat{f}(\omega)|^2\,d\omega\,.\end{aligned}$$

Die Behauptung i) folgt aus $\widehat{f}(-\omega) = \overline{\widehat{f}(\omega)}$ und Behauptung ii) folgt mit $(\operatorname{Re}\psi)^\wedge(\omega) = (\widehat{\psi}(\omega) + \widehat{\psi}(-\omega))/2$ und $(\operatorname{Im}\psi)^\wedge(\omega) = (\widehat{\psi}(\omega) - \widehat{\psi}(-\omega))/2$. ■

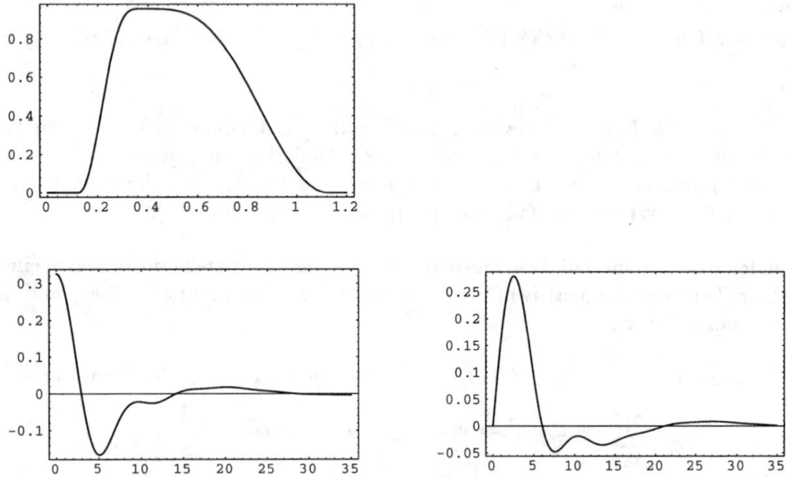

Abbildung 2.2: Das Wavelet (2.1.21) für $a_0 = 3$, $b_0 = 2\pi$ und $\nu(x) = x^2(3-2x)$. Das obere Bild zeigt $\widehat{\psi}$. Unten sind das gerade Wavelet $\psi^1 = \sqrt{2}\,\mathrm{Re}\,\psi$ (links) und das ungerade Wavelet $\psi^2 = \sqrt{2}\,\mathrm{Im}\,\psi$ (rechts) aufgezeichnet, vgl. Bemerkung 2.1.6 b).

Beispiel:
Zu $a_0 > 1$ und $b_0 > 0$ konstruieren wir ein Wavelet ψ, das den Voraussetzungen des obigen Satzes genügt. Sei $l = 2\pi/(b_0(a_0^2-1))$. Wir definieren ψ über die Fourier–Transformation

$$\widehat{\psi}(\omega) = \frac{1}{\sqrt{\ln a_0}} \begin{cases} \sin\left(\frac{\pi}{2}\nu\left(\frac{\omega - l}{l(a_0-1)}\right)\right) & : \; l \le \omega \le a_0 l \\ \cos\left(\frac{\pi}{2}\nu\left(\frac{\omega - a_0 l}{a_0 l(a_0-1)}\right)\right) & : \; a_0 l < \omega \le a_0^2 l \\ 0 & : \; \text{sonst} \end{cases} . \quad (2.1.21)$$

Hier bezeichnet $\nu : \mathbb{R} \to \mathbb{R}$ eine beliebige C^k-Funktion ($k \ge 0$) mit $\nu(x) = 0$, $x \le 0$ und $\nu(x) = 1$, $x \ge 1$. Ein Beispiel für ein solches Wavelet zeigt Abbildung 2.2.
Da $b_0 = 2\pi/(a_0^2 l - l)$ ist, brauchen wir nur noch

$$\sum_{k\in\mathbb{Z}} |\widehat{\psi}(a_0^k\omega)|^2 = (\ln a_0)^{-1}\,\chi_{]0,\infty[}(\omega)$$

zu verifizieren. Wegen der Trägereigenschaft von $\widehat{\psi}$ nimmt die Summe den Wert 0 für $\omega \le 0$ an. Sei ω nun positiv. Dann gibt es ein $k^* \in \mathbb{Z}$ mit

$l \le a_0^{k^*}\,\omega \le a_0\,l$ und $a_0\,l \le a_0^{k^*+1}\,\omega \le a_0^2\,l$, mit anderen Worten, die Summe erstreckt sich nur über $k \in \{k^*,\, k^*+1\}$,

$$\begin{aligned}\sum_{k\in\mathbb{Z}} |\widehat{\psi}(a_0^k\,\omega)|^2 &= \sum_{k=k^*}^{k^*+1} |\widehat{\psi}(a_0^k\,\omega)|^2 \\ &= (\ln a_0)^{-1}\,(\sin^2\Lambda + \cos^2\Lambda) \\ &= (\ln a_0)^{-1}\,.\end{aligned}$$

Hierbei steht Λ für den Ausdruck $\pi\,\nu((a_0^{k^*}\,\omega - l)/(l(a_0-1)))/2$. Die Schranke des festen Frames (ψ, a_0, b_0) für reelle Funktionen ist somit $\pi/(b_0 \ln a_0)$, was genau der Aussage von Korollar 2.1.4 entspricht, denn das Wavelet ψ aus (2.1.21) erfüllt die Normierung

$$\int_{\mathbb{R}} |\widehat{\psi}(\omega)|^2/|\omega|\,d\omega = 1\,.$$

Weitere Wavelets dieser Art, die feste Frames erzeugen, können in [34] gefunden werden.

In den meisten numerischen Anwendungen wird man mit dem Dilatationsparameter $a_0 = 2$ arbeiten. Für diesen Spezialfall können die Abschätzungen (2.1.19) und (2.1.20) verschärft werden.

Korollar 2.1.10 *Es sei* $a_0 = 2$. *Unter den Bedingungen von Satz* 2.1.5 *gilt für die Frame–Schranken* A, B

$$A \;\ge\; \frac{2\pi}{b_0}\left[m(\psi;2) - 2\sum_{l=0}^{\infty}\left(\beta_1\left(\frac{2\pi}{b_0}(2l+1)\right)\beta_1\left(-\frac{2\pi}{b_0}(2l+1)\right)\right)^{1/2}\right], \qquad (2.1.22)$$

$$B \;\le\; \frac{2\pi}{b_0}\left[M(\psi;2) + 2\sum_{l=0}^{\infty}\left(\beta_1\left(\frac{2\pi}{b_0}(2l+1)\right)\beta_1\left(-\frac{2\pi}{b_0}(2l+1)\right)\right)^{1/2}\right]. \qquad (2.1.23)$$

Hierbei ist

$$\beta_1(s) = \sup_{\omega}\sum_{m\in\mathbb{Z}}\left|\sum_{n\in\mathbb{N}_0}\widehat{\psi}(2^{m+n}\,\omega)\,\overline{\widehat{\psi}(2^n\,(2^m\,\omega + s))}\right|. \qquad (2.1.24)$$

Beweis: Der Beweis läuft analog zu dem von Satz 2.1.5. Die (2.1.16) entsprechende Formel lautet

$$\sum_{m,n\in\mathbb{Z}} |\langle\psi_{m,n}^{(2,b_0)},\, f\rangle_{L^2}|^2 = \frac{2\pi}{b_0}\int_{\mathbb{R}}\sum_{m\in\mathbb{Z}} |\widehat{\psi}(2^m\,\omega)|^2\,|\widehat{f}(\omega)|\,d\omega \;+\; r$$

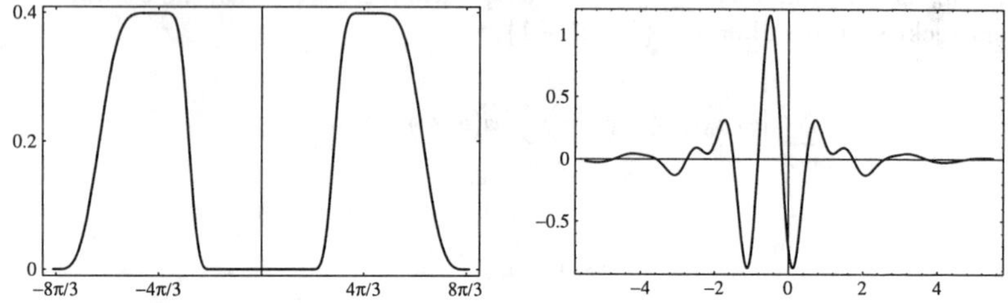

Abbildung 2.3: Das Meyer–Wavelet (2.1.25) mit $\nu(x) = x^4\,(35 - 84x + 70x^2 - 20x^3)$. Links ist $|\widehat{\psi}|$ und rechts ψ dargestellt.

mit

$$r = \frac{2\pi}{b_0} \sum_{k \neq 0} \sum_{m \in \mathbb{Z}} \int_{\mathbb{R}} \widehat{\psi}(2^m\,\omega)\,\overline{\widehat{\psi}\left(2^m\,\omega - \frac{2\pi}{b_0}\,k\right)\,\widehat{f}(\omega)}\,\overline{\widehat{f}\left(\omega - \frac{2\pi}{b_0}\,2^{-m}\,k\right)}\,d\omega\,.$$

Jedes $k \in \mathbb{Z}\backslash\{0\}$ kann eindeutig in der Form $k = 2^n\,j$ mit einem ungeraden $j \in \mathbb{Z}$ und $n \in \mathbb{N}_0$ dargestellt werden. Setzen wir diese Form in die obige Doppelsumme ein und definieren $l = m - n$, so erhalten wir

$$r = \frac{2\pi}{b_0} \sum_{k \text{ ungerade}} \sum_{n \in \mathbb{N}_0} \sum_{l \in \mathbb{Z}} \int_{\mathbb{R}} \widehat{\psi}(2^{n+l}\,\omega)\,\overline{\widehat{\psi}\left(2^n\left(2^l\,\omega - \frac{2\pi}{b_0}\,k\right)\right)}$$

$$\cdot\,\overline{\widehat{f}(\omega)}\,\widehat{f}\left(\omega - \frac{2\pi}{b_0}\,2^{-l}\,k\right)\,d\omega\,.$$

Wieder benutzen wir zweimal die Cauchy–Schwarzsche Ungleichung (einmal bezogen auf das Integral und einmal bezogen auf die Summe über l), um das Ergebnis zu zeigen. ■

In der Tat liefern die Abschätzungen (2.1.22) und (2.1.23) genauere Werte als die Abschätzungen von Korollar 2.1.7, falls $\widehat{\psi}$ komplexwertig ist. Das liegt an der Funktion β_1 (2.1.24), bei deren Definition im Gegensatz zur Funktion β (2.1.15) Informationen über die Phase von $\widehat{\psi}$ eingehen. Dazu studieren wir ein

Beispiel:
Das *Meyer–Wavelet* [97] ist wie folgt definiert

$$\widehat{\psi}(y) = \frac{1}{\sqrt{2\pi}}\,e^{iy/2}\,(w(y) + w(-y)) \qquad (2.1.25)$$

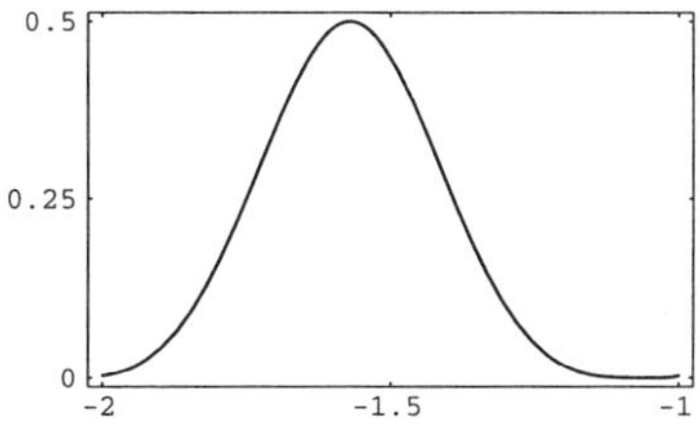

Abbildung 2.4: Die Funktion $G(\omega) = 2\pi \sum_{k\in\mathbb{Z}} |\widehat{\psi}(2^k\omega)|\,|\widehat{\psi}(2^k\omega + 2\pi)|$ für $\omega \in [-2,-1]$.

mit

$$w(y) = \begin{cases} \sin\left(\frac{\pi}{2}\nu\left(\frac{3y}{2\pi} - 1\right)\right) & : \quad \frac{2\pi}{3} \le y \le \frac{4\pi}{3} \\ \cos\left(\frac{\pi}{2}\nu\left(\frac{3y}{4\pi} - 1\right)\right) & : \quad \frac{4\pi}{3} \le y \le \frac{8\pi}{3} \\ 0 & : \quad \text{sonst} \end{cases},$$

wobei $\nu : \mathbb{R} \to [0,1]$ eine glatte Funktion derart ist, daß $\nu(y) = 0$ für $y \le 0$, $\nu(y) = 1$ für $y \ge 1$ und $\nu(y) + \nu(1-y) = 1$ sind. Eine graphische Darstellung des Meyer–Wavelets findet sich in Abbildung 2.3. Bis auf Normierung entspricht w dem Wavelet aus (2.1.21) mit $a_0 = 2$ und $b_0 = 1$, darum gilt $\sum_{k\in\mathbb{Z}} |\widehat{\psi}(2^k y)|^2 = 1/2\pi$. Die Funktion β aus (2.1.15) hat die Eigenschaft $\beta(l\,2\pi) = 0$, $|l| \ge 3$ und nimmt in $\pm 2\pi$ sowie $\pm 4\pi$ den Wert $1/4\pi$ an. Davon kann man sich mit etwas Aufwand analytisch überzeugen. Für unsere Bedürfnisse genügt jedoch ein visueller Beweis, z.B. in Form des Graphen von $G(\omega) = 2\pi \sum_{k\in\mathbb{Z}} |\widehat{\psi}(2^k\omega)|\,|\widehat{\psi}(2^k\omega + 2\pi)|$. Wegen $G(\omega) \equiv 0$ für $\omega \ge 0$ wurde $G(\omega)$ in Abbildung 2.4 nur für $\omega \in [-2,-1]$ skizziert. Die Abschätzungen (2.1.19) und (2.1.20) liefern

$$-1 \le A \le B \le 3\,.$$

Hätten wir nur das Ergebnis von Korollar 2.1.7, wären wir nicht in der Lage zu erkennen, daß $(\psi, 2, 1)$ einen Frame (sogar eine vollständige Orthonormalbasis) erzeugt. Andererseits haben wir

$$\beta_1(2\pi(2l+1)) = 0\,, \quad l \in \mathbb{N}_0\,. \tag{2.1.26}$$

Die Abschätzungen von Korollar 2.1.10 führen auf die optimalen Werte von A und B

$$1 \le A \le B \le 1 \quad \text{oder} \quad A = B = 1\,.$$

Die Aussage (2.1.26) ergibt sich, wenn man den ersten Teil vom Beweis von Lemma 2.1.13 studiert.

Lemma 2.1.11 *Ein fester Frame (ψ, a_0, b_0) mit den Schranken $A = B = 1$ erzeugt eine Orthonormalbasis des $L^2(\mathbb{R})$, falls ψ normiert ist, d.h. $\|\psi\|_{L^2} = 1$.*

Beweis: Den Beweis vollziehen wir in drei Schritten:
i) Die Parsevalsche Identität

$$\|f\|_{L^2}^2 = \sum_{m,n\in\mathbb{Z}} |\langle \psi_{m,n}^{(a_0,b_0)}, f\rangle_{L^2}|^2$$

ergibt sich sofort aus (2.1.4).
ii) Die Normalität

$$\|\psi_{m,n}^{(a_0,b_0)}\|_{L^2} = \|\psi\|_{L^2} = 1$$

folgt zwangsläufig aus der Konstruktion der $\psi_{m,n}^{(a_0,b_0)}$ aus ψ durch L^2–unitäre Operationen.
iii) Die Orthogonalität von $\{\psi_{m,n}^{(a_0,b_0)} \mid m, n\}$ gründet in der Beziehung (μ, $\nu \in \mathbb{Z}$ beliebig)

$$\begin{aligned} 1 = \|\psi_{\nu,\mu}^{(a_0,b_0)}\|_{L^2} &= \sum_{m,n\in\mathbb{Z}} |\langle \psi_{\mu,\nu}^{(a_0,b_0)}, \psi_{m,n}^{(a_0,b_0)}\rangle_{L^2}|^2 \\ &= \|\psi\|_{L^2}^2 + \sum_{\substack{m,n\in\mathbb{Z} \\ (m,n)\neq(\mu,\nu)}} |\langle \psi_{\mu,\nu}^{(a_0,b_0)}, \psi_{m,n}^{(a_0,b_0)}\rangle_{L^2}|^2, \end{aligned}$$

die $\langle \psi_{\mu,\nu}^{(a_0,b_0)}, \psi_{m,n}^{(a_0,b_0)}\rangle_{L^2} = \delta_{\mu,m}\,\delta_{\nu,n}$ impliziert. ∎

Korollar 2.1.12 *Der durch das Meyer–Wavelet ψ* (2.1.25) *erzeugte Frame* $(\psi, 2, 1)$ *ist eine Orthonormalbasis des $L^2(\mathbb{R})$.*

Beweis: Die Behauptung resultiert aus Lemma 2.1.11 sowie

$$\begin{aligned} \|\psi\|_{L^2}^2 &= (2\pi)^{-1} \int\limits_{2\pi/3\le|y|\le4\pi/3} \sin^2\left[\frac{\pi}{2}\,\nu\left(\frac{3}{2\pi}\,|y|-1\right)\right] dy \\ &\quad +(2\pi)^{-1} \int\limits_{4\pi/3\le|y|\le8\pi/3} \cos^2\left[\frac{\pi}{2}\,\nu\left(\frac{3}{4\pi}\,|y|-1\right)\right] dy \\ &= 2/3\int_0^1 \sin^2\left(\frac{\pi}{2}\,\nu(x)\right) + 4/3\int_0^1 \cos^2\left(\frac{\pi}{2}\,\nu(x)\right) dx \\ &= 2/3\left(1+\int_0^1 \cos^2\left(\frac{\pi}{2}\,\nu(x)\right) dx\right) \\ &= 1\,, \end{aligned}$$

denn

$$\int_0^1 \cos^2\left(\frac{\pi}{2}\nu(x)\right)\,dx \overset{(*)}{=} \int_0^{1/2} \cos^2\left(\frac{\pi}{2}\nu(x)\right)\,dx + \int_0^{1/2} \cos^2\left(\frac{\pi}{2}\left(1-\nu\left(\frac{1}{2}-x\right)\right)\right)\,dx$$

$$= \int_0^{1/2} \cos^2\left(\frac{\pi}{2}\nu(x)\right)\,dx + \int_0^{1/2} \sin^2\left(\frac{\pi}{2}\nu(x)\right)\,dx$$

$$= 1/2\,.$$

Das Gleichheitszeichen $(*)$ geht auf die Eigenschaft $\nu(x)+\nu(1-x)=1$ der Funktion ν zurück. ∎

Als eine weitere Anwendung von Korollar 2.1.10 beweisen wir das

Lemma 2.1.13 *Sei ψ das Meyer–Wavelet, definiert durch* (2.1.25). *Es gibt ein $\varepsilon > 0$, so daß $(\psi, 2, b_0)$ für jedes $b_0 \in]1-\varepsilon, 1+\varepsilon[$ eine Basis des $L^2(\mathbb{R})$ erzeugt.*

Beweis: Wir beginnen mit dem Nachweis, daß $(\psi, 2, b_0)$ für b_0 in der Nähe von 1 noch einen Frame erzeugt. Im Fall von $b_0 = 2$ spannt $\{\psi_{m,n}^{(2,2)} \mid m,n \in \mathbb{Z}\} = \{\psi_{m,2n}^{(2,1)} \mid m,n \in \mathbb{Z}\}$ nicht mehr den $L^2(\mathbb{R})$ auf. Wir beschränken uns daher auf $b_0 < 2$.
Zur Berechnung von β_1 genügt es, das Supremum über $[2\pi/3\,,\,4\pi/3]$ zu nehmen. Für $\omega-$Werte aus diesem Intervall und für $|s| \geq 2\pi b_0^{-1} \geq \pi$ erstreckt sich die Doppelsumme (2.1.24) nur über Paare $(m,n) \in \{(-2,2), (-1,1), (-1,2), (0,0), (0,1), (0,1)\}$. Als endliche Summe stetiger Funktionen ist β_1 auch stetig. Wegen $\operatorname{supp}\psi \subset [-8\pi/3\,,\,8\pi/3]$ folgt $\operatorname{supp}\beta_1 \subset [-16\pi/3\,,\,16\pi/3]$. Zusammen mit $b_0 < 2$ impliziert dies: Die Summen in (2.1.22) bzw. (2.1.23) laufen nur über $l \in \{0,1,2\}$. Die rechten Seiten der Abschätzungen hängen also stetig von b_0 ab und ergeben 1 für $b_0 = 1$. Aus Stetigkeitsgründen sind sie daher positiv und endlich in einer Umgebung von $b_0 = 1$.

Den Operator

$$S(b_0)f = \sum_{m,n\in\mathbb{Z}} \langle \psi_{m,n}^{(2,1)}\,,\,f\rangle_{L^2}\,\psi_{m,n}^{(2,b_0)}\,, \qquad f \in L^2(\mathbb{R})\,,$$

führen wir ein, um die Basiseigenschaft von $(\psi, 2, b_0)$ zu zeigen. Die Summe konvergiert schwach, und da $(\psi, 2, b_0)$ einen Frame erzeugt, gilt

$$|\langle S(b_0)f\,,\,g\rangle_{L^2}| = \Big|\sum_{m,n\in\mathbb{Z}} \langle \psi_{m,n}^{(2,1)}\,,\,f\rangle_{L^2}\,\langle \psi_{m,n}^{(2,b_0)}\,,\,g\rangle_{L^2}\Big| \leq B^{1/2}\,\|f\|_{L^2}\,\|g\|_{L^2}$$

für alle $g \in L^2(\mathbb{R})$, was die Beschränktheit des Operators $S(b_0)$ bedeutet.
Die Bijektivität des Operators $S(b_0)$, b_0 nahe bei 1, die wir gleich beweisen, impliziert

wegen $S(b_0)\,\psi_{m,n}^{(2,1)} = \psi_{m,n}^{(2,b_0)}$ ($(\psi, 2, 1)$ ist eine Orthonormalbasis!) die Aussage des Lemmas.
Da $(\psi, 2, b_0)$ einen Frame bildet, erfüllt der adjungierte Operator $S(b_0)^*$,

$$\|S(b_0)^* f\|_{L^2}^2 = \sum_{m,n\in\mathbb{Z}} |\langle\psi_{m,n}^{(2,b_0)}\,,\, f\rangle_{L^2}|^2 \geq A\,\|f\|_{L^2}^2\,,$$

und damit ist $(\operatorname{range} S(b_0))^\perp = \operatorname{Kern}\, S(b_0)^* = \{0\}$, d.h. $\operatorname{range} S(b_0) = L^2(\mathbb{R})$.
Andererseits ist

$$\begin{aligned}
\|S(b_0)f\|_{L^2}^2 &= \sum_{m,n\in\mathbb{Z}}\sum_{\mu,\nu\in\mathbb{Z}} \langle\psi_{m,n}^{(2,1)}\,,\, f\rangle_{L^2}\,\langle\psi_{m,n}^{(2,b_0)}\,,\,\psi_{\mu,\nu}^{(2,b_0)}\rangle_{L^2}\,\langle f\,,\,\psi_{\mu,\nu}^{(2,1)}\rangle_{L^2} \\
&= \sum_{m,n\in\mathbb{Z}} |\langle f\,,\,\psi_{m,n}^{(2,1)}\rangle_{L^2}|\,\underbrace{\|\psi_{m,n}^{(2,b_0)}\|_{L^2}^2}_{=1} \\
&\quad + \sum_{\substack{m,n,\mu,\nu\\(m,n)\neq(\mu,\nu)}} \langle\psi_{m,n}^{(2,1)}\,,\, f\rangle_{L^2}\,\langle\psi_{m,n}^{(2,b_0)}\,,\,\psi_{\mu,\nu}^{(2,b_0)}\rangle_{L^2}\,\langle f\,,\,\psi_{\mu,\nu}^{(2,1)}\rangle_{L^2} \\
&\geq \|f\|_{L^2}^2 - \sum_{\substack{m,n,\mu,\nu\\(m,n)\neq(\mu,\nu)}} |\langle\psi_{m,n}^{(2,b_0)}\,,\,\psi_{\mu,\nu}^{(2,b_0)}\rangle_{L^2}| \\
&\qquad\qquad \cdot \underbrace{|\langle\psi_{m,n}^{(2,1)}\,,\, f\rangle_{L^2}|\,|\langle f\,,\,\psi_{\mu,\nu}^{(2,1)}\rangle_{L^2}|}_{\leq \|f\|_{L^2}^2} \\
&\geq \|f\|_{L^2}^2 \left(1 - \sup_{m,n} \sum_{\substack{\mu,\nu\\(m,n)\neq(\mu,\nu)}} |\langle\psi\,,\, U(2^{\mu-m}\,,\, 2^{\mu-m}(\nu-n)\,b_0)\,\psi\rangle_{L^2}|\right) \\
&= \|f\|_{L^2}^2 \underbrace{\left(1 - \sum_{\substack{m,n\\(m,n)\neq(0,0)}} |\langle\psi\,,\,\psi_{m,n}^{(2,b_0)}\rangle_{L^2}|\right)}_{=:\,K(b_0)}.
\end{aligned}$$

Aufgrund von $\operatorname{supp}\widehat{\psi} = [-8\pi/3, -2\pi/3] \cup [2\pi/3, 8\pi/3]$ sowie $a_0 = 2$, errechnet man $\langle\psi, \psi_{m,n}^{(2,b_0)}\rangle_{L^2} = 0$, falls $|m| > 1$, d.h. die Summe über m liefert nur Beiträge für $m \in \{0, \pm 1\}$. Das Meyer–Wavelet ist eine Schwartz–Funktion, daher konvergiert die Reihe $\sum_{n\in\mathbb{Z}} |\langle\psi, \psi_{m,n}^{(2,b_0)}\rangle_{L^2}|$ und ist stetig in b_0 für $m \in \{0, \pm 1\}$. Somit hängt K stetig von b_0 ab. Da aber $K(1) = 1$ ist, bleibt $K(b_0)$ positiv in einer Umgebung von $b_0 = 1$. In dieser Umgebung heißt das nichts anderes als $\operatorname{Kern} S(b_0) = \{0\}$. Wir haben die Surjektivität und Injektivität von $S(b_0)$ in einer Umgebung von $b_0 = 1$ nachgeprüft. ■

In der Praxis wird man häufig mit Wavelets ψ arbeiten, deren Fourier–Transformierte reell ist und schnell abklingt. Da hierbei die Phase von $\widehat{\psi}$ verschwindet, sind die Unterschiede zwischen den Abschätzungen (2.1.19), (2.1.20) mit β und den Abschätzungen (2.1.22), (2.1.23) sehr gering, weniger dramatisch als für das Meyer–Wavelet. Gehen wir nämlich von einem Wavelet aus, dessen Fourier–Transformierte positiv ist, so erhalten wir aus den Abschätzungen mit β genauere Werte als aus denen mit β_1. Das kann anhand der Definition von β (2.1.15) und β_1 (2.1.24) direkt abgelesen werden.

Bemerkung 2.1.14 Neben Wavelets ψ mit positivem $\widehat{\psi}$ besteht ein Interesse daran, daß $\widehat{\psi}$ auch sehr konzentriert in einem bestimmten Frequenzbereich liegt, was eine gute Frequenzauflösung garantiert. Allerdings bewirkt dies starke Oszillation in der Funktion $\sum_{m\in\mathbb{Z}} |\widehat{\psi}(a_0^m\,\omega)|^2$. Weil dann $m(\psi; a_0) \ll M(\psi; a_0)$ ist, führt dies auf große Verhältnisse B/A. Wie wir im nächsten Abschnitt sehen werden, sollen Verhältnisse $B/A \approx 1$ (effiziente Rekonstruktion von Funktionen aus ihren Abtastwerten) angestrebt werden. Große Werte von B/A können vermieden werden, wenn man verschiedene Wavelets ψ^j benutzt, die so gewählt sind, daß das Minimum von $\sum_{m\in\mathbb{Z}} |\widehat{\psi}^j(2^m\,\omega)|^2$ kompensiert wird durch das Maximum von $\sum_{m\in\mathbb{Z}} |\widehat{\psi}^i(2^m\,\omega)|^2$, $j \neq i$.

Die genaue mathematische Konstruktion ist Inhalt von

Lemma 2.1.15 *Seien $\psi^0, \ldots, \psi^{N-1}$ Funktionen, die den Bedingungen* (2.1.13), (2.1.14) *und* (2.1.15) *genügen. Wir definieren*

$$m(\psi^0,\ldots,\psi^{N-1};a_0) = \operatorname{ess}\inf_{|\omega|\in[1,a_0]} \sum_{j=0}^{N-1}\sum_{m\in\mathbb{Z}} |\widehat{\psi}^j(a_0^m\,\omega)|^2 , \tag{2.1.27}$$

$$M(\psi^0,\ldots,\psi^{N-1};a_0) = \operatorname{ess}\sup_{|\omega|\in[1,a_0]} \sum_{j=0}^{N-1}\sum_{m\in\mathbb{Z}} |\widehat{\psi}^j(a_0^m\,\omega)|^2 , \tag{2.1.28}$$

$$\beta^j(s) = \sup_{|\omega|\in[1,a_0]} \sum_{m\in\mathbb{Z}} |\widehat{\psi}^j(a_0^m\,\omega)|\,|\widehat{\psi}(a_0^m\,\omega + s)| . \tag{2.1.29}$$

Erfüllt $b_0 > 0$ die Abschätzung

$$2\sum_{j=0}^{N}\sum_{k=1}^{\infty}\left(\beta^j\left(\frac{2\pi}{b_0}k\right)\beta^j\left(-\frac{2\pi}{b_0}k\right)\right)^{1/2} < m(\psi^0,\ldots,\psi^{N-1};a_0) ,$$

dann erzeugt

$$(\psi^0,\ldots,\psi^{N-1};a_0,b_0) := \bigcup_{j=0}^{N}(\psi^j;a_0,b_0)$$

einen Wavelet–Frame, dessen Schranken A, B den Abschätzungen

$$A \geq \frac{2\pi}{b_0}\left(m(\psi^0,\ldots,\psi^{N-1};a_0) - 2\sum_{j=0}^{N-1}\sum_{k=1}^{\infty}\left(\beta^j\left(\frac{2\pi}{b_0}k\right)\beta^j\left(-\frac{2\pi}{b_0}k\right)\right)^{1/2}\right) , \tag{2.1.30}$$

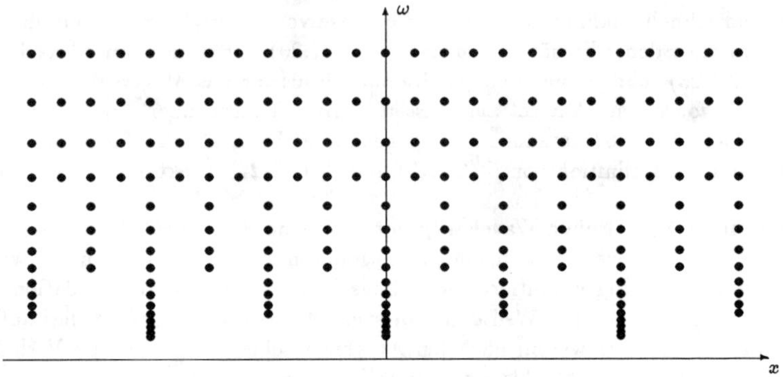

Abbildung 2.5: Phasenraumlokalisierung eines Wavelet–Frames mit $a_0 = 2$ und 4 Stimmen

$$B \leq \frac{2\pi}{b_0} \left(M(\psi^0, \ldots, \psi^{N-1}; a_0) - 2 \sum_{j=0}^{N-1} \sum_{k=1}^{\infty} \left(\beta^j \left(\frac{2\pi}{b_0} k \right) \beta^j \left(-\frac{2\pi}{b_0} k \right) \right)^{1/2} \right) \quad (2.1.31)$$

genügen.

Beweis: Der Beweis läuft analog dem Beweis von Korollar 2.1.7. ∎

Im praxisrelevanten Fall $a_0 = 2$ kann natürlich β^j in (2.1.30) bzw. (2.1.31) durch β_1^j ersetzt werden. Dabei ist β_1^j wie in Korollar 2.1.10 für $j = 0, \ldots, N-1$ definiert. Selbstverständlich müssen die Summen über k ersetzt werden durch Summen über ungerade k.

Zur Erzeugung der N Funktionen hat sich folgendes Vorgehen bewährt: Die Funktionen $\psi^0, \ldots, \psi^{N-1}$ sind dilatierte Versionen eines Wavelets ψ, d.h.

$$\psi^j(x) = 2^{-j/N} \psi(2^{-j/N} x), \quad j = 0, \ldots, N-1. \quad (2.1.32)$$

Das zu $\{\psi_{mn}^j : 0 \leq j \leq N-1, \ m, n \in \mathbb{Z}\}$ gehörende Phasenraumgitter entsteht durch Überlagerung aus N Gittern, die durch Verschiebung in Frequenzrichtung aus dem Gitter zu $\{\psi_{m,n} : m, n \in \mathbb{Z}\}$ entstehen (siehe Abbildung 2.5). Die in (2.1.32) definierten Funktionen nennt man *Stimmen* pro Oktave.

2.1.1.1 Beispiele

Die Wirkung der verschiedenen Stimmen auf die Schranken des zugehörigen Frames soll nun an zwei Beispielen illustriert werden. Der Dilatationsfaktor a_0 beträgt jeweils 2.

a) Als Wavelet wählen wir eine Sinus–Periode,

$$\psi(x) = \begin{cases} \frac{1}{\sqrt{\pi}} \sin x & |x| \leq \pi \\ 0 & \text{sonst} \end{cases} . \quad (2.1.33)$$

Tabelle 2.1: Frame–Schranken für das Wavelet aus (2.1.33)

N	1			2		
b_0/π	A	B	B/A	A	B	B/A
0.25	4.038	8.409	2.082	11.950	16.294	1.364
0.50	1.838	4.386	2.387	5.711	8.411	1.473
0.75	1.412	3.007	2.634	3.629	5.785	1.594
1.00	0.585	2.527	4.323	2.410	4.651	1.930

N	3			4		
b_0/π	A	B	B/A	A	B	B/A
0.25	20.035	24.331	1.214	27.986	32.500	1.161
0.50	9.655	12.528	1.298	13.598	16.645	1.224
0.75	6.185	8.603	1.391	8.687	11.475	1.321
1.00	4.230	6.861	1.622	6.042	9.080	1.503

Seine Fourier–Transformierte ist

$$\widehat{\psi}(\xi) = \frac{\sqrt{2}}{\pi} i \frac{\sin \pi\xi}{1-\xi^2},$$

eine Funktion mit stark variierender Phase, was uns veranlaßt, die Frame–Schranken durch die Formeln (2.1.30), (2.1.31) mit β_1 anstatt β abzuschätzen. In Tabelle 2.1 stehen die Abschätzungen für A und B sowie ihr Verhältnis in Abhängigheit von b_0 und der Anzahl der Stimmen N.

b) Den Mexikanischen Hut erhält man (bis auf Vorzeichen und Normierung) als zweite Ableitung der Normalverteilung

$$\psi(x) = \frac{2}{\sqrt{3}} \pi^{-1/4} (1-x^2)\, e^{-x^2/2}, \tag{2.1.34}$$

$$\widehat{\psi}(\xi) = \frac{2}{\sqrt{3}} \pi^{-1/4} \xi^2\, e^{-\xi^2/2}.$$

Da $\widehat{\psi}$ positiv ist, kann man direkt die Formeln (2.1.30) bzw. (2.1.31) anwenden. Die Abschätzungen für A und B bzgl. verschiedener b_0 und N wurden in Tabelle 2.2 eingetragen.
Neben den hier zitierten finden sich weitere Abschätzungen von Frame–Schranken zu anderen Wavelets in [31].

2.1.2 Der Frame–Operator

Bisher haben wir eingehend untersucht, unter welchen Bedingungen an ein Wavelet ψ und an die Parameter a_0, b_0, (ψ, a_0, b_0) einen Wavelet–Frame generiert. Eine wesent-

Tabelle 2.2: Frame–Schranken für den Mexikanischen Hut (2.1.34)

N	1			2		
b_0/π	A	B	B/A	A	B	B/A
0.25	13.091	14.183	1.083	27.273	27.278	1.000
0.50	6.546	7.092	1.083	13.637	13.639	1.000
0.75	4.364	4.728	1.083	9.091	9.093	1.000
1.00	3.223	3.596	1.116	6.768	6.870	1.015

N	3			4		
b_0/π	A	B	B/A	A	B	B/A
0.25	40.914	40.914	1.000	54.552	54.552	1.000
0.50	20.457	20.457	1.000	27.276	27.276	1.000
0.75	13.638	13.638	1.000	18.184	18.184	1.000
1.00	10.178	10.279	1.010	13.586	13.690	1.007

liche Frage wurde allerdings noch nicht beantwortet: Wie läßt sich aus den diskreten Werten $\langle \psi_{m,n}^{(a_0,b_0)}, f\rangle_{L^2}$, $m, n \in \mathbb{Z}$, die Funktion f rekonstruieren?
In der Bemerkung 2.1.2 wurde die Antwort kurz angedeutet und sie soll in diesem Kapitel ausführlicher behandelt werden. Dazu lösen wir uns von speziellen Wavelet–Frames und betrachten einen allgemeinen Frame $\Phi = \{\varphi_j\,,\ j \in \mathbb{Z}\}$ in einem (separablen) Hilbert–Raum $\mathcal{H}$, d.h. es gibt Konstanten $A, B > 0$, so daß

$$A\,\|v\|_{\mathcal{H}}^2 \;\le\; \sum_{j\in\mathbb{Z}} |\langle v, \varphi_j\rangle_{\mathcal{H}}|^2 \;\le\; B\,\|v\|_{\mathcal{H}}^2 \tag{2.1.35}$$

für alle $v \in \mathcal{H}$ gilt. Wir assoziieren den Frame Φ mit dem *Frame–Operator* $S : \mathcal{H} \to \mathcal{H}$,

$$Sv := \frac{2}{A+B} \sum_{j\in\mathbb{Z}} \langle v, \varphi_j\rangle_{\mathcal{H}}\, \varphi_j\,. \tag{2.1.36}$$

Bemerkung 2.1.16 Der Frame–Operator S entspricht im Falle der Wavelet–Frames (bis auf Normierung) dem Produkt T^*T, wobei T den Operator aus Bemerkung 2.1.2 bezeichnet.

Lemma 2.1.17 *Der Frame–Operator S ist ein positiver, beschränkter, stetig invertierbarer Operator mit*

$$\frac{2A}{A+B}\,\|v\|_{\mathcal{H}}^2 \;\le\; \langle Sv, v\rangle_{\mathcal{H}} \;\le\; \frac{2B}{A+B}\,\|v\|_{\mathcal{H}}^2 \tag{2.1.37}$$

für alle $v \in \mathcal{H}$. Zusätzlich gilt

$$\|I - S\|_{\mathcal{H}} \le \varrho := \frac{B-A}{A+B} = \frac{B/A - 1}{B/A + 1} < 1\,. \tag{2.1.38}$$

Beweis: Es genügt, die Wohldefiniertheit und (2.1.37) zu zeigen. Für festes $v \in \mathcal{H}$ bezeichne $s_N = \sum_{j=-N}^{N} \langle v, \varphi_j \rangle_{\mathcal{H}} \, \varphi_j$. Wir erinnern, daß im Hilbert–Raum $\mathcal{H}$ die Norm von $w \in \mathcal{H}$ durch $\|w\|_{\mathcal{H}} = \sup_{\|z\|=1} |\langle w, z \rangle_{\mathcal{H}}|$ ausgedrückt werden kann.
Für $M \leq N$ erhalten wir mittels der Cauchy-Schwarzschen Ungleichung

$$
\begin{aligned}
\|s_N - s_M\|_{\mathcal{H}}^2 &= \sup_{\|z\|=1} |\langle s_N - s_M, z \rangle_{\mathcal{H}}|^2 \\
&= \sup_{\|z\|=1} \Big| \sum_{M \leq |j| \leq N} \langle v, \varphi_j \rangle_{\mathcal{H}} \, \langle \varphi_j, z \rangle_{\mathcal{H}} \Big|^2 \\
&\leq \sup_{\|z\|=1} \sum_{M \leq |j| \leq N} |\langle v, \varphi_j \rangle_{\mathcal{H}}|^2 \sum_{M \leq |j| \leq N} |\langle \varphi_j, z \rangle_{\mathcal{H}}|^2 \\
&\overset{(2.1.35)}{\leq} \underbrace{\sum_{M \leq |j| \leq N} |\langle v, \varphi_j \rangle_{\mathcal{H}}|^2 \; B}_{= \sigma_{M,N}} .
\end{aligned}
$$

Wegen der Konvergenz von $\sum_{j \in \mathbb{Z}} |\langle v, \varphi_j \rangle_{\mathcal{H}}|^2$ folgt $\sigma_{M,N} \to 0$ für $M, N \to \infty$. Somit ist $\{s_N\}_{N \in \mathbb{N}}$ eine Cauchy-Folge, die in $\mathcal{H}$ konvergiert, m.a.W. Sv ist ein wohldefiniertes Element aus $\mathcal{H}$. Die Relation (2.1.37) ergibt sich direkt durch Einsetzen unter Verwendung von (2.1.35). Aus (2.1.37) folgt

$$
\left(1 - \frac{2B}{A+B}\right) \|v\|_{\mathcal{H}}^2 \;\leq\; \langle (I-S)v, v \rangle_{\mathcal{H}} \;\leq\; \left(1 - \frac{2A}{A+B}\right) \|v\|_{\mathcal{H}}^2
$$

und daraus $|\langle (I-S)v, v \rangle_{\mathcal{H}}| \leq \varrho \, \|v\|_{\mathcal{H}}^2$. Mit $\|I - S\|_{\mathcal{H}} = \sup_{\|v\|=1} |\langle (I-S)v, v \rangle_{\mathcal{H}}|$ endet der Beweis. ■

Entscheidend für die Inversion von S ist (2.1.38). Die Neumannsche Reihe $\sum_{k=0}^{\infty} (I-S)^k$ konvergiert nämlich in der Operatornorm gegen S^{-1}, und damit konvergiert die Folge

$$
v_n := \sum_{k=0}^{n} (I-S)^k \, Sv
$$

gegen v. Außerdem genügt $\{v_n\}_{n \in \mathbb{N}}$ der *Landweber*– oder *Richardson*–Iteration

$$
v_{n+1} \;=\; Sv + \sum_{k=1}^{n+1} (I-S)^k \, Sv \;=\; Sv + (I-S)\, v_n \tag{2.1.39}
$$

und der Fehlerabschätzung

$$
\begin{aligned}
\|v - v_n\|_{\mathcal{H}} &= \Big\| \Big(I - \sum_{k=0}^{n} (I-S)^k \, S \Big) v \Big\|_{\mathcal{H}} = \|(I-S)^{n+1} \, v\|_{\mathcal{H}} \\
&\leq \varrho^{n+1} \, \|v\|_{\mathcal{H}} .
\end{aligned}
$$

Falls die Frame–Schranken A, B ungefähr gleich sind, $B/A \approx 1$, reichen wegen $\varrho \approx 0$ wenige Schritte des primitiven Iterationsverfahrens (2.1.39) aus, um eine akzeptable Approximation an v zu garantieren.
Für feste Frames $A = B$ kann auf eine Iteration verzichtet werden, denn der Frame–Operator S ist die Identität,

$$v = B^{-1} \sum_{j \in \mathbb{Z}} \langle v, \varphi_j \rangle_{\mathcal{H}} \varphi_j .$$

Im Hinblick auf eine effiziente Synthese von v aus den Werten $\langle v, \varphi_j \rangle_{\mathcal{H}}$, $j \in \mathbb{Z}$, legt man natürlich Wert auf feste Frames, zumindest jedoch auf Frames mit ungefähr gleich großen Schranken A und B. Setzt man jedoch Prioritäten auf andere Eigenschaften eines Frames, z.B. auf die stabile Rekonstruktion aus verrauschten Daten oder eine gute Frequenzauflösung (Bemerkung 2.1.14), so können die Verhältnisse B/A sehr groß werden. Die Iteration (2.1.39) konvergiert dann zu langsam und man muß zu Beschleunigungen übergehen, wie sie in [58] vorgeschlagen werden.

Ein ausführlichere Darstellung von Frames in bezug auf Wavelets findet sich in [67].

2.2 Multi–Skalen–Analyse

Das Konzept der Multi–Skalen–Analyse (MSA), das auf Mallat [93, 94] und Meyer [97] zurückgeht, erlaubt die schnelle und stabile Wavelet–Analyse und –Synthese. Ohne die Konstruktion dieser schnellen Algorithmen hätte die Wavelet–Transformation, trotz ihrer Vorteile in signaltheoretischer Hinsicht, nicht in ernsthafte Konkurrenz zur Fourier–Transformation treten können.
In Kapitel 2.2.1 werden wir die Begriffe im eindimensionalen Kontext einführen und erläutern. Im Anschluß skizzieren wir den Schritt vom Ein– ins Mehrdimensionale.
Die schnellen Algorithmen sind Gegenstand des Kapitels 2.3.

2.2.1 Eindimensionale Multi–Skalen–Analyse

Vom Blickwinkel der einfachen Rekonstruktion des Signals f aus den diskreten Werten $\sqrt{c_\psi}L_\psi f(a_0^m, n\, b_0\, a_0^m)$ bevorzugt man Wavelets ψ, deren Frame $(\psi, 2, 1)$ (O.B.d.A. seien $a_0 = 2$, $b_0 = 1$) eine ONB des $L^2(\mathbb{R})$ bildet,

$$f = \sum_{m,n} \langle \psi_{m,n}^{(2,1)}, f \rangle_{L^2}\, \psi_{m,n}^{(2,1)},$$

die man dann *Wavelet-Basis* des $L^2(\mathbb{R})$ nennt. Dies haben wir im letzten Abschnitt gesehen. Bisher ist unsere Auswahl an solchen Wavelets aber eher dürftig. Wir kennen das Meyer–Wavelet (Korollar 2.1.12) und das Haar–Wavelet, das die aus der Funktionalanalysis bekannte Haar–Basis erzeugt. Es handelt sich um Wavelets, wie sie unterschiedlicher nicht sein könnten: Das eine, sehr kompliziert konstruiert, beliebig glatt, schnell abfallend, aber ohne kompakten Träger, das andere, mit einer einfachen Struktur und einem kompakten Träger, dafür aber unstetig.
Gibt es Wavelets zwischen beiden Extremen und wie kann man sie erhalten? Die MSA wird sich als "Kochrezept" zur Erzeugung solcher Wavelets erweisen.

Bevor die mathematische Definition einer MSA mehr verschleiert als erhellt, beginnen wir mit einer einfachen Motivation. Wir wollen ein Signal f aus einem Unterraum V_{-1} des $L^2(\mathbb{R})$ in seinen hoch– und niederfrequenten Anteil aufspalten. Den glatten (niederfrequenten) Anteil beschreiben wir durch die orthogonale Projektion $P_0 f$ auf einen kleineren Raum V_0, der die "glatten" Funktionen von V_{-1} enthält. Das orthogonale Komplement von V_0 in V_{-1} bezeichnen wir mit W_0, ein Raum, der dank seiner Konstruktion die "rauhen" (hochfrequenten) Elemente umfaßt. Die Projektion von f auf W_0 sei $Q_0 f$, dann ist

$$\begin{aligned} f &= P_0 f + Q_0 f, \\ V_{-1} &= V_0 \oplus W_0. \end{aligned}$$

Analog verfahren wir nun mit $P_0 f$, indem wir V_0 darstellen als orthogonale Summe der Räume V_1 ("glatte" Elemente) und W_1 ("rauhe" Elemente). Die zugehörigen Projektoren heißen P_1 und Q_1. Wegen $P_1 P_0 f = P_1 f$ sowie $Q_1 Q_0 f = Q_1 f$ gelangen wir zu

$$P_0 f = P_1 f + Q_1 f$$

bzw.

$$f = P_1 f + Q_1 f + Q_0 f . \tag{2.2.1}$$

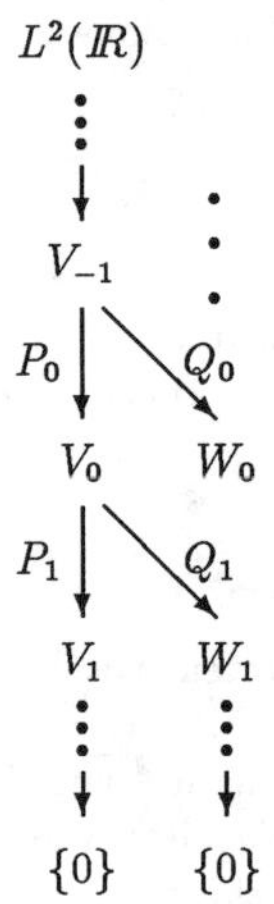

Rekursiv könnte nun $P_1 f$ weiter zerlegt werden in $P_2 f$ und $Q_2 f$ usw. Zum Verständnis der Wirkungsweise einer MSA genügt jedoch die zweistufige Zerlegung (2.2.1), die an einem Beispiel in Abbildung 2.6 demonstriert wird (Die dort angedeutete Addition ist nicht die Addition von Funktionen. Vielmehr soll ausgedrückt werden, daß aus beiden Funktionen auf der rechten Seite diejenige auf der linken rekonstruiert werden kann.).
$P_1 f$ repräsentiert die niederfrequenten, "glatten" Anteile von f, enthält somit Details von f ab einer bestimmten Größe, vgl. Kapitel 1.3. $Q_0 f$ bzw. $Q_1 f$ beinhalten die Anteile von f zu bestimmten Frequenzbändern. Dabei entspricht $Q_0 f$ einer höheren Frequenz als $Q_1 f$. Die Gleichung (2.2.1) kann verstanden werden als Zerlegung eines Signals in Frequenzbänder hoher Frequenzen und ein Frequenzgemisch niedriger Frequenzen. Dieser Zerlegungsprozeß läßt sich mathematisch exakt in einer Multi–Skalen–Analyse beschreiben

Definition 2.2.1 *Eine* Multi–Skalen–Analyse (MSA) *des $L^2(I\!R)$ ist eine aufsteigende Folge abgeschlossener Unterräume $V_m \subset L^2(I\!R)$*

$$\{0\} \subset \ldots \subset V_2 \subset V_1 \subset V_0 \subset V_{-1} \subset V_{-2} \subset \ldots \subset L^2(I\!R),$$

so daß gilt:

$$\overline{\bigcup_{m \in Z\!\!Z} V_m} = L^2(I\!R), \tag{2.2.2}$$

$$\bigcap_{m \in Z\!\!Z} V_m = \{0\}, \tag{2.2.3}$$

$$f(\cdot) \in V_m \iff f(2^m \cdot) \in V_0 . \tag{2.2.4}$$

Es gibt eine Funktion $\varphi \in L^2(I\!R)$, deren ganzzahlige Translate eine Riesz–Basis *von V_0 erzeugen, i.e.*

$$V_0 = \overline{\text{span}\,\{\varphi(\,\cdot - k) \mid k \in Z\!\!Z\}}$$

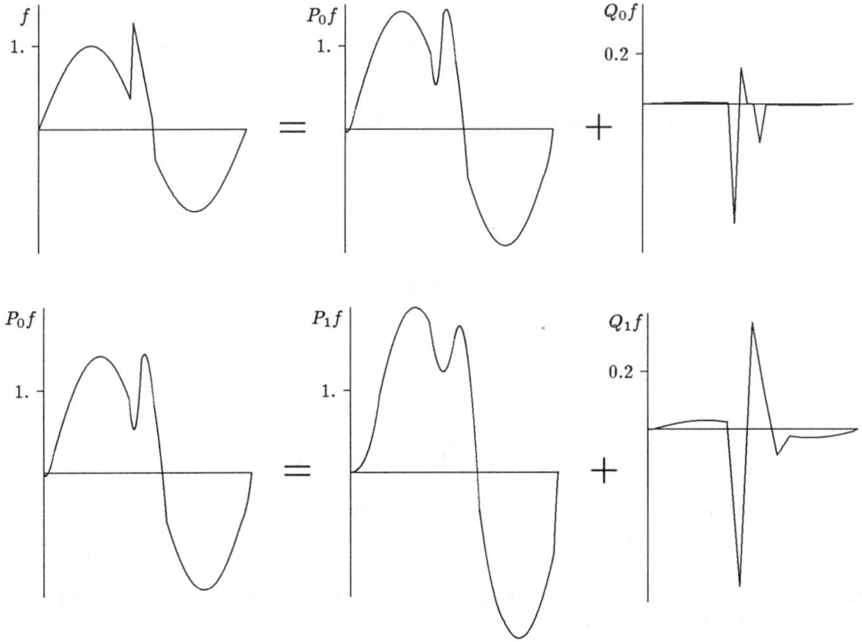

Abbildung 2.6: Zerlegung des Signals f in einen niederfrequenten $P_1 f$ und zwei hochfrequente Anteile $Q_0 f$, $Q_1 f$.

und (2.2.5)

$$A \sum_{k\in\mathbb{Z}} c_k^2 \le \Big\| \sum_{k\in\mathbb{Z}} c_k\, \varphi(\cdot - k) \Big\|_{L^2}^2 \le B \sum_{k\in\mathbb{Z}} c_k^2$$

für alle $\{c_k\}_{k\in\mathbb{Z}} \in l^2(\mathbb{Z})$. *Es bezeichnen A und B positive Konstanten.*

Bemerkung 2.2.2

a) Die Forderungen (2.2.2) und (2.2.3) werden von vielen Familien $\{V_m\}_{m\in\mathbb{Z}}$ erfüllt. Die Eigenschaft (2.2.4) zeichnet eine MSA aus: Die Räume V_m sind skalierte Versionen des Grundraumes V_0, der durch Translation einer Funktion φ, der *Skalierungsfunktion*, aufgespannt wird (2.2.5).
Für $m \to \infty$ werden die Funktionen aus V_m gestreckt und immer breiter, ihre Details aufgebläht. Strebt m gegen $-\infty$, so enthalten die Räume V_m immer kleinere Strukturen. Die Grenzübergänge

$$\lim_{m\to+\infty} \|P_m f\|_{L^2} = 0, \qquad (2.2.6)$$

$$\lim_{m\to-\infty} \|P_m f - f\|_{L^2} = 0 \qquad (2.2.7)$$

präzisieren diese Interpretation. P_m bezeichnet den Orthogonalprojektor auf V_m. Folgende Sprechweise hat sich eingebürgert, sie ist mehr suggestiv als exakt: $P_m f$ ist die Darstellung von f auf der "Skala" V_m und enthält alle Details von f bis zur Größe 2^m.

b) Wegen (2.2.5) ist V_0 translationsinvariant, d.h.

$$f \in V_0 \quad \Longleftrightarrow \quad f(\cdot - k) \in V_0 \quad \text{für } k \in \mathbb{Z}\,.$$

Mit (2.2.4) folgt

$$f \in V_m \quad \Longleftrightarrow \quad f(\cdot - 2^m\, k) \in V_m \quad \text{für } k \in \mathbb{Z}\,. \tag{2.2.8}$$

c) Der Raum V_m wird von den Funktionen

$$\varphi_{m,k}(x) \;:=\; 2^{-m/2}\, \varphi(2^{-m}\, x - k) \tag{2.2.9}$$

aufgespannt,

$$V_m \;=\; \overline{\operatorname{span}\,\{\, \varphi_{m,k} \mid k \in \mathbb{Z}\,\}}\,. \tag{2.2.10}$$

Dies beruht auf (2.2.4) und (2.2.5). Die Funktionen aus (2.2.9) haben alle dieselbe L^2–Norm $\|\varphi_{m,k}\|_{L^2} \;=\; \|\varphi\|_{L^2}$.

Lemma 2.2.3 *Die Skalierungsfunktion* φ *erfüllt eine* Skalierungsgleichung, *d.h. es gibt eine Folge* $\{h_k\}_{k\in\mathbb{Z}}$ *reeller Zahlen mit*

$$\varphi(x) \;=\; \sqrt{2}\sum_{k\in\mathbb{Z}} h_k\, \varphi(2x - k)\,. \tag{2.2.11}$$

Beweis: Aus der Inklusion $\varphi \in V_0 \subset V_{-1} = \overline{\operatorname{span}\,\{\sqrt{2}\varphi(2x-k)|\, k \in \mathbb{Z}\}}$ folgt das obige Lemma. ■

In der einfachen Gleichung (2.2.11) liegt der Schlüssel zur Konstruktion sowohl orthogonaler Wavelet–Basen als auch schneller Algorithmen.

Wie in unserer einführenden Motivation definieren wir die Räume W_m als orthogonale Komplemente von V_m in V_{m-1},

$$V_{m-1} \;=\; W_m \oplus V_m\,, \quad V_m \perp W_m \tag{2.2.12}$$

und die Operatoren Q_m als orthogonale Projektoren von $L^2(\mathbb{R})$ in W_m,

$$P_{m-1} \;=\; Q_m + P_m\,. \tag{2.2.13}$$

Offensichtlich ist

$$V_m \;=\; \bigoplus_{j\geq m+1} W_j \tag{2.2.14}$$

und damit

$$L^2(\mathbb{R}) = \bigoplus_{j\in\mathbb{Z}} W_j\,. \tag{2.2.15}$$

Die Räume W_m erben die Skalierungseigenschaft der Räume V_m (2.2.4)

$$f \in W_m \iff f(2^m\,\cdot) \in W_0\,. \tag{2.2.16}$$

Eine Funktion $f \in L^2(\mathbb{R})$ läßt sich zerlegen durch

$$\begin{aligned} f &\overset{(2.2.15)}{=} \sum_{j\in\mathbb{Z}} Q_j = \sum_{j\geq m+1} Q_j\,f + \sum_{j\leq m} Q_j\,f \\ &\overset{(2.2.14)}{=} P_m\,f + \sum_{j=-\infty}^{m} Q_j\,f\,. \end{aligned} \tag{2.2.17}$$

Für $f \in V_0$ $(f = P_0\,f)$ und $m = 1$ entspricht (2.2.17) der Darstellung (2.2.1). Die eben hergeleitete Gleichheit erklärt im nachhinein die Bezeichnung *Multi–Skalen–Analyse.* $P_m\,f$ repräsentiert f auf der Skala m, was der Anwendung eines Tiefpaßfilters entspricht, der mit wachsendem m einen kleineren Durchlaßbereich hat. Der verbleibende Rest aus dem Hochfrequenzbereich wird in seine Anteile zu verschiedenen Frequenzbändern $Q_j\,f$, $-\infty \leq j \leq m$, aufgeteilt. Dabei enthält $Q_j\,f$ nur die Details, die $P_{j-1}\,f$ von $P_j\,f$ unterscheiden, $Q_j = P_j - P_{j-1}$.
Was bisher ausgeführt wurde, hatte nichts mit unserem Ausgangsproblem, der Konstruktion von Wavelet–Basen, zu tun. Daher wollen wir auf das Hauptergebnis dieses Paragraphen vorgreifen. Es erscheint zunächst wie ein kleines Wunder:

> Zu jeder MSA existiert ein Wavelet ψ, dessen translatierte und dilatierte Versionen
>
> $$\psi_{m,k}(x) = 2^{-m/2}\,\psi(2^{-m}\,x - k) \tag{2.2.18}$$
>
> für festes $m \in \mathbb{Z}$ eine ONB für den Raum W_m bilden. Darüber hinaus läßt sich das Wavelet aus der Skalierungsfunktion explizit konstruieren.
>
> Beispiel:
> Die einfachste MSA läßt sich mit der Skalierungsfunktion
>
> $$\varphi(x) = \begin{cases} 1 & : \quad 0 \leq x < 1 \\ 0 & : \quad \text{sonst} \end{cases}$$
>
> definieren. Der Grundraum $V_0 = \overline{\text{span}\,\{\varphi_{0,k}\,|\,k \in \mathbb{Z}\}}$ enthält gerade die Funktionen, die auf den Intervallen $[k, k+1[$ konstant sind. Für allgemeines m gilt
>
> $$V_m = \overline{\text{span}\,\{\varphi_{m,k}\,|\,k \in \mathbb{Z}\}} = \{f \in L^2(\mathbb{R}) : f \text{ ist konstant auf } [2^m k, 2^m(k+1)[\text{ für alle } k \in \mathbb{Z}\}\,.$$

Die so definierte Familie $\{V_m\}_{m\in\mathbb{Z}}$ erzeugt offensichtlich eine MSA. Die Projektoren P_m ergeben sich aus

$$P_m\, f|_{[2^m k, 2^m(k+1)[} \;=\; 2^{-m} \int\limits_{2^m k}^{2^m(k+1)} f(x)\, dx\,.$$

Eine besondere Eigenschaft dieser MSA besteht darin, daß das Funktionensystem $\{\varphi_{m,k}|\, k \in \mathbb{Z}\}$ eine ONB von V_m ist, d.h. wir können $P_m\, f$ nach dieser Basis entwickeln,

$$P_m\, f \;=\; \sum_{k\in\mathbb{Z}} c_k^m(f)\, \varphi_{m,k}$$

mit

$$c_k^m(f) \;=\; \langle P_m\, f\,,\, \varphi_{m,k}\rangle_{L^2} \;=\; \langle f\,,\, \varphi_{m,k}\rangle_{L^2} \;=\; 2^{-m/2} \int\limits_{2^m k}^{2^m(k+1)} f(x)\, dx\,.$$

Wir untersuchen nun den Unterschied zwischen $P_m\, f$ und der nächst gröberen Approximation $P_{m+1}\, f$. Die Skalierungsgleichung (2.2.11) lautet für unser Beispiel

$$\varphi(x) \;=\; \sqrt{2}\, \left(\frac{1}{\sqrt{2}}\, \varphi(2x) + \frac{1}{\sqrt{2}}\, \varphi(2x-1)\right)$$

oder allgemeiner

$$\varphi_{m+1,k} \;=\; \frac{1}{\sqrt{2}}\, (\varphi_{m,2k} + \varphi_{m,2k+1})\,,$$

was man durch Entwickeln von $\varphi_{m+1,k}$ bezüglich der ONB $\{\varphi_{m,k}|\, k \in \mathbb{Z}\}$ leicht bestätigt. Es folgt für die Entwicklungskoeffizienten $c_k^m(f)$ der Zusammenhang

$$c_k^{m+1}(f) \;=\; \frac{1}{\sqrt{2}}\, (c_{2k}^m(f) + c_{2k+1}^m(f))\,.$$

Die Projektion $P_{m+1}\, f$ entpuppt sich als gemittelte Version von $P_m\, f$. Für die Differenz $P_m\, f - P_{m+1}\, f$ erhalten wir

$$\begin{aligned}
P_m\, f - P_{m+1}\, f \;&=\; \sum_{k\in\mathbb{Z}} c_k^m\; \varphi_{m,k} - \sum_{k\in\mathbb{Z}} c_k^{m+1}\; \varphi_{m+1,k} \\
&=\; \sum_{k\in\mathbb{Z}} c_k^m\; \varphi_{mk} - \frac{1}{2} \sum_{k\in\mathbb{Z}} (c_{2k}^m + c_{2k+1}^m)\, (\varphi_{m,2k} + \varphi_{m,2k+1}) \\
&=\; \frac{1}{2} \sum_{k\in\mathbb{Z}} (c_{2k}^m - c_{2k+1}^m)\, (\varphi_{m,2k} - \varphi_{m,2k+1})\,.
\end{aligned}$$

Die Differenz $\varphi_{m,2k} - \varphi_{m,2k+1}$ hat eine einfache Struktur

$$\frac{1}{\sqrt{2}}\left(\varphi_{m,2k} - \varphi_{m,2k+1}\right) = \psi_{m+1,k} \,.$$

Dabei ist

$$\psi(x) = \varphi(2x) - \varphi(2x-1) = \begin{cases} 1 & : \quad 0 \le x < 1/2 \\ -1 & : \quad 1/2 \le x < 1 \\ 0 & : \quad \text{sonst} \end{cases}$$

gerade das Haar–Wavelet. Das Funktionenssytem $\{\psi_{mk} | \, k \in \mathbb{Z}\}$ bildet eine ONB des Raums W_m. Die Projektoren Q_m haben folgende Reihenentwicklung

$$Q_{m+1}\, f = P_m\, f - P_{m+1}\, f = \sum_{k \in \mathbb{Z}} d_k^{m+1}(f)\; \psi_{m+1,k}$$

mit

$$d_k^{m+1}(f) = \langle f, \psi_{m+1,k} \rangle_{L^2} = \frac{1}{\sqrt{2}} \left(c_{2k}^m(f) - c_{2k+1}^m(f)\right).$$

Das angedeutete Wunder fällt für das obige Beispiel nicht so imposant aus. Das liegt daran, daß $\{\varphi_{0,k} | \, k \in \mathbb{Z}\}$ von vornherein eine ONB des Raums V_0 ist. Könnten wir, ausgehend von einer "beliebigen" Skalierungsfunktion φ, die Existenz einer Funktion $\widetilde{\varphi}$ garantieren, deren ganzzahlige Translate eine ONB für V_0 bilden, so würden unsere Chancen, das Wunder (2.2.18) zu verstehen und zu beweisen, erheblich steigen. Daran wollen wir nun arbeiten.

Lemma 2.2.4 *Für $\varphi \in L^2(\mathbb{R})$ ist $\{\varphi(\cdot - k) | \, k \in \mathbb{Z}\}$ ein orthonormales System,*

$$\langle \varphi(\cdot - k)\,,\, \varphi(\cdot - n) \rangle_{L^2} = \delta_{k,n}\,, \tag{2.2.19}$$

genau dann, wenn

$$\sum_{n \in \mathbb{Z}} |\widehat{\varphi}(\omega + 2\pi n)|^2 = \frac{1}{2\pi} \tag{2.2.20}$$

fast überall ist.

Beweis: Angenommen, (2.2.19) trifft zu. Dann folgt

$$\begin{aligned} \delta_{0,k} &= \langle \varphi(\cdot)\,,\, \varphi(\cdot - k) \rangle_{L^2} \\ &= \langle \widehat{\varphi}(\cdot)\,,\, \widehat{\varphi}(\cdot)\, e^{-ik\cdot} \rangle_{L^2} \\ &= \int_{\mathbb{R}} |\widehat{\varphi}(\omega)|^2\, e^{ik\omega}\, d\omega \qquad (2.2.21) \\ &= \int_0^{2\pi} \sum_{n \in \mathbb{Z}} |\widehat{\varphi}(\omega + 2\pi n)|^2\, e^{ik\omega}\, d\omega\,, \end{aligned}$$

wobei sich die letzte Gleichung durch eine Anwendung des Satzes von der monotonen Konvergenz verifizieren läßt.
Der k-te Fourier–Koeffizient der 2π-periodischen Funktion $\sum_{n\in\mathbb{Z}} |\widehat{\varphi}(\omega+2\pi n)|^2$ ist also $\delta_{0,k}$. Einsetzen von $k = 0$ liefert (2.2.20). Setzen wir umgekehrt (2.2.20) voraus, so liefert die Rückrichtung von (2.2.21) gerade die Behauptung. ■

Erzeugt die Skalierungsfunktion φ einer MSA keine ONB von V_0, so können wir die Basis $\{\varphi_{0k}|\, k \in \mathbb{Z}\}$ in folgendem Sinn orthogonalisieren.

Satz 2.2.5 *Sei $\varphi \in L^2(\mathbb{R})$ und existieren positive Konstanten A, B mit*

$$A \leq \sum_{n\in\mathbb{Z}} |\widehat{\varphi}(\omega + 2\pi n)|^2 \leq B \text{ fast überall,} \tag{2.2.22}$$

dann ist $\{\widetilde{\varphi}(x-k)|\, k \in \mathbb{Z}\}$ mit

$$\widehat{\widetilde{\varphi}}(\omega) = \frac{1}{\sqrt{2\pi}} \frac{\widehat{\varphi}(\omega)}{\sqrt{\sum_{n\in\mathbb{Z}} |\widehat{\varphi}(\omega+2\pi n)|^2}} \tag{2.2.23}$$

eine ONB von V_0.

Beweis: Wegen (2.2.22) liegt $\widetilde{\varphi}$ in $L^2(\mathbb{R})$. Wir führen die 2π-periodische Hilfsfunktion

$$\widehat{g}(\omega) = \frac{1}{2\pi} \frac{1}{\sqrt{\sum_{n\in\mathbb{Z}} |\widehat{\varphi}(\omega+2\pi n)|^2}}$$

ein. Somit g läßt sich in einer Fourier–Reihe ausdrücken

$$\widehat{g}(\omega) = \sum_{k\in\mathbb{Z}} g_k\, e^{-ik\omega} .$$

Im Distributionensinn können wir nun g bestimmen

$$g(t) = \sqrt{2\pi} \sum_{k\in\mathbb{Z}} g_k\, \delta(t-k) . \tag{2.2.24}$$

Der Faltungssatz liefert den Zusammenhang zwischen φ, $\widetilde{\varphi}$ und g

$$\begin{aligned} \widetilde{\varphi}(t) &= (\varphi * g)(t) \\ &\overset{(2.2.24)}{=} \sum_{k\in\mathbb{Z}} g_k\, \varphi(t-k) . \end{aligned}$$

Die letzte Gleichung besagt gerade $\{\widetilde{\varphi}(\cdot - k)|\, k \in \mathbb{Z}\} \subset V_0$. Die Funktion $\widetilde{\varphi}$ wurde so konstruiert, daß sie den Voraussetzungen von Lemma 2.2.4 genügt.

Also ist $\{\widetilde{\varphi}(\cdot - k) \,|\, k \in \mathbb{Z}\}$ ein orthonormales System. Wir müssen noch seine Vollständigkeit in V_0 zeigen. Dazu genügt es, die Darstellung der Skalierungsfunktion im neuen Funktionssystem nachzuweisen:

$$\sum_{k\in\mathbb{Z}} |\langle \varphi(\cdot), \widetilde{\varphi}(\cdot - k)\rangle_{L^2}|^2 = \sum_{k\in\mathbb{Z}} \Big| \int_{\mathbb{R}} e^{ik\omega}\, \widehat{\varphi}(\omega)\, \overline{\widehat{\widetilde{\varphi}}(\omega)}\, d\omega \Big|^2$$

$$\overset{(2.2.23)}{=} \sum_{k\in\mathbb{Z}} \Big| \frac{1}{\sqrt{2\pi}} \sum_{l\in\mathbb{Z}} \int_0^{2\pi} e^{ik\omega} \frac{|\widehat{\varphi}(\omega + 2\pi l)|^2}{\sqrt{\sum_{n\in\mathbb{Z}} |\widehat{\varphi}(\omega + 2\pi n)|^2}}\, d\omega \Big|^2$$

$$= \frac{1}{2\pi} \sum_{k\in\mathbb{Z}} \Big| \int_0^{2\pi} e^{ik\omega} \Big(\sum_{n\in\mathbb{Z}} |\widehat{\varphi}(\omega + 2\pi n)|^2 \Big)^{1/2} d\omega \Big|^2 .$$

Summiert wird über die Quadrate der Fourier-Koeffizienten einer 2π-periodischen Funktion. Nach der Parsevalschen Identität ist dies gleich der L^2-Norm dieser Funktion, d.h.

$$\sum_{k\in\mathbb{Z}} |\langle \varphi(\cdot)\,,\, \widetilde{\varphi}(\cdot - k)\rangle_{L^2}|^2 = \int_0^{2\pi} \sum_{n\in\mathbb{Z}} |\widehat{\varphi}(\omega + 2\pi n)|^2\, d\omega = \|\varphi\|_{L^2}^2 .$$

Der Beweis schließt mit

$$\Big\| \varphi(\cdot) - \sum_{k=-N}^{N} \langle \varphi(\cdot)\,,\, \widetilde{\varphi}(\cdot - k)\rangle_{L^2}\, \widetilde{\varphi}(\cdot - k) \Big\|_{L^2}^2$$

$$= \|\varphi\|_{L^2}^2 - \sum_{k=-N}^{N} |\langle \varphi(\cdot)\,,\, \widetilde{\varphi}(\cdot - k)\rangle_{L^2}|^2 \overset{N\to\infty}{\longrightarrow} 0 .$$

■

Bemerkung 2.2.6 Die Bedingung (2.2.22) erscheint auf den ersten Blick technisch. Betrachtet man jedoch die Aussage von Lemma 2.2.4, so erkennen wir (2.2.22) als natürliche Verallgemeinerung von (2.2.20) und als Mindestvoraussetzung für den Orthogonalisierungsprozeß, zumal (2.2.22) besagt, daß $\{\varphi(\cdot - k) \,|\, k \in \mathbb{Z}\}$ eine Riesz–Basis von V_0 ist [32], vgl. (2.2.5).

Der Satz 2.2.5 garantiert immer die Existenz einer Skalierungsfunktion, die durch

$$\varphi_{m,k}(x) = 2^{-m/2}\, \varphi(2^{-m}x - k)$$

eine ONB von V_m erzeugt. Die Räume $\{V_m\}_{m\in\mathbb{Z}}$ bilden genau dann eine MSA, falls sie den ganzen Raum $L^2(\mathbb{R})$ ausschöpfen, d.h. falls $\overline{\cup_{m\in\mathbb{Z}} V_m} = L^2(\mathbb{R})$ oder äquivalent

$$\lim_{m\to-\infty} \|P_m f - f\|_{L^2} = 0 \tag{2.2.25}$$

gilt. Dabei ist

$$P_m f = \sum_{k\in\mathbb{Z}} \langle f, \varphi_{m,k}\rangle_{L^2}\, \varphi_{m,k}\,. \tag{2.2.26}$$

Studieren wir die in (2.2.26) auftretenden Skalarprodukte

$$\langle f, \varphi_{m,k}\rangle_{L^2} = 2^{-m/2} \int_{\mathbb{R}} \overline{f(x)}\, \varphi\left(\frac{x-2^m k}{2^m}\right) dx$$

im Hinblick auf (2.2.25), so sollte $2^{-m/2}\varphi(2^{-m}x)$ für $m \to -\infty$ in "irgendeiner" Weise die Delta–Distribution approximieren. Eine mögliche Voraussetzung hierfür wäre $\varphi \in L^1(\mathbb{R})$ mit $\int \varphi(t)dt \neq 0$. Mit dieser geringen Forderung lassen sich einfach MSAs konstruieren.

Satz 2.2.7 *Sei eine Funktion $\varphi \in L^2(\mathbb{R})$ gegeben, die (2.2.22) erfüllt und nicht verschwindenden Mittelwert hat*

$$\int_{\mathbb{R}} \varphi(x)\, dx = \sqrt{2\pi}\, \widehat{\varphi}(0) > 0\,.$$

Ist weiterhin

$$\widehat{\varphi}(2\pi k) = 0 \quad \text{für alle } k \in \mathbb{Z}\backslash\{0\}\,,$$

so bilden die Räume

$$V_m = \overline{\operatorname{span}\{\varphi_{m,k} \,|\, k \in \mathbb{Z}\}}\,,\; m \in \mathbb{Z}\,,$$

eine MSA des $L^2(\mathbb{R})$.

Beweis: Wir führen den Orthogonalisierungsprozeß gemäß Satz 2.2.5 durch. Die resultierende Skalierungsfunktion $\widetilde{\varphi}$ erfüllt

$$\int_{\mathbb{R}} \widetilde{\varphi}(x)\, dx = \sqrt{2\pi}\, \widehat{\widetilde{\varphi}}(0) = 1\,.$$

Zur Vereinfachung der Notation setzen wir $\varphi = \widetilde{\varphi}$. Wie bereits erwähnt, müssen wir $\overline{\cup V_m} = L^2(\mathbb{R})$ oder äquivalent die Konvergenz (2.2.25) auf einer dichten Teilmenge von $L^2(\mathbb{R})$ zeigen. Als Kandidat für diese dichte Teilmenge wählen wir die Menge

$$\mathcal{B} = \{\, g \in L^2(\mathbb{R}) \,|\, \widehat{g} \in \mathcal{C}^\infty(\mathbb{R}),\ \widehat{g} \text{ hat kompakten Träger}\,\}$$

und verifizieren (2.2.25) für $f \in \mathcal{B}$. Der Träger von $\widehat{f}$ sei in $[-2^n\pi, 2^n\pi]$ enthalten. Die in der Gleichung

$$\begin{aligned} \|P_m f - f\|_{L^2}^2 &= \|f\|_{L^2}^2 - \sum_{k\in\mathbb{Z}} |\langle f, \varphi_{m,k}\rangle_{L^2}|^2 \\ &= \|\widehat{f}\|_{L^2}^2 - \sum_{k\in\mathbb{Z}} |\langle \widehat{f}, \widehat{\varphi}_{m,k}\rangle_{L^2}|^2 \end{aligned}$$

auftretenden Skalarprodukte

$$\begin{aligned}\langle \widehat{f}, \widehat{\varphi}_{m,k}\rangle_{L^2} &= 2^{m/2} \int\limits_{-2^n\pi}^{2^n\pi} \widehat{f}(\omega)\,\overline{\widehat{\varphi}(2^m\omega)}\, e^{ik2^m\omega}\, d\omega \\ &= \sqrt{2\pi}\sqrt{\frac{2^{m-1}}{\pi}} \int\limits_{-2^n\pi}^{2^n\pi} \widehat{f}(\omega)\,\overline{\widehat{\varphi}(2^m\omega)}\, e^{ik2^m\omega}\, d\omega\end{aligned}$$

sind das $\sqrt{2\pi}$–Vielfache der Fourier–Koeffizienten des Produkts $\widehat{f}(\omega)\,\overline{\widehat{\varphi}(2^m\omega)}$ bzgl. der ONB $\{\sqrt{2^{m-1}/\pi}\; e^{ik2^m\omega} \,|\, k \in \mathbb{Z}\}$ von $L^2([-2^{-m}\pi, 2^{-m}\pi])$.

Wegen $L^2([-2^n\pi, 2^n\pi]) \subset L^2([-2^{-m}\pi, 2^{-m}\pi])$ für $-m \geq n$ gilt

$$\sum_{k\in\mathbb{Z}} |\langle \widehat{f}, \widehat{\varphi}_{m,k}\rangle_{L^2}|^2 = 2\pi\, \|\widehat{f}(\cdot)\,\overline{\widehat{\varphi}(2^m\,\cdot)}\|_{L^2}^2$$

und

$$\|P_m f - f\|_{L^2}^2 = \|\widehat{f}\|_{L^2}^2 - 2\pi\, \|\widehat{f}(\cdot)\,\overline{\widehat{\varphi}(2^m\,\cdot)}\|_{L^2}^2 .$$

Da $\varphi \in L^1(\mathbb{R})$, ist $\widehat{\varphi}$ stetig. Außerdem hat $\widehat{f}$ einen kompakten Träger, und es ist $\widehat{\varphi}(0) = 1/\sqrt{2\pi}$. Deshalb konvergiert $2\pi\, \|\widehat{f}(\cdot)\,\overline{\widehat{\varphi}(2^m\cdot)}\|_{L^2}^2$ gegen $\|f\|_{L^2}^2$ für $m \to -\infty$, was

$$\lim_{m\to-\infty} \|P_m f - f\|_{L^2}^2 = 0$$

zur Folge hat. ∎

Im Hinblick auf die Konstruktion orthogonaler Wavelets sind die Zusammenhänge zwischen den orthogonalen Skalierungsfunktionen und ihren zugehörigen Koeffizienten $\{h_k\}_{k\in\mathbb{Z}}$ aus der Skalierungsgleichung (2.2.11) wichtig. In den nächsten Kapiteln werden die Koeffizienten immer mehr in den Vordergrund treten, und die erzeugende Skalierungsfunktion wird nur noch indirekt interessieren.

Lemma 2.2.8 *Die Koeffizienten der Skalierungsgleichung* (2.2.11) *einer orthogonalen Skalierungsfunktion erfüllen eine Orthogonalitätsbeziehung:*

$$\sum_k h_k\, h_{k+2m} = \delta_{0,m} . \tag{2.2.27}$$

Beweis: Die einfache Rechnung

$$\begin{aligned}\delta_{0,m} &= \langle \varphi(\cdot), \varphi(\cdot + m)\rangle_{L^2} \\ &\overset{(2.2.11)}{=} 2\sum_{k\in\mathbb{Z}}\sum_{l\in\mathbb{Z}} h_k\, h_l\, \langle \varphi(2\cdot -k), \varphi(2\cdot -l+2m)\rangle_{L^2} \\ &= 2\sum_{k\in\mathbb{Z}}\sum_{l\in\mathbb{Z}} h_k\, h_{l+2m}\, \langle \varphi(2\cdot -k), \varphi(2\cdot -l)\rangle_{L^2} \\ &= \sum_{k\in\mathbb{Z}}\sum_{l\in\mathbb{Z}} h_k\, h_{l+2m}\, \delta_{k,l} = \sum_{k\in\mathbb{Z}} h_k\, h_{k+2m}\end{aligned}$$

verifiziert die Behauptung. ■

Die Fourier–Transformation überführt die Skalierungsgleichung in das einfache Produkt

$$\widehat{\varphi}(\omega) = H(\omega/2)\,\widehat{\varphi}(\omega/2)\,, \tag{2.2.28}$$

das analytischen Methoden leichter zugänglich ist als (2.2.11) selbst. Das Fourier–Filter der Skalierungskoeffizienten ist dabei durch

$$H(\omega) = \frac{1}{2}\sqrt{2}\sum_{k\in\mathbb{Z}} h_k\, e^{-ik\omega} \tag{2.2.29}$$

gegeben.

Satz 2.2.9 *Sei $\{V_m\}_{m\in\mathbb{Z}}$ eine MSA, die von der orthogonalen Skalierungsfunktion φ erzeugt wird. Dann erfüllt H die Orthogonalitätsbedingung*

$$|H(\omega)|^2 + |H(\omega+\pi)|^2 = 1\,. \tag{2.2.30}$$

Das Fourier–Filter nimmt folgende Werte an:

$$H(0) = 1\,, \quad H(\pi) = 0\,, \tag{2.2.31}$$

das bedeutet

$$\sum_{k\in\mathbb{Z}} h_k = \sqrt{2}\,, \quad \sum_{k\in\mathbb{Z}}(-1)^k\, h_k = 0\,. \tag{2.2.32}$$

Beweis: Aus (2.2.28) und $\widehat{\varphi}(0) \neq 0$ folgt $H(0) = 1$. Falls (2.2.30) wahr ist, haben wir $H(\pi) = 0$. Einsetzen von (2.2.28) in (2.2.20) liefert

$$\begin{aligned}
\frac{1}{2\pi} &= \sum_{n\in\mathbb{Z}} |\widehat{\varphi}(\omega + 2\pi n)|^2 = \sum_{n\in\mathbb{Z}} |H(\omega/2 + n\pi)\,\widehat{\varphi}(\omega/2 + n\pi)|^2 \\
&= \sum_{m\in\mathbb{Z}} |H(\omega/2 + 2\pi m)\,\widehat{\varphi}(\omega/2 + 2\pi m)|^2 \\
&\qquad + \sum_{m\in\mathbb{Z}} |H((\omega/2 + \pi) + 2\pi m)\,\widehat{\varphi}((\omega/2 + \pi) + 2\pi m)|^2 \\
&= |H(\omega/2)|^2 \sum_{m\in\mathbb{Z}} |\widehat{\varphi}(\omega/2 + 2\pi m)|^2 \\
&\qquad + |H(\omega/2 + \pi)|^2 \sum_{m\in\mathbb{Z}} |\widehat{\varphi}((\omega/2 + \pi) + 2\pi m)|^2 \\
&\overset{(2.2.20)}{=} |H(\omega/2)|^2\, \frac{1}{2\pi} + |H(\omega/2 + \pi)|^2\, \frac{1}{2\pi}\,.
\end{aligned}$$

■

Ausgangspunkt unserer bisherigen Untersuchungen war der Wunsch nach Kriterien für die Konstruktion von Wavelet–Basen. Der Kreis schließt sich mit

Satz 2.2.10 *Sei $\{V_m\}_{m\in\mathbb{Z}}$ eine MSA, die von der orthogonalen Skalierungsfunktion $\varphi \in V_0$ erzeugt wird. Die Funktion $\psi \in V_{-1}$, definiert durch*

$$\psi(x) \;=\; \sqrt{2}\sum_{k\in\mathbb{Z}} g_k\,\varphi(2x-k) \;=\; \sum_{k\in\mathbb{Z}} g_k\,\varphi_{-1,k}(x)\,, \tag{2.2.33}$$

$$g_k \;=\; (-1)^k\, h_{1-k}\,, \tag{2.2.34}$$

wobei $\{h_k\}_{k\in\mathbb{Z}}$ die Koeffizienten der Skalierungsgleichung (2.2.11) sind, besitzt die folgenden Eigenschaften

i) $\{\psi_{m,k}(\cdot) = 2^{-m/2}\,\psi(2^{-m}\cdot -k)\,|\,k\in\mathbb{Z}\}$ *ist eine ONB für W_m,*

ii) $\{\psi_{m,k}|\,m,\,k\in\mathbb{Z}\}$ *ist eine ONB für $L^2(\mathbb{R})$,*

iii) ψ *ist ein Wavelet mit* $c_\psi \;=\; 2\pi\int\limits_{\mathbb{R}} |\omega|^{-1}\,|\widehat{\psi}(\omega)|^2\,d\omega \;=\; 2\ln 2.$

Bemerkung 2.2.11 Die Erzeugung (2.2.33) des Wavelets aus der Skalierungsfunktion kann als diskretes Analogon der Aussage von Lemma 1.1.2 interpretiert werden:
Sei $\{\gamma_k\}_{k_a\le k\le k_e}$ eine endliche Folge reeller Zahlen, die $\sum k^l\gamma_k = 0$, $l = 0,\ldots,N-1$ und $\sum k^N\gamma_k = \mu \neq 0$ erfüllt. Der Operator $\mathcal{D}_\delta^N$ sei definiert durch

$$\mathcal{D}_\delta^N f(x) \;=\; \delta^{-N}\sum_{k=k_a}^{k_e}\gamma_k\, f(x-\delta\, k), \quad \delta>0.$$

Für $f\in\mathcal{C}^N$ haben wir die punktweise Konvergenz

$$\mathcal{D}_\delta^N f(x) \;\overset{\delta\to 0}{\longrightarrow}\; \frac{\mu}{N!}\, f^{(N)}(x), \tag{2.2.35}$$

wovon man sich durch eine Taylor–Entwicklung überzeugt.
Wegen (2.2.32) ist die Summe jeder endlichen Folge $\{g_k\}$ aus (2.2.34) gleich Null: $\sum g_k = 0$. Zu jeder endlichen Folge $\{g_k\}$ gibt es daher ein endliches $N\geq 1$ mit $\sum k^l g_k = 0$, $l=0,\ldots,N-1$ und $\sum k^N g_k \neq 0$. Ersetzen wir in der Definition von $\mathcal{D}_\delta^N$ die Koeffizienten $\{\gamma_k\}$ durch $\{g_k\}$, dann gilt

$$\psi(x) \;=\; \mathcal{D}_1^N\varphi(2x),$$

wobei $\mathcal{D}_1^N$ eine – wenn auch grobe ($\delta = 1$) – Approximation an ein Vielfaches des Differentialoperators N-ter Ordnung ist, vgl. (2.2.35). Dieser Zusammenhang wird in Kapitel 2.4.7.1 ausführlicher erläutert.

Beweis von Satz 2.2.10: In einem ersten Schritt zeigen wir, daß $\psi \in W_0 \subset V_{-1}$ ist:

$$\begin{aligned}
\langle \psi(\cdot), \varphi(\cdot - n)\rangle_{L^2} &\overset{(2.2.11)}{=} 2 \sum_{k\in\mathbb{Z}} \sum_{l\in\mathbb{Z}} g_k\, h_l\, \langle \varphi(2\cdot - k), \varphi(2\cdot - 2n - l)\rangle_{L^2} \\
&= \sum_{k\in\mathbb{Z}} \sum_{l\in\mathbb{Z}} g_k\, h_l\, \delta_{k,2n+l} = \sum_{l\in\mathbb{Z}} g_{2n+l}\, h_l \\
&\overset{(2.2.34)}{=} \sum_{l\in\mathbb{Z}} (-1)^l\, h_{1-2n-l}\, h_l \\
&= \sum_{l\in\mathbb{Z}} h_{1-2(n+l)}\, h_{2l} - \sum_{l\in\mathbb{Z}} h_{-2(n+l)}\, h_{2l+1} \\
&= \sum_{\lambda\in\mathbb{Z}} h_{1+2\lambda}\, h_{-2(\lambda+n)} - \sum_{l\in\mathbb{Z}} h_{-2(n+l)}\, h_{2l+1} \\
&= 0\,.
\end{aligned}$$

Eine analoge Rechnung unter Verwendung von (2.2.27) verifiziert die Orthogonalität von $\{\psi(\cdot - k)|\, k \in \mathbb{Z}\}$. Zum endgültigen Beweis von i) und ii) fehlt uns nur noch die Vollständigkeit von $\{\psi(\cdot - k)|\, k \in \mathbb{Z}\}$ in W_0. Hierfür überprüfen wir die Vollständigkeit des orthonormalen Systems $\{\varphi(\cdot - k), \psi(\cdot - k)|\, k \in \mathbb{Z}\}$ in V_{-1}, denn $V_0 \oplus W_0 = V_{-1}$. Dafür wiederum genügt die Darstellbarkeit von $\varphi_{-1,0}$ durch $\{\varphi(\cdot - k), \psi(\cdot - k)|\, k \in \mathbb{Z}\}$. Wir benutzen (2.2.11) sowie (2.2.33) und rechnen die Parsevalsche Identität nach:

$$\begin{aligned}
2 \sum_{k\in\mathbb{Z}} &|\langle \varphi(2\cdot), \varphi(\cdot - k)\rangle_{L^2}|^2 + |\langle \varphi(2\cdot), \psi(\cdot - k)\rangle_{L^2}|^2 \\
&= 4 \sum_{k\in\mathbb{Z}} \Bigg(\Big| \sum_{l\in\mathbb{Z}} h_l\, \langle \varphi(2\cdot), \varphi(2\,\cdot - 2k - l)\rangle_{L^2} \Big|^2 \\
&\qquad + \Big| \sum_{l\in\mathbb{Z}} g_l\, \langle \varphi(2\cdot), \varphi(2\,\cdot - 2k - l)\rangle_{L^2} \Big|^2 \Bigg) \\
&= \sum_{k\in\mathbb{Z}} \Bigg(\Big| \sum_{l\in\mathbb{Z}} h_l\, \delta_{0,2k+l} \Big|^2 + \Big| \sum_{l\in\mathbb{Z}} (-1)^l\, h_{1-l}\, \delta_{0,2k+l} \Big|^2 \Bigg) \\
&= \sum_{k\in\mathbb{Z}} h_{2k}^2 + \sum_{k\in\mathbb{Z}} h_{2k+1}^2 = \sum_{k\in\mathbb{Z}} h_k^2 \\
&\overset{(2.2.27)}{=} 1 = \|\varphi_{-1,0}\|_{L^2}^2\,.
\end{aligned}$$

Die Behauptung iii) folgt direkt aus unseren Erkenntnissen über feste Wavelet–Frames (Korollar 2.1.4). ∎

Das Wavelet ψ erfüllt eine zu (2.2.28) analoge Gleichung:

Korollar 2.2.12 *Mit den Voraussetzungen des obigen Satzes befriedigt ψ die Identität*

$$\widehat{\psi}(\omega) = -e^{-i\omega/2}\,\overline{H(\omega/2+\pi)}\,\widehat{\varphi}(\omega/2). \tag{2.2.36}$$

Beweis: Einfache Umformungen bestätigen die Aussage:

$$\begin{aligned}
\widehat{\psi}(\omega) &\overset{(2.2.33)}{=} \sum_{k\in\mathbb{Z}} g_k\,(\varphi_{-1,k})^\wedge(\omega)\\
&\overset{(2.2.34)}{=} \frac{1}{2}\sqrt{2}\sum_{k\in\mathbb{Z}}(-1)^k\,h_{1-k}\,e^{-ik\omega/2}\,\widehat{\varphi}(\omega/2)\\
&= -e^{-i\omega/2}\,\frac{1}{2}\sqrt{2}\sum_{l\in\mathbb{Z}} h_l\,e^{il(\omega/2+\pi)}\,\widehat{\varphi}(\omega/2)\\
&\overset{(2.2.29)}{=} -e^{-i\omega/2}\,\overline{H(\omega/2+\pi)}\,\widehat{\varphi}(\omega/2).
\end{aligned}$$

■

Korollar 2.2.13 *Das mit einer MSA assoziierte Wavelet ist nicht eindeutig bestimmt, denn durch*

$$g_k = (-1)^k\,h_{1+2l-k} \quad \textit{für ein } l\in\mathbb{Z} \tag{2.2.37}$$

definiert (2.2.33) *ebenfalls ein Wavelet, d.h. die Aussage von Satz* 2.2.10 *gilt genauso, wenn* (2.2.34) *durch* (2.2.37) *ersetzt wird. Dieses Wavelet erfüllt*

$$\widehat{\psi}(\omega) = -e^{-i(2l+1)\omega/2}\,\overline{H(\omega/2+\pi)}\,\widehat{\varphi}(\omega/2). \tag{2.2.38}$$

Beweis: Die Beweise von Satz 2.2.10 und Korollar 2.2.12 müssen nur entsprechend modifiziert werden. ■

Bemerkung 2.2.14

a) Das letzte Korollar läßt sich verallgemeinern. Gehört nämlich das Wavelet ψ zu einer MSA, so auch das Wavelet $\widetilde{\psi}$,

$$\widehat{\widetilde{\psi}}(\omega) = \varrho(\omega)\,\widehat{\psi}(\omega). \tag{2.2.39}$$

Dabei bezeichnet ϱ eine 2π–periodische, integrable Funktion mit $|\varrho(\omega)| = 1$. Zur Verifikation bemerken wir

i) $f\in W_0 \iff \widehat{f}(\omega) = \lambda_f(\omega)\,\widehat{\psi}(\omega)$ mit einer 2π–periodischen, integrablen Funktion λ_f,

ii) $\|f\|_{L^2}^2 = \int_0^{2\pi} |\lambda_f(\omega)|^2\,d\omega$.

Der Leser möge sich von i) und ii) mit Hilfe von Fourier–Reihen selbst überzeugen. Aus i) folgt unmittelbar $\widetilde{W_0} := \operatorname{span}\{\widetilde{\psi}(\cdot - k) \,|\, k \in \mathbb{Z}\} \subset W_0$. Eine Funktion $f \in \widetilde{W_0}$ läßt die Darstellung

$$\widehat{f}(\omega) = \gamma_f(\omega)\, \widehat{\widetilde{\psi}}(\omega)$$

zu. Hierbei ist γ_f 2π–periodisch und integrabel. Wegen

$$\widehat{f}(\omega) \overset{(2.2.39)}{=} \underbrace{\gamma_f(\omega)\, \varrho(\omega)}_{=:\lambda_f(\omega)}\, \widehat{\psi}(\omega)$$

dürfen wir den Schluß $\|f\|_{L^2}^2 = \int\limits_0^{2\pi} |\gamma_f(\omega)|^2\, d\omega$, das bedeutet $\widetilde{W_0} = W_0$, ziehen.

b) Die Gleichung (2.2.39) charakterisiert sogar alle möglichen Wavelets, die durch ein und dieselbe MSA erzeugt werden können. Bilden nämlich $\{f(\cdot - k) \,|\, k \in \mathbb{Z}\}$ und $\{g(\cdot - k) \,|\, k \in \mathbb{Z}\}$ jeweils eine ONB für den gleichen Unterraum $U \subset L^2(\mathbb{R})$, dann existiert eine 2π–periodische Funktion ϱ mit $|\varrho(\omega)| = 1$, so daß $\widehat{f}(\omega) = \varrho(\omega)\, \widehat{g}(\omega)$ ist [31].

Jede MSA induziert orthogonale Wavelets. Es erhebt sich die Frage der Umkehrung, d.h. induziert eine Wavelet–Basis eine Skalierungsfunktion und dadurch eine MSA? Die Antwort lautet: nein! Das "pathologische" Gegenbeispiel stammt von S. Mallat [94].

Beispiel:
Das Wavelet

$$\widehat{\psi}(\omega) = \begin{cases} 1/\sqrt{2\pi} & : \quad 4\pi/7 \le |\omega| \le \pi \text{ oder } 4\pi \le |\omega| \le 4\pi + 4\pi/7 \\ 0 & : \quad \text{sonst} \end{cases} \tag{2.2.40}$$

ist normiert, $\|\psi\|_{L^2} = 1$, und erfüllt $\sum\limits_{j \in \mathbb{Z}} |\widehat{\psi}(2^j\omega)|^2 = 1/(2\pi)$. Man überprüft leicht, daß der Schnitt des Trägers von $\widehat{\psi}$ mit dem Träger von $\widehat{\psi}(\cdot + 2\pi\,(2k+1)\,2^l)$ disjunkt ist für alle $l \ge 0$ und $k \in \mathbb{Z}$. Somit erzeugt $(\psi, 2, 1)$ einen festen Frame mit Konstanten $A = B = 1$, denn $m(\psi; 2) = M(\psi; 2) = 1/(2\pi)$ und die in (2.1.22) bzw. (2.1.23) auftretenden β_1–Ausdrücke sind sämtlich Null. Dem Lemma 2.1.11 folgend bildet $\{\psi_{m,k} \,|\, m, k \in \mathbb{Z}\}$ eine ONB des $L^2(\mathbb{R})$.
Wäre diese Wavelet–Basis durch eine MSA induziert, so würden (2.2.28) und (2.2.38) (möglicherweise mit einem zusätzlichen ϱ–Faktor, vgl. (2.2.39)) für die zugehörige Skalierungsfunktion φ gelten. Die Orthogonalitätsbedingung (2.2.30) impliziert

$$|\widehat{\varphi}(\omega)|^2 + |\widehat{\psi}(\omega)|^2 = |\widehat{\varphi}(\omega/2)|^2$$

oder

$$|\widehat{\varphi}(2^j\omega)|^2 + |\widehat{\psi}(2^j\omega)|^2 = |\widehat{\varphi}(2^{j-1}\omega)|^2 .$$

Summieren wir beide Seiten der letzten Gleichung auf von $j = 1$ bis $j = \infty$, so bleibt

$$|\widehat{\varphi}(\omega)|^2 = \sum_{j=1}^{\infty} |\widehat{\psi}(2^j\omega)|^2$$

übrig. Damit und mit der Definition (2.2.40) von $\widehat{\psi}$ können wir

$$|\widehat{\varphi}(\omega)| = \begin{cases} 1/\sqrt{2\pi} & : \; 0 \le |\omega| \le 4\pi/7 , \\ 1/\sqrt{2\pi} & : \; \pi \le |\omega| \le \pi + \pi/7 , \\ 1/\sqrt{2\pi} & : \; 2\pi \le |\omega| \le 2\pi + 2\pi/7 , \\ 0 & : \; \text{sonst} \end{cases}$$

angeben. Aus der Gleichung (2.2.28) sowie der 2π-Periodizität der Fourier-Filter H schließen wir auf $|H(\omega)| = 1$ für $2\pi \le \omega \le 2\pi + 4\pi/7$, d.h. aber $|H(\omega/2)\,\widehat{\varphi}(\omega/2)| = 1/\sqrt{2\pi}$ für $4\pi \le \omega \le 4\pi + 4\pi/7$, obwohl $|\widehat{\varphi}(\omega)| = 0$ auf diesem Intervall ist. Dieser Widerspruch zeigt, daß das orthogonale Wavelet (2.2.40) nicht durch eine MSA induziert sein kann.
Die Pathologie dieses Gegenbeispiels liegt im schlechten Abklingverhalten von ψ. Zur Zeit ist es noch eine offene Frage, ob es solche pathologischen Fälle auch gibt, wenn man für ψ rasches Abklingen, i.e. Glattheit von $\widehat{\psi}$, voraussetzt.

Unsere Ergebnisse über MSAs und Wavelet–Basen haben wir schnell zusammengefaßt: Starten wir mit einer beliebigen Funktion mit nicht verschwindendem Mittelwert, die zudem die Bedingung von Satz 2.2.7 erfüllt, so können wir mit ihr eine MSA erzeugen. Durch Berechnen der Skalierungskoeffizienten $\{h_k\}_{k\in\mathbb{Z}}$ in (2.2.11) erhalten wir via (2.2.33) bzw. (2.2.37) ein orthogonales Wavelet. Die Crux dieser Vorgehensweise liegt im Orthogonalisierungsprozeß (2.2.23) aus Satz 2.2.5. Abgesehen von wenigen Ausnahmen gelingt es nicht, die orthogonale Skalierungsfunktion $\widetilde{\varphi}$ explizit zu ermitteln.
Sollte dies doch einmal gelingen, liegt ein weiterer Stolperstein in der Bestimmung der Koeffizienten $\{h_k\}_{k\in\mathbb{Z}}$ aus der Skalierungsgleichung. Hat $\widetilde{\varphi}$ nämlich keinen kompakten Träger, so erstreckt sich die Summe in (2.2.11) über $\mathbb{Z}$, und wir müssen unendlich viele Koeffizienten berechnen. Da die orthogonale Skalierungsfunktion $\widetilde{\varphi}$ implizit über ihre Fourier–Transformierte definiert ist, wird dieses Dilemma die Regel sein.
Die *Spline–Wavelets* bilden allerdings eine Ausnahme von dieser Regel. Wählt man einen B–Spline als nicht–orthogonale Skalierungsfunktion, so funktioniert das eben beschriebene Verfahren, siehe Kapitel 2.4.1.
Die Konstruktion von Wavelet–Basen mittels MSAs, d.h. über den Orthogonalisierungsprozeß, entpuppt sich i. allg. als nicht realisierbar, jedoch erweisen sich MSAs

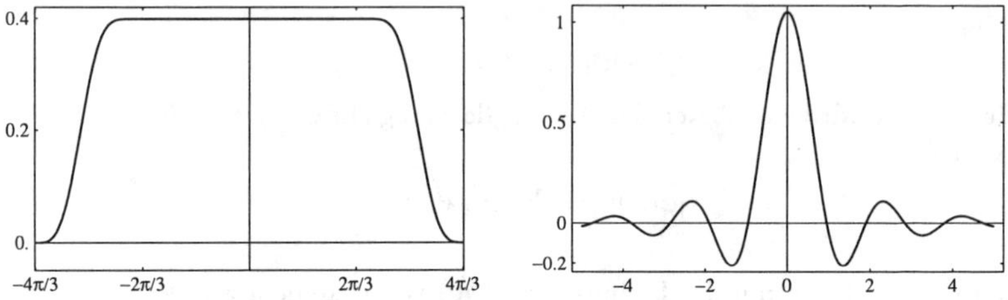

Abbildung 2.7: Die Meyer-Skalierungsfunktion (2.2.41) mit $\nu(x) = x^4\,(35 - 84x + 70x^2 - 20x^3)$. Links ist $\widehat{\varphi}$ und rechts φ dargestellt.

als theoretisches Fundament einer praktikablen Vorgehensweise, die sich aus der Skalierungsgleichung ergibt. Diesen Weg verfolgen wir in Kapitel 2.4. Dort werden wir systematisch und explizit MSAs mit ihren Skalierungsfunktionen und ihren Wavelets erzeugen.
Zum Schluß dieses Abschnitts geben wir die MSA bzw. die Skalierungsfunktion an, die zum Meyer–Wavelet (2.1.25) gehört, siehe Abbildung 2.3 auf Seite 92.

Beispiel:
Wir definieren die Skalierungsfunktion φ durch

$$\widehat{\varphi}(\omega) \;=\; \begin{cases} 1/\sqrt{2\pi} & : \;\; |\omega| < 2\pi/3 \\ \cos\left(\frac{\pi}{2}\,\nu\left(\frac{3}{2\pi}\,|\omega| - 1\right)\right)/\sqrt{2\pi} & : \;\; 2\pi/3 \le |\omega| \le 4\pi/3 \\ 0 & : \;\; \text{sonst} \end{cases} \qquad (2.2.41)$$

mit der glatten Funktion ν, die auch in der Definition (2.1.25) des Meyer–Wavelets auftritt. Die Graphen für $\widehat{\varphi}$ und φ mit $\nu(x) = x^4(35 - 84x + 70x^2 - 20x^3)$ sind in Abbildung 2.7 skizziert. Problemlos berechnen wir

$$\sum_{n\in\mathbb{Z}} |\widehat{\varphi}(\omega + 2\pi n)|^2 \;=\; 1/2\pi$$

wegen $\nu(x) + \nu(1-x) = 1$, d.h. nach Satz 2.2.5 ist $\{\varphi(\cdot - k)|\, k \in \mathbb{Z}\}$ ein orthonormales System. Weiter haben wir

$$\int_{\mathbb{R}} \varphi(x)\,dx \;=\; \sqrt{2\pi}\,\widehat{\varphi}(0) \;=\; 1$$

und

$$\widehat{\varphi}(2\pi k) = 0 \quad \text{für alle } k \in \mathbb{Z}\backslash\{0\}\,.$$

Gemäß Satz 2.2.7 bilden die Räume

$$V_m \;=\; \overline{\text{span}\,\{\varphi_{m,k}|\, k \in \mathbb{Z}\}}$$

eine MSA. Ein resultierendes Wavelet ist das Meyer–Wavelet, denn φ erfüllt (2.2.28) mit dem Fourier–Filter

$$H(\omega) = \sqrt{2\pi} \sum_{l\in\mathbb{Z}} \widehat{\varphi}(2(\omega + 2\pi l)),$$

$$\begin{aligned} H(\omega/2)\,\widehat{\varphi}(\omega/2) &= \sqrt{2\pi} \sum_{l\in\mathbb{Z}} \widehat{\varphi}(\omega + 4\pi l)\,\widehat{\varphi}(\omega/2) \\ &= \sqrt{2\pi}\,\widehat{\varphi}(\omega)\,\widehat{\varphi}(\omega/2) \\ &= \widehat{\varphi}(\omega). \end{aligned}$$

Für die Rechnung gebrauchten wir zunächst, daß die Träger von $\widehat{\varphi}(\cdot/2)$ und $\widehat{\varphi}(\cdot+4\pi l)$ für $l \neq 0$ nicht überlappen und nutzten dann, daß $\sqrt{2\pi}\,\widehat{\varphi}(\omega/2) = 1$ für $\omega \in \operatorname{supp}\widehat{\varphi}$ ist. Fügen wir die Bausteine nach (2.2.38) zusammen, so erhalten wir

$$\begin{aligned} \widehat{\psi}(\omega) &= e^{i\omega/2}\,\overline{H(\omega/2 + \pi)}\,\widehat{\varphi}(\omega/2) \\ &= \sqrt{2\pi}\,e^{i\omega/2} \sum_{l\in\mathbb{Z}} \widehat{\varphi}(\omega + 2\pi\,(2l+1))\,\widehat{\varphi}(\omega/2) \\ &= \sqrt{2\pi}\,e^{i\omega/2} \Big(\widehat{\varphi}(\omega + 2\pi) + \widehat{\varphi}(\omega - 2\pi)\Big)\,\widehat{\varphi}(\omega/2), \end{aligned}$$

das Meyer–Wavelet.

2.2.2 Mehrdimensionale Multi–Skalen–Analyse

Die Verallgemeinerung der eindimensionalen MSA ins Höherdimensionale liegt nahe. Die hier vorgestellten Eigenschaften mehrdimensionaler MSAs bilden – im zweidimensionalen Fall – die Grundlage für den Einsatz von Wavelets in der Bildanalyse und der Bildkompression. Diese Anwendungsbeispiele werden eingehend im dritten Kapitel besprochen. Unsere Ausführungen in diesem Abschnitt verzichten auf Beweise, legen aber großen Wert auf die Motivation der Begriffe.

Eine *Multi–Skalen–Analyse des* $L^2(\mathbb{R}^n)$ besteht – in völliger Analogie zum 1D–Fall – aus einer aufsteigenden Folge abgeschlossener Unterräume $\{V_m\}_{m\in\mathbb{Z}}$ des $L^2(\mathbb{R}^n)$, so daß

$$\overline{\bigcup_{m\in\mathbb{Z}} V_m} = L^2(\mathbb{R}^n) \quad \text{und} \quad \bigcap_{m\in\mathbb{Z}} V_m = \{0\}$$

gelten. Der Unterschied zur 1D–MSA besteht darin, daß wir nun Translationen $k \in \mathbb{Z}^n$ zulassen und der Übergang von V_m nach V_{m-1} mit Hilfe einer regulären Matrix A, der *Dilatationsmatrix*, beschrieben wird:

$$f(\cdot) \in V_m \iff f(A\cdot) \in V_{m-1}.$$

Der Grundraum V_0 wird wieder durch eine Skalierungsfunktion $\varphi \in L^2(\mathbb{R}^n)$ erzeugt,

$$\{\varphi(\cdot - k) |\, k \in \mathbb{Z}^n\} \quad \text{bildet eine Riesz–Basis von} \quad V_0 .$$

Somit ist

$$\{\varphi_{m,k}(\cdot) = |\det A|^{-m/2}\, \varphi(A^m \cdot - k) \mid k \in \mathbb{Z}^n\}$$

eine Basis von V_m, ja sogar eine ONB von V_m, denn wir dürfen ohne Einschränkung der Allgemeinheit die Orthonormalität von $\{\varphi(x-k) |\, k \in \mathbb{Z}^n\}$ und

$$\int_{\mathbb{R}^n} \varphi(x)\, dx \neq 0$$

annehmen. Entsprechend der Philosophie der Multi–Skalen–Zerlegung soll die Dilatationsmatrix in jede Richtung strecken, d.h. die Eigenwerte von A sind betragsmäßig größer als 1,

$$\lambda \in \sigma(A) \quad \Longrightarrow \quad |\lambda| > 1 .$$

Darüber hinaus soll A ganzzahlige Einträge besitzen. Das ist äquivalent zu

$$A\mathbb{Z}^n \subset \mathbb{Z}^n .$$

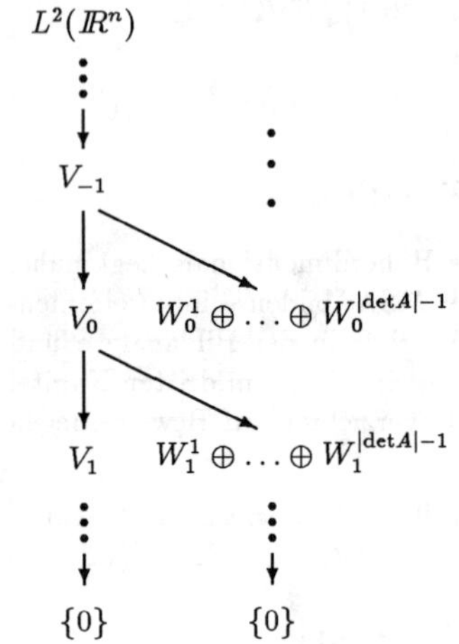

Mehrdimensionale Wavelets sind diejenigen Funktionen, die das orthogonale Komplement von V_0 in V_{-1} aufspannen. Dies wird i. allg. nicht mehr mit einer einzigen Funktion und ihrer ganzzahligen Translate gelingen. Ein heuristisches Beispiel überzeugt uns davon und motiviert den folgenden Satz von Y. Meyer.
Als Skalierungsfunktion wählen wir die charakteristische Funktion einer Menge Ω. Die Basisfunktion von V_{-1} ist dann die charakteristische Funktion der Menge $A^{-1}\Omega$ mit dem Maß

$$\text{meas}\,(A^{-1}\Omega) = \text{meas}\,(\Omega)/|\det A| .$$

Eine Basis von V_{-1} benötigt also "$|\det A|$–mal" soviele Elemente wie die Basis von V_0. Das orthogonale Komplement von V_0 ist in diesem Sinn "$(|\det A| - 1)$–mal" größer als V_0.

Satz 2.2.15 *Sei $\{V_m\}_{m \in \mathbb{Z}}$ eine MSA mit Dilatationsmatrix A. Dann existieren $|\det A| - 1$ Wavelets*

$$\psi_1,\, \psi_2,\, \ldots,\, \psi_{|\det A|-1} \in V_{-1} ,$$

die eine ONB des orthogonalen Komplements von V_0 in V_{-1} erzeugen, d.h.

$$\left\{\psi_{j,m,k}(\cdot) \;=\; |\det A|^{-m/2}\,\psi_j(A^{-m}\cdot - k)\;\middle|\; j=1,\ldots,\det A-1,\; m\in\mathbb{Z},\; k\in\mathbb{Z}^n\right\}$$

ist eine ONB des $L^2(\mathbb{R}^n)$.

Beweis: Siehe [97]. ∎

Durch den Satz haben wir eine orthogonale Zerlegung von V_{-1} in $|\det A|$ Unterräume erhalten

$$V_{-1} \;=\; \bigoplus_{j=1}^{|\det A|-1} W_{0,j}\oplus V_0\,,$$

wobei die Räume $W_{0,j}$ durch

$$W_{0,j} \;=\; \overline{\operatorname{span}\{\psi_j(\cdot - k)|\, k\in\mathbb{Z}^n\}}$$

aufgespannt werden.

Bemerkung 2.2.16 Definieren wir die 1D–MSA, vgl. Definition 2.2.1, nicht mit dem Dilatationsparameter 2 in (2.2.4), sondern mit einem beliebigen ganzzahligen Parameter $p\ge 2$, so benötigen wir auch im Eindimensionalen $p-1$ Wavelets zur Erzeugung von W_0.

Betrachten wir als Beispiel die *Tensorprodukt–Wavelets* für $n=2$. Dazu starten wir mit einem 1D–orthogonalen Wavelet ψ und orthogonaler Skalierungsfunktion φ. Das Tensorprodukt

$$\{\psi_{m,k}(x)\,\psi_{\mu,\kappa}(y)|\, m,\mu,k,\kappa\in\mathbb{Z}\}$$

der Wavelet–Basis $\{\psi_{m,k}(\cdot)|\, m,k\in\mathbb{Z}\}$ des $L^2(\mathbb{R})$ mit sich selbst liefert zwar eine ONB des $L^2(\mathbb{R}^2)$, aber es ist *keine* Wavelet–Basis, da für $m\ne\mu$ Basis–Funktionen unterschiedlicher Skalen (unterschiedlicher Dilatationsstufen) vermischt werden. Der richtige Weg geht über das Tensorprodukt der zugehörigen Skalierungsfunktion φ,

$$\varphi(x_1)\,\varphi(x_2)\,. \tag{2.2.42}$$

Mit der Dilatationsmatrix

$$A \;=\; \begin{pmatrix} 2 & 0\\ 0 & 2\end{pmatrix}$$

erzeugt die 2D–Skalierungsfunktion (2.2.42) eine MSA, mit der nach Satz 2.2.15 $|\det A|-1=3$ Wavelets verknüpft sind. Diese sind

$$\psi(x_1)\,\psi(x_2)\,,\quad \psi(x_1)\,\varphi(x_2)\,,\quad \varphi(x_1)\,\psi(x_2)\,. \tag{2.2.43}$$

In der induzierten 2D–Wavelet–Basis tritt keine Vermischung unterschiedlicher Skalen auf, und eine Zerlegung nach dieser Basis hat wieder die typische Multi–Skalen–Eigenschaft.
Zweidimensionale Wavelets und Skalierungsfunktionen der Art (2.2.42) bzw. (2.2.43) nennt man *separabel.* Ihr Vorteil liegt auf der Hand: Sie sind aus eindimensionalen MSAs leicht abzuleiten. Ihr Nachteil: Um das orthogonale Komplement von V_0 in V_{-1} aufzuspannen, werden 3 Wavelets benötigt. Auf eine weitere Eigenschaft möchten wir noch verweisen, die je nachdem als Vor- oder Nachteil aufgefaßt werden kann. Durch ihre Konstruktion sind die Wavelets (2.2.43) *anisotrop*, d.h. sie bevorzugen gewisse Richtungen (x– und y–Richtung sowie die Diagonale). Dies ist erwünscht bei der Kantenerkennung in digitalisierten Bildern. Ihre Anisotropie sowie ihre Anzahl macht Tensorprodukt–Wavelets für die Zwecke der Datenkompression jedoch unattraktiv. Diese Anwendung fordert Isotropie und eine möglichst geringe Anzahl von Wavelets.
Wir betrachten daher den Fall $|\det A| = 2$. Die Skalierungsfunktion φ und das Wavelet ψ erfüllen wegen $V_0 \subset W_{-1}$, $W_0 \subset V_{-1}$ die folgenden Skalierungsgleichungen

$$\varphi(x) = |\det A|^{1/2} \sum_{k \in \mathbb{Z}^n} h_k \, \varphi(Ax - k)\,, \tag{2.2.44}$$

$$\psi(x) = |\det A|^{1/2} \sum_{k \in \mathbb{Z}^n} g_k \, \varphi(Ax - k)\,. \tag{2.2.45}$$

Zur Bestimmung der Koeffizienten $\{g_k\}$ benötigen wir einen Repräsentanten z der Nebenklasse des Gitters $\Gamma = A\mathbb{Z}^n$, das von A erzeugt wird:

$$z \in \mathbb{Z}^n\,, \quad z \notin \Gamma\,.$$

Mit den gleichen Methoden wie im eindimensionalen Fall zeigt man, daß die Koeffizienten

$$g_k = (-1)^{\varepsilon(k)} \, h_{z-k}\,, \tag{2.2.46}$$

$$\varepsilon(k) = \begin{cases} 0 & : \; k \in \Gamma \\ 1 & : \; k \notin \Gamma \end{cases}\,,$$

zu einer orthogonalen Funktion ψ (2.2.45) führen, für die $\mathrm{span}\{\, \psi(\cdot - k) \mid k \in \mathbb{Z}^2 \,\} = W_0$ erfüllt ist. Dilatationsmatrizen mit Determinante 2 erlauben im $\mathbb{R}^2$ nur drei Gitter:

Zeilengitter	$\Gamma = \{(z_1, z_2)^T \in \mathbb{Z}^2 \mid z_2 \text{ ist gerade}\}$,
Spaltengitter	$\Gamma = \{(z_1, z_2)^T \in \mathbb{Z}^2 \mid z_1 \text{ ist gerade}\}$,
Quincunx–Gitter	$\Gamma = \{(z_1, z_2)^T \in \mathbb{Z}^2 \mid z_1 + z_2 \text{ ist gerade}\}$.

Die beiden ersten Fälle gehen durch Spiegelung an der Diagonalen auseinander hervor. Durch eine einfache Transformation sind auch Spalten– und Quincunx–Gitter gekoppelt. Ist φ_1 eine orthogonale Skalierungsfunktion zu einer Dilatationsmatrix D_1, die das Spaltengitter erzeugt, dann definiert

$$\varphi_2(x) := \varphi_1(P^{-1}x), \tag{2.2.47}$$

$$P = \begin{pmatrix} 1 & 1 \\ 0 & 1 \end{pmatrix}, \quad D_2 = P\,D_1\,P^{-1},$$

eine orthogonale Skalierungsfunktion zur Dilatationsmatrix D_2, zu ihr gehört das Quincunx–Gitter. Es genügt also die Untersuchung von Dilatationsmatrizen, die das Quincunx–Gitter erzeugen. Neben den algebraischen Gründen spricht noch ein weiterer Vorzug für dieses Gitter. Seine Punkte verteilen sich gleichmäßig (isotrop) über $\mathbb{R}^2$. Zwei Dilatationsmatrizen D_1, D_2 heißen *äquivalent*, falls

$$D_2 = P\,D_1\,P^{-1}$$

ist, wobei die Matrix P ganzzahlige Einträge und die Determinante 1 hat (P^{-1} hat ebenfalls nur ganzzahlige Komponenten, Cramersche Regel). Die Skalierungsfunktionen äquivalenter Dilatationsmatrizen sind über (2.2.47) gekoppelt. Die beiden einfachsten, nicht äquivalenten Dilatationsmatrizen sind

$$R = \begin{pmatrix} 1 & -1 \\ 1 & 1 \end{pmatrix} \quad \text{und} \quad S = \begin{pmatrix} 1 & 1 \\ 1 & -1 \end{pmatrix}.$$

Da R und S unterschiedliche Eigenwerte haben, können sie nicht äquivalent sein. Die Matrix S ist ähnlich zur "Diagonalmatrix" $\begin{pmatrix} 0 & 1 \\ 2 & 0 \end{pmatrix}$ und führt wieder zu separablen Wavelets. Neben den Tensorprodukten können so durch

$$\varphi_S(x_1, x_2) := \widehat{\varphi}(x_1)\,\widehat{\varphi}(x_1 - x_2)$$

eindimensionale auf zweidimensionale orthogonale Skalierungsfunktionen erweitert werden [18].

Die interessante Wahl für die Skalierungsmatrix ist also R und sie wird für die Konstruktion von 2D–Wavelets unser Standardbeispiel sein. Aus geometrischer Sicht bewirkt R eine Drehung um den Winkel $-\pi/4$, gefolgt von einer Streckung um den Faktor $\sqrt{2}$.

Die Konstruktion zweidimensionaler orthogonaler Wavelets für die Matrizen R und S wird ausführlich in Kapitel 2.5 diskutiert.

2.3 Schnelle Wavelet–Transformation

In diesem Abschnitt führen wir die grundlegenden Algorithmen zur schnellen Berechnung der diskreten Wavelet–Transformation ein. Zentrales Hilfsmittel ist hierbei die

Multi–Skalen–Analyse, darauf aufbauend lassen sich die Algorithmen elegant und einfach aus den Skalierungsgleichungen ableiten.
Betrachten wir dazu eine Funktion f in V_0, dem Grundraum einer Multi–Skalen–Analyse zu einer orthogonalen Skalierungsfunktion φ. Die Funktion f besitzt aufgrund der Definition 2.2.1 eine Entwicklung

$$f(x) = \sum_{k\in\mathbb{Z}} c_k^0\, \varphi(x-k) \tag{2.3.1}$$

mit reellen Entwicklungskoeffizienten

$$c^0 = \{ c_k^0 \mid k \in \mathbb{Z} \}.$$

Wie bisher bezeichne ψ das zu φ gehörende orthogonale Wavelet, demnach bildet

$$\{ \psi_{m,k} = 2^{-m/2}\psi(2^{-m}\cdot -k) \mid m,k \in \mathbb{Z} \}$$

eine Orthonormalbasis des $L^2(\mathbb{R})$.
Jetzt können wir mit der Berechnung der diskreten Wavelet–Transformation, d.h. mit der Auswertung der Skalarprodukte

$$\sqrt{c_\psi}\, L_\psi f(2^m, 2^m k) = \langle f, \psi_{mk}\rangle_{L^2}\,,\ m \in \mathbb{N}_0,\ k \in \mathbb{Z}\,,$$

beginnen. Dazu führen wir die Bezeichnungen

$$\begin{aligned} d_k^m &= \langle f, \psi_{m,k}\rangle_{L^2}\,, & d^m &= \{d_k^m | k\in\mathbb{Z}\} \in \ell^2(\mathbb{Z}),\\ c_k^m &= \langle f, \varphi_{m,k}\rangle_{L^2}\,, & c^m &= \{c_k^m | k\in\mathbb{Z}\} \in \ell^2(\mathbb{Z}), \end{aligned}$$

ein und erhalten mit Hilfe der Skalierungsgleichungen (2.2.11), (2.2.33) die Darstellungen

$$\begin{aligned} d_k^m &= \langle f, \psi_{m,k}\rangle_{L^2} = \sum_{\ell\in\mathbb{Z}} g_\ell\, \langle f, \varphi_{m-1,2k-\ell}\rangle_{L^2} = \sum_{\ell\in\mathbb{Z}} g_{\ell-2k}\, c_\ell^{m-1},\\ c_k^m &= \langle f, \varphi_{m,k}\rangle_{L^2} = \sum_{\ell\in\mathbb{Z}} h_\ell\, \langle f, \varphi_{m-1,2k-\ell}\rangle_{L^2} = \sum_{\ell\in\mathbb{Z}} h_{\ell-2k}\, c_\ell^{m-1}. \end{aligned}$$

Damit ist der Zerlegungsalgorithmus bereits fertig: Ausgehend von der Folge c^0 können wir die diskrete Wavelet–Zerlegung rekursiv durch diskrete Faltungen berechnen. Die kontinuierliche Funktion f ist dabei in den Hintergrund getreten, alle Operationen werden diskret auf den Koeffizientenfolgen c^m bzw. d^m ausgeführt.
Diesen Rechenvorgang können wir kürzer mit Hilfe der Zerlegungsoperatoren H und G ausdrücken. Wir definieren:

$$\begin{aligned} H \,:\, \ell^2(\mathbb{Z}) &\longrightarrow \ell^2(\mathbb{Z})\\ c &\longmapsto Hc = c *_2 h = \Big\{ (Hc)_k = \sum_{\ell\in\mathbb{Z}} h_{\ell-2k} c_\ell \Big\}, \end{aligned} \tag{2.3.2}$$

$$\begin{aligned} G \; : \; \ell^2(\mathbb{Z}) &\longrightarrow \ell^2(\mathbb{Z}) \\ c &\longmapsto Gc = c *_2 g = \Big\{ (Gc)_k = \sum_{\ell \in \mathbb{Z}} g_{\ell-2k} c_\ell \Big\}, \end{aligned} \tag{2.3.3}$$

wobei $h = \{h_k |\; k \in \mathbb{Z}\}$ bzw. $g = \{g_k |\; k \in \mathbb{Z}\}$ die Folge der Skalierungskoeffizienten bzw. die Folge der Wavelet–Koeffizienten bezeichnen. Die Koeffizienten der Daubechies–Wavelets, die in Kapitel 2.4.3 konstruiert werden, sind auf Seite 165 tabelliert.

Da wir hier nicht die übliche diskrete Faltung vor uns haben – zum einen ist die Faltung nur an jedem zweiten Index auszuwerten und zum anderen sind die Indizes $\ell - 2k$ vertauscht – wählen wir das Symbol $*_2$ für diese Operation. In der Sprache der Signalverarbeitung bezeichnet dies eine Faltung mit anschließendem "Sub–Sampling" um den Faktor 2.

Für diesen Algorithmus, der von Mallat in [93] eingeführt wurde, erhalten wir das folgende einfache Schema zur Berechnung der diskreten Wavelet–Transformation auf den ersten M Skalen:

<u>Schnelle Wavelet–Transformation</u>

Eingabe: $c^0 = \{ c_k \mid k \in \mathbb{Z} \}$
M Zerlegungstiefe (Anzahl der Skalen)

berechne für $m = 1, \ldots, M$

$$d^m = Gc^{m-1}$$
$$c^m = Hc^{m-1}$$

Ausgabe: c^M
d^m, $m = 1, \ldots, M$

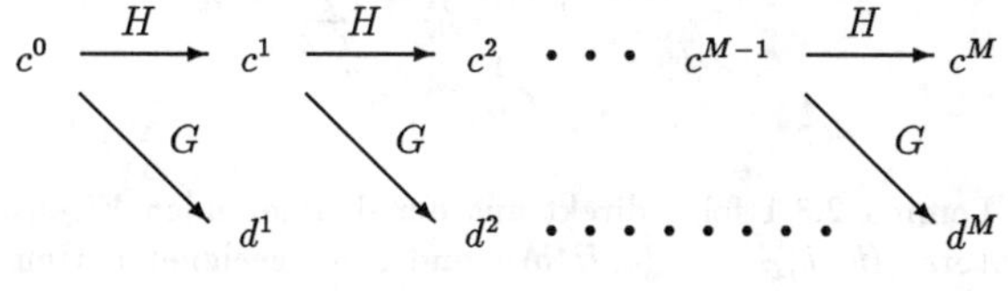

Wenden wir uns nun der Rekonstruktion der Ausgangsfolge c^0 aus den berechneten Koeffizientenfolgen $\{ c^M, d^m \mid m = 1, \ldots, M \}$ zu. Betrachten wir zunächst den Vorgang, wie wir aus c^1 und d^1 die Folge c^0 rekonstruieren können. Dazu verwenden wir die orthogonale Zerlegung von V_0 in die beiden Unterräume V_1 und W_1. Demnach gilt:

$$\begin{aligned}\sum_{k\in\mathbb{Z}} c_k^0\,\varphi_{0,k} &= \sum_{j\in\mathbb{Z}} c_j^1\,\varphi_{1,j} + \sum_{j\in\mathbb{Z}} d_j^1\,\psi_{1,j}\\ &= \sum_{j\in\mathbb{Z}} c_j^1 \sum_{\ell\in\mathbb{Z}} h_\ell\,\varphi_{0,2j-\ell} + \sum_{j\in\mathbb{Z}} d_j^1 \sum_{\ell\in\mathbb{Z}} g_\ell\,\varphi_{0,2j-\ell}.\end{aligned}$$

Dabei haben wir wiederum die Skalierungsgleichungen ausgenutzt. Ein Koeffizientenvergleich ergibt

$$c_k^0 = \sum_{\ell\in\mathbb{Z}} c_\ell^1\,h_{2\ell-k} + \sum_{\ell\in\mathbb{Z}} d_\ell^1\,g_{2\ell-k}\,. \tag{2.3.4}$$

Ebenso können wir ausgehend von d^M und c^M zunächst c^{M-1} rekonstruieren. Rekursiv werden dann die Zerlegungskoeffizienten d^m auf den Skalen $M-1,\ldots,1$ eingearbeitet. Der Rekonstruktionsalgorithmus läßt sich wiederum mit Hilfe von Operatoren schreiben. Dazu führen wir die zu H und G adjungierten Operatoren H^* und G^* ein.

Lemma 2.3.1 *Die zu H und G adjungierten Operatoren H^* und G^* sind*

$$\begin{aligned} H^* : \ \ell^2(\mathbb{Z}) &\longrightarrow \ell^2(\mathbb{Z})\\ c &\longmapsto \Big\{(H^*c)_k = \sum_{\ell\in\mathbb{Z}} h_{k-2\ell}c_\ell\Big\},\\[1em] G^* : \ \ell^2(\mathbb{Z}) &\longrightarrow \ell^2(\mathbb{Z})\\ c &\longmapsto \Big\{(G^*c)_k = \sum_{\ell\in\mathbb{Z}} g_{k-2\ell}c_\ell\Big\}. \end{aligned}$$

Der Beweis von Lemma 2.3.1 folgt direkt aus der definierenden Eigenschaft des adjungierten Operators $\langle Hc, b\rangle_{\ell^2} = \langle c, H^*b\rangle_{\ell^2}$ und einer geeigneten Umsortierung der Summen.

Ein einzelner Rekonstruktionsschritt wird demnach beschrieben durch

$$c^{m-1} = H^*c^m + G^*d^m\,. \tag{2.3.5}$$

<u>Schnelle Wavelet–Rekonstruktion</u>

Eingabe: M

$c^M,\ d^m\ ,\ m = 1, \ldots, M$

berechne für $m = M, \ldots, 1$

$$c^{m-1} \;=\; H^* c^m \;+\; G^* d^m$$

Ausgabe: c^0

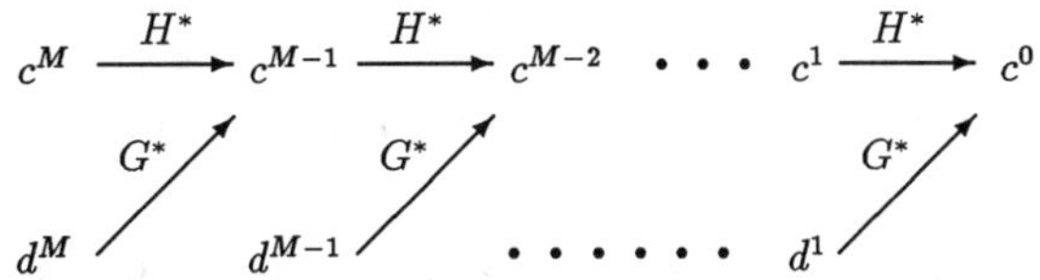

Als nächstes bestimmen wir die Komplexität des diskreten Wavelet–Algorithmus. Wir gehen davon aus, daß die Ausgangsfolge c^0 eine endliche Länge $n(0)$ besitzt:

$$c^0 \;=\; \{\; c_k^0 \mid nc_{\min}(0) \le k \le nc_{\max}(0) \;\}\,,$$

$$n(0) = nc_{\max}(0) - nc_{\min}(0) + 1\,.$$

Des weiteren wollen wir uns auf den Fall endlicher Filter h und g beschränken:

$$h \;=\; \{\; h_k \mid h_{\min} \le k \le h_{\max} \;\}\,,\quad g \;=\; \{\; g_k \mid g_{\min} \le k \le g_{\max} \;\}\,.$$

Die Filterlänge ist in beiden Fällen

$$nf = h_{\max} - h_{\min} + 1 = g_{\max} - g_{\min} + 1\,.$$

Dies ist insbesondere für die Filter des Haar–Wavelets und die Filter der orthogonalen Daubechies–Wavelets der Fall. Die bei der Wavelet–Zerlegung entstehenden Folgen

$$d^m \;=\; \{d_k^m \mid nd_{\min}(m) \le k \le nd_{max}(m)\;\}\,,$$

$$c^m \;=\; \{d_k^m \mid nc_{\min}(m) \le k \le nc_{\max}(m)\;\}\,,$$

$$n(m) \;=\; nc_{\max}(m) - nc_{\min}(m) + 1$$

besitzen dann ebenfalls eine endliche Länge. In jedem Schritt des Algorithmus sind zwei Faltungen

$$c^{m+1} = Hc^m\,,\ d^{m+1} = Gc^m$$

zu berechnen. Durch das Sub–Sampling halbiert sich dabei die Länge der Folgen c^m von Skala zu Skala in etwa jeweils um den Faktor 2. Es entstehen lediglich an den Rändern der Folgen zusätzliche Koeffizienten in Abhängigkeit von der Länge der Filter $\{h_k\}$ und $\{g_k\}$:

$$n(m) \le n(m-1)/2 + nf/2\,,$$

$$n(m) \le 2^{-m}n(0) + nf\,.$$

Da die Faltungen mit den endlichen Filtern h und g durchgeführt werden, ist der Gesamtaufwand der diskreten Wavelet–Zerlegung in der Größenordnung von

$$\sum_{m=1}^{M} (\ 2\cdot nf\cdot n(m) + 2\cdot nf\ ) \le 2\cdot nf\cdot n(0) + 2\cdot m\cdot nf\,.$$

Im Regelfall werden wir "kurze" Filter h bzw. g mit vier, sechs oder acht Koeffizienten ($nf \le 8$) verwenden. Demgegenüber kann die Ausgangsfolge durchaus $n(0) = 10^4$ oder mehr Elemente besitzen. In Abhängigkeit von $n = n(0)$ ist der Gesamtaufwand in der Größenordnung von

$$O(n)$$

Operationen. Die schnelle Wavelet–Transformation ist damit deutlich schneller als die schnelle Fourier–Transformation bei zusätzlich einfacher Codierung!

Die exakte Länge $n(m)$ der Teilfolgen c^m hängt allerdings nicht nur von der Länge der Filter und der Länge der Ausgangsfolge ab, sondern auch von deren Parität. Die Berechnung von nc_{min} und nc_{max} könnte in einem Fortran–Programm z.B. die folgende Gestalt haben:

intmod=mod($nc_{\text{min}}(m)$–h_{max},2)
if (intmod .lt. 0) intmod=–intmod
$nc_{\text{min}}(m+1)$=($nc_{\text{min}}(m)$–h_{max}+intmod)/2

intmod=mod($nc_{\text{max}}(m)$–h_{min},2)
if (intmod .lt. 0) intmod=–intmod
$nc_{\text{max}}(m+1)$=($nc_{\text{max}}(m)$–h_{min}–intmod)/2 .

Ebenso berechnen sich die Indexgrenzen für die Zerlegungsfolgen d^m gemäß

imod=iabs(mod($nc_{\text{min}}(m)$–g_{max},2))
$nd_{\text{min}}(m+1)$=($nc_{\text{min}}(m)$–g_{max}+imod)/2

imod=iabs(mod($nc_{\text{max}}(m)$–g_{min},2))
$nd_{\text{max}}(m+1)$=($nc_{\text{max}}(m)$–g_{min}–imod)/2.

Beispiel (Zerlegung):
Wir berechnen die diskrete Wavelet–Zerlegung der Eingabefolge

$$c^0 = \{c_k^0 \mid -2 \le k \le 13\}$$

mit dem Haar–Wavelet bis zu der Zerlegungstufe $M = 4$. Die Eingabe könnte demnach aus den drei Zeilen

```
4
-2 13
0 0 1 1 1 1 2 3 4 5 5 5 5 5 5 5
```

bestehen. Das Ausgabefile listet zuerst die Zerlegungstiefe $M = 4$ auf. In der zweiten Zeile stehen die Indexgrenzen $nd_{\min}(1)$ und $nd_{\max}(1)$ für die Folge d_k^1. Die nächsten Zeilen beinhalten die Werte für d_k^1, $k = nd_{\min}(1), \ldots, nd_{\max}(1)$. In den Zeilen vier bis neun folgen in demselben Format die Grenzen $nd_{\min}(m), nd_{\max}(m)$, $m = 2, \ldots, M$ und die zugehörigen Folgen d^2 bis d^m. In der vorletzten Zeile stehen dann die Grenzen des Laufindexes für die Folge c^M : $nc_{\min}(M)$, $nc_{\max}(M)$. Die letzte Zeile enthält schließlich die Folge c_k^M , $k = nc_{\min}(M), \ldots, nc_{\max}(M)$.
In unserem Beispiel ergibt das

```
4
–1 6
0. 0. 0. –0.707107 –0.707107 0. 0. 0.
-1 3
0. 0. –2.00000 0. 5.00000
–1 1
0. –3.53553 3.53553
–1 0
0. -3.00000
–1 0
0. 12.0000.
```

Welche Informationen aus den Werten der Wavelet–Zerlegung gewonnen werden können, hängt von der Wahl des eingesetzten Wavelets bzw. von der Wahl der Filter h und g ab. In Kapitel 3 werden wir einige Anwendungsbeispiele im Detail studieren.

Die Synthese von c^0 erfolgt nach dem oben beschriebenen Rekonstruktionsalgorithmus. Wie schon bei der kontinuierlichen Multi–Skalen–Analyse können wir diese Rekonstruktion so interpretieren, daß man mit den "groben" Details c^M startet und sukzessive immer feinere Details d^m addiert. Die Länge der Folgen c^m vergrößert sich jetzt in jedem Rekonstruktionschritt um etwa den Faktor 2. Bezeichnen wir mit $nc_{\min}(m)$ und $nc_{\max}(m)$ die Grenzen des Laufindexes der bei der Rekonstruktion entstehenden Folge c^m, so gilt

$$nc_{\min}(m-1) = \min\{2\, nc_{\min}(m) + h_{\min}, 2\dim(m,1) + g_{\min}\}\,,$$

$$nc_{\max}(m-1) = max\{2\,nc_{\max}(m) + h_{\max}, 2\dim(m,2) + h_{\max}\}\,.$$

Allerdings kann die Länge der Eingabefolge nicht exakt rekonstruiert werden, da bei dem Zerlegungsprozeß Folgen unterschiedlicher Länge zu gleichlangen Folgen c^m, d^m führen können. Bei der Rekonstruktion werden deshalb einige Nullen mitgerechnet. Die Werte für $nc_{\min}$ und $nc_{\max}$ sind also bei der Zerlegung und bei der Rekonstruktion verschieden.

Beispiel (Rekonstruktion):
Wir rekonstruieren die Folge c^0 aus ihrer Wavelet–Zerlegung, die in dem vorigen Beispiel berechnet wurde. Das untenstehende Beispiel wurde wiederum mit den Filtern des Haar–Wavelets gerechnet. Bei realen Anwendungen werden diese Filter allerdings selten eingesetzt, da die Approximationseigenschaften des Haar–Wavelets aufgrund seiner mangelnden Glattheit ungenügend sind. In diesem Beispiel wurde es wegen der Einfachheit der einzelnen Rechenschritte gewählt. Dabei entsteht eine Folge $\widetilde{c}$ der Länge 32, mit Werten $\widetilde{c}_k$, $k = -16, \ldots, 15$

-16 15
0. 0. 0. 0. 0. 0. 0. 0. 0. 0. 0. 0. 0. 0. 0. 0.
1.000 1.000 1.000 1.000 2.000 3.000 4.000 5.000
5.000 5.000 5.000 5.000 5.000 5.000 1.348E-06 1.348E-06.

Wir wollen nun einige Eigenschaften der diskreten Wavelet–Transformation und ihrer Zerlegungsoperatoren H und G auflisten. Aufgrund der Orthogonalität der Ansatzfunktionen φ und ψ erhalten wir sofort den folgenden Zusammenhang zwischen den Folgen c^m bzw. d^m und den Projektionen von f auf die Unterräume der Multi–Skalen–Analyse.

Korollar 2.3.2 *Seien V_m, W_m, $m \in \mathbb{Z}$ die Unterräume einer Multi–Skalen–Analyse mit orthogonaler Skalierungsfunktion φ und orthogonalem Wavelet ψ. Dann sind die Projektionen $P_m f$ und $Q_m f$ gegeben durch*

$$\begin{aligned} P_m f &= \sum_{k\in\mathbb{Z}} c_k^m\ \varphi_{m,k}\,, \\ Q_m f &= \sum_{k\in\mathbb{Z}} d_k^m\ \psi_{m,k}\,. \end{aligned}$$

Wir wollen die Faltungen, die bei der diskreten Wavelet–Transformation zu berechnen sind, genauer untersuchen. Wir haben das Symbol H bereits in dem Abschnitt über die Multi–Skalen–Analyse eingeführt, dort steht es für die Fourier–Reihe der Skalierungskoeffizienten $\{h_k\}$, siehe (2.2.29). Ebenso definieren wir die Fourier–Reihe $G(\omega)$, die wegen (2.2.38) und (2.2.39) durch

$$G(\omega) \;=\; e^{in\omega}\ \overline{H(\omega+\pi)}\ ,\ n \in \mathbb{Z},\ n \text{ ungerade,} \tag{2.3.6}$$

ausgedrückt werden kann. Diese doppelte Verwendung hat ihre Berechtigung, wenn wir die Wirkung der Operatoren H und G ebenfalls über Fourier–Reihen ausdrücken. Dazu betrachten wir

$$\begin{aligned} c(\omega) &= \sum_{k\in\mathbb{Z}} c_k\, e^{-ik\omega}\,, \\ (Hc)(\omega) &= \sum_{k\in\mathbb{Z}} (Hc)_k\, e^{-ik\omega}\,, \\ (Gc)(\omega) &= \sum_{k\in\mathbb{Z}} (Gc)_k\, e^{-ik\omega}\,. \end{aligned}$$

Das Sub–Sampling um den Faktor 2 erfordert eine Aufspaltung der Summen in ihre Anteile zu geraden und ungeraden Indizes. Auch dies können wir durch die Fourier–Reihen ausdrücken, denn es gilt z.B.

$$\begin{aligned} \sum_{k \text{ gerade}} c_k\, e^{-ik\omega} &= \Big(c(\omega) + c(\omega+\pi)\Big)/2\,, \\ \sum_{k \text{ ungerade}} c_k\, e^{-ik\omega} &= \Big(c(\omega) - c(\omega+\pi)\Big)/2\,. \end{aligned}$$

Lemma 2.3.3 *Seien $c(\omega)$, $(Hc)(\omega)$, $(Gc)(\omega)$ die Fourier–Reihen der Folgen $\{c_k\}$, $\{(Hc)_k\}$ und $\{(Gc)_k\}$. Dann gilt*

$$\begin{aligned} (Hc)(2\omega) &= \frac{\sqrt{2}}{4}\Big(\overline{H(\omega)} + \overline{H(\omega+\pi)}\Big)\Big(c(\omega) + c(\omega+\pi)\Big) \\ &\quad + \frac{\sqrt{2}}{4}\Big(\overline{H(\omega)} - \overline{H(\omega+\pi)}\Big)\Big(c(\omega) - c(\omega+\pi)\Big)\,, \end{aligned} \tag{2.3.7}$$

$$\begin{aligned} (Gc)(2\omega) &= \frac{\sqrt{2}}{4}\Big(\overline{G(\omega)} + \overline{G(\omega+\pi)}\Big)\Big(c(\omega) + c(\omega+\pi)\Big) \\ &\quad + \frac{\sqrt{2}}{4}\Big(\overline{G(\omega)} - \overline{G(\omega+\pi)}\Big)\Big(c(\omega) - c(\omega+\pi)\Big)\,. \end{aligned} \tag{2.3.8}$$

Beweis: Einsetzen der Reihenentwicklung ergibt:

$$\begin{aligned} (Hc)(\omega) &= \sum_{k\in\mathbb{Z}}\sum_{\ell\in\mathbb{Z}} h_{\ell-2k} c_\ell e^{-ik\omega} \\ &= \sum_{\ell \text{ gerade}}\ \sum_{m \text{ gerade}} h_m c_\ell e^{-i(\ell-m)\omega/2} + \sum_{\ell \text{ ungerade}}\ \sum_{m \text{ ungerade}} h_m c_\ell e^{-i(\ell-m)\omega/2} \\ &= \frac{1}{2}\Big(c(\omega/2) + c(\omega/2+\pi)\Big)\frac{\sqrt{2}}{2}\Big(H(\omega/2) + H(\omega/2+\pi)\Big) \\ &\quad + \frac{1}{2}\Big(c(\omega/2) - c(\omega/2+\pi)\Big)\frac{\sqrt{2}}{2}\Big(H(\omega/2) - H(\omega/2+\pi)\Big)\,. \end{aligned}$$

Die Berechnung von Gc erfolgt analog. ∎

Bisher haben wir noch nicht ausgenutzt, daß die Skalierungsfunktion φ und das Wavelet ψ orthogonal sind. Die Fourier-Reihe der Skalierungskoeffizienten erfüllt also die Orthogonalitätsbedingung

$$|H(\omega)|^2 + |H(\omega+\pi)|^2 = 1, \quad H(0) = 1. \tag{2.3.9}$$

Die Orthogonalität überträgt sich auf die Operatoren H und G der Wavelet-Zerlegung. Um dies zu sehen, analysieren wir die Bilder der Folgen

$$e^0 = \{e^0_k = \delta_{0,k} \mid k \in \mathbb{Z}\}, \quad e^1 = \{e^1_k = \delta_{1,k} \mid k \in \mathbb{Z}\},$$

unter den Operatoren H, G, H^* und G^*. Mit den Techniken aus dem Beweis von Lemma 2.3.3 erhalten wir

$$(H^*c)(\omega) = \sqrt{2}H(\omega)c(2\omega), \tag{2.3.10}$$

$$(H^*He^0)(\omega) = H(\omega)\left(\overline{H(\omega)} + \overline{H(\omega+\pi)}\right), \tag{2.3.11}$$

$$(H^*He^1)(\omega) = H(\omega)\left(\overline{H(\omega)} - \overline{H(\omega+\pi)}\right) e^{-i\omega}. \tag{2.3.12}$$

Natürlich berechnen sich die Ausdrücke für den Operator G entsprechend. Damit können wir sowohl die Inversionsformel für die diskrete Wavelet-Transformation beweisen als auch zeigen, daß die Operatoren H^*H und G^*G Projektoren auf zwei orthogonale Unterräume von $\ell^2(\mathbb{Z})$ sind.

Satz 2.3.4 *Sei $\{h_k\}$ eine Folge von Skalierungskoeffizienten deren Fourier-Reihe $H(\omega)$ die Orthogonalitätsbedingung* (2.3.9) *erfüllt. Die Koeffizienten $\{g_k\}$ seien definiert durch*

$$g_k = (-1)^k h_{1-k}.$$

Dann gilt für alle $c \in \ell^2(\mathbb{Z})$:

i) $H^*Hc + G^*Gc = c,$

ii) $\langle H^*Hc\,,\, G^*Gc\rangle_{\ell^2} = 0.$

Beweis: Da alle auftretenden Operatoren linear sind, ist es ausreichend, die Behauptungen für die elementaren Folgen e^0 und e^1 nachzuprüfen. Exemplarisch prüfen wir zunächst, daß gilt:

$$\begin{aligned}
&(H^*He^1 + G^*Ge^1)(\omega)\\
&= e^{-i\omega}H(\omega)\left(\overline{H(\omega)} - (\overline{H(\omega+\pi)}\right) + e^{-i\omega}G(\omega)\left(\overline{G(\omega)} - (\overline{G(\omega+\pi)}\right)\\
&= e^{-i\omega}H(\omega)\left(\overline{H(\omega)} - (\overline{H(\omega+\pi)}\right) + e^{-i\omega}\overline{H(\omega+\pi)}\,(H(\omega+\pi) + H(\omega))\\
&= e^{i\omega}\left(|H(\omega)|^2 + |H(\omega+\pi)|^2\right)\\
&= e^{-i\omega} = e^1(\omega).
\end{aligned}$$

Um den zweiten Teil der Behauptung zu beweisen, müssen wir das Skalarprodukt $\langle H^*Hc\ ,\ G^*Gc\rangle_{\ell^2}$ durch Fourier–Reihen ausdrücken. Wir erhalten:

$$
\begin{aligned}
\langle H^*He^0\ ,\ G^*Ge^0\rangle_{\ell^2} &= \int_0^{2\pi} (H^*He^0)(\omega)\,(G^*Ge^0)(\omega)\,d\omega \\
&= \int_0^{2\pi} H(\omega)\left(\overline{H(\omega)} + \overline{H(\omega+\pi)}\right)\overline{H(\omega+\pi)}\,(H(\omega+\pi) - H(\omega))\,d\omega \\
&= \int_0^{2\pi} H(\omega)\overline{H(\omega+\pi)}\,|H(\omega+\pi)|^2\,d\omega - \int_0^{2\pi} \overline{H(\omega)}H(\omega+\pi)\,|H(\omega)|^2\,d\omega \\
&= 0.
\end{aligned}
$$

Der letzte Übergang folgt aus der 2π-Periodizität aller auftretenden Funktionen und der Substitution $\omega \mapsto \omega + \pi$ im zweiten Integral. Die Skalarprodukte

$$\langle H^*He^0\ ,\ G^*Ge^1\rangle_{\ell^2}\,,\ \langle H^*He^1\ ,\ G^*Ge^0\rangle_{\ell^2}\,,\ \langle H^*He^1\ ,\ G^*Ge^1\rangle_{\ell^2}$$

berechnen sich ebenso. ■

Aus diesem Satz können wir folgern, daß die Zerlegung $c \longmapsto (Hc,\ Gc)$ nichts anderes ist, als der Übergang von der Standardbasis $\{\ e^k \mid k \in \mathbb{Z}\ \}$ auf eine andere Orthonormalbasis des $\ell^2(\mathbb{Z})$:

$$\{\ e^k_\varphi\ ,\ e^k_\psi \mid k \in \mathbb{Z}\ \},$$

wobei hier e^k_φ und e^k_ψ Folgen in $\ell^2(\mathbb{Z})$ sind:

$$
\begin{aligned}
e^k_\varphi &= \{\ (e^k_\varphi)_\ell\ =\ g_{\ell-2k}\},\\
e^k_\psi &= \{\ (e^k_\psi)_\ell\ =\ h_{\ell-2k}\}.
\end{aligned}
$$

Bisher haben wir die Algorithmen ausschließlich über ihre diskreten Filter h und g diskutiert. Die Bedeutung des dahinter versteckten Wavelets $\psi \in L^2(\mathbb{R})$ ist bisher im Hintergrund geblieben. Die Eigenschaften des Wavelets ψ werden bei der Diskussion der Auswirkung von Daten– und Rechenfehlern deutlich. Dazu müssen wir allerdings noch einige Vorarbeit leisten und verweisen auf die Bemerkung 2.4.39 auf Seite 177.

2.4 Orthogonale eindimensionale Wavelets

Dieser Abschnitt ist der systematischen Konstruktion von orthogonalen Wavelets gewidmet, d.h. gesucht werden Funktionen ψ derart, daß

$$\{\ 2^{-m/2}\psi\left(2^{-m}x - k\right)\ \mid m, k \in \mathbb{Z}\ \}$$

eine orthonormale Basis des $L^2(\mathbb{R})$ bildet. Zwei unterschiedliche Vertreter dieser Klasse spezieller Funktionen haben wir bereits kennengelernt: das Haar– und das Meyer–Wavelet. Für die Anwendungen wünschenswert sind jedoch Wavelets, die – ebenso wie das Haar–Wavelet – einen kompakten Träger und – wie das Meyer–Wavelet – zumindest geringe Glattheitseigenschaften besitzen. Das wesentliche Hilfsmittel zur Konstruktion derartiger Funktionen sind die in Kapitel 2.2 vorgestellten Multi–Skalen–Analysen. Im folgenden wird also zunächst das Wavelet wieder zugunsten der Skalierungsfunktion φ in den Hintergrund treten. Der Zusammenhang zwischen einer MSA und dem zugehörigen orthogonalen Wavelet wurde in Satz 2.2.10 hergestellt. Die für unsere Zwecke wichtigste Eigenschaft von φ ist, daß sie die Skalierungsgleichung (2.2.11) erfüllt

$$\varphi(x) \;=\; \sqrt{2}\sum_{k\in\mathbb{Z}} h_k\,\varphi(2x-k)\,. \tag{2.4.1}$$

Nicht nur das Konstruktionsproblem läßt sich mit Hilfe dieser Gleichung in eine übersichtliche Bedingung an die Koeffizienten $\{h_k\}$ umschreiben, sondern auch alle wichtigen Eigenschaften der Skalierungsfunktion und damit auch des zugehörigen orthogonalen Wavelets, lassen sich durch diese Koeffizienten ausdrücken.

In den letzten Jahren wurden zahlreiche Funktionensysteme konstruiert, die derartigen Gleichungen genügen. Der erste Teilabschnitt behandelt die Spline–Wavelets, diese werden durch den Orthogonalisierungsprozeß gemäß Satz 2.2.5 aus den B–Splines gewonnen. Dabei geht jedoch der kompakte Träger der Splines verloren. In Kapitel 2.4.2 untersuchen wir deshalb, welche Bedingungen an die Koeffizienenten $\{h_k\}_{k\in\mathbb{Z}}$ einen kompakten Träger der Lösung φ sowie die Existenz stetiger Ableitungen garantieren. Diese Eigenschaften lassen sich sofort auf das zugehörige Wavelet übertragen. Abschnitt 2.4.3 enthält dann den Höhepunkt dieses Kapitels, nämlich die Konstruktion der orthogonalen *Daubechies–Wavelets*. Es sind die besonderen Eigenschaften dieser Wavelets, die in den unterschiedlichsten Anwendungsgebieten den Erfolg der Wavelet–Transformation begründen und die ihnen einen festen Platz unter den speziellen Funktionen neben orthogonalen Polynomen, Exponentialbasen und Spline–Funktionen garantieren.

Neben diesen orthogonalen Wavelets existieren eine Reihe von Wavelet–Systemen, die abgeschwächten Orthogonalitätsbedingungen genügen. Hierzu zählen Prä–Wavelets, diese sind orthogonal zwischen unterschiedlichen Skalen, aber nicht bezüglich Translationen, sowie die biorthogonalen und operatorangepaßten Wavelets, siehe Kapitel 2.4.5 und Kapitel 2.4.6. Bei diesen wird die Rekonstruktion nicht mit ψ selbst, sondern mit dem dualen Wavelet $\widetilde{\psi}$ durchgeführt, siehe dazu auch Bemerkung 1.1.10 c) für die kontinuierliche Wavelet–Transformation. Das erlaubt die Konstruktion von Wavelets, die z.B. symmetrisch oder an einen gegebenen Differentialoperator angepaßt sind.

2.4.1 Spline–Wavelets

In diesem Abschnitt betrachten wir Wavelets, die ausgehend von Spline–Funktionen erzeugt werden. Der Orthogonalisierungsprozeß, siehe Satz 2.2.5, führt dann zu den sogenannten Spline- oder Battle–Lemarie–Wavelets. Diese sind neben den Meyer–Wavelets die ältesten orthogonalen Wavelets [7, 83]. Es gibt eine Vielzahl von Verbindungen, Ähnlichkeiten und Gegensätzen zwischen Splines und Wavelets; für eine ausführliche Darstellung dieser Thematik verweisen wir auf [15].

Der B–Spline n-ter Ordnung B_n wird rekursiv definiert durch

$$\begin{aligned} B_0(x) &= \chi_{[-1,1]}(2x) \\ B_{n+1}(x) &= (B_n * B_0)(x). \end{aligned} \tag{2.4.2}$$

Die Normierung wurde so gewählt, daß $\int_{\mathbb{R}} B_n(x)\,dx = 1$ ist. Die Fourier–Transformierte von B_n besitzt die Darstellung:

$$\widehat{B}_n(\omega) = \frac{1}{\sqrt{2\pi}}\left(\frac{\sin(\omega/2)}{\omega/2}\right)^{n+1} = \frac{1}{\sqrt{2\pi}}\,\mathrm{sinc}^{n+1}(\omega/2)\,.$$

Wir betrachten diejenige Multi–Skalen–Analyse, die durch

$$V_0 = \overline{\mathrm{span}\,\{B_n(\cdot - m) \mid m \in \mathbb{Z}\}}$$

erzeugt wird. Dieses Funktionensystem wollen wir orthogonalisieren, siehe Satz 2.2.5. Die zugehörige Orthogonalisierungsfunktion ist

$$\begin{aligned} \Phi(\omega) &= 2\pi \sum_{k\in\mathbb{Z}} |\widehat{B}_n(\omega + 2\pi\omega)|^2 \\ &= \sum_{k\in\mathbb{Z}} |\mathrm{sinc}^{n+1}(\omega/2 + k\pi)|^2 \\ &= \sin^{2(n+1)}(\omega/2)\cdot S_n(\omega/2) \end{aligned}$$

mit der geraden, π–periodischen Funktion

$$S_n(\omega) = \sum_{k\in\mathbb{Z}} \frac{1}{(\omega + k\pi)^{2(n+1)}}, \tag{2.4.3}$$

die sich rekursiv berechnen läßt.

Lemma 2.4.1 *Für $\omega \in \mathbb{R}$, $\omega \notin \pi\mathbb{Z}$, sei S_n die Funktion aus* (2.4.3). *Dann gilt*

$$\begin{aligned} \text{a)}\quad S_0(\omega) &= \frac{1}{\sin^2(\omega)}\,, \\ \text{b)}\quad S_n(\omega) &= \frac{1}{(2n+1)2n}\,\frac{d^2}{d\omega^2}\,S_{n-1}(\omega) \\ &= \frac{1}{(2n+1)!}\,\frac{d^{2n}}{d\omega^{2n}}\,S_0(\omega)\,. \end{aligned}$$

Beweis: Der B–Spline B_0 ist die charakteristische Funktion des Intervalls $[-1/2, 1/2]$. Also ist $\{ B_0(\cdot - k) \mid k \in \mathbb{Z} \}$ ein orthonormales System, das (2.2.22) erfüllt:

$$\sum_{k\in\mathbb{Z}} |\widehat{B}_0(\omega + 2\pi\omega)|^2 = \frac{1}{2\pi}.$$

Daraus folgt

$$1 = \frac{|\sin(\omega/2)|^2}{\sum\limits_{k\in\mathbb{Z}} |\omega/2 + k\pi|^2} = \frac{\sin^2(\omega/2)}{S_0(\omega/2)}.$$

Damit ist a) bewiesen.

Für $\omega \in \mathbb{R}$, $\omega \notin \pi\mathbb{Z}$, ist S_{n-1} durch eine absolut konvergente, stetig differenzierbare Reihe definiert, deshalb haben wir

$$S''_{n-1}(\omega) = \frac{1}{2n\ (2n+1)} \sum_{k\in\mathbb{Z}} \frac{1}{(\omega + k\pi)^{2(n+1)}} = \frac{1}{2n\ (2n+1)} S_n(\omega)\ .$$

Mit vollständiger Induktion folgt b). ∎

Im Gegensatz zu B_0 sind die $\{ B_n(\cdot - k) \mid k \in \mathbb{Z} \}$ nicht orthogonal für $n > 0$. Die zu B_n gehörende orthogonale Skalierungsfunktion φ_n ist nach (2.2.23) gegeben durch

$$\widehat{\varphi}_n(\omega) = \frac{\widehat{B}_n(\omega)}{\sqrt{\Phi(\omega)}} = \frac{2^{n+1}}{\sqrt{2\pi}\ \omega^{n+1}\ \sqrt{S_n(\omega/2)}} \frac{\sin^{n+1}(\omega/2)}{|\sin^{n+1}(\omega/2)|}.$$

Es ist nun leicht, das Filter H aus Gleichung (2.2.28) zu bestimmen. Wegen

$$\begin{aligned}\widehat{\varphi}_n(2\omega) &= \frac{1}{\sqrt{2\pi}} \frac{1}{\omega^{n+1}\ \sqrt{S_n(\omega)}} \frac{\cos^{n+1}(\omega/2)\sin^{n+1}(\omega/2)}{|\cos^{n+1}(\omega/2)\sin^{n+1}(\omega/2)|} \\ &= \frac{\sqrt{S_n(\omega/2)}}{2^{n+1}\sqrt{S_n(\omega)}} \frac{\cos^{n+1}(\omega/2)}{|\cos^{n+1}(\omega/2)|}\ \widehat{\varphi}_n(\omega)\end{aligned}$$

erhalten wir

$$H(\omega) = \frac{\sqrt{S_n(\omega/2)}}{2^{n+1}\sqrt{S_n(\omega)}} \frac{\cos^{n+1}(\omega/2)}{|\cos^{n+1}(\omega/2)|}$$

und mit Hilfe von Korollar 2.2.12 die folgende Darstellung der Fourier–Transformierten des Spline–Wavelets:

$$\widehat{\psi}_n(\omega) = \frac{-2^{n+1}\ e^{-i\omega/2}}{\sqrt{2\pi}\ \omega^{n+1}} \cdot \frac{\sqrt{S_n(\pi/2 - \omega/4)}}{\sqrt{S_n(\omega/4)\ S_n(\omega/2)}}. \tag{2.4.4}$$

Das durch (2.4.4) definierte Wavelet ψ_n spannt also den Unterraum W_0 der durch B_n bestimmten Multi–Skalen–Analyse auf. Wir erhalten den folgenden

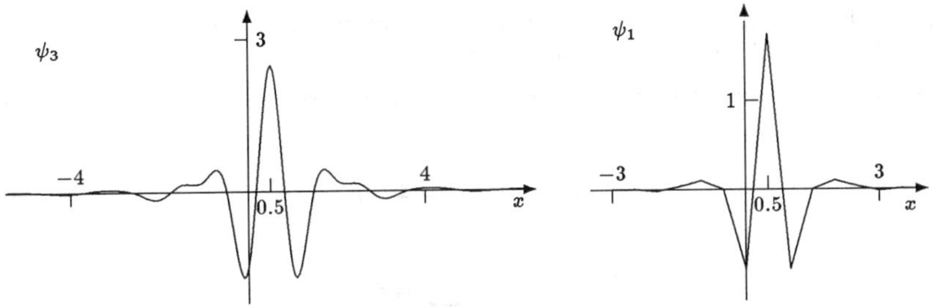

Abbildung 2.8: Das kubische und das lineare Spline–Wavelet. Die Träger sind nicht beschränkt, die Funktionen fallen jedoch exponentiell ab.

Satz 2.4.2 *Sei $\{V_m\}_{m\in\mathbb{Z}}$ die durch*

$$V_0 = \overline{\operatorname{span}\{\, B_n(x-k) \mid k \in \mathbb{Z}\,\}}$$

erzeugte Multi–Skalen–Analyse. Die zugehörige orthogonale Zerlegung

$$\overline{\oplus W_m} = L^2(\mathbb{R})$$

wird bestimmt durch das in (2.4.4) definierte Wavelet ψ_n:

$$W_0 = \overline{\operatorname{span}\{\, \psi_n(x-k) \mid k \in \mathbb{Z}\,\}}\,,$$

d.h. $\{\, 2^{-m/2}\,\psi_n(2^{-m}\,x-k) \mid m,k \in \mathbb{Z}\,\}$ ist eine orthonormale Basis des $L^2(\mathbb{R})$.

Die Plots in Abbildung 2.8 zeigen die zu linearen bzw. kubischen Splines gehörenden orthogonalen Wavelets. Wie zu erkennen ist, geht bei dem Orthogonalisierungsprozeß der kompakte Träger verloren. Allerdings ist das Abklingverhalten dieser Funktionen exponentiell, für $|x| \to \infty$ fallen sie damit insbesondere schneller als die Meyer–Wavelets.

2.4.2 Lösung von Skalierungsgleichungen

Bereits im vorigen Abschnitt haben wir einen Zusammenhang zwischen Wavelets und Multi–Skalen–Analysen ausgenutzt. Dabei haben wir jedoch nicht verwendet, daß die Skalierungsfunktion φ und das Wavelet ψ Skalierungsgleichungen erfüllen, siehe (2.2.11) und (2.2.33):

$$\varphi(x) = \sqrt{2}\sum_{k\in\mathbb{Z}} h_k\,\varphi(2x-k)\,, \tag{2.4.5}$$

$$\psi(x) = \sqrt{2}\sum_{k\in\mathbb{Z}} g_k\,\varphi(2x-k)\,. \tag{2.4.6}$$

In diesem Abschnitt wollen wir uns eingehender mit der Lösung von Skalierungsgleichungen beschäftigen. Uns interssiert insbesondere die Frage, unter welchen Voraussetzungen diese Lösungen einen kompakten Träger besitzen.

Wie bereits in Kapitel 2.2.1 betrachten wir die Fourier–Transformation der Skalierungsgleichung (2.2.11):

$$\widehat{\varphi}(\omega) = H(\omega/2)\,\widehat{\varphi}(\omega/2) \tag{2.4.7}$$

mit

$$H(\omega) = \frac{1}{\sqrt{2}} \sum_{k\in\mathbb{Z}} h_k\, e^{-ik\omega}\,.$$

Sind nun die Koeffizienten $\{h_k\}_{k\in\mathbb{Z}}$ gegeben, so soll eine Lösung φ der Skalierungsgleichung (2.4.5) bestimmt werden. Über rekursives Einsetzen von (2.4.7) erhalten wir – zumindest falls $\varphi \in L^1(\mathbb{R})$ ist – eine Darstellung von $\widehat{\varphi}$

$$\widehat{\varphi}(\omega) = \prod_{m>0} H(2^{-m}\omega)\widehat{\varphi}(0)\,. \tag{2.4.8}$$

Die Analyse des unendlichen Produkts (2.4.8) erlaubt die Untersuchung der Asymptotik von $\widehat{\varphi}$ für $\omega \to \infty$ und ermöglicht damit Abschätzungen der Glattheit von φ. Dazu werden wir am Ende dieses Abschnittes kommen. Von Ausnahmefällen abgesehen, wird es allerdings nicht möglich sein, φ in geschlossener Form anzugeben. Zunächst untersuchen wir die Konvergenz des unendlichen Produkts (2.4.8) in zwei Schritten. In einem ersten Schritt zeigen wir, daß

$$\widehat{\varphi}_m(\omega) = \prod_{j=1}^{m} H(2^{-j}\omega)\;\chi_{[-2^m\pi,2^m\pi]}(\omega)$$

punktweise gegen eine L^2-Funktion $\widehat{\varphi}_\infty$ konvergiert. Aus der punktweisen Konvergenz der Fourier–Transformierten folgt allerdings noch nicht die globale L^2-Konvergenz

$$\|\varphi_m - \varphi_\infty\|_{L^2} \longrightarrow 0.$$

Dies ist, wie wir in einem zweiten Schritt sehen werden, nur unter zusätzlichen Bedingungen an H möglich.

Satz 2.4.3 *Die Koeffizientenfolge $\{h_k\}$ erfülle:*

1. $H(0) = 1$,
2. *Es existiere ein $C > 0$ und ein $\varepsilon > 0$ mit $| H(\omega) - 1 | \leq C \mid \omega \mid^\varepsilon$.*

Dann konvergiert $\widehat{\varphi}_m$ punktweise. Die Konvergenz ist gleichmäßig auf kompakten Mengen.

Beweis: Sei $\omega \in I\!R$ beliebig und sei M so groß, daß $|\omega| < 2^M\pi$ ist. Dann gilt

$$\forall m > M: \qquad \widehat{\varphi}_m(\omega) = \prod_{j=1}^{m} H(2^{-j}\omega).$$

Ist einer der Faktoren des Produktes gleich 0, so folgt $\widehat{\varphi}_m(\omega) = \widehat{\varphi}_\infty(\omega) = 0$.
Nehmen wir nun an, daß keiner der Faktoren verschwindet, so folgt die punktweise Konvergenz des Absolutbetrages von $\widehat{\varphi}_m(\omega)$ aus Bedingung 2:

$$|\widehat{\varphi}_m(\omega)| = \prod_{j=1}^{m} |H(2^{-j}\omega)| = \exp\Big(\sum_{j=1}^{m} \log |H(2^{-j}\omega)|\Big).$$

Sei weiterhin j_0 so gewählt, daß $|H(2^{-j_0}\omega) - 1| \leq 1/2$ ist, dann gilt für $j > j_0$:

$$\begin{aligned}\log |H(2^{-j}\omega)| &= \log |1 + H(2^{-j_0}\omega) - 1| \\ &\leq C_1 |H(2^{-j}\omega) - 1| \\ &\leq C_2\, 2^{-j\epsilon} |\omega|^\epsilon .\end{aligned}$$

Zusammen erhalten wir

$$\begin{aligned}\sum_{j=1}^{m} \log |H(2^{-j}\omega)| &\leq \underbrace{\sum_{j=1}^{j_0} \log |H(2^{-j}\omega)|}_{=:\ C_3} + \sum_{j=j_0+1}^{m} C_2\, 2^{-j\epsilon} |\omega|^\epsilon \\ &\leq C_3 + 2C_2 |\omega|^\epsilon \frac{1}{1 - 2^{j_0\epsilon}}.\end{aligned}$$

Es bleibt zu zeigen, daß auch die Phase von $\widehat{\varphi}_m(\omega)$,

$$\arg \widehat{\varphi}_m(\omega) = \arg \prod_{j=1}^{m} H(2^{-j}\omega) = \sum_{j=1}^{m} \arg H(2^{-j}\omega),$$

konvergiert. Da aber $H(2^{-j}\omega)$ in einem Kreis um 1 mit Radius $C2^{-j\epsilon} |\omega|^\epsilon$ liegt, ist die Phase beschränkt durch

$$|\arg H(2^{-j}\omega)| \leq \arcsin(C2^{-j\epsilon} |\omega|^\epsilon),$$

die Phase geht also für $j \to \infty$ exponentiell gegen Null und $\arg \widehat{\varphi}_m(\omega)$ konvergiert gegen $\arg \widehat{\varphi}_\infty(\omega)$. Die obigen Abschätzungen sind gleichmäßig für alle ω aus einer kompakten Menge. ■

Somit können wir $\widehat{\varphi}_\infty$ punktweise definieren. Wir benötigen allerdings etwas stärkere Voraussetzungen, um $\widehat{\varphi}_\infty \in L^2(I\!R)$ zeigen zu können. Wir wollen diese L^2-Konvergenz nicht in aller Allgemeinheit untersuchen, sondern uns auf den Fall beschränken, der letztendlich zu orthogonalen Wavelets führen wird. Deshalb setzen wir die Orthogonalitätsbedingung

$$| H(\omega) |^2 + | H(\omega + \pi) |^2 = 1. \tag{2.4.9}$$

voraus. Unter dieser Voraussetzung erhalten wir

$$\begin{aligned}
\|\widehat{\varphi}_{m+1}\|_{L^2}^2 &= \int_{-2^{m+1}\pi}^{2^{m+1}\pi} | H(2^{-m-1}\omega) |^2 \underbrace{\left| \prod_{j=1}^{m} H(2^{-j}\omega) \right|^2}_{2^{m+1}\pi\text{-periodisch}} d\omega \\
&= \int_0^{2^{m+1}\pi} \left(|H(2^{-m-1}\omega)|^2 + |H(2^{-m-1}(\omega - 2^{m+1}\pi))|^2 \right) \left| \prod_{j=1}^{m} H(2^{-j}\omega) \right|^2 d\omega \\
&= \int_0^{2^{m+1}\pi} \left| \prod_{j=1}^{m} H(2^{-j}\omega) \right|^2 d\omega = \int_{-2^m\pi}^{2^m\pi} |\widehat{\varphi}_m(\omega)|^2 d\omega \\
&= \|\widehat{\varphi}_m\|_{L^2}^2 .
\end{aligned}$$

Durch Induktion folgt $\|\widehat{\varphi}_m\|_{L^2}^2 = \|\widehat{\varphi}_0\|_{L^2}^2 = 2\pi$. ∎

Lemma 2.4.4 *Unter den Voraussetzungen von Satz* 2.4.3 *und* (2.4.9) *folgt* $\widehat{\varphi}_\infty \in L^2(\mathbb{R})$.

Beweis: Da offensichtlich $|\widehat{\varphi}_m(\omega)|^2 \geq 0$ gilt, folgt aus der punktweisen Konvergenz (Satz 2.4.3) und mit dem Lemma von Fatou:

$$\|\widehat{\varphi}_\infty\|_{L^2}^2 \leq \limsup_{m\to\infty} \|\widehat{\varphi}_m\|_{L^2}^2 = 2\pi.$$

∎

Die Konvergenz von $\widehat{\varphi}_m \to \widehat{\varphi}_\infty$ in der L^2–Norm, und damit die Konvergenz von $\varphi_m \to \varphi_\infty$ in $L^2(\mathbb{R})$, ist allerdings noch immer nicht gesichert. So konvergiert z.B. die Folge $f_n(x) = \chi_{[n,n+1]}(x)$ punktweise gegen $f \equiv 0$, aber $\|f_n - f\| = 1$ konvergiert nicht gegen Null. Wir benötigen noch eine letzte zusätzliche Bedingung, die von A. Cohen in [17] formuliert wurde. Hierfür definieren wir zunächst:

Definition 2.4.5 *Eine beschränkte Menge* $K \subset \mathbb{R}$ *heißt* kongruent *zu* $[-\pi, \pi]$ *modulo* 2π, *falls*

1. $|K| = 2\pi$,
2. *für alle* $\omega \in [-\pi, \pi]$ *existiert ein* $\ell \in \mathbb{Z}$ *mit* $\omega + 2\ell\pi \in K$.

Das einfachste Beispiel für eine derartige Menge ist natürlich $K = [-\pi, \pi]$. Nun sind wir in der Lage, das *Cohen–Kriterium* zu formulieren.

Cohen–Kriterium 2.4.6 *Die trigonometrische Reihe*

$$H(\omega) = 2^{-1/2} \sum_{k \in \mathbb{Z}} h_k e^{ik\omega}$$

erfüllt das Cohen–Kriterium, *falls gilt*

1. $H(0) = 1$,

2. *es existiert eine Menge K kongruent zu $[-\pi, \pi]$ modulo 2π derart, daß*

$$\inf_{j>0} \inf_{\omega \in K} |H(2^{-j}\omega)| > 0$$

ist,

3. *K enthält eine Umgebung von $\omega = 0$.*

Für den einfachsten Fall $K = [-\pi, \pi]$ besagt dies lediglich, daß H keine Nullstellen auf $[-\pi/2, \pi/2]$ besitzt. Für die Fälle, die wir in den folgenden Kapiteln betrachten, werden wir auch mit dieser vereinfachten Form des Cohen–Kriteriums auskommen. Damit können wir jetzt den Hauptsatz dieses Abschnittes über Lösungen von Skalierungsgleichungen angeben. Um einen Index einzusparen, ersetzen wir die bisherige Bezeichnung $\widehat{\varphi}_\infty$ durch $\widehat{\varphi}$.

Satz 2.4.7 *Die Koeffizientenfolge $\{h_k\}$ erfülle die Voraussetzung von Satz* 2.4.3, *die Bedingung* (2.4.9) *und das Cohen–Kriterium. Dann gilt:*

1. $\lim_{m \to \infty} \|\varphi_m - \varphi\|_{L^2} = 0$,

2. *φ löst die Skalierungsgleichung* $\varphi(x) = \sqrt{2} \sum_{k \in \mathbb{Z}} h_k \varphi(2x - k)$,

3. *Für alle $k \in \mathbb{Z} \setminus \{0\}$ gilt* $\int_{\mathbb{R}} \varphi(x)\varphi(x-k)\, dx = 0$.

Beweis: Grundlage des Beweises ist der Satz von der majorisierten Konvergenz. Dazu müssen wir ein $g \in L^2(\mathbb{R})$ konstruieren mit

$$|\widehat{g}(\omega)| \geq |\widehat{\varphi}_m(\omega)| \,.$$

Wir führen den Beweis in einer vereinfachten Form, indem wir annehmen, daß das Cohen–Kriterium für $K = [-\pi, \pi]$ erfüllt sei. Es existiert also ein $q_1 > 0$ mit

$$\forall \omega \in [-\pi/2, \pi/2] : |H(\omega)| \geq q_1. \tag{2.4.10}$$

Aus $H(0) = 1$ folgt $\widehat{\varphi}_m(0) = \widehat{\varphi}(0) = 1$. Die Orthogonalitätsbedingung (2.4.9) impliziert $|H(\omega)| \leq 1$ und damit $|\widehat{\varphi}(\omega)| \leq 1$ für alle $\omega \in I\!R$.

Nach Satz 2.4.3 konvergiert $\widehat{\varphi}_m$ gleichmäßig auf jeder δ-Umgebung von $\omega = 0$. Sei δ so gewählt, daß das Cohen–Kriterium $|H(\omega)| > 0$ auf dieser Umgebung garantiert. (In dem Fall, den wir hier betrachten, wird die Existenz einer derartigen δ-Umgebung übrigens bereits durch die Bedingung 2 aus Satz 2.4.3 garantiert.)

Indem wir δ gegebenenfalls verkleinern, können wir auf dieser Umgebung aufgrund von Bedingung 2 aus Satz 2.4.3 weiterhin fordern:

$$|1 - H(\omega)| \leq 1/2 < 1. \tag{2.4.11}$$

Damit zeigen wir auf dieser Umgebung zunächst $|\widehat{\varphi}(\omega)| > 0$, denn

$$\begin{aligned}
0 \leq 1 - |\widehat{\varphi}(\omega)| &\leq 1 - \prod_{j\geq 1} |H(2^{-j}\omega)| \leq 1 - \prod_{j\leq 1}(1 - C2^{-j\epsilon}|\omega|^\epsilon) \\
&= 1 - \exp\left(\sum_{j\geq 1} \log(1 - C2^{-j\epsilon}|\omega|^\epsilon)\right) \\
&\leq 1 - \exp\left(\sum_{j\geq 1}(-1)C_1 2^{-j\epsilon}|\omega|^\epsilon\right) \\
&= 1 - \exp\left(-C_1|\omega|^\epsilon \frac{1}{1-2^{-\epsilon}}\right) \\
&\leq q < 1.
\end{aligned}$$

Damit folgt, daß $|\widehat{\varphi}(\omega)| \geq 1 - q > 0$ für alle $\omega \in [-\delta, \delta]$ ist.

Mit Hilfe der punktweisen definierten Grenzfunktion $\widehat{\varphi}$ können wir nun eine Majorante $\widehat{g}$ für $\widehat{\varphi}_m$ angeben. Sei dazu j_0 so gewählt, daß $2^{-j_0} < \delta$ ist. Wir definieren mit q_1 aus (2.4.10):

$$\widehat{g}(\omega) := \frac{q_1^{-j_0}}{1-q}\, \widehat{\varphi}(\omega) .$$

Sei nun ein $m \in I\!N$ fest gewählt. Dann liegt der Träger von $\widehat{\varphi}_m$ in dem Intervall $[-2^m\pi, 2^m\pi]$, also gilt

$$\forall\omega,\ |\omega| > 2^m\pi \ :\ 0 = |\widehat{\varphi}_m(\omega)| \leq |\widehat{g}(\omega)| . \tag{2.4.12}$$

Für $|\omega| \leq 2^m\pi$ spalten wir das unendliche Produkt in drei Anteile auf:

$$|\widehat{\varphi}(\omega)| = \prod_{j\geq 1} |H(2^{-j}\omega)| \tag{2.4.13}$$

$$= |\widehat{\varphi}_m(\omega)| \prod_{j=1}^{j_0} \underbrace{|H(2^{-m-j}\omega)|}_{\geq q_1} \underbrace{\widehat{\varphi}(2^{-m-j_0}\omega)|}_{\geq 1-q} \tag{2.4.14}$$

Daraus folgt

$$\forall\omega,\ |\omega| \le 2^m\pi\ :\ |\widehat{\varphi}_m(\omega)|\ q_1^{-j_0}\ (1-q)^{-1} = |\widehat{g}(\omega)|. \tag{2.4.15}$$

Damit haben wir gezeigt, daß die Funktionenfamilie $\{\widehat{\varphi}_m\}$ punktweise konvergiert und durch die L^2–Funktion $\widehat{g}$ majorisiert wird. Mit dem Satz über die majorisierte Konvergenz (Satz von Lebesgue) folgt

$$\lim_{m\to\infty} \|\varphi_m - \varphi\|_{L^2} = \lim_{m\to\infty} \|\widehat{\varphi}_m - \widehat{\varphi}\|_{L^2} = 0.$$

Wir haben noch zu zeigen, daß φ die gewünschte Skalierungsgleichung erfüllt. Indem wir den ersten Faktor des unendlichen Produktes abspalten, haben wir

$$\widehat{\varphi}(\omega) = H(\omega/2)\widehat{\varphi}(\omega/2).$$

Die inverse Fourier–Transformation liefert:

$$\varphi(x) = \sqrt{2}\ \sum_{k\in\mathbb{Z}} h_k\varphi(2x-k).$$

Zuletzt fehlt der Nachweis der Orthogonalität, der Übergang zur Fourier–Transformierten liefert hier

$$\begin{aligned}
\int_{\mathbb{R}} \varphi(x)\varphi(x-k)dx &= \int_{\mathbb{R}} e^{ik\omega}|\widehat{\varphi}(\omega)|^2 d\omega = \lim_{m\to\infty}\int_{\mathbb{R}} e^{ik\omega}|\widehat{\varphi}_m(\omega)|^2 d\omega \\
&= \underbrace{\lim_{m\to\infty} \int_{-2^m\pi}^{2^m\pi} e^{ik\omega}|\widehat{\varphi}_m(\omega)|^2 d\omega}_{:=\ I_m}
\end{aligned}$$

Wir verwenden, daß $\widehat{\varphi}_{m-1}$ auf $[-2^m\pi, 2^m\pi]$ eine $2^{m-1}\pi$–periodische Funktion ist:

$$\begin{aligned}
I_m &= \int_{-2^m\pi}^{2^m\pi} e^{ik\omega}|H(2^{-m}\omega)|^2|\widehat{\varphi}_{m-1}(\omega)|^2 d\omega \\
&= \int_0^{2^m\pi} e^{ik\omega}\underbrace{\left(|H(2^{-m}\omega)|^2 + |H(2^{-m}\omega+\pi)|^2\right)}_{=\ 1}|\widehat{\varphi}_{m-1}(\omega)|^2 d\omega \\
&= I_{m-1}.
\end{aligned}$$

Per Induktion folgt schließlich für $k \neq 0$

$$I_m = I_0 = \int_{-\pi}^{\pi} e^{ik\omega} \cdot 1 \, d\omega = 0.$$

■

Damit ist die grundsätzliche Frage nach der Lösbarkeit von Skalierungsgleichungen beantwortet. Allerdings schließen sich sofort weitere Probleme an:

- Ist die Lösung φ eindeutig?
- Unter welchen Bedingungen besitzt φ einen kompakten Träger?
- Wie läßt sich φ explizit und effizient berechnen?
- Existieren differenzierbare Lösungen?

Die erste Frage können wir in dieser Allgemeinheit sofort verneinen.

Lemma 2.4.8 *Die Koeffizientenfolge $\{h_k\}$ erfülle die Voraussetzungen von Satz* 2.4.7. *Sei φ_1 eine Lösung der Skalierungsgleichung*

$$\varphi(x) = \sqrt{2} \sum_{k \in \mathbb{Z}} h_k \, \varphi(2x - k) \; .$$

Dann ist φ_2, definiert durch

$$\widehat{\varphi}_2(\omega) = \begin{cases} \widehat{\varphi}_1(\omega) & : \; \omega \geq 0 \\ -\widehat{\varphi}_2(\omega) & : \; \omega < 0 \end{cases} ,$$

ebenfalls eine Lösung dieser Skalierungsgleichung.

Beweis: Die Fourier–Transformation der Skalierungsgleichung liefert

$$\widehat{\varphi}_1(\omega) = H(\omega/2) \, \widehat{\varphi}_1(\omega/2) \; .$$

Positive und negative Frequenzen werden durch die Skalierung mit dem Faktor 2 nicht vermischt. Also gilt ebenso

$$\widehat{\varphi}_2(\omega) = H(\omega/2) \, \widehat{\varphi}_2(\omega/2) \, .$$

Mit $\widehat{\varphi}_1 \in L^2(\mathbb{R})$ ist auch $\widehat{\varphi}_2 \in L^2(\mathbb{R})$ und die inverse Fourier–Transformation beweist, daß φ_2 ebenfalls die Skalierungsgleichung löst. ■

Dieses negative Ergebnis ist allerdings vermeidbar, wenn wir uns auf Lösungen von Skalierungsgleichungen mit kompaktem Träger beschränken. Natürlich ist zunächst zu klären, unter welchen Bedingungen Lösungen mit dieser Eigenschaft existieren. Diese Frage werden wir auf zwei unterschiedlichen Wegen beantworten. Zunächst wenden wir den Satz von Payley–Wiener an und erhalten eine abstrakte, nicht konstruktive Existenzaussage. Später, in dem Abschnitt über die Berechnung der Lösungen von Skalierungsgleichungen, werden wir eine zweite, konstruktive Antwort finden. Die Aussage ist in beiden Fällen denkbar einfach: Ist die Koeffizientenfolge endlich, d.h. ist

$$h_k = 0 \quad \text{für} \quad k < N_1 \quad \text{oder} \quad k > N_2 \ ,$$

dann existiert eine eindeutige Lösung φ, deren Träger in dem Intervall $[N_1, N_2]$ liegt.

Zunächst der abstrakte Existenzbeweis.

Satz 2.4.9 *Sei $\{h_k \,|\, N_1 \leq k \leq N_2\}$ eine endliche Koeffizientenfolge, die alle Voraussetzungen von Satz 2.4.7 erfüllt. Dann ist*

$$\widehat{\varphi}(\omega) = \prod_{j\geq 1} H(2^{-j}\omega)$$

eine ganze Funktion vom exponentiellen Typ und $\varphi(x)$ ist eine L^2-Funktion mit kompaktem Träger.

Beweis: Da wir in dem Abschnitt über die Berechnung der Lösungen von Skalierungsgleichungen einen zwar längeren aber elementaren Nachweis für den kompakten Träger von φ führen werden, begnügen wir uns hier mit einer Skizze der wesentlichen Beweisschritte.

Der Satz von Payley–Wiener, siehe z.B. [115], besagt das folgende:

> Ist $\widehat{f}$ eine ganze Funktion, die höchstens exponentiell anwächst, d.h. existieren Konstanten $r, c, M \in I\!R$ mit
>
> $$|\widehat{f}(\omega)| \leq c(1 + |\omega|)^M e^{r|\text{Im } \omega|} ,$$
>
> so ist $\widehat{f}$ die Fourier–Transformierte einer Distribution (verallgemeinerte Funktion) mit kompaktem Träger in $[-r, r]$.

Zunächst beweisen wir eine Abschätzung von $|\widehat{\varphi}(\omega)|$ für Im $\omega \geq 0$ und den Fall symmetrisch verteilter Koeffizienten h_k, ($h_k = 0$ für $|k| > N_2$). Dann gilt

$$H(\omega) = \frac{1}{\sqrt{2}} \sum_{k=-N_2}^{N_2} h_k e^{-ik\omega} \ , \quad H(0) = 1,$$

auch mit $\omega = \omega_1 + i\omega_2$,

$$\begin{aligned} \prod_{j\geq 1} H(2^{-j}\omega) &= \prod_{j\geq 1} \Big(\frac{1}{\sqrt{2}} \sum_{k=-N_2} h_k e^{-ik2^{-j}\omega_1} e^{2^{-j}k\omega_2} \Big) \\ &= e^{N_2 \text{ Im } \omega} \prod_{j\geq 1} \widetilde{H}(2^{-j}\omega) \, , \end{aligned} \qquad (2.4.16)$$

wobei

$$\widetilde{H}(\omega) = \frac{1}{\sqrt{2}} \sum_{k=-N_2}^{N_2} h_k e^{-ik2^{-j}\omega_1} e^{2^{-j}(k-N_2)\omega_2}$$

ist. Um den Satz von Payley–Wiener anzuwenden, genügt es also, eine polynomiale obere Schranke für das Produkt mit $\widetilde{H}$ zu finden. Für Im $\omega = \omega_2 \geq 0$ gilt wegen $\widetilde{H}(0) = H(0) = 1$:

$$\begin{aligned}
|\widetilde{H}(\omega) - 1| &= \left| \frac{1}{\sqrt{2}} \sum_{k=-N_2}^{N_2} h_k (e^{-ik\omega_1} e^{k-N_2)\omega_2} - 1) \right| \\
&\leq \frac{1}{\sqrt{2}} \sum_{k=-N_2}^{N_2} |h_k| \left(|e^{(k-N_2)\omega} - 1| + |e^{-ik\omega_1} - 1| \right) \\
&\leq C_1 (\min\{1, 2N_2|\omega|\} + \min\{2, N_2|\omega|\}) \\
&\leq C_2 \min\{1, |\omega|\}.
\end{aligned}$$

Also folgt $|\widetilde{H}(\omega)| \leq 1 + C_2 \min\{1, |\omega|\}$. Sei nun j_0 so gewählt, daß $2^{j_0} \geq |\omega| > 2^{j_0 - 1}$ ist:

$$\begin{aligned}
\left| \prod_{j \geq 1} \widetilde{H}(2^{-j}\omega) \right| &= \left| \prod_{j=1}^{j_0} \widetilde{H}(2^{-j}\omega) \prod_{j \geq 1} \widetilde{H}(2^{-j} 2^{-j_0} \omega) \right| \\
&\leq (1 + C_2)^{j_0} \prod_{j \geq 1} (1 + C_2 2^{-j} 2^{-j_0} |\omega|) \\
&\leq (1 + C_2)^{j_0} \prod_{j \geq 1} e^{2^{-j} C_2} \\
&\leq |\omega|^{\ln(1+C_2)/\ln 2} e^{C_2} .
\end{aligned}$$

Dieser Ausdruck ist polynomial beschränkt und mit (2.4.16) erhalten wir insgesamt für Im $\omega \geq 0$:

$$|\widehat{\varphi}(\omega)| \leq e^{C_2} \left(1 + |\omega|^{\ln(1+C_2)/\ln 2}\right) e^{N_2 |\text{Im }\omega|} .$$

Die Beweisführung für Im $\omega < 0$ erfolgt analog, und der Satz von Payley–Wiener liefert das gewünschte Ergebnis für diesen Fall.

Sind die Koeffizienten $\{h_k\}$ nicht symmetrisch verteilt, so verwenden wir die obigen Techniken zunächst für $e^{i(N_1+N_2)/2}\widehat{\varphi}(\omega)$. Die inverse Fourier–Transformation bewirkt dann eine Verschiebung um $(N_1 + N_2)/2$. ∎

Im Gegensatz zu der Aussage von Lemma 2.4.8 sind Lösungen mit kompaktem Träger eindeutig.

Lemma 2.4.10 *Die endliche Koeffizientenfolge $\{h_k\}_{N_1 \le k \le N_2}$ erfülle die Voraussetzungen von Satz 2.4.7. Dann existiert eine – bis auf skalare Vielfache – eindeutige Lösung der zugehörigen Skalierungsgleichung mit kompaktem Träger in $L^2(\mathbb{R})$.*

Beweis: Sei $\varphi_0 \in L^2(\mathbb{R})$ eine Lösung mit kompaktem Träger. Dann folgt $\varphi_0 \in L^1(\mathbb{R})$ und $\widehat{\varphi}_0 \in L^2(\mathbb{R})$ ist eine stetige Funktion. Fourier–transformieren der Skalierungsgleichung liefert

$$\widehat{\varphi}_0(\omega) = H(\omega/2)\widehat{\varphi}_0(\omega/2) = \widehat{\varphi}_0(0) \prod_{j \ge 1} H(2^{-j}\omega) \ .$$

Somit stimmt $\widehat{\varphi}_0$ mit unserer Standardlösung

$$\widehat{\varphi}(\omega) = \prod_{j \ge 1} H(2^{-j}\omega)$$

bis auf ein Vielfaches überein. ■

Als letzten Punkt in diesem Abschnitt wollen wir uns der Frage nach der expliziten und effizienten Berechnung der Lösung von Skalierungsgleichungen zuwenden. Natürlich können wir die Lösung einer Fourier–Reihe über das endliche Produkt

$$\widehat{\varphi}_M(\omega) = \prod_{j=1}^{M} H(2^{-j}\omega)\chi_{[-2^M\pi, 2^M\pi]}(\omega)$$

erhalten. Diese Methode ist allerdings weder besonders genau noch besonders schnell. Statt dessen betrachten wir zwei andere Methoden. Die erste Methode liefert nach N Iterationen die exakten Werte von φ an den dyadischen Punkten $x = 2^{-N}j$. Diese Methode ist extrem schnell und sollte zur graphischen Darstellung von φ den Vorzug erhalten. Die zweite Methode ist langsamer und liefert lediglich approximative Werte. Wir stellen sie trotzdem vor, da diese Technik auch bei der Abschätzung der Differenzierbarkeitsordnung von φ nützlich sein wird. Im folgenden sei φ immer die Lösung mit kompaktem Träger.

Zur Motivation der ersten Methode betrachten wir den Vektor

$$\Phi_0 = (\varphi(k) \mid N_1 \le k \le N_2)^T$$

der Funktionswerte von φ an den ganzzahligen Stützstellen $k \in \mathbb{Z}$. Angenommen, Φ_0 sei bekannt, dann können wir φ an den halbzahligen Stellen $\ell \in \frac{1}{2}\mathbb{Z} = \{\ell \,|\, 2\ell \in \mathbb{Z}\}$ mit Hilfe der Skalierungsgleichung sofort berechnen:

$$\varphi(\ell) = \sqrt{2} \sum_{k=N_1}^{N_2} h_k \, \varphi(2\ell - k) \ .$$

Wir erhalten also den Vektor der Funktionswerte

$$\Phi_1 = (\varphi(\ell) \mid \ell \in \frac{1}{2}\mathbb{Z})^T \ .$$

Iterieren wir diesen Prozeß, so erhalten wir nach m Schritten die Funktionswerte von φ an den Stellen $x = 2^{-m}j$:

$$\Phi_N = (\varphi(k) \mid k \in 2^{-m}\mathbb{Z})^T .$$

Es fehlt die Berechnung von Φ_0. Zur Vereinfachung der Darstellungen setzen wir $N_1 = 0$, $N_2 = N$ und nehmen an, daß $h_0 \neq 0$ sowie $h_N \neq 0$ gilt. Dies können wir durch eine Indexverschiebung – oder analog einer Verschiebung von φ – immer erreichen. Wegen Lemma 2.2.8 dürfen wir auch $h_0 \neq 1$ und $h_N \neq 1$ annehmen.
Da φ einen kompakten Träger in $[0, N]$ besitzt, gilt

$$\varphi(\ell) = \sqrt{2}\sum_{k=0}^{N} h_k\,\varphi(2\ell - k) = \sqrt{2}\sum_{k=2\ell-N}^{2\ell} h_{2\ell-k}\,\varphi(k)\ ,$$

oder äquivalent

$$\underbrace{\sqrt{2}\begin{pmatrix} h_0 & & & & & \\ h_2 & h_1 & h_0 & & & \\ & & \vdots & & & \\ \dots & & h_N & h_{N-1} \dots h_0 & \dots & \\ & & \vdots & & & h_N \end{pmatrix}}_{=M} \begin{pmatrix} \varphi(0) \\ \varphi(1) \\ \vdots \\ \varphi(N) \end{pmatrix} = \begin{pmatrix} \varphi(0) \\ \varphi(1) \\ \vdots \\ \varphi(N) \end{pmatrix}, \qquad (2.4.17)$$

d.h Φ_0 ist ein Eigenvektor der Matrix M zum Eigenwert 1. Da die Lösung φ mit kompaktem Träger bis auf skalare Vielfache eindeutig ist, besitzt die Matrix M einen eindimensionalen Eigenraum zum Eigenwert 1. Wegen h_0, $h_N \notin \{0, 1\}$ folgt $\varphi(0) = \varphi(N) = 0$, und wir können das Gleichungssystem sogar um zwei Dimensionen verkleinern.
Die Berechnung Φ_0 erfordert also lediglich die Berechnung eines Eigenvektors einer $(N-1) \times (N-1)$ Matrix. In allen praktischen Fällen können wir darüber hinaus Φ_0 durch $\varphi(1) = 1$ normieren. Damit reduziert sich (2.4.17) auf das Lösen eines linearen Gleichungssystems der Dimension $N - 2$. Als Beispiel schreiben wir dieses System für $N = 7$ aus:

$$\begin{pmatrix} h_0 & 0 & 0 & 0 & 0 \\ h_2 - 2^{-1/2} & h_1 & h_0 & 0 & 0 \\ h_4 & h_3 - 2^{-1/2} & h_2 & h_1 & h_0 \\ h_6 & h_5 & h_4 - 2^{-1/2} & h_3 & h_2 \\ 0 & h_7 & h_6 & h_5 - 2^{-1/2} & h_4 \end{pmatrix} \begin{pmatrix} \varphi(2) \\ \varphi(3) \\ \varphi(4) \\ \varphi(5) \\ \varphi(6) \end{pmatrix} = \begin{pmatrix} 2^{-1/2} - h_1 \\ -h_3 \\ -h_5 \\ -h_7 \\ 0 \end{pmatrix}.$$

Wir wollen nun eine iterative Methode zur Konstruktion von φ vorstellen und diese auf Konvergenz untersuchen. Diese Konstruktion ist nicht auf orthogonale Skalierungsfunktionen beschränkt, sondern für allgemeine Lösungen von Skalierungsgleichungen durchführbar. Der Grundgedanke dieser "graphischen" Konstruktion besteht darin, die Skalierungsfunktion φ nach der Basis von $V_{-m} \supset V_0$ zu entwickeln:

$$\varphi(x) = \sum_{k\in\mathbb{Z}} c_k^{-m}\, 2^{m/2}\, \varphi(2^m x - k)\,. \tag{2.4.18}$$

Für wachsendes m approximiert $\varphi(2^m x - k)$ die δ-Distribution im Punkt $x = 2^{-m}k$. Dies heißt, daß c_k^{-m} den Funktionswert $\varphi(2^{-m}k)$ approximiert. Führen wir das Histogramm φ_m der Koeffizienten ein

$$\varphi_m(x) = \sum_{k\in\mathbb{Z}} c_k^{-m}\, 2^{m/2}\, \chi_{[-1/2,1/2]}(2^m x - k)\,,$$

so erwarten wir, daß φ_m gegen eine Lösung der Skalierungsgleichung konvergiert. Im folgenden wollen wir untersuchen, unter welchen Voraussetzungen diese Konvergenz bewiesen werden kann.

Die graphische Iteration ermöglicht es uns, auf einfache Weise eine Vorstellung von φ zu erhalten. Allerdings konvergiert die graphische Iteration nicht immer. Betrachten wir dazu

$$\varphi(x) = \chi_{[0,1]}(x)\,,$$

eine Lösung von

$$\varphi(x) = \varphi(2x) + \varphi(2x-3)\,.$$

Wie man leicht sieht, gilt in diesem Fall

$$\varphi(x) = \varphi(2x) + \varphi(2x-3) = \varphi(4x) + \varphi(4x-3) + \varphi(4x-6) + \varphi(4x-9) = \ldots\,.$$

Wir können also die Wavelet–Koeffizienten direkt ablesen

$$2^{m/2} c_k^{-m} = 1 \quad \text{für } k = 0, 3, \ldots, (2^m - 1)3\,.$$

Somit nimmt in diesem Fall $\varphi_m(x)$ nur die Werte 0 und 1 an. Wegen $\int_{\mathbb{R}} \varphi_m(x)\,dx = 1$ ist $\varphi_m \overset{m\to\infty}{\longrightarrow} \varphi$ nicht möglich.

Die Beweise dieses Abschnittes benötigen eine Familie von Hilfsfunktionen μ_m, die ebenfalls die Koeffizienten interpolieren, d.h.

$$\mu_m(2^{-m}k) = c_k^{-m}\quad,$$

aber aus glatten Funktionen bestehen:

$$\mu_m(x) := \sum_{k\in\mathbb{Z}} c_k^{-m}\, 2^{m/2}\, \mathrm{sinc}\,(\pi(2^m x - k))\,.$$

Zunächst wollen wir nachweisen, daß sich die Koeffizienten $\{c_k^{-m}\}$ rekursiv berechnen lassen.

Lemma 2.4.11 *Die Koeffizienten* $\{c_k^{-m}\}$ *in* (2.4.18) *erfüllen die Rekursion*

$$\begin{aligned} c_k^0 &= \delta_{0,k}\,, \\ c_k^{-m} &= \sum_{\ell\in\mathbb{Z}} h_{k-2\ell}\, c_\ell^{-m+1}\,. \end{aligned}$$

Beweis: Für $m = 0$ ist die Aussage offensichtlich. Wir verwenden die Skalierungsgleichung:

$$\begin{aligned} \varphi(x) &= \sum_{k\in\mathbb{Z}} c_k^{-m+1}\, 2^{(m-1)/2}\, \varphi(2^{m-1}\, x - k) \\ &= \sqrt{2} \sum_{k,\ell\in\mathbb{Z}} c_k^{-m+1}\, 2^{(m-1)/2}\, h_\ell\, \varphi(2^m\, x - 2k - \ell) \\ &= \sum_{\ell\in\mathbb{Z}} \Big(\sum_{k\in\mathbb{Z}} c_k^{-m+1}\, h_{\ell-2k} \Big)\, 2^m\, \varphi(2^m x - \ell) \end{aligned}$$

■

Die Koeffizienten der Histogramme φ_m lassen sich also durch wiederholtes Anwenden des Operators H^*, siehe Lemma 2.3.1, berechnen. Abbildung 2.9 zeigt φ_1, φ_2, φ_3 sowie φ_5 für die Koeffizienten

$h_k/\sqrt{2}$	0	1	2	3
B_2	1/8	3/8	3/8	1/8
D_2	$\frac{1-\sqrt{3}}{8}$	$\frac{3-\sqrt{3}}{8}$	$\frac{3+\sqrt{3}}{8}$	$\frac{1+\sqrt{3}}{8}$

.

Das erste Beispiel konvergiert gegen den verschobenen quadratischen B–Spline. Bekannterweise erfüllen alle B–Splines Skalierungsgleichungen.

Lemma 2.4.12 *Sei* B_n *der* B*–Spline* n*-ter Ordnung, vgl.* (2.4.2), *dann erfüllt*

$$b(x) \;=\; B_n(x - (n+1)/2)$$

die Skalierungsgleichung

$$b(x) \;=\; 2^{-n} \sum_{k=0}^{n+1} \binom{n+1}{k}\, b(2x - k)\,.$$

Die Fourier–Reihe $H(\omega)$ *der Skalierungskoeffizienten erfüllt* $|H(\omega)| \le 1$.

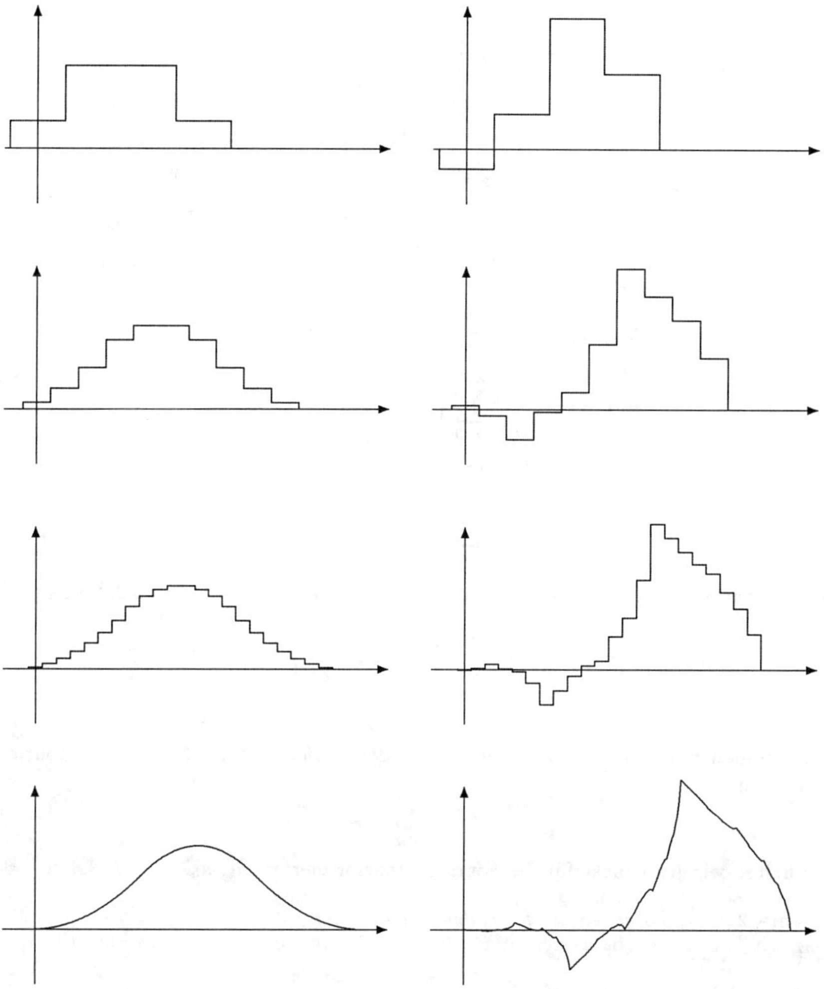

Abbildung 2.9: Die graphische Iteration konstruiert Lösungen von Skalierungsgleichungen. In der linken Spalte sind die Iterierten $\varphi_1, \varphi_2, \varphi_3, \varphi_5$ des verschobenen kubischen B–Splines abgebildet, die Graphen der rechten Spalte stellen die Iterierten zu der Koeffizientenfolge D_2 dar.

Beweis: Die Fourier-Transformation des B-Splines haben wir bereits in Abschnitt 2.4.1 berechnet:

$$\widehat{B}_n(\omega) = \frac{1}{\sqrt{2\pi}} \frac{\sin^{n+1}(\omega/2)}{(\omega/2)^{n+1}}.$$

Daraus folgt für die verschobenen Spline-Funktionen $b(x)$

$$\begin{aligned}
\widehat{b}(\omega) &= \frac{1}{\sqrt{2\pi}} e^{-i(n+1)\omega/2} \frac{\sin^{n+1}(\omega/2)}{(\omega/2)^{n+1}} \\
&= \frac{1}{\sqrt{2\pi}} e^{-i(n+1)\omega/2} \frac{2^{n+1} \sin^{n+1}(\omega/4) \cos^{n+1}(\omega/4)}{(\omega/2)^{n+1}} \\
&= \frac{1}{\sqrt{2\pi}} e^{-i(n+1)\omega/4} \frac{\sin^{n+1}(\omega/4)}{(\omega/4)^{n+1}} \cdot e^{-i(n+1)\omega/4} \cos^{n+1}(\omega/4) \\
&= \widehat{b}(\omega/2)\, e^{-i(n+1)/\omega/4} \left(\left(e^{i\omega/4} + e^{-i\omega/4}\right)/2\right)^{n+1} \\
&= \widehat{b}(\omega/2)\, 2^{-(n+1)} \sum_{k=0}^{n+1} \binom{n+1}{k} e^{-ik\omega/2}.
\end{aligned}$$

Die inverse Fourier-Transformation ergibt

$$b(x) = 2^{-n} \sum_{k=0}^{n+1} \binom{n+1}{k} b(2x-k).$$

Unter Berücksichtigung der Normierungskonstanten in (2.2.11) bzw. (2.2.29) folgt

$$H(\omega) = \sum_{k=0}^{n+1} 2^{-n-1} \binom{n+1}{k} e^{-ik\omega} = \frac{1}{2^{n+1}} (1+e^{-i\omega})^{n+1}.$$

■

Wir kommen nun zurück zur Untersuchung der Iterierten φ_m. Führen wir Fourier-Reihen ein

$$c^{-m}(\omega) := \sum_{k\in\mathbb{Z}} c_k^{-m} e^{-ik\omega},$$

so erhalten wir Ausdrücke für die Fourier-Transformierten $\widehat{\varphi}_k$, $\widehat{\mu}_k$.

Lemma 2.4.13 *Es gelten die folgenden Gleichheiten:*

$c^{-m}(\omega) = \sqrt{2}\, H(\omega)\, c^{-m+1}(2\omega)$,

$$\widehat{\varphi}_m(\omega) = \frac{1}{\sqrt{2\pi}} \operatorname{sinc}(2^{-m-1}\omega) \cdot \prod_{k=1}^{m} H(2^{-k}\omega),$$

$$\widehat{\mu}_m(\omega) = \frac{1}{\sqrt{2\pi}} \chi_{[-\pi,\pi]}(2^{-m}\omega) \cdot \prod_{k=1}^{m} H(2^{-k}\omega).$$

Beweis: Wir benutzen die Aussagen von Lemma 2.4.11:

$$\begin{aligned} H(\omega)\, c^{-m+1}(2\omega) &= \frac{1}{\sqrt{2}} \sum_{k,\ell\in\mathbb{Z}} h_\ell\, c_k^{-m+1}\, e^{-i\omega(\ell+2k)} \\ &= \frac{1}{\sqrt{2}} \sum_{\ell\in\mathbb{Z}} \Big(\sum_{k\in\mathbb{Z}} h_{\ell-2k}\, c_k^{-m+1} \Big)\, e^{-i\ell\omega} \\ &= \frac{1}{\sqrt{2}}\, c^{-m}(\omega), \end{aligned}$$

$$\begin{aligned} \widehat{\varphi}_m(\omega) &= \frac{1}{\sqrt{2\pi}} \sum_{\ell\in\mathbb{Z}} c_\ell^{-m}\, 2^{-m/2}\, \mathrm{sinc}\,(2^{-m-1}\,\omega)\, e^{-i2^{-m}\ell\omega} \\ &= \frac{1}{\sqrt{2\pi}}\, c^{-m}\,(2^{-m}\,\omega)\, 2^{-m/2}\, \mathrm{sinc}\,(2^{-m-1}\,\omega) \\ &= \frac{1}{\sqrt{2\pi}} \prod_{k=1}^{m} H(2^{-k}\,\omega)\, \mathrm{sinc}\,(2^{-m-1}\,\omega)\, c^0(\omega)\,. \end{aligned}$$

Wegen $c^0(\omega) \equiv 1$ folgt die Behauptung für $\widehat{\varphi}_m$. Der Beweis für $\widehat{\mu}_m$ verläuft analog. ∎

Fragen wir zuerst nach der Konvergenz von $\widehat{\varphi}_m$, so erkennen wir sofort, daß $|\widehat{\varphi}_m(\omega)|$ punktweise konvergiert, sofern

$$|H(\omega)| \le 1\,.$$

ist. Diese Bedingung ist sowohl für die B–Splines als auch für alle orthogonalen Skalierungsfunktionen erfüllt, siehe Satz 2.2.9. Mit Forderungen an das Abklingverhalten von $\{h_k\}_{k\in\mathbb{Z}}$ vermeiden wir eine Divergenz der Phase von $\widehat{\varphi}_m$.

Satz 2.4.14 *Die Koeffizientenfolge $\{h_k\}_{k\in\mathbb{Z}}$ erfülle die Bedingungen*

i. $|H(\omega)| \le H(0) = 1$,

ii. $\sum |h_k|\, |k|^\varepsilon < \infty$ *für ein* $\varepsilon > 0$.

Dann konvergieren $\widehat{\varphi}_m$ und $\widehat{\mu}_m$ punktweise gegen

$$\widehat{\varphi}_\infty(\omega) = \frac{1}{\sqrt{2\pi}} \prod_{m\ge 1} H(2^{-m}\,\omega)\,.$$

Beweis: Wegen $H(0) = 1$ folgt

$$H(\omega) = 1 + \frac{1}{\sqrt{2}} \sum_{k\in\mathbb{Z}} h_k\, (e^{-ik\omega} - 1)$$

und aufgrund von

$$|e^{-ik\omega} - 1| = 2|\sin(k\omega/2)| \leq |\sin(k\omega)|$$

schließen wir auf

$$|\,H(\omega) - 1| \leq \frac{1}{\sqrt{2}} \sum_{k\in\mathbb{Z}} |h_k|\,|\sin k\omega|\,.$$

O.B.d.A. nehmen wir $\varepsilon \leq 1$ an. Für jedes $0 < \varepsilon \leq 1$ ist $|\sin(k\omega)|/|k\omega|^\varepsilon$ eine beschränkte Funktion und es existiert eine Konstante $C \leq 1$ mit

$$|\sin(k\omega)| \leq C\;|k\;\omega|^\varepsilon\,.$$

Daraus folgt

$$|\,H(\omega) - 1| \leq C \cdot |\omega|^\varepsilon \sum_{k\in\mathbb{Z}} |h_k|\,|k|^\varepsilon\,,$$

$$\left|\,H(2^{-m}\,\omega) - 1\right| \leq 2^{-\varepsilon m}\,C\,|\omega|^\varepsilon \sum_{k\in\mathbb{Z}} |h_k|\,|k|^\varepsilon\,.$$

Demnach geht die Phase von $H(2^{-k}\,\omega)$ exponentiell gegen 0, d.h. die Phase von $\prod_{k\geq 1} H(2^{-k}\,\omega)$ konvergiert. ■

Aus der punktweisen Konvergenz der Fourier–Transformierten folgt allerdings noch nicht die Konvergenz $\varphi_j \to \varphi_\infty$. In einem Zwischenschritt beweisen wir die L^1-Konvergenz von $\widehat{\mu}_j$, daraus folgt dann die punktweise Konvergenz von μ_j. Zu diesem Zweck benötigen wir weitere Einschränkungen an $\{h_k\}_{k\in\mathbb{Z}}$. Diese zusätzliche Bedingung besagt, daß $H(\omega)$ eine Nullstelle N-ter Ordnung bei $\omega = \pi$ besitzt.

Lemma 2.4.15 *Sei* $H(\omega) := 2^{-1/2} \sum_{k\in\mathbb{Z}} h_k\, e^{-ik\omega}$ *ein Filter, das die Voraussetzungen von Satz* 2.4.14 *erfüllt. Sei weiterhin*

$$H(\omega) = \left(\frac{1+e^{i\omega}}{2}\right)^N F(\omega)$$

mit $F(\omega) = \sum_{k\in\mathbb{Z}} f_k\, e^{-ik\omega}$ *und gelte für ein* $\varepsilon > 0$

$$\sum_{k\in\mathbb{Z}} |f_k|\,|k|^\varepsilon < \infty\,.$$

Unter der Voraussetzung

$$\sup_{\omega\in\mathbb{R}} |F(\omega)| = B < 2^{N-1}$$

konvergiert $\mu_m(\omega)$ *punktweise gegen* φ_∞*, und es gilt*

$$|\widehat{\varphi}_\infty(\omega)| = |\operatorname{sinc}\omega|^N \prod_{k\geq 1} F(2^{-k}\,\omega) \leq C\,(1+|\omega|)^{-N+\ln B/\ln 2}\,.$$

Beweis: Wegen $H(0) = 1$ folgt $F(0) = 1$ und wir können analog zu dem Beweis von Satz 2.4.14 zeigen:

$$|F(2^{-m}\,\omega) - 1| \;\le\; 2^{-\varepsilon m}\,|\omega|^{\varepsilon}\,.$$

Daraus folgt mit der komplexwertigen Logarithmus–Funktion

$$\begin{aligned}
\sup_{|\omega|\le 1} \prod_{k=1}^{m} F(2^{-k}\,\omega) &= \sup_{|\omega|\le 1} \exp\Big(\sum_{k=1}^{m} \ln F(2^{-k}\,\omega)\Big) \\
&\le \sup_{|\omega|\le 1} \exp\Big(C\,|\omega|^{\varepsilon} \sum_{k=1}^{m} 2^{-\varepsilon k}\Big) \;<\; \widetilde{C}
\end{aligned}$$

mit einer Konstanten $\widetilde{C}$, die unabhängig von m ist. Durch wiederholtes Einsetzen der Duplikationsformel $\sin(x) = 2\,\sin(x/2)\,\cos(x/2)$ folgt

$$\frac{\sin x}{x} = \prod_{m\ge 1} \cos(2^{-m}\,x)\,.$$

Somit ergibt sich mit der Nullstellenbedingung an H

$$\begin{aligned}
\Big|\prod_{k=1}^{m} H(2^{-k}\omega)\Big| &= \prod_{k=1}^{m} |\cos(2^{-k-1}\omega)|^{N} \Big|\prod_{k=1}^{m} F(2^{-k}\omega)\Big| \\
&= \left|\frac{2^{-m}\,\sin\omega}{\sin(2^{-m}\,\omega)}\right|^{N} \widetilde{C}\;\Big|\prod_{\substack{k=1\\ |2^{-k}\omega|>1}}^{m} F(2^{-k}\omega)\Big| \\
&= \widetilde{C}\;B^{\ln|\omega|/\ln 2}\left|\frac{2^{-m}\,\sin\omega}{\sin(2^{-m}\,\omega)}\right|^{N}\,.
\end{aligned}$$

Wir verwenden nun die Darstellung aus Lemma 2.4.13:

$$\begin{aligned}
|\widehat{\mu}_m(\omega)| &= \frac{1}{\sqrt{2\pi}}\,\chi_{[-\omega,\omega]}(2^{-m}\,\omega)\left|\frac{2^{-m}\,\sin\omega}{\sin(2^{-m}\,\omega)}\right|^{N} \prod_{k=1}^{m} F(2^{-k}\,\omega) \\
&\le \frac{1}{\sqrt{2\pi}}\,\chi_{[-\omega,\omega]}\widetilde{C}\left|\frac{2^{-m}\,\sin\omega/2}{\sin(2^{-m-1}\,\omega)}\right|^{N} (1+|\omega|)^{\ln B/\ln 2}\,.
\end{aligned}$$

Wir wollen

$$\begin{aligned}
\int_{\mathbb{R}} |\widehat{\varphi}_\infty(\omega) - \widehat{\mu}_j(\omega)|\,d\omega &\le \int_{|\omega|\le R} |\widehat{\varphi}_\infty(\omega) - \widehat{\mu}_j(\omega)|\,d\omega \\
&\quad + \int_{|\omega|>R} |\widehat{\varphi}_\infty(\omega)|\,d\omega + \int_{|\omega|>R} |\widehat{\mu}_j(\omega)|\,d\omega
\end{aligned}$$

abschätzen. Aus Satz 2.4.14 folgt die gleichmäßige Konvergenz $\widehat{\mu}_j \to \widehat{\varphi}_\infty$ für $|\omega| < R$. Für ein beliebiges $\delta > 0$ und ein beliebiges R existiert demnach ein j_0, so daß für alle $j > j_0$ gilt

$$\int\limits_{|\omega|<R} |\widehat{\mu}_j(\omega) - \widehat{\varphi}_\infty(\omega)|\, d\omega \;<\; \delta\,.$$

Außerdem ist wegen $|2^{-m} \sin(\omega/2)/\sin(2^{-m-1}\omega)| \le 2^m\pi/2\omega$ für $\omega \in [0, 2^m\pi]$:

$$\begin{aligned}\int\limits_{R\le|\omega|} |\widehat{\mu}_j(\omega)|\, d\omega \;&\le\; \frac{1}{\sqrt{2\pi}}\, \widetilde{C}\, 2^{-jN} \int\limits_R^{2^j\pi} \left(\frac{2}{\pi}\, 2^{-j}\, \omega\right)^{-N} (1+|\omega|)^{\ln B/\ln 2}\, d\omega \\ &\le\; \frac{1}{\sqrt{2\pi}}\, C \int\limits_R^{\infty} \omega^{\ln B/\ln 2\, - N}\, d\omega\,.\end{aligned}$$

Nach Voraussetzung ist $N > \ln B/\ln 2 - 1$ und man kann für jedes $\delta > 0$ ein R_0 wählen, so daß für alle $R > R_0$, $j > j_0$, gilt

$$\int\limits_{R\le|\omega|} |\widehat{\mu}_j(\omega)|\, d\omega \;<\; \delta\,.$$

Des weiteren erhalten wir

$$\begin{aligned}|\widehat{\varphi}_\infty(\omega)| \;&=\; \frac{1}{\sqrt{2\pi}} \left|\prod_{k\ge1} H(2^{-k}\omega)\right| = \frac{1}{\sqrt{2\pi}}\, \mathrm{sinc}^N(\omega/2) \left|\prod_{k\ge1} F(2^{-k}\omega)\right| \\ &\le\; C\, |\omega|^{-N} (1+|\omega|)^{\ln B/\ln 2}\,.\end{aligned}$$

Mit demselben R_0 wie eben ergibt sich

$$\int\limits_{|\omega|>R} |\widehat{\varphi}_\infty(\omega)|\, d\omega \;<\; \delta.$$

Damit haben wir die L^1-Konvergenz von $\widehat{\mu}_m \to \widehat{\varphi}_\infty$ bewiesen und es folgt die punktweise Konvergenz $\mu_m(x) \to \varphi_\infty(x)$. ■

Das vorangehende Lemma bildet die Grundlage für die Abschätzung der Glattheit von Skalierungsfunktionen. An dieser Stelle notieren wir lediglich eine sofort einsichtige Konsequenz.

Korollar 2.4.16 *Unter den Voraussetzungen von Lemma* 2.4.15 *ist* φ_∞ *stetig.*

Beweis: Das Abklingverhalten von $\widehat{\varphi}_\infty$ bedingt $\widehat{\varphi}_\infty \in L^1(\mathbb{R})$. Nach dem Satz von Riemann–Lebesgue ist daher φ_∞ stetig. ■

Somit wissen wir, daß die Hilfsfunktionen μ_m gegen die stetige Funktion φ_∞ konvergieren. Außerdem gilt

$$\varphi_m(2^{-m}\,k) \;=\; \mu_m(2^{-m}\,k)\,.$$

Zusammen mit obigem Korollar erhalten wir die punktweise Konvergenz der Histogramme φ_m.

Satz 2.4.17 *Unter den Voraussetzungen von Lemma* 2.4.15 *konvergieren die Histogramme φ_j punktweise gegen eine stetige Lösung φ_∞ der Skalierungsgleichung* (2.4.5).

Beweis: Es bleibt zu zeigen, daß φ_∞ die Skalierungsgleichung löst. Mit Lemma 2.4.13 und Satz 2.4.14 folgt

$$\begin{aligned}
\widehat{\varphi}_\infty(2\,\omega) &= \lim_{m\to\infty} \frac{1}{\sqrt{2\pi}}\,\mathrm{sinc}(2^{-m-1}\,2\,\omega)\,\prod_{k=1}^{m} H(2^{-k}\,2\,\omega)\\
&= \lim_{m\to\infty} \frac{1}{\sqrt{2\pi}}\,\mathrm{sinc}(2^{-m}\omega)\,\prod_{k=0}^{m-1} H(2^{-k}\omega)\\
&= H(\omega)\widehat{\varphi}_\infty(\omega)\,.
\end{aligned}$$

Die inverse Fourier–Transformation liefert das gewünscht Ergebnis. ∎

Bemerkung 2.4.18 Das Filter H des Haar–Wavelets erfüllt die Voraussetzungen von Lemma 2.4.15 nicht, trotzdem konvergieren die Histogramme. Wählt man jedoch $h_0 = h_3 = 1$, $h_k = 0$ sonst, so konvergieren die φ_m nicht.

2.4.3 Orthogonale Wavelets mit kompaktem Träger

Wir haben bereits zwei Familien orthogonaler Wavelets kennengelernt, die Meyer– und die Spline–Wavelets. Allerdings besitzt keine dieser Funktionen einen kompakten Träger. Der Grundstein zur Konstruktion von Wavelets mit dieser Eigenschaft wurde in dem letzten Abschnitt gelegt; dort wurde bewiesen, daß eine endliche Länge des diskreten Filters

$$\{h_k \mid k = 0,\ldots,N\,\}$$

einen kompakten Träger der Lösung der zugehörigen Skalierungsgleichung

$$\varphi(x) \;=\; \sqrt{2}\,\sum_{k=0}^{N} h_k\,\varphi(2x-k) \tag{2.4.19}$$

bedingt, siehe Satz 2.4.9. Nach Satz 2.2.10 können wir dann mit

$$\psi(x) \;=\; \sqrt{2}\,\sum_{k=1-N}^{1} (-1)^k\,h_{1-k}\,\varphi(2x-k) \tag{2.4.20}$$

ein Wavelet bestimmen, das ebenfalls einen kompakten Träger besitzt. In diesem Abschnitt beschränken wir uns auf die Untersuchung endlicher Filter – demzufolge ist

$$H(\omega) = \frac{1}{\sqrt{2}} \sum_{k=0}^{N} h_k \, e^{-ik\omega}$$

ein trigonometrisches Polynom – und fordern zusätzlich, daß H die Orthogonalitätsbedingungen aus Satz 2.2.9 erfüllt:

$$H(0) = 1\,, \qquad |H(\omega)|^2 + |H(\omega+\pi)|^2 = 1\,. \tag{2.4.21}$$

Bemerkung 2.4.19 Diskrete Filter $\{h_k\}$, die (2.4.21) erfüllen, sind in der Signalverarbeitung unter dem Namen *Conjugate Quadrature Filter* (CQF) bekannt. In diesem Bereich ist man allerdings nicht an den kontinuierlichen Lösungen der Skalierungsgleichung interessiert.

Die Orthogonalitätsbedingung (2.4.21) läßt sich sofort durch Koeffizientenvergleich in ein System quadratischer Gleichungen für $\{h_k\}_{k\in\mathbb{Z}}$ umschreiben. Es ist jedoch vorteilhafter, in einem Zwischenschritt

$$q = |H|^2$$

genauer zu untersuchen.

Lemma 2.4.20 *Sei H das durch die Skalierungskoeffizienten einer orthogonalen Skalierungsfunktion φ erzeugte trigonometrische Polynom und sei q definiert durch*

$$q(\omega) := |H(\omega)|^2\,.$$

Dann gilt: $q \in \mathcal{K}$ *mit*

$$\mathcal{K} = \left\{ p \in L^2(0,2\pi) \;\middle|\; p(\omega) = 1/2 + \sum_{k\geq 1} \alpha_k \cos(\,(2k-1)\omega),\ \sum_{k\geq 1} \alpha_k = 1/2,\ p \geq 0 \right\}.$$

Beweis: Mit H ist auch q eine 2π-periodische Funktion. q ist eine gerade Funktion, d.h. q besitzt eine Kosinus–Entwicklung. Aus (2.4.21) folgt

$$q(\omega) + q(\omega+\pi) = 1\,.$$

Betrachten wir auf dem Raum der Polynome in $\cos(\omega)$ den linearen Operator

$$T : q \mapsto q(\omega) + q(\omega+\pi)\ ,$$

so haben wir

$$Tq = 1$$

zu lösen. Eine spezielle Lösung ist durch $q = 1/2$ gegeben und

$$\mathrm{Ker}\, T^{\cdot} = \{p \mid p \text{ gerade}, T\, p = 0\} = \mathrm{span}\, \{\cos(k\omega) \mid k \text{ ungerade}\}.$$

Somit ist die allgemeine Lösung von $Tq = 1$ gegeben durch

$$q(\omega) = 1/2 + \sum_{k\geq 1} \alpha_k \cos(\, (2k-1)\omega) \; .$$

Außerdem folgt aus $H(0) = 1$, daß

$$q(0) = 1 = 1/2 + \sum \alpha_k$$

ist. ∎

Die Menge $\mathcal{K}$ hat eine einfache Struktur. Sie entsteht als Schnitt des linearen, affinen Raumes

$$\left\{ 1/2 + \sum_{k\geq 1} \alpha_k \cos(\, (2k-1)\omega) \;\middle|\; \sum_{k \text{ ungerade}} \alpha_k = 1/2 \right\}$$

mit dem konvexen Kegel der positiven Funktionen. $\mathcal{K}$ ist also eine konvexe, beschränkte Menge. Betrachten wir die endlichdimensionalen Teilmengen $\mathcal{K}_N$, die von trigonometrischen Polynomen gebildet werden,

$$\mathcal{K}_N = \left\{ q \in \mathcal{K} \;\middle|\; q = 1/2 + \sum_{k=1}^{N} \alpha_k \cos(2k-1)\,\omega \right\},$$

so ist $\mathcal{K}_N$ wiederum eine konvexe Menge.

Lemma 2.4.21 *Sei*

$$q_N(\omega) := 1 - c_N \int_0^{\omega} \sin^{2N-1} t\, dt\,,$$

$$\frac{1}{c_N} = \int_0^{\pi} \sin^{2N-1} t\, dt = \frac{\Gamma(1/2)\Gamma(N)}{\Gamma(N+1/2)}.$$

Dann ist q_N ein Extremalpunkt von $\mathcal{K}_N$. Γ bezeichnet die Eulersche Gamma-Funktion.

Beweis: Offensichtlich ist $q_N \in \mathcal{K}_N \subset \mathcal{K}$. Wir konstruieren nun unterstützende Hyperebenen an $\mathcal{K}_N$, d.h. wir suchen Hyperbenen im $\mathbb{R}^N$, so daß die Koeffizienten $(\alpha_1, \ldots, \alpha_N) \in \mathcal{K}_N$ alle auf einer Seite der Hyperebene liegen, wobei diese Hyperebene mindestens einen Punkt mif $\mathcal{K}_N$ gemeinsam hat. Für alle

$$q(\omega) = 1/2 + \sum_{k=1}^{N} \alpha_k \cos((2k-1)\omega) \in \mathcal{K}_N$$

gilt

$$q(0) = 1, \quad q(\omega) + q(\omega + \pi) = 1, \quad q \geq 0.$$

Daraus folgt

$$q'(0) = 0, \quad q''(0) \leq 0.$$

Für $N \geq 1$ ist also die Ebene, die durch $q''(0) = 0$ bestimmt wird, eine unterstützende Hyperebene an $\mathcal{K}_N$:

$$\mathcal{L}_1 := \left\{ q \in \mathcal{K}_N \,\middle|\, q''(0) = 0 \right\} = \left\{ q \in \mathcal{K}_N \,\middle|\, \sum_{k=1}^{N} (2k-1)^2 \alpha_k = 0 \right\} \neq \emptyset .$$

Für die Elemente in $\mathcal{L}_1$ gilt nun $q^{(3)}(0) = 0$, $q^{(4)}(0) \leq 0$. Die Bedingung $q^{(4)}(0) = 0$ führt zu

$$\mathcal{L}_2 := \left\{ q \in \mathcal{K}_N \,\middle|\, q^{(4)}(0) = 0 \right\} = \left\{ q \in \mathcal{K}_N \,\middle|\, \sum_{k=1}^{N} (2k-1)^4 \alpha_k = 0 \right\} \neq \emptyset .$$

Das können wir fortsetzen:

$$\mathcal{L}_m := \left\{ q \in \mathcal{K}_N \,\middle|\, q^{(2l)}(0) = 0,\, l = 1, \ldots, m \right\} .$$

Dies ergibt $(N-1)$ linear unabhängige Bedingungen an $\{\alpha_k\}$:

$$\sum_{k=1}^{N} (2k-1)^{2l} \alpha_k = 0 , \qquad l = 1, \ldots, N-1 .$$

Zusammen mit der Bedingung $\sum \alpha_k = 1/2$ führt das zu einem regulären $N \times N$ Gleichungssystem für $\{\alpha_k\}$, d.h. $\mathcal{L}_{N-1}$ enthält ein einziges Element. Wegen

$$q_N'(\omega) = c_N \sin^{2N-1} \omega$$

folgt $q_N \in \mathcal{L}_{N-1}$. Der explizite Wert von c_N berechnet sich rekursiv über partielle Integration. ■

Damit haben wir eine vollständige Charakterisierung für $q = |H|^2$. Die Frage ist nun, wie wir von q zurück zur Skalierungsfunktion φ finden. Dazu müssen wir aus q die "Wurzel ziehen". Da $q \geq 0$ gilt, kann man natürlich $\sqrt{q}$ in eine trigonometrische Reihe entwickeln und erhält damit sogar eine reelle Funktion H mit $q = |H|^2$. Allerdings wird dabei i. allg. aus einem trigonometrischen Polynom q eine nicht-abbrechende Entwicklung für H entstehen. Der folgende Satz von Fejer–Riesz schafft hier Abhilfe.

Satz 2.4.22 (Riesz) *Sei $q \in \mathcal{K}_N$. Dann existiert ein trigonometrisches Polynom H vom Grad N,*

$$H(\omega) = \sum_{k=0}^{N} h_k \, e^{ik\omega} ,$$

mit reellen Koeffizienten, so daß $q = |H|^2$ ist.

Beweis: Siehe [106]. ■

Bemerkung 2.4.23 Die obige Aussage ist richtig für ein beliebiges trigonometrisches Polynom $q(\omega) = \sum_{k=0}^{N} \beta_k \cos k\omega$, $q \geq 0$, siehe [106].

Auf unserer Suche nach orthogonalen Wavelets mit kompaktem Träger sind wir nun fast am Ziel. Die Konstruktion erfolgt in vier Schritten:

1. wähle ein $q \in \mathcal{K}_N$,
2. berechne nach Satz 2.4.22 ein H mit $|H|^2 = q$,
3. berechne eine Lösung φ von (2.4.19),
4. bestimme ψ gemäß (2.4.20).

Wie das Beispiel $\{h_0 = h_3 = 1/\sqrt{2}, h_k = 0 \text{ sonst}\}$ aus Bemerkung 2.4.18 zeigt, führt der 3. Schritt i. allg. nicht zu einer orthogonalen Skalierungsfunktion. Wir müssen zusätzlich die hinreichenden Bedingungen von Lemma 2.4.15 oder von Satz 2.4.7 überprüfen. In Lemma 2.4.24 werden wir zeigen, daß die Fourier–Filter aus Lemma 2.4.21 den Voraussetzungen des Lemmas 2.4.15 genügen.

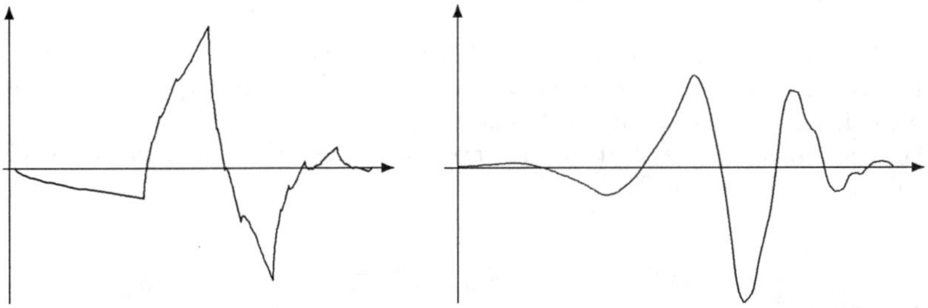

Abbildung 2.10: Die Daubechies–Wavelets ψ_2 und ψ_4. Die Länge der diskreten Filter ist 4 bzw. 8.

Beispiel:
Zum Abschluß dieses Abschnitts berechnen wir die einfachsten Beispiele aus Lemma 2.4.21. Die daraus entstehenden Wavelets sind die *Daubechies–Wavelets.* Für $N = 1$ erhalten wir

$$q_1(\omega) = 1 - 1/2 \int_0^\omega \sin^2 t \, dt = (1 + \cos \omega)/2 .$$

Das zugehörige trigonometrische Polynom H_1 berechnen wir durch Koeffizientenvergleich aus dem Satz von Riesz. Es ist

$$H_1(\omega) = (1 + e^{i\omega})/2 .$$

Die Koeffizienten der Skalierungsgleichung sind demnach $h_0 = h_1 = 1/\sqrt{2}$, das ergibt das Haar–Wavelet.
Für $N = 2$ läuft die Berechnung analog:

$$q_2(\omega) = 1 - 3/4 \int_0^\omega \sin^3 t\, dt = 1/2 + \frac{9}{16} \cos\omega - \frac{1}{18} \cos 3\omega\,,$$

$$H_2(\omega) = \frac{1}{4}\Big((1-\sqrt{3}) + (3-\sqrt{3})\, e^{i\omega} + (3+\sqrt{3})\, e^{i2\omega} + (1+\sqrt{3})\, e^{i3\omega} \Big)\,.$$

Wir erhalten die Koeffizientenfolge, die wir bereits in Kapitel 2.4.2 auf Seite 152 als Beispiel verwendet haben. Abbildung 2.9 auf Seite 153 zeigt die Daubechies–Skalierungsfunktion φ_2. Auf die gleiche Art und Weise berechnen wir die Koeffizienten für $N = 3, 4, 5$, siehe Tabelle 2.3. Die zugehörigen Daubechies–Wavelets ψ_N werden nach Satz 2.2.10 berechnet. Abbildung 2.10 zeigt die Wavelets ψ_2, ψ_4.

2.4.4 Eigenschaften der Daubechies–Wavelets

In diesem Abschnitt wollen wir einige Eigenschaften der Daubechies–Wavelets (Glattheit, Satz 2.4.25; verschwindende Momente, Satz 2.4.27; sowie eine Approximations–Eigenschaft, Lemma 2.4.31) zusammenfassen.
Erste Aussagen über die Glattheit dieser Wavelets erhalten wir über Lemma 2.4.15. Dazu spalten wir die Fourier–Filter in der Form

$$H_N(\omega) = \left(\frac{1+e^{i\omega}}{2}\right)^N F_N(\omega)$$

auf. Der Wert von N hängt von der Ordnung der Nullstelle bei $\omega = \pi$ von

$$q_N(\omega) = |H(\omega)|^2$$

ab. Wegen

$$\left|\frac{1+e^{i\omega}}{2}\right|^2 = \cos^2(\omega/2)$$

müssen wir die maximale Anzahl von Kosinus–Termen von q_N abspalten.

Lemma 2.4.24 *Sei H_N das Fourier–Filter des Daubechies–Wavelets der Ordnung N mit*

$$|H_N(\omega)|^2 = q_N(\omega) = 1 - c_N \int_0^\omega \sin^{2N-1} t\, dt\,.$$

h_k	$N=1$	$N=2$	$N=3$	$N=4$	$N=5$
0	$1/\sqrt{2}$	$\frac{1-\sqrt{3}}{4\sqrt{2}}$	0.332671	0.230378	0.160102
1	$1/\sqrt{2}$	$\frac{3-\sqrt{3}}{4\sqrt{2}}$	0.806892	0.714847	0.603829
2		$\frac{3+\sqrt{3}}{4\sqrt{2}}$	0.459878	0.630881	0.724309
3		$\frac{1+\sqrt{3}}{4\sqrt{2}}$	-0.135011	-0.027984	0.138428
4			-0.085441	-0.187035	-0.242295
5			0.035226	0.030841	-0.032245
6				0.032883	0.077571
7				-0.010597	-0.006241
8					-0.012581
9					0.003336

Tabelle 2.3: Koeffizienten der Daubechies–Wavelets

Dann besitzt H_N die Faktorisierung

$$H_N(\omega) \;=\; \left(\frac{1+e^{i\omega}}{2}\right)^N F_N(\omega), \tag{2.4.22}$$

wobei das trigonometrische Polynom F_N beschränkt ist durch

$$\max_{\omega\in\mathbb{R}} |F_N(\omega)|^2 \;=\; \frac{2^{2N-1}\,\Gamma(N+1/2)}{\Gamma(N+1)\Gamma(1/2)}. \tag{2.4.23}$$

Beweis: Die Regel von de l'Hospital und die Duplikationsregel für die Sinus–Funktion ergeben

$$\begin{aligned}\lim_{\omega\to\pi}\frac{q_N(\omega)}{\cos^{2N}(\omega/2)} &= \lim_{\omega\to\pi}\frac{c_N}{N}\frac{\sin^{2N-1}(\omega)}{\cos^{2N-1}(\omega/2)\sin(\omega/2)}\\ &= \lim_{\omega\to\pi}\frac{c_N}{N}\,2^{2N-1}\sin^{2N-2}(\omega/2)\end{aligned}$$

$$= \quad 2^{2N-1}\frac{c_N}{N}.$$

Dieser Wert ist endlich und ungleich Null. Somit ist $q_N(\omega)/\cos^{2N}(\omega/2)$ ein trigonometrisches Polynom, das die Voraussetzungen des Satzes 2.4.22 erfüllt und $F_N(\omega)$ ist folglich ein trigonometrisches Polynom in $\cos(\omega/2)$:

$$H_N(\omega) = \left(\frac{1+e^{i\omega}}{2}\right)^N F_N(\omega)$$

mit

$$|F_N(\omega)|^2 = \frac{q_N(\omega)}{\cos^{2N}(\omega/2)}.$$

Zur Bestimmung des Maximums berechnen wir die Ableitung von $|F_N|^2$:

$$\frac{d}{d\omega}|F_N(\omega)|^2$$
$$= \frac{1}{\cos^{2N+1}(\omega/2)}\left(-c_N\sin^{2N-1}(\omega)\cos(\omega/2) + N\sin(\omega/2)q_N(\omega)\right). \qquad (2.4.24)$$

Nullstellen der Ableitung liegen demnach höchstens bei $\omega = 0$, $\omega = \pi$ vor oder falls

$$q_N(\omega) = \frac{2c_N}{N}\sin^{2N-2}(\omega)\cos^2(\omega/2)$$

ist. Wegen $\sin(\omega) = 2\sin(\omega/2)\cos(\omega/2)$ erhalten wir für alle ω, die obiger Gleichung genügen,

$$\begin{aligned} |F_N(\omega)|^2 &= \frac{2^{2N-1}c_N}{N}|\sin^{2N-2}(\omega/2)| \\ &\leq \frac{2^{2N-1}c_N}{N} \\ &= \frac{2^{2N-1}\,\Gamma(N+1/2)}{\Gamma(N+1)\Gamma(1/2)}, \end{aligned}$$

wobei c_N in Lemma 2.4.21 angegeben ist.

Wegen $H(0) = 1$ folgt $F_N(0) = 1$, somit liegt hier kein Maximum vor. Es bleibt noch die Berechnung von $|F_N(\pi)|$. Diesen Wert haben wir aber bereits am Anfang des Beweises bestimmt mit

$$|F_N(\pi)|^2 = \frac{2^{2N-1}c_N}{N} = \frac{2^{2N-1}\,\Gamma(N+1/2)}{\Gamma(N+1)\Gamma(1/2)}. \qquad (2.4.25)$$

■

Das asymptotische Verhalten der Gamma–Funktion für $N \to \infty$, siehe [1],

$$\frac{\Gamma(N+1/2)}{\Gamma(N+1)} = N^{-1/2} + o(N^{-1/2}), \qquad (2.4.26)$$

erlaubt es, über Lemma 2.4.15 die Sobolev–Ordnung der Daubechies–Wavelets abzuschätzen.

Satz 2.4.25 *Mit φ_N bzw. ψ_N seien die Daubechies–Skalierungsfunktion bzw. das Daubechies–Wavelet mit $2N$ Skalierungskoeffizienten bezeichnet, $H_N(\omega)$ sei das trigonometrische Polynom der Skalierungskoeffizienten. Dann gilt für ein beliebiges $\epsilon > 0$*

$$|\widehat{\psi}_N(\omega)| = O(|\omega|^{-1/2 - \ln N/4\ln 2 + \epsilon}),$$
$$\psi_N \in H^s(\mathbb{R}) \quad mit\ s < (\ln N)/4\ln 2 .$$

Beweis: Da ψ eine endliche Linearkombination von $\varphi(\cdot - k)$ ist, besitzt $\widehat{\psi}_N$ das gleiche asymptotische Verhalten für $\omega \to \infty$ wie $\widehat{\varphi}_N$. Lemma 2.4.15 in Verbindung mit Lemma 2.4.24 ergibt

$$|\widehat{\psi}_N(\omega)| \leq C(1+|\omega|)^{-N+\ln(2^{N-1/2}[N^{-1/4}+O(N^{-1/2})])/\ln(2)} = O(|\omega|^{-1/2-\ln N/4\ln 2+\epsilon}).$$

■

Für wachsendes N erreichen die Daubechies–Wavelets also beliebige Differenzierbarkeitsordnungen. Diese Abschätzung der Sobolev–Ordnung ist allerdings bei weitem nicht optimal. Mit einer Verfeinerung dieser Technik, die wir am Ende dieses Kapitels vorstellen werden, kann man

$$\psi_N \in H^{\alpha N}(\mathbb{R}) \text{ mit einem } \alpha > 0.2$$

beweisen, siehe [41]. Die Ordnung wächst also linear, wenn auch erheblich langsamer als bei den B–Splines; für die B–Splines gilt $\alpha = 1$.

Eine Reihe von Anwendungen, z.B. Approximationsprobleme, verlangen nicht notwendigerweise glatte Ansatzfunktionen. Hier ist es oft wichtiger, daß die Ansatzräume Polynome bis zu einem gewissen Grad enthalten oder daß die ersten Momente der Ansatzfunktionen verschwinden. Mit anderen Worten: in der Aufspaltung

$$f = P_M f + \sum_{m=1}^{M} Q_m f$$

soll ein polynomialer Anteil höchstmöglicher Ordnung von f in $P_M f$ enthalten sein, d.h. es muß gelten

$$\int x^n \psi(x)\, dx = 0 \text{ für } n = 0, \ldots, l .$$

Wir beginnen mit einem Ergebnis über die diskreten Momente der Wavelet–Koeffizienten $\{g_k^N\}$ der Daubechies–Wavelets [125].

Lemma 2.4.26 *Seien $\{ g_k^N \mid k = 2-2N, \ldots, 1 \}$ die Koeffizienten der Skalierungsgleichung* (2.4.20) *für das Daubechies–Wavelet ψ_N. Dann gilt*

$$\sum_{k=2-2N}^{1} k^m g_k^N = 0 \quad , \quad m = 0, \ldots, N-1 . \tag{2.4.27}$$

Beweis: Aus $g_k^N = (-1)^k h_{1-k}$ folgt :

$$G(\omega) \;=\; \sum_{k=2-2N}^{1} g_k^N\, e^{ik\omega} \;=\; -e^{i\omega} H(\pi-\omega)\,. \tag{2.4.28}$$

Nach Lemma 2.4.24 hat G eine N-fache Nullstelle für $\omega = 0$. Deswegen gilt für $m = 0, \ldots, N-1$:

$$0 \;=\; G^{(m)}(0) \;=\; i^m \sum_{k=2-2N}^{1} k^m\, g_k^N\,.$$

■

Ein entsprechendes Ergebnis über die kontinuierlichen Momente läßt sich ebenso einfach beweisen.

Satz 2.4.27 *Sei $\psi_N(x)$ das Daubechies–Wavelet der Ordnung N. Dann gilt*

$$\int x^m\, \psi_N(x)\, dx \;=\; 0\,, \quad m = 0, \ldots, N-1\,.$$

Beweis: Einsetzen der Skalierungsgleichung liefert

$$\begin{aligned}
\int x^m\, \psi_N(x)\, dx \;&=\; \int x^m \Big(\sum_k g_k^N\, \varphi_N(2x-k)\Big)\, dx \\
&=\; 2^{-m-1} \sum_{k,l} \binom{m}{l}\, g_k^N k^l \int x^{m-l} \varphi_N(x)\, dx \\
&=\; 2^{-m-1} \sum_{l} \binom{m}{l} \int x^{m-l} \varphi_N(x)\, dx\, \Big(\sum_k g_k^N k^l\Big).
\end{aligned}$$

Aus der diskreten Momentenbedingung in Lemma 2.4.26 folgt das Ergebnis. ■

Auf diesem Ergebnis folgt, daß die Polynome vom Grad m, $0 \le m \le N-1$, in dem Grundraum V_0 der Multi–Skalen–Analyse liegen.

Lemma 2.4.28 *Sei φ_N die Daubechies–Skalierungsfunktion der Ordnung N. Dann existiert für jedes $m \in \mathbb{N}$, $0 \le m \le N-1$, eine Folge reeller Koeffizienten $\{c_k^m \mid k \in \mathbb{Z}\}$, so daß punktweise gilt*

$$\sum_{k\in\mathbb{Z}} c_k^m\, \varphi_N(x-k) \;=\; x^m\,. \tag{2.4.29}$$

Insbesondere haben wir für $m = 0$:

$$\sum_{k\in\mathbb{Z}} \varphi_N(x-k) \;=1\,. \tag{2.4.30}$$

Beweis: Sei $x_0 \in \mathbb{R}$ fest gewählt, und seien $\varphi = \varphi_N$ sowie $\psi = \psi_N$. Wir definieren

$$f(x) := x^m \chi_{[x_0-2N, x_0+2N]}(x) .$$

Dann gilt $f \in L^2(\mathbb{R})$. Da wir den $L^2(\mathbb{R})$ aufspalten können gemäß

$$L^2(\mathbb{R}) = \overline{V_0 \oplus \{\bigoplus_{j\leq 0} W_j\}} ,$$

kann f nach der orthonormalen Basis $\{ \varphi_{0k},\ \psi_{jk} \mid j \leq 0, k \in \mathbb{Z} \}$ entwickelt werden:

$$f(x) = \sum_{k\in\mathbb{Z}} c_k\, \varphi(x-k) + \sum_{j\leq 0}\sum_{k\in\mathbb{Z}} d_k^j\, \psi_{j,k}(x) .$$

Da sowohl φ als auch ψ kompakten Träger besitzen,

$$\operatorname{supp}(\varphi) = [0, 2N-1], \quad \operatorname{supp}(\psi) = [1-N, N],$$

reduziert sich diese Darstellung im Punkt x_0 auf

$$x_0^m = f(x_0) = \sum_{\substack{k\in\mathbb{Z} \\ 0\leq x_0-k\leq 2N-1}} c_k\, \varphi(x_0-k) + \sum_{j\leq 0} \sum_{\substack{k\in\mathbb{Z} \\ 1-N\leq 2^{-j}x_0-k\leq N}} d_k^j\, \psi_{j,k}(x_0) .$$

Aufgrund der Orthonormalität der Wavelet–Basis sind die Koeffizienten d_k^j durch Skalarprodukte berechenbar:

$$d_k^j = \langle f, \psi_{j,k}\rangle_{L^2} = \int_{x_0-2N}^{x_0+2N} x^m\, \psi_{j,k}(x)\, dx .$$

Für ein k in dem interessanten Bereich $1-N \leq 2^{-j}x_0 - k \leq N$ erhalten wir über die Substitution $t = 2^{-j}x - k$:

$$\begin{aligned} d_k^j = \int_{x_0-2N}^{x_0+2N} x^m\, 2^{-j/2}\psi(2^{-j}x-k)\, dx &= 2^{j(m+1/2)} \int_{2^{-j}(x_0-2N)-k}^{2^{-j}(x_0+2N)-k} (t+k)^m\, \psi(t)\, dt \\ &= 2^{j(m+1/2)} \int_{\mathbb{R}} (t+k)^m \psi(t)\, dt . \end{aligned}$$

Für die letzte Umformung haben wir den kompakten Träger von ψ sowie $j \leq 0$ verwendet. Aufgrund von Satz 2.4.27 verschwinden die Koeffizienten d_k^j für $0 \leq m \leq N-1$. Mit den gleichen Beweisschritten folgt für die Koeffizienten c_k:

$$c_k = \langle f, \varphi(\cdot - k)\rangle_{L^2} = \int_{\mathbb{R}} (t+k)^m\, \varphi(t)\, dt$$

unabhängig von x_0.
Setzen wir $m = 0$, so ergibt sich mit unserer Normierung der Skalierungsfunktionen

$$c_k = \int_{\mathbb{R}} \varphi(t)\,dt = 1 .$$

■

Verschwindende Momente des Wavelets erlauben auch die Abschätzung der Konvergenzgeschwindigkeit von $P_j f$ gegen f für $j \to -\infty$. Hierbei ist P_j der Orthogonalprojektor auf V_j (2.2.10), vgl. Bemerkung 2.2.2.

Lemma 2.4.29 *Sei $\{V_j\}_{j\in\mathbb{Z}}$ die MSA, die durch die Daubechies–Skalierungsfunktion φ_N erzeugt wird, und sei $P_j : L^2(\mathbb{R}) \to V_j$ der Orthogonalprojektor auf V_j. Ist $f \in C_0^k(\mathbb{R})$ mit $1 \le k \le N$, dann gilt für $j \le 0$*

$$\|f - P_j f\|_{L^2} \le C\,2^{-k\,|j|}, \tag{2.4.31}$$

wobei die positive Konstante C nur von f, k und N abhängt.

Beweis: O.B.d.A dürfen wir annehmen, daß der Träger von f in $[0,1]$ enthalten ist. Der Träger $[2^j(1-N+k), 2^j(N+k)]$ von $(\psi_N)_{j,k}$ schneidet das Intervall $[0,1]$ höchstens für $k \in \{1-N, \dots, 2^{-j}N\}$. Daher folgt aus unseren Ausführungen in Kapitel 2.2.1 die Darstellung $\|f - P_j f\|_{L^2}^2 = \sum\limits_{l\le j} \sum\limits_{1-N\le p\le 2^{-j}N} (d_p^l)^2$ mit

$$d_p^l = \langle f, (\psi_N)_{l,p}\rangle_{L^2} = 2^{l/2} \int_{\mathbb{R}} f(2^l(x+p))\,\psi_N(x)\,dx. \tag{2.4.32}$$

Die letzte Gleichheit ergibt sich aus einer einfachen Substitution, wie sie schon im Beweis von Satz 2.4.29 verwendet wurde. Wegen der Glattheit von f haben wir folgende Taylor–Entwicklung

$$f(y+h) = \sum_{i=0}^{k-1} \frac{h^i}{i!} f^{(i)}(y) + \frac{h^k}{k!} f^{(k)}(\eta), \tag{2.4.33}$$

worin η eine Zahl zwischen y und $y+h$ bezeichnet. Setzen wir $y = 2^l p$ und $h = 2^l x$, so folgt aus (2.4.32) und (2.4.33) zusammen mit Satz 2.4.27 die Abschätzung

$$\begin{aligned} |d_p^l| &\le 2^{l(k+1/2)} \frac{1}{k!} \left| \int_{\mathbb{R}} f^{(k)}(\eta(2^l p, 2^l x))\, x^k\, \psi_N(x)\,dx \right| \\ &\le 2^{l(k+1/2)} \underbrace{\frac{1}{k!} \max_{\eta\in\mathbb{R}} |f^{(k)}(\eta)| \int_{\mathbb{R}} |x^k\, \psi_N(x)|\,dx}_{=C} . \end{aligned}$$

Damit können wir $\|f - P_j f\|_{L^2}^2$ für $j \leq 0$ abschätzen:

$$\|f - P_j f\|_{L^2}^2 \leq C^2 2N \sum_{l \leq j} 2^{2lk} = C^2 2N \sum_{l=|j|}^{\infty} 2^{-2lk}.$$

Die Summationsformel für die geometrische Reihe liefert die Behauptung. ∎

Bemerkung 2.4.30 Für die Aussage des obigen Satzes genügt es, daß $f \in C^k(\mathbb{R})$ ist, wenn man zusätzlich $f^{(k)} \in L^2(\mathbb{R})$ verlangt.

Die kontinuierliche Momenteneigenschaft aus Satz 2.4.27 gilt nicht nur für die Daubechies–Wavelets. Sie ist vielmehr immer dann erfüllt, wenn eine Multi–Skalen–Analyse verwendet wird, deren zugehörige Skalierungskoeffizienten den diskreten Momenten–Bedingungen genügen. Diese Bedingung wird üblicherweise als *Strang-Fix-Bedingung* bezeichnet.

Als nächstes wollen wir ein Ergebnis beweisen, das die Multi–Skalen–Interpretation der Wavelet–Zerlegung bestätigt. Der Ursprungsgedanke der Multi–Skalen–Zerlegung war, eine Funktion in ihre Anteile zu unterschiedlichen Frequenzbereichen aufzuspalten. Auf jeder Skala der Zerlegung sollte ein anderer Frequenzbereich repräsentiert werden. Optimal wäre, wenn $Q_m f$ ein perfekter Bandpaßfilter ist, wobei die Frequenzbänder für unterschiedliche m eine disjunkte Überdeckung der ganzen reellen Achse liefern. Dies ist für die Wavelet–Zerlegung mit Daubechies–Wavelets asymptotisch richtig [90].

Lemma 2.4.31 *Sei H_N das Fourier–Filter des Daubechies–Wavelets der Ordnung N. Es gilt*

$$\lim_{N \to \infty} |H_N(\omega)|^2 = \chi_{[-\pi/2, \pi/2]}(\omega). \tag{2.4.34}$$

Im Grenzfall werden die Skalierungsgleichungen von den perfekten Bandpaß- bzw. Tiefpaßfiltern

$$\widehat{\varphi}_\infty(\omega) = \chi_{[-\pi,\pi]}(\omega), \tag{2.4.35}$$

$$\widehat{\psi}_\infty(\omega) = \chi_{[-2\pi,2\pi]}(\omega) - \chi_{[-\pi,\pi]}(\omega) \tag{2.4.36}$$

gelöst.

Beweis: Aus der Definition der Daubechies–Wavelets folgt

$$|H_N(\omega)|^2 = 1 - c_N \int_0^\omega \sin^{2N-1}(x)\, dx \quad \text{mit}$$

$$c_N = \frac{1}{\int_0^\pi \sin^{2N-1}(x)\, dx}.$$

Für die Konstanten c_N aus Lemma 2.4.21 erhalten wir über das asymptotische Verhalten der Gamma-Funktion die folgende Abschätzung

$$c_N = O(N^{1/2}).$$

Damit folgt für die Ableitung im Punkt $\omega \neq \pi/2$

$$\lim_{N\to\infty} \frac{d}{d\omega}(|H_N(\omega)|^2) = -\lim_{N\to\infty} c_N \sin^{2N-1}(\omega) = 0.$$

Wir wissen ebenfalls, daß

$$H_N(0) = 1 \quad H_N(\pi) = 0$$

ist. Demnach ergibt sich

$$\lim_{N\to\infty} |H_N(\omega)|^2 = \chi_{[-\pi/2,\pi/2]}(\omega).$$

Aufgrund der Produktdarstellung

$$\widehat{\varphi}(\omega) = \prod_{m\geq 1} H(2^{-m}\omega)$$

gilt

$$\widehat{\varphi}_\infty(\omega) = \chi_{[-\pi,\pi]}(\omega).$$

Da das Wavelet ψ das orthogonale Komplement von V_1 in V_0 aufspannt, haben wir letztendlich

$$\widehat{\psi}_\infty(\omega) = \chi_{[-2\pi,2\pi]}(\omega) - \chi_{[-\pi,\pi]}(\omega),$$

und damit ist das Lemma bewiesen. ■

Zum Abschluß dieses Abschnitts wollen wir die Glattheit der Daubechies-Wavelets genauer untersuchen, indem wir ihre *Hölder-Exponenten* bestimmen.

Definition 2.4.32 *Der* Hölder-Raum $C^s(\mathbb{R})$ *mit*

$$s = n + \beta, \quad \beta \in [0,1),$$

ist der Raum n-fach stetig differenzierbarer Funktionen mit der Eigenschaft, daß für alle $x \neq y$ gilt

$$\frac{|f^{(n)}(x) - f^{(n)}(y)|}{|x-y|^\beta} \leq c(f).$$

Das maximale s, für das $f \in C^s(\mathbb{R})$ ist, heißt der Hölder-Exponent *von f.*

Ebenso wie bei Sobolev-Räumen kann man aus der Zugehörigkeit zu einem Hölder-Raum, $f \in C^s(\mathbb{R})$, auf die Differenzierbarkeit von f schließen.
Für Schlüsse dieser Art sind allerdings Ergebnisse über die Hölder-Räume besser geeignet, denn über den Sobolevschen Einbettungssatz bekommt man keine optimalen

Aussagen.
Eine Verbindung zwischen dem Hölder–Exponenten und der Fourier–Transformation einer Funktion erhalten wir über die Räume

$$W^{s,p}(\mathbb{R}) := \left\{ f \in \mathcal{S}'(\mathbb{R}) \,\middle|\, (1+|\omega|)^s \widehat{f}(\omega) \in L^p(\mathbb{R}) \right\}.$$

Beachte, daß $W^{s,2}(\mathbb{R})$ identisch mit dem Sobolev–Raum $H^s(\mathbb{R})$ ist. Es gelten die folgenden Einbettungssätze, siehe z.B. [138].

Satz 2.4.33

i) *Sei* $\varepsilon > 0$, *dann gilt*

$$W^{s+1+\varepsilon,\infty}(\mathbb{R}) \subset W^{s,1}(\mathbb{R}) \subset C^s(\mathbb{R}).$$

ii) *Für Funktionen* f *mit kompaktem Träger gilt*

$$f \in C^s(\mathbb{R}) \implies f \in W^{s,\infty}(\mathbb{R}).$$

Wir stehen also wieder vor der Aufgabe, das asymptotische Abfallverhalten der Fourier–Transformierten von f zu bestimmen, um Rückschlüsse auf die Glattheit von f ziehen zu können. Analog zu Lemma 2.4.15 beginnen wir mit

$$|\widehat{\varphi}_N(\omega)| = \left|\prod_{m\geq 1} H_N(2^{-m}\omega)\right| = \left|\frac{\sin(\omega/2)}{\omega/2}\right|^N \left|\prod_{m\geq 1} F_N(2^{-m}\omega)\right|.$$

Fassen wir jeweils j aufeinanderfolgende Terme des Produkts zusammen

$$\left|\prod_{m\geq 1} F_N(2^{-m}\omega)\right| = \left|\prod_{m\geq 0}\left(\prod_{k=1}^{j} F_N(2^{-k}2^{-mj}\omega)\right)\right|,$$

so erhalten wir mit

$$C = \sup_{|\omega|\leq 1} |F_N(\omega)|, \quad B_j = \sup_{\omega\in\mathbb{R}} \left|\prod_{k=1}^{j} F_N(2^{-k}\omega)\right|$$

die Abschätzung

$$\left|\prod_{m\geq 1} F_N(2^{-m}\omega)\right| \leq C B_j^{\ln(|\omega|)/(j\ln 2)} = C\,|\omega|^{\ln B_j/(j\ln 2)}.$$

Deshalb definieren wir den *kritischen Exponenten*

$$b = \inf_{j>0} b_j = \inf_{j>0}\sup_{\omega\in\mathbb{R}}\left(\frac{1}{j\ln 2}\ln\prod_{k=1}^{j}|F_N(2^{-k}\omega)|\right).$$

Lemma 2.4.34 *Es gilt* $b = \liminf_{j\to\infty} b_j$.

Beweis: Nach der obigen Definition von b_j folgt für ein beliebiges $m \in I\!N$:

$$\begin{aligned} b_{mj} &= \frac{1}{mj \ln 2} \sup_{\omega \in I\!R} \ln \Big(\prod_{k=1}^{mj} |F_N(2^{-k}\,\omega)| \Big) \\ &\le \frac{1}{mj \ln 2}\, m \sup_{\omega \in I\!R} \ln \Big(\prod_{k=1}^{j} |F_N(2^{-k}\,\omega)| \Big) \\ &= \frac{b_j\, j \ln 2}{j \ln 2} = b_j\,. \end{aligned}$$

Aus $0 \le b_{mj} \le b_j$ folgt $\liminf b_j = \inf b_j = b$. ■

Die b_j müssen also nicht explizit bestimmt werden. Es reicht aus, ihr asymptotisches Verhalten für $j \to \infty$ zu bestimmen. Eine untere Schranke an b erhalten wir durch Punkte $\omega_0 \in [0, 2\pi]$, die einen j–Zyklus erzeugen: Angenommen, es gilt für ein $j \in I\!N$

$$2^j\,\omega_0 \equiv \omega_0 \,(\mathrm{mod}\, 2\pi),$$

dann folgt für $m = m_0\, j + n$, $0 \le n < j$,

$$\begin{aligned} b_m &= \frac{1}{m \ln 2} \sup_{\omega \in I\!R} \ln \Big| \prod_{k=1}^{m} F_N(2^{-k}\,\omega) \Big| \\ &\ge \frac{1}{m \ln 2} \ln \Big| \prod_{k=1}^{m} F_N(2^{-k}\, 2^{m_0\, j}\,\omega_0) \Big| \\ &\ge \frac{1}{m \ln 2} \Big(m_0 \ln \Big| \prod_{k=1}^{j} F_N(2^{k}\,\omega_0) \Big| + C \Big) \\ &= \frac{1}{j \ln 2} \ln \Big| \prod_{k=1}^{j} F_N(2^{k}\,\omega_0) \Big| + o(m_0)\,. \end{aligned}$$

Wir erhalten

$$b = \liminf_{j\to\infty} b_j \ \ge\ \frac{1}{j \ln 2} \ln \Big| \prod_{k=1}^{j} F_N(2^{k}\,\omega_0) \Big|.$$

Der einfachste nicht triviale Zyklus wird erzeugt durch

$$\omega_0 = 2\pi/3\,, \quad j = 2\,.$$

Da aber F_N ein 2π-periodisches trigonometrisches Polynom mit reellen Koeffizienten ist, folgt

$$b \ge \frac{1}{2 \ln 2} \ln \left| F_N\left(\frac{2\pi}{3}\right) F_N\left(\frac{4\pi}{3}\right) \right| = \frac{\ln |F_N\,(2\pi/3)|}{\ln 2}\,. \qquad (2.4.37)$$

Unter zusätzlichen Voraussetzungen an F_N bzw. H_N können wir auch eine obere Schranke für b beweisen.

Lemma 2.4.35 *Sei F eine 2π-periodische Funktion mit $F(0) = 1$,*

$$|F(\omega)| \leq \left|F\left(\frac{2\pi}{3}\right)\right| \qquad \text{für} \quad |\omega| \leq \frac{2\pi}{3},$$

$$|F(\omega)\, F(2\omega)| \leq \left|F\left(\frac{2\pi}{3}\right)\right|^2 \qquad \text{für} \quad \frac{2\pi}{3} \leq |\omega| \leq \pi\,.$$

Dann gilt

$$b = \frac{\ln |F\,(2\pi/3)|}{\ln 2}\,.$$

Beweis: Wir analysieren das Produkt

$$\sup_{\omega\in\mathbb{R}} \prod_{k=1}^{j} |F(2^{-k}\,\omega)| = \sup_{\omega\in\mathbb{R}} \prod_{k=1}^{j} |F(2^{k}\,\omega)|\,.$$

Aufgrund der Periodizität dürfen wir $2^k\omega \in [-\pi,\pi]$ annehmen. Für $|2^k\,\omega| \leq 2\pi/3$ verwenden wir die erste Abschätzung. Ist $2\pi/3 \leq |2^k\,\omega| \leq \pi$, so gilt

$$|2^{k+1}\,\omega| \leq \frac{2\pi}{3} \,(\mathrm{mod}\ \pi)\,.$$

Wir können in diesem Fall 2 Faktoren zusammenfassen und die zweite Abschätzung verwenden. Für den Fall, daß für den letzten Faktor des Produkts $2\pi/3 \leq 2^j\,\omega \leq \pi$ gilt, setzen wir

$$B = \sup_{\omega\in\mathbb{R}} |F(\omega)| \geq \left|F\left(\frac{2\pi}{3}\right)\right| \geq 1$$

ein und erhalten

$$\sup_{\omega\in\mathbb{R}} \prod_{k=1}^{j} |F(2^{-k}\,\omega)| \leq \left|F\left(\frac{2\pi}{3}\right)\right|^{j-1} B\,.$$

Dann gilt für alle $j \in \mathbb{N}$:

$$\begin{aligned} b_j &= \frac{1}{j\ln 2} \sup_{\omega\in\mathbb{R}} \ln\left(\prod_{k=1}^{j} |F(2^k\,\omega)|\right) \\ &\leq \frac{j-1}{j\ln 2} \ln\left|F\left(\frac{2\pi}{3}\right)\right| + \frac{\ln B}{j\ln 2}\,. \end{aligned}$$

Lemma 2.4.34 impliziert dann

$$b \leq \frac{\ln |F\,(2\pi/3)|}{\ln 2}\,.$$

■

Die Fourier–Filter der Daubechies–Wavelets erfüllen die Voraussetzungen von Lemma 2.4.35. Damit können wir den kritischen Exponenten exakt bestimmen.

Lemma 2.4.36 *Sei $b(N)$ der kritische Exponent des Daubechies–Wavelets ψ_N. Dann gilt*

$$\lim_{N\to\infty} \frac{b(N)}{N} = \frac{\ln 3}{2\ln 2}.$$

Beweis: F_N ist bestimmt durch

$$q_N(\omega) = \cos^{2N}(\omega/2)\,|F_N(\omega)|^2,$$

wobei q_N in Lemma 2.4.21 definiert wurde. Da $q_N(\omega)$ die Orthogonalitätsbedingung erfüllt, folgt

$$\begin{aligned} 1 &= q_N(\omega) + q_N(\omega+\pi) \\ &= \cos^{2N}(\omega/2)\,|F_N(\omega)|^2 + \sin^{2N}(\omega/2)\,|F_N(\omega+\pi)|^2 \\ &= (1-y)^N\,P(y) + y^N\,P(1-y) \end{aligned} \tag{2.4.38}$$

mit $y = \sin^2(\omega/2)$ und $P(\sin^2(\omega/2)) = |F_N(\omega)|^2$. Da q_N ein Polynom vom Grad $2N-1$ in $\cos\omega$ ist, muß P ein Polynom vom Grad $N-1$ in y sein.
Die Lösungen von (2.4.38) sind die Bezout–Polynome, siehe [30]. Die eindeutige Lösung vom Grad $N-1$ ist

$$P(y) = \sum_{j=0}^{N-1} \binom{N-1+j}{j} y^j.$$

Damit haben wir in diesem Fall die explizite Darstellung

$$|F_N(\omega)|^2 = \sum_{j=0}^{N-1} \binom{N-1+j}{j} \left(\sin^2(\omega/2)\right)^j.$$

Wir sehen, daß $|F_N(\omega)|$ monoton wachsend ist für $0 \le \omega \le \pi$. Die erste Voraussetzung aus Lemma 2.4.35 ist also erfüllt. Für $\omega = \pi/2$ berechnen wir

$$\left|F_N\left(\frac{\pi}{2}\right)\right|^2 = \frac{q_N(\pi/2)}{\cos^{2N}(\pi/4)} = \frac{1}{2}\,2^N = 2^{N-1}.$$

Für $\omega \in [\pi/2, \pi]$ ist $\sin^2(\omega/2) \in [1/2, 1]$, deshalb gilt mit $y = \sin^2(\omega/2)$:

$$P(y) = \sum_{j=0}^{N-1} \binom{N-1+j}{j} \left(\frac{1}{2}\right)^j (2y)^j \le (2y)^{N-1}\,P(1/2)$$

und damit

$$|F_N(\omega)|^2 \le \left(\max\{4\sin^2(\omega/2), 2\}\right)^{N-1} = |g(\omega)|^{N-1} = (4y)^{N-1},$$

wobei wir $g(\omega) := \max\{4\sin^2(\omega/2), 2\}$ definiert haben. Die Funktion g erfüllt beide Voraussetzungen von Lemma 2.4.35: $g(2\pi/3) = 3$ und $g(\omega)\, g(2\omega) \leq 8$ für $\omega \in [2\pi/3, \pi]$ Also können wir $|F_N(\omega)|^2$ durch eine Majorante abschätzen

$$b(N) \leq \frac{N-1}{2\ln 2} \ln \left| g\left(\frac{2\pi}{3}\right) \right| = \frac{N-1}{2\ln 2} \ln 3 .$$

Darüberhinaus folgt mit der Abschätzung (2.4.37)

$$\begin{aligned} b(N) &\geq \frac{1}{2\ln 2} \ln \left| F_N\left(\frac{2\pi}{3}\right) \right|^2 \geq \frac{1}{2\ln 2} \ln \left| \binom{2N-2}{N-1} \left(\frac{3}{4}\right)^{N-1} \right| \\ &\geq \frac{1}{2\ln 2} \left(\ln |3^{N-2}| + \ln |N^{-1/2}| \right) = \frac{N-2}{2\ln 2} \ln 3 + o(N) . \end{aligned}$$

Für die letzte Abschätzung haben wir die Binomialkoeffizienten durch die Gamma-Funktion ausgedrückt und die Duplikationsformel für $\Gamma(z)$ verwendet, siehe [1]. ∎

Mit der Abschätzung aus Lemma 2.4.36 erhalten wir sofort eine untere Schranke für die Glattheit der Daubechies–Wavelets. Daß diese Schranke auch optimal ist, wurde in [41] bewiesen. Abschließend notieren wir das Endergebnis über den asymptotischen Hölder–Exponenten der Daubechies–Wavelets.

Satz 2.4.37 *Sei α_N der Hölder–Exponent der Daubechies–Wavelets ψ_N. Dann gilt*

$$\lim_{N\to\infty} \frac{\alpha_N}{N} = 1 - \frac{\ln 3}{2\ln 2} = 0.20775 .$$

Bemerkung 2.4.38 Die asymptotische Aussage von Satz 2.4.37, $\alpha_N \approx 0.20775 \cdot N$, gibt nur für große N gute Werte für α_N. Für die ersten Daubechies-Skalierungsfunktionen – und damit auch für die zugehörigen Wavelets – gelten die Glattheitsaussagen aus Tabelle 2.4, siehe [41], in Sobolev–Skalen $\varphi \in H^s(\mathbb{R})$, $s < s^*$, und in Räumen Hölder–stetiger Funktionen $\varphi \in C^\alpha(\mathbb{R})$, $\alpha < \alpha^*$.

Bemerkung 2.4.39 Wie wir bereits am Ende von Kapitel 2.3 bemerkt haben, ist die Glattheit der Wavelets auch für die diskreten Algorithmen wichtig. Denn zum einen entsteht die Skalierungsfunktion durch die graphische Iteration, angewandt auf eine Folge c, die nur aus einer einzigen Eins und sonst Nullen besteht. Die bei den Zwischenschritten berechneten φ_m sind die Histogramme von $(H^*)^m c$, wobei H einer der Zerlegungs–Operatoren der schnellen Wavelet–Transformation ist.
Zum anderen betrachten wir die Auswirkungen eines fehlerhaft berechneten Koeffizienten $\widetilde{c_k^m}$ auf die bei der Rekonstruktion entstehende Folge $\widetilde{c}_0$. Der Fehler hat wiederum die Gestalt $(H^*)^m c$, wobei c die Differenzenfolge $\widetilde{c^m} - c^m$ ist. Diese Folge hat also ebenfalls nur eine einzige Eins.
Dementsprechend hat der Rekonstruktionsfehler die Gestalt der Skalierungsfunktion φ! Denken wir nun an Anwendungen zur Datenkompression von digitalen Bildern, so sind kantige Fehler im rekonstruierten Bild störend, während glatte Fehler vom menschlichen Auge toleriert werden.

φ_N	$N=1$	$N=2$	$N=3$	$N=4$	$N=5$
s^*	0.5	1.000	1.415	1.775	2.096
α^*		0.550	1.088	1.618	1.596

Tabelle 2.4: Glattheit der Daubechies–Skalierungsfunktionen.

2.4.5 Biorthogonale Wavelets

Bis jetzt haben wir uns auf die Konstruktion orthogonaler Skalierungsfunktionen und orthogonaler Wavelets konzentriert. Wie wir gesehen haben, besitzen diese Funktionen einige außergewöhnliche Eigenschaften: sie sind hierarchisch angeordnet und rekursiv berechenbar, sie können mit kompaktem Träger und beliebiger Differenzierbarkeitsordnung konstruiert werden, und sie führen auf schnelle diskrete Wavelet–Algorithmen zur Analyse und Synthese digitaler Signale.
Damit nicht genug, wären weitere Eigenschaften wünschenswert. So ist z.B. keines der orthogonalen Wavelets mit kompaktem Träger symmetrisch und der Träger eines N-fach differenzierbaren Wavelets ist im Vergleich zu Splines der gleichen Differenzierbarkeitsordnung um ein Vielfaches größer. Darüberhinaus führt die Konstruktion orthogonaler Wavelets auf ein System nichtlinearer Gleichungen, das für großes N nur numerisch lösbar ist.
Leider ist es nicht möglich orthogonale Wavelets mit allen diesen zusätzlichen Eigenschaften zu konstruieren. Einen Fortschritt in diese Richtung kann man allerdings erzielen, wenn man die strikte Orthogonalität

$$\langle \psi_{m,k}, \psi_{m',k'} \rangle_{L^2} \;=\; \delta_{m,m'}\;\delta_{k,k'}$$

aufgibt.
Aus der Sicht der Signalverarbeitung ist die wesentliche Folgerung aus der Orthogonalität, daß man zur Analyse und Synthese eines Signals $f \in L^2(\mathbb{R})$ dasselbe Wavelet verwenden kann:

$$f \;=\; \sum_{m\in\mathbb{Z}} \sum_{k\in\mathbb{Z}} \langle f, \psi_{m,k} \rangle_{L^2}\, \psi_{m,k}\,.$$

Dies spiegelte sich bei den diskreten Wavelet–Algorithmen in der Verwendung der Filter $\{h_k\}$ und $\{g_k\}$ sowohl zur Zerlegung als auch zur Rekonstruktion wider.
In diesem Abschnitt begnügen wir uns statt dessen mit der Forderung nach Biorthogonalität, d.h. wir suchen Paare $\{\psi, \widetilde{\psi}\}$ von Funktionen, deren Dilatationen und Translationen

$$\psi_{m,k}(x) \;=\; 2^{m/2}\,\psi\,(2^m x - k)\,,$$

$$\widetilde{\psi}_{m,k}(x) \quad = \quad 2^{m/2}\,\widetilde{\psi}\,(2^m x - k)\,,$$

biorthogonale Basen des $L^2(\mathbb{R})$ in dem folgenden Sinn bilden:

$$\langle \psi_{m,k}, \widetilde{\psi}_{m',k'} \rangle_{L^2} \;=\; \delta_{m,m'}\, \delta_{k,k'} \tag{2.4.39}$$

und für alle $f \in L^2(\mathbb{R})$ gilt

$$f \;=\; \sum_{m\in\mathbb{Z}} \sum_{k\in\mathbb{Z}} \langle f, \widetilde{\psi}_{m,k}\rangle_{L^2}\, \psi_{m,k} \;=\; \sum_{k\in\mathbb{Z}} \langle f, \psi_{m,k}\rangle_{L^2}\, \widetilde{\psi}_{m,k}\,.$$

Die Konstruktion derartiger biorthogonaler Wavelets erfolgt ebenfalls über Skalierungsfunktionen $\{\varphi, \widetilde{\varphi}\}$ und zugehörige Skalierungsgleichungen:

$$\varphi(x) \;=\; \sqrt{2} \sum_{k\in\mathbb{Z}} h_k\, \varphi(2x-k)\,, \tag{2.4.40}$$

$$\widetilde{\varphi}(x) \;=\; \sqrt{2} \sum_{k\in\mathbb{Z}} \widetilde{h}_k\, \widetilde{\varphi}(2x-k)\,. \tag{2.4.41}$$

Mit $H(\omega)$ bzw. $\widetilde{H}(\omega)$ bezeichnen wir wiederum die Fourier–Reihen der Skalierungskoeffizienten $\{h_k\}$ bzw. $\{\widetilde{h}_k\}$.

Wir fassen die Hauptergebnisse über biorthogonale Wavelets zusammen:

Satz 2.4.40 *Seien H, $\widetilde{H}$ trigonometrische Polynome, die*

$$\overline{H(\omega)}\; \widetilde{H}(\omega) \;+\; \overline{H(\omega+\pi)}\; \widetilde{H}(\omega+\pi) \;=\; 1\,, \tag{2.4.42}$$

$$H(0) \;=\; \widetilde{H}(0) \;=\; 1\,,$$

erfüllen. Des weiteren gelte

$$H(\omega) \;=\; \left(\frac{1+e^{i\omega}}{2}\right)^N p(\omega)\,,$$

$$\widetilde{H}(\omega) \;=\; \left(\frac{1+e^{i\omega}}{2}\right)^{\widetilde{N}} \widetilde{p}(\omega)$$

mit trigonometrischen Polynomen p und $\widetilde{p}$, welche den Bedingungen

$$B_j := \max_{\omega\in\mathbb{R}} \left| \prod_{k=1}^{j} p(2^{-k}\omega) \right|^{1/j}, \quad \sup_{j\in\mathbb{N}} B_j \;<\; 2^{N-1/2}\,, \tag{2.4.43}$$

$$\widetilde{B}_j := \max_{\omega\in\mathbb{R}} \left| \prod_{k=1}^{j} \widetilde{p}(2^{-k}\omega) \right|^{1/j}, \quad \sup_{j\in\mathbb{N}} \widetilde{B}_j \;<\; 2^{\widetilde{N}-1/2}\,, \tag{2.4.44}$$

genügen. Dann gelten:

1. *Die unendlichen Produkte* $\prod_{j\geq 1} H(2^{-j}\omega)$ *und* $\prod_{j\geq 1} \widetilde{H}(2^{-j}\omega)$ *konvergieren in der* L^2*–Norm gegen* φ *und* $\widetilde{\varphi}$.

2. *Für* $k \in \mathbb{Z} \setminus \{0\}$ *gilt*

$$\int_{\mathbb{R}} \varphi(x)\, \widetilde{\varphi}(x-k)\, dx \;=\; 0$$

und φ *bzw.* $\widetilde{\varphi}$ *erfüllen die Skalierungsgleichungen* (2.4.40) *bzw.* (2.4.41).

3. *Die Funktionen*

$$\begin{aligned}\widehat{\psi}(\omega) &:= e^{-i\omega/2}\overline{\widetilde{H}(\omega/2+\pi)}\, \widehat{\varphi}(\omega/2)\,,\\ \widehat{\widetilde{\psi}}(\omega) &:= e^{-i\omega/2}\overline{H(\omega/2+\pi)}\, \widehat{\widetilde{\varphi}}(\omega/2)\end{aligned}$$

erfüllen:

- $\psi(x) \;=\; \sqrt{2}\sum_{k\in\mathbb{Z}} (-1)^k\, \widetilde{h}_{1-k}\, \varphi(2x-k)\,,$
- $\widetilde{\psi}(x) \;=\; \sqrt{2}\sum_{k\in\mathbb{Z}} (-1)^k\, h_{1-k}\, \widetilde{\varphi}(2x-k)\,,$
- $\int_{\mathbb{R}} \psi_{m,k}(x)\, \widetilde{\psi}_{m',k'}(x)\, dx \;=\; \delta_{m,m'}\, \delta_{k,k'}\,.$

Beweis: zu 1.: Als trigonometrische Polynome sind H und $\widetilde{H}$ stetig. Aufgrund der Voraussetzung exisitiert ein Index j bzw. ein Index $\widetilde{j}$ mit $B_j < 2^{N-1/2}$ bzw. $\widetilde{B}_{\widetilde{j}} < 2^{\widetilde{N}-1/2}$. Damit haben wir eine Abschätzung an den kritischen Exponenten und wir können mit den Techniken aus Kapitel 2.4.4 die L^2-Konvergenz von

$$\widehat{\varphi}_n(\omega) \;=\; \frac{1}{\sqrt{\pi}}\prod_{j=1}^{n} H(2^{-j}\omega)\, \chi_{[-2^n\pi,2^n\pi]}(\omega)$$

bzw. die Konvergenz des entsprechenden Produktes für $\widehat{\widetilde{\varphi}}$ zeigen.

zu 2.: Wir verwenden die Isometrie–Eigenschaft der Fourier–Transformation und erhalten

$$\begin{aligned}\int_{\mathbb{R}} \varphi_m(x)\, \widetilde{\varphi}_m(x-k)\, dx &= \frac{1}{2\pi}\int_{-2^m\pi}^{2^m\pi} \widehat{\varphi}_m(\omega)\, \overline{\widehat{\widetilde{\varphi}}_m(\omega)}\, e^{ik\omega}\, d\omega\\ &= \frac{1}{2\pi}\int_{-2^m\pi}^{2^m\pi} \prod_{j=1}^{m} H(2^{-j}\omega)\overline{\widetilde{H}(2^{-j}\omega)}\, e^{ik\omega}\, d\omega\end{aligned}$$

$$= \frac{1}{2\pi} \int_0^{2^m\pi} \Big(H(2^{-m}\omega)\overline{\widetilde{H}(2^{-m}\omega)} + H(2^{-m}\omega+\pi) \overline{\widetilde{H}(2^{-m}\omega+\pi)}\Big) \times \prod_{j=1}^{m-1} H(2^{-j}\omega)\overline{\widetilde{H}(2^{-j}\omega)}\, e^{ik\omega}\, d\omega$$

$$= \frac{1}{2\pi} \int_0^{2^m\pi} \prod_{j=1}^{m-1} H(2^{-j}\omega)\overline{\widetilde{H}(2^{-j}\omega)}\, e^{ik\omega}\, d\omega$$

$$= \frac{1}{2\pi} \int_{-2^{m-1}\pi}^{2^{m-1}\pi} \prod_{j=1}^{m-1} H(2^{-j}\omega)\overline{\widetilde{H}(2^{-j}\omega)}\, e^{ik\omega}\, d\omega$$

$$= \frac{1}{2\pi} \int_{-\pi}^{\pi} e^{ik\omega}\, d\omega \;=\; \delta_{0,k}\,.$$

zu 3.: Die Skalierungsgleichungen für ψ und $\widetilde{\psi}$ folgen durch inverse Fourier–Transformation. Wegen 2. folgt mit den Techniken des Beweises von Lemma 2.2.4

$$\sum_{k\in\mathbb{Z}} \overline{\widehat{\varphi}(\omega+2\pi k)}\,\widehat{\widetilde{\varphi}}(\omega+2\pi k) \;=\; \frac{1}{2\pi}\,.$$

Mit den Definitionen für ψ und $\widetilde{\psi}$ erhalten wir ebenso

$$\begin{aligned}
&\sum_{k\in\mathbb{Z}} \overline{\widehat{\psi}(\omega+2\pi k)}\,\widehat{\widetilde{\psi}}(\omega+2\pi k) \\
&\quad= \sum_{k\in\mathbb{Z}} \widetilde{H}(\omega/2+\pi k+\pi)\,\overline{\widehat{\varphi}(\omega/2+\pi k)}\;\overline{H(\omega/2+\pi k+\pi)}\,\widehat{\widetilde{\varphi}}(\omega+\pi k) \\
&\quad= \sum_{k\in\mathbb{Z}} \widetilde{H}(\omega/2+\pi)\overline{H(\omega/2+\pi)}\;\overline{\widehat{\varphi}(\omega/2+2\pi k)}\;\widehat{\widetilde{\varphi}}(\omega+2\pi k) \\
&\qquad\quad + \sum_{k\in\mathbb{Z}} \widetilde{H}(\omega/2)\overline{H(\omega/2)}\;\overline{\widehat{\varphi}(\omega/2+2\pi k+\pi)}\;\widehat{\widetilde{\varphi}}(\omega+2\pi k+\pi) \\
&\quad= \Big(\widetilde{H}(\omega/2)\,\overline{H(\omega/2)} \;+\; \widetilde{H}(\omega/2+\pi)\,\overline{H(\omega/2+\pi)}\Big)\,/(2\pi) \\
&\quad= \frac{1}{2\pi}\,.
\end{aligned}$$

Weiterhin können wir wegen $\widehat{\widetilde{\varphi}}(\omega) \;=\; \widetilde{H}(\omega/2)\widehat{\widetilde{\varphi}}(\omega/2)$ die gemischten Summen berechnen:

$$\begin{aligned}
\sum_{k\in\mathbb{Z}} \overline{\widehat{\psi}(\omega+2\pi k)}\,\widehat{\widetilde{\varphi}}(\omega+2\pi k) \;&=\; e^{i\omega/2}\Big(\widetilde{H}(\omega/2+\pi)\widetilde{H}(\omega/2) \;-\; \widetilde{H}(\omega/2+\pi)\widetilde{H}(\omega/2)\Big) \\
&=\; 0\,. \qquad (2.4.45)
\end{aligned}$$

Dies verwenden wir nun und zeigen

$$\begin{aligned}\int_{\mathbb{R}} \psi(x)\,\widetilde{\psi}(x-k)\,dx &= \int_{\mathbb{R}} \widehat{\psi}(\omega)\,e^{ik\omega}\overline{\widehat{\widetilde{\psi}}(\omega)}\,d\omega \\ &= \int_0^{2\pi} e^{ik\omega}\Big(\sum_{m\in\mathbb{Z}} \widehat{\psi}(\omega+2\pi m)\overline{\widehat{\widetilde{\psi}}(\omega+2\pi m)}\Big)\,d\omega \\ &= \delta_{0,k}\,.\end{aligned}$$

Gleichermaßen folgt

$$\int_{\mathbb{R}} \psi(x)\,\widetilde{\varphi}(x-k)\,dx = 0\,. \tag{2.4.46}$$

Daraus resultiert die Biorthogonalität auf der Stufe $m = 0$ und mit Hilfe der Substitution $t \leftrightarrow 2^m x$ auch auf jeder Stufe $m \in \mathbb{Z}$. Um die Skalarprodukte $\langle \psi_{m,k}, \widetilde{\psi}_{m',k'}\rangle_{L^2}$ für $m \neq m'$ zu berechnen, nehmen wir ohne Einschränkung $m' > m$ an. Über die Skalierungsgleichung können wir dann $\widetilde{\psi}_{m',k'}$ nach den Funktionen $\widetilde{\varphi}_{m,\ell}$ entwickeln. Gleichung (2.4.46) zeigt dann die Orthogonalität

$$\psi_{m,k} \perp \widetilde{\psi}_{m',k'} \quad \text{für} \quad m \neq m'\,.$$

Damit ist 3. bewiesen. ■

Im Gegensatz zu orthonormalen Basen haben wir für die biorthogonalen Wavelets nicht sofort die Stabilitätsaussage

$$C_1\left(\sum_{m\in\mathbb{Z}}\sum_{k\in\mathbb{Z}} |\langle f,\psi_{m,k}\rangle_{L^2}|^2\right)^{1/2} \leq \|\, f \,\|_{L^2} \leq C_2\left(\sum_{m\in\mathbb{Z}}\sum_{k\in\mathbb{Z}} |\langle f,\psi_{m,k}\rangle_{L^2}|^2\right)^{1/2}, \tag{2.4.47}$$

die stabile Zerlegung und Rekonstruktion gewährleistet. Außerdem garantiert die Bedingung (2.4.47), daß ψ eine Riesz–Basis erzeugt, vgl. hierzu die Definition 2.1.1 von Wavelet–Frames auf Seite 80.

Lemma 2.4.41 *Unter den Voraussetzungen von Satz* 2.4.40 *bilden* $\{\, \psi_{m,k} \mid m,k \in \mathbb{Z}\,\}$ *und* $\{\, \widetilde{\psi}_{m,k} \mid m,k \in \mathbb{Z}\,\}$ *Riesz–Basen von* $L^2(\mathbb{R})$.

Beweis: Für den Beweis sei auf [19] verwiesen. ■

Bevor wir einige biorthogonale Wavelet–Basen explizit angeben, wollen wir kurz die auf biorthogonalen Filtern basierenden schnellen Algorithmen beschreiben. Sei also eine Folge $c^0 \in \ell^2(\mathbb{Z})$ gegeben. Der Zerlegungsprozeß geschieht genau wie in Kapitel 2.3 beschrieben mit den Operatoren H und G, d.h. wir berechnen rekursiv

$$c^m = Hc^{m-1}, \quad d^m = Gc^{m-1}\,.$$

Zur Rekonstruktion werden allerdings nicht die adjungierten Operatoren H^* und G^* benutzt. Statt dessen führen wir zu den Koeffizientenfolgen $\{\widetilde{h}_k \mid k \in \mathbb{Z}\}$ und $\{\widetilde{g}_k \mid k \in \mathbb{Z}\}$ die Operatoren

$$\begin{array}{cccl} \widetilde{H}^* : & \ell^2(\mathbb{Z}) & \longrightarrow & \ell^2(\mathbb{Z}) \\ & c & \longmapsto & \left\{(\widetilde{H}^* c)_k = \sum_{\ell \in \mathbb{Z}} \widetilde{h}_{k-2\ell} c_\ell\right\} \end{array}$$

und

$$\begin{array}{cccl} \widetilde{G}^* : & \ell^2(\mathbb{Z}) & \longrightarrow & \ell^2(\mathbb{Z}) \\ & c & \longmapsto & \left\{(\widetilde{G}^* c)_k = \sum_{\ell \in \mathbb{Z}} \widetilde{g}_{k-2\ell} c_\ell\right\} \end{array}$$

ein. Für praktische Zwecke sind wiederum nur endliche Koeffizientenfolgen geeignet. Fordern wir nun, daß sich das Quadrupel von Operatoren $(H, G, \widetilde{H}^*, \widetilde{G}^*)$ zur Identität auf $\ell^2(\mathbb{Z})$ ergänzt

$$\widetilde{H}^* H + \widetilde{G}^* G = I, \tag{2.4.48}$$

so ist mit diesen Operatoren die Analyse und Synthese wiederum mit $O(n)$ Operationen durchführbar. Wir haben allerdings erheblich mehr Spielraum zur Konstruktion der Filterkoeffizienten. Wir können uns z.B. $\{h_k\}$ vorgeben und $\{\widetilde{h}_k\}$ so bestimmen, daß

$$\sum_{\ell \in \mathbb{Z}} h_\ell \, \widetilde{h}_{\ell-2k} = \delta_{0,k}$$

erfüllt ist. Dann wird durch

$$g_k = (-1)^k h_{1-k}, \qquad \widetilde{g}_k = (-1)^k \, \widetilde{h}_{1-k}$$

ein Quadrupel mit der Rekonstruktionseigenschaft (2.4.48) erzeugt.

Denken wir daran, daß Störungen in den Zerlegungskoeffizienten zu Artefakten in der rekonstruierten Folge führen, die asymptotisch das Wavelet $\widetilde{\psi}$ oder die Skalierungsfunktion $\widetilde{\varphi}$ annähern, so wird die Bedeutung glatter Wavelets klar, siehe Bemerkung 2.4.39. Leider sind die orthogonalen Daubechies-Wavelets in dieser Hinsicht nicht optimal. Wir streben jetzt also die Konstruktion biorthogonaler Wavlets mit höherer Differenzierbarkeitsordnung an.

Betrachten wir die zentrale Gleichung (2.4.42), so können wir mit einem Wunschkandidaten für H starten und versuchen, ein passendes $\widetilde{H}$ zu konstruieren. Wählen wir φ als N-ten B-Spline, siehe Kapitel 2.4.1, so gilt

$$\varphi(x) = B_N(x) \quad \text{mit} \quad H(\omega) = \left(\frac{1+e^{i\omega}}{2}\right)^{N+1}.$$

Die Suche nach einem geeigneten $\widetilde{H}$ führt auf ein System linearer Gleichungen und kann für kleine Werte von N von Hand gelöst werden. Die allgemeine Lösung wird in [19] angegeben.

Lemma 2.4.42 *Sei*

$$\widetilde{H}_{N,L}(\omega) = \left(\frac{1+e^{i\omega}}{2}\right)^{2L-N-1} P_L(\sin^2(\omega/2))\; e^{-ik\omega}$$

mit

$$P_L(x) = \sum_{j=0}^{L-1} \binom{L-1+j}{j} x^j .$$

Dann gilt

$$\overline{H(\omega)}\,\widetilde{H}_{N,L}(\omega) + \overline{H(\omega+\pi)}\,\widetilde{H}_{N,L}(\omega+\pi) = 1 ,$$
$$1 = H(0) = \widetilde{H}_{N,L}(0) .$$

Dies liefert allerdings nur die diskrete Orthogonalität der Filter H und $\widetilde{H}$. Die L^2-Konvergenz der Produkte

$$\prod H(2^{-j}\omega) , \quad \prod \widetilde{H}(2^{-j}\omega)$$

konnte in Satz 2.4.40 nur unter den Bedingungen (2.4.43) und (2.4.44) gezeigt werden. Diese Bedingungen sind nicht für alle Paare (N, L) erfüllt. Die am häufigsten gebrauchten Beispiele, die alle Vorraussetzungen erfüllen und die kürzesten Filter haben, sind

$$\widetilde{H}_{2,L} \text{ für } L \geq 2 , \qquad \widetilde{H}_{3,L} \text{ für } L \geq 4 ,$$

siehe [19].

Damit haben wir die meisten der eingangs des Kapitels genannten Nachteile der orthogonalen Daubechies-Wavelets beheben können. Insbesondere können wir symmetrische biorthogonale Wavelets konstruieren, die zudem schnelle diskrete Algorithmen zulassen.

2.4.6 Operatorangepaßte Wavelets

Orthogonale und biorthogonale Wavelets wurden im Hinblick auf die Zerlegung von Signalen $f \in L^2(\mathbb{R})$ konzipiert. Sollen Wavelets jedoch als Ansatzfunktionen zur Lösung einer Operatorgleichung

$$Af = g \tag{2.4.49}$$

eingesetzt werden, so ist nicht offensichtlich, wie sich diese Orthogonalität sinnvoll einsetzen läßt. Um dies zu verdeutlichen, betrachten wir einen allgemeinen Galerkin-Ansatz zur Lösung von (2.4.49) mit einem stetigen linearen Operator $A : X \rightarrow Y$ zwischen Hilberträumen X und Y. Wir lassen dabei offen, ob A ein Integral- oder Differentialoperator sein soll. Wir suchen also eine approximierende Lösung f_I in einem Ansatzraum

$$X_I = \text{span}\{\, u_j \mid j \in I \,\} \subset X,$$

hierbei bezeichnet I eine – üblicherweise endliche – Indexmenge. Die Näherungslösung

$$f_I = \sum_{j \in I} x_j u_j$$

wird mit Hilfe der "Testfunktionale"

$$Y_I = \mathrm{span}\{ v_i \mid i \in I \} \subset Y$$

dadurch bestimmt, daß "$Af_I = g$" dem Test mit v_i standhalten soll:

$$\langle Af_I, v_i \rangle_Y = \langle g, v_i \rangle_Y \qquad \forall i \in I.$$

Dieser Lösungsansatz führt auf ein lineares Gleichungssystem für den Koeffizientenvektor x:

$$A_I x = b. \tag{2.4.50}$$

Die Matrixeinträge und die rechte Seite berechnen sich dabei gemäß

$$\begin{aligned} (A_I)_{i,j} &= \langle Au_j, v_i \rangle_Y, \\ b_i &= \langle g, v_i \rangle_Y. \end{aligned}$$

Somit wird die Operatorgleichung (2.4.49) durch ein System linearer Gleichungen (2.4.50) approximiert. Die Struktur der Matrix A_I und der zur numerischen Lösung von (2.4.50) nötige Rechenaufwand werden sowohl durch den kontinuierlichen Operator A als auch durch die Wahl von X_I und Y_I bestimmt. Am einfachsten läßt sich die Lösung von (2.4.50) natürlich dann berechnen, wenn A_I eine Diagonalmatrix ist, d.h. wenn gilt

$$\langle Au_j, v_i \rangle_Y = 0 \quad \text{für} \quad i \neq j. \tag{2.4.51}$$

Wie wir sehen, ist zur Lösung von (2.4.49) die operatorabhängige "Orthogonalitätsbedingung" (2.4.51) wichtiger als die L^2–Orthogonalität der Ansatzfunktionen. Beide können wir jedoch in Übereinklang bringen, wenn $\{u_j | j \in I\}$ ein orthogonales Funktionensystem im Bild des adjungierten Operators A^* ist.

Lemma 2.4.43 *Sei $\{u_j | j \in I\} \subset X$ ein orthogonales Funktionssystem mit*

$$u_j \in \mathrm{range}(A^*), \quad j \in I.$$

Sei v_j definiert durch

$$A^* v_i = u_i. \tag{2.4.52}$$

Dann ist A_I eine Diagonalmatrix.

Beweis: Offensichtlich gilt $(A_I)_{ij} = \langle Au_j, v_i\rangle_Y = \langle u_j, A^*v_i\rangle_X = \langle u_j, u_i\rangle_X = 0$ für $i \neq j$. ■

Wird also X_I durch ein beliebiges System orthogonaler Funktionen erzeugt, so kann durch eine geschickte Wahl des Raums der Testfunktionale Y_I (fast) immer erreicht werden, daß A_I eine Diagonalmatrix wird. Allerdings hilft dies in den meisten Fällen nicht weiter, denn zur Berechnung jedes der v_i's muß selbst ein lineares Gleichungssystem gelöst werden. Der Aufwand der Bestimmung von v_i ist also i. allg. viel zu hoch. Hier hilft es nun, wenn wir als Ansatzfunktionen Wavelets und/oder Skalierungsfunktionen wählen. Für bestimmte Klassen von Operatoren lassen sich dann auch die Testfunktionale aus (2.4.52) rekursiv über Skalierungsgleichungen berechnen.

2.4.6.1 Wavelet–Vaguelette–Zerlegungen

In diesem Abschnitt werden wir untersuchen, unter welchen Bedingungen Wavelet–Ansatzfunktionen zu einem diagonalen Gleichungssystem (2.4.50) führen. Genauer gesagt, konstruieren wir uns eine orthonormale Basis der $L^2(\mathbb{R})$, ausgehend von dem Grundraum V_0 einer Multi–Skalen–Analyse, durch Hinzunahme der Wavelets auf den Skalen $m \leq 0$:

$$L^2(\mathbb{R}) = \overline{\text{span}\{\ \varphi_{0k}, \psi_{mk} \ \mid\ m \leq 0,\ m, k\ \in \mathbb{Z}\}}.$$

Lemma 2.4.43 besagt, daß wir $\varphi, \psi \in \text{range}(A^*)$ nachprüfen müssen, um dann die Testfunktionen über

$$A^* w_{0k} = \lambda_{0k}\ \varphi_{0,k}, \quad A^* v_{mk} = \kappa_{mk}\psi_{m,k}, \quad \|\ w_{0k}\| = \|v_{mk}\| = 1, \tag{2.4.53}$$

berechnen zu können. Insbesondere interessiert uns die Frage, wann die Testfunktionen v_{mk} schnell über Skalierungsgleichungen berechenbar sind. Im allgemeinen Fall werden die v_{mk}'s nicht mehr orthogonal zueinander sein. Wir wollen aber wenigstens fordern, daß

$$\{w_{0k}, v_{mk} \mid m \leq 0, m, k\}$$

eine stabile (Riesz-) Basis bildet. Dies führt zu der Definition der *Wavelet– Vaguelette–Zerlegung* eines Operators, die auf Ph. Tchamitchian [127] zurückgeht.

Definition 2.4.44 *Sei A ein stetiger, linearer Operator* $A : L^2(\mathbb{R}) \to L^2(\mathbb{R})$ *und sei* φ *eine orthogonale Skalierungsfunktion mit zugehörigem orthogonalem Wavelet* ψ. *Seien* $\{w_{0k}, v_{mk} \mid m \leq 0,\ m, k\ \}$ *definiert durch*

$$A^* w_{0k} = \lambda_{0k}\varphi_{0,k}, \quad A^* v_{mk} = \kappa_{mk}\psi_{m,k}, \quad \|w_{0k}\| \ = \ \|v_{mk}\| \ = 1.$$

Gilt weiterhin die folgende Norm-Äquivalenz

$$\left\| \sum_{k\in\mathbb{Z}} c_k^0 w_{0k} + \sum_{m\leq 0} \sum_{k\in\mathbb{Z}} d_k^m v_{mk} \right\|_{L^2}^2 \sim \sum_{k\in\mathbb{Z}} (c_k^0)^2 + \sum_{m\leq 0} \sum_{k\in\mathbb{Z}} (d_k^m)^2, \tag{2.4.54}$$

dann wird $\{\varphi_{0,k},\ \psi_{m,k}; w_{0k},\ v_{mk};\ \lambda_{0k},\ \kappa_{mk}\}$ *eine* Wavelet–Vaguelette-Zerlegung *des Operators A genannt. Die Funktionen* v_{mk} *werden* Vaguelettes *genannt.*

Bemerkung 2.4.45 Die Wavelet–Vaguelette–Zerlegung weist viele Änlichkeiten mit der Singulärwertzerlegung (SWZ) eines kompakten Operators auf, siehe z.B. [86]. So spiegelt z.B. das asymptotische Verhalten der κ_{mk}'s dasjenige der Singulärwerte wider. Allerdings ist eine Wavelet–Vaguelette–Zerlegung i. allg. erheblich einfacher zu berechnen als eine vollständige SWZ.

Lemma 2.4.46 *Sei A ein linearer stetiger Operator mit der Wavelet–Vaguelette–Zerlegung $\{\varphi_{0,k},\ \psi_{m,k}; w_{0k},\ v_{mk};\ \lambda_{0k},\ \kappa_{mk}\}$. Dann besitzt die Lösung f von $Af = g$ die Darstellung*

$$f = \sum_{k\in\mathbb{Z}} \lambda_{0k}^{-1}\ \langle g, w_{0k}\rangle_{L^2}\, \varphi_{0,k} + \sum_{m\le 0}\sum_{k\in\mathbb{Z}} \kappa_{mk}^{-1}\ \langle g, v_{mk}\rangle_{L^2}\, \psi_{m,k}. \tag{2.4.55}$$

Beweis: Die Menge $\{\varphi_{0,k}, \psi_{m,k}\}$ bildet eine orthogonale Basis von $L^2(\mathbb{R})$:

$$f = \sum_{k\in\mathbb{Z}} \langle f, \varphi_{0,k}\rangle_{L^2}\, \varphi_{0,k} + \sum_{m\le 0}\sum_{k\in\mathbb{Z}} \langle f, \varphi_{m,k}\rangle_{L^2}\, \psi_{m,k}.$$

Nach der Definition der Vaguelettes folgt

$$\begin{aligned}\langle f, \varphi_{0,k}\rangle_{L^2} &= \lambda_{0k}^{-1}\ \langle f, A^* w_{0k}\rangle_{L^2} = \lambda_{0k}^{-1}\ \langle g, w_{0k}\rangle_{L^2},\\ \langle f, \psi_{m,k}\rangle_{L^2} &= \kappa_{mk}^{-1}\ \langle f, A^* v_{mk}\rangle_{L^2} = \kappa_{mk}^{-1}\ \langle g, v_{mk}\rangle_{L^2}.\end{aligned}$$

Dabei haben wir $\langle f, A^*u\rangle_{L^2} = \langle Af, u\rangle_{L^2} = \langle g, u\rangle_{L^2}$ ausgenutzt. ∎

Auch in dieser Darstellung wird die Verwandtschaft zwischen Wavelet–Vaguelette– und Singulärwertzerlegungen deutlich. Für die Rekonstruktion ist die Lösung des Gleichungssystems (2.4.50) überflüssig geworden. Es sind lediglich die Skalarprodukte der rechten Seite mit den Testfunktionen $\{v_{mk}\}$ zu berechnen und diese mit den Kehrwerten der Normierungskonstanten κ_{mk} zu multiplizieren.
Denken wir in einem Vorgriff auf das Kapitel "Regularisierungsverfahren für Inverse Probleme" an den Einfluß gemessener und somit fehlerbehafteter Daten g, so wird die Rekonstruktion problematisch, falls $\kappa_{mk} \overset{m\to\infty}{\longrightarrow} 0$ gilt. Dies ist zumindest für Integraloperatoren die Regel, wie wir am Beispiel von Faltungsoperatoren

$$\begin{aligned} A: L^2(\mathbb{R}) &\longrightarrow L^2(\mathbb{R})\\ f &\longrightarrow \int_{\mathbb{R}} k(\cdot - y) f(y)dy \end{aligned}$$

demonstrieren. Ist der Kern k des Faltungsoperators hinreichend oft differenzierbar, so fällt seine Fourier–Transformierte schnell ab. Wir wollen daher annehmen, daß

$$c_1\,(1+|\omega|^2)^{-\alpha/2} \le |\widehat{k}(\omega)| \le c_2\,(1+|\omega|^2)^{-\alpha/2} \quad \text{für ein} \quad \alpha > 0$$

gilt, wobei c_1 und c_2 positive Konstanten sind. In diesem Fall können wir A als Abbildung $A: L^2(\mathbb{R}) \longrightarrow H^\alpha(\mathbb{R})$ betrachten und A besitzt sogar eine stetige Inverse

$A^{-1} : H^\alpha(\mathbb{R}) \longrightarrow L^2(\mathbb{R})$. (Für die Abbildung $A : L^2(\mathbb{R}) \to L^2(\mathbb{R})$ existiert jedoch kein inverser Operator!)

Wir verlassen die Faltungsoperatoren und betrachten das asymptotische Verhalten der Normierungskonstanten κ_{mk} in einem etwas allgemeineren Zusammenhang.

Lemma 2.4.47 *Sei $A : L^2(\mathbb{R}) \longrightarrow L^2(\mathbb{R})$ ein linearer, stetiger, selbstadjungierter Operator, der als Abbildung $A : L^2(\mathbb{R}) \longrightarrow H^\alpha(\mathbb{R})$, $\alpha > 0$, eine stetige Inverse besitzt. Seien $\{\varphi_{0,k},\ \psi_{m,k}; w_{0k},\ v_{mk};\ \lambda_{0k},\ \kappa_{mk}\}$ definiert durch (2.4.53) mit $\varphi, \psi \in H^\alpha(\mathbb{R})$. Dann gibt es positive Konstanten c_u und c_o, mit denen*

$$c_u\, 2^{-\alpha|m|} \leq \kappa_{mk} \leq c_o\, 2^{-\alpha|m|} \quad \textit{für} \quad m \leq 0$$

erfüllt ist.

Beweis: Da $A : L^2(\mathbb{R}) \longrightarrow H^\alpha(\mathbb{R})$ eine stetige Inverse besitzt, existieren Konstanten $0 < c_1, c_2 < \infty$ mit

$$c_1 \,\|f\|_{L^2} \leq \| Af \|_\alpha \leq c_2 \,\| f \|_{L^2}.$$

Der Operator A war als selbstadjungiert vorausgesetzt, also folgt mit (2.4.53)

$$\begin{aligned} 1 = \| v_{mk} \|_{L^2} &\leq \frac{1}{c_1} \| Av_{mk} \|_\alpha \\ &= \frac{\kappa_{mk}}{c_1} \| \psi_{m,k} \|_\alpha . \end{aligned}$$

Mit der Definition der Norm in Sobolev–Räumen erhalten wir

$$\begin{aligned} \| \psi_{m,k} \|_\alpha^2 &= \int_{\mathbb{R}} (1+|\omega|^2)^\alpha\, |\widehat{\psi}_{m,k}(\omega)|^2\, d\omega \\ &= 2^m \int_{\mathbb{R}} (1+|\omega|^2)^\alpha\, |\widehat{\psi}(2^m\omega)|^2\, d\omega \\ &= \int_{\mathbb{R}} (1+|2^{-m}\tau|^2)^\alpha\, |\widehat{\psi}(\tau)\,|^2\, d\tau \\ &\leq 2^{-2\alpha m}\, \|\psi\|_\alpha^2 . \end{aligned}$$

Die letzte Umformung gilt für $m \leq 0$. Zusammen erhalten wir

$$1 \leq \frac{\kappa_{mk}}{c_1}\, 2^{-\alpha m}\, \|\psi\|_\alpha^2$$

oder durch Umstellen

$$\kappa_{mk} \geq c_1\, \|\psi\|_\alpha^2\, 2^{\alpha m} .$$

Ähnlich bekommen wir eine obere Schranke für κ_{mk}:

$$\begin{aligned} 1 = \|v_{mk}\|_{L^2} &\geq \frac{1}{c_2}\,\|A^* v_{mk}\|_\alpha \\ &= \frac{\kappa_{mk}}{c_2}\,\|\psi_{mk}\|_\alpha\,. \end{aligned}$$

Eine Abschätzung an die Sobolev–Norm von ψ erhalten wir durch

$$\begin{aligned} \|\psi_{mk}\|_\alpha^2 &= \int_{\mathbb{R}} (1 + |\,2^{-m}\tau|^2)^\alpha\,|\widehat{\psi}(\tau)|^2\,d\tau \\ &\geq 2^{-2\alpha m}\int_{\mathbb{R}} |\tau|^{2\alpha}\,|\widehat{\psi}(\tau)|^2\,d\tau \\ &= c_{\alpha\psi}^2\,2^{-2\alpha m} \end{aligned}$$

mit einer Konstanten $0 < c_{\alpha\psi} < \infty$, die unabhängig von m ist. Damit folgt $c_{\alpha\psi}\,\kappa_{mk} \leq c_2\,2^{\alpha m}$. ■

Jetzt sind wir in der Lage, für diese Art von Operatoren die Existenz von Wavelet–Vaguelette–Zerlegungen zu beweisen.

Lemma 2.4.48 *Sei $A : L^2(\mathbb{R}) \longrightarrow L^2(\mathbb{R})$ ein linearer, stetiger, selbstadjungierter Operator, der als Abbildung $A : L^2(\mathbb{R}) \longrightarrow H^\alpha(\mathbb{R})$, $\alpha > 0$, eine stetige Inverse besitzt. Sei $\varphi \in H^\alpha(\mathbb{R})$ bzw. $\psi \in H^\alpha(\mathbb{R})$ eine orthogonale Skalierungsfunktion bzw. ein orthogonales Wavelet. Werden $w_{0k}, v_{mk}, \lambda_{0k}, \kappa_{mk}$ gemäß (2.4.53) konstruiert, so bildet*

$$\{\varphi_{0,k}, \psi_{m,k};\ w_{0k}, v_{mk};\ \lambda_{0k}\ \psi_{m,k}\ \}$$

eine Wavelet–Vaguelette–Zerlegung von A.

Beweis: Es fehlt lediglich der Nachweis der Stabilität von $\{w_{0k}, v_{mk}\}$, siehe (2.4.54). Wir verwenden die Äquivalenz $\|u\|_{L^2} \sim \|Au\|_\alpha$:

$$\begin{aligned} &\Big\| \sum_{k\in\mathbb{Z}} c_k^0\, w_{0k} + \sum_{m\leq 0}\sum_{k\in\mathbb{Z}} d_k^m v_{mk} \Big\|_{L^2}^2 \\ &\quad= \Big\| \sum_{k\in\mathbb{Z}} c_k^0\ A^* w_{0k} + \sum_{m\leq 0}\sum_{k\in\mathbb{Z}} d_k^m A^* v_{mk} \Big\|_\alpha^2 \\ &\quad= \Big\| \sum_{k\in\mathbb{Z}} c_k^0 \lambda_{0k}\varphi_{0,k} + \sum_{m\leq 0}\sum_{k\in\mathbb{Z}} d_k^m \kappa_{mk}\psi_{m,k} \Big\|_\alpha^2 \\ &\quad\sim \sum_{k\in\mathbb{Z}} (c_k^0\ \lambda_{0k}\ \|\varphi_{0,k}\ \|_\alpha)^2 + \sum_{m\leq 0}\sum_{k\in\mathbb{Z}} (d_k^m \kappa_{mk}\ \|\psi_{m,k}\|_\alpha)^2. \end{aligned}$$

Die obige Äquivalenz beruht darauf, daß orthogonale Wavelets für alle Sobolev–Räume, in denen sie selbst enthalten sind, eine Riesz–Basis erzeugen [97].
Die Normen $\|\varphi_{0,k}\|_\alpha$, $\|\psi_{m,k}\|_\alpha$ schätzen wir genauso ab wie in dem Beweis von Lemma 2.4.47 und erhalten

$$\lambda_{0k} \, \| \, \varphi_{0,k} \, \|_\alpha \sim 1 \, , \qquad \kappa_{mk} \, \| \, \psi_{m,k} \, \|_\alpha \sim 1 \, .$$

Zusammengefaßt haben wir die Normäquivalenz

$$\Big\| \sum_{k\in\mathbb{Z}} c_k^0 \, w_{0k} \; + \; \sum_{m\leq 0}\sum_{k\in\mathbb{Z}} d_k^m v_{mk} \Big\|_{L^2}^2 \; \sim \; \sum_{k\in\mathbb{Z}} (c_k^0)^2 \; + \; \sum_{m\leq 0}\sum_{k\in\mathbb{Z}} (d_k^m)^2$$

gezeigt und die Existenz einer Wavelet–Vaguelette–Zerlegung bewiesen. ∎

Die prinzipielle Durchführbarkeit einer Wavelet–Vaguelette–Zerlegung ist gesichert. Ihr Einsatz für Galerkin–Verfahren führt demnach auf ein lineares Gleichungssystem (2.4.50) mit einer Diagonalmatrix. Die Lösung kann dann durch eine Reihendarstellung angegeben werden, siehe (2.4.55).
Bevor jedoch Wavelet–Vaguelette–Zerlegungen sinnvoll für numerische Berechnungen einsetzbar sind, muß geklärt werden, unter welchen Bedingungen die Funktionen v_{mk} und die Skalarprodukte $\langle g, v_{mk}\rangle_{L^2}$ effizient berechenbar sind. Diese Frage können wir für Faltungsoperatoren und die Operatoren aus Lemma 2.4.47 positiv beantworten.

Lemma 2.4.49 *Sei φ eine orthogonale Skalierungsfunktion und ψ das zugehörige orthogonale Wavelet mit*

$$\varphi(x) \;=\; \sqrt{2} \sum_{\ell\in\mathbb{Z}} h_\ell \, \varphi(2x-\ell),$$

$$\psi(x) \;=\; \sqrt{2} \sum_{\ell\in\mathbb{Z}} g_\ell \, \varphi(2x-\ell).$$

Sei $A : L^2(\mathbb{R}) \longrightarrow L^2(\mathbb{R})$ ein linearer, stetiger, selbstadjungierter Operator, der als Abbildung $A : L^2(\mathbb{R}) \longrightarrow H^\alpha(\mathbb{R})$, $\alpha > 0$, eine stetige Inverse besitzt. Die Menge $\{\varphi_{0,k}, \psi_{m,k}; w_{0k}, v_{mk}; \lambda_{0k}, \kappa_{mk}\}$ bezeichne die zugehörige Wavelet–Vaguelette–Zerlegung. Dann erfüllen die w_{mk} und die v_{mk} die Skalierungsgleichungen

$$w_{mk}(x) \;=\; \sum_{\ell\in\mathbb{Z}} h_{\ell k}^m \, w_{m-1,2k+\ell},$$

$$v_{mk}(x) \;=\; \sum_{\ell\in\mathbb{Z}} g_{\ell k}^m \, w_{m-1,2k+\ell}(x),$$

wobei die Skalierungskoeffizienten gegeben sind durch

$$h_{\ell k}^m = \frac{h_\ell \, \lambda_{mk}}{\lambda_{m-1,2k+\ell}}, \quad g_{\ell k}^m = \frac{g_\ell \, \kappa_{mk}}{\kappa_{m-1,2k+\ell}}, \quad \lambda_{mk} = \|A^* w_{mk}\|_{L^2}, \quad \kappa_{mk} = \|A^* v_{mk}\|_{L^2} \, .$$

Beweis: Wir beweisen lediglich die Skalierungsgleichung für die w_{mk}, das entsprechende Ergebnis für die v_{mk} erhält man analog. Aufgrund der definierenden Gleichung $A^* w_{mk} = \lambda_{mk}\, \varphi_{m,k}$ folgt

$$\begin{aligned} A^* w_{mk} &= \lambda_{mk} \sum_{\ell \in \mathbb{Z}} h_\ell\, \varphi_{m-1,2k+\ell} \\ &= \sum_{\ell \in \mathbb{Z}} h_\ell \frac{\lambda_{mk}}{\lambda_{m-1,2k+\ell}} A^* w_{m-1,2k+\ell} \\ &= A^* \Big(\sum_{\ell \in \mathbb{Z}} h_{\ell k}^m\, w_{m-1,2k+\ell} \Big). \end{aligned}$$

Da beide Seiten der Gleichung in $H^\alpha(\mathbb{R})$ liegen und $A = A^*$ auf $H^\alpha(\mathbb{R})$ stetig invertierbar ist, haben wir das Lemma bewiesen. ■

Die Darstellung der Skalierungsgleichung in Lemma 2.4.49 besitzt Koeffizienten $h_{\ell k}^m, g_{\ell k}^m$, die sowohl mit der Skala m als auch mit dem Verschiebungsindex k variieren. Dementsprechend gibt es auch kein "Muttervaguelette" v, aus dem die v_{mk} durch Skalieren und Translatieren hervorgehen. Dies ist auch dann nicht möglich, wenn wir uns auf Faltungsoperatoren einschränken. Allerdings hängen hier die Skalierungskoeffizienten nicht mehr von dem Translationsindex k ab.

Korollar 2.4.50 *Sei A ein Faltungsoperator mit Kern k, der die Voraussetzungen aus Lemma* 2.4.49 *erfüllt. Dann gilt*

$$\begin{aligned} \lambda_{mk}^2 &= \lambda_m^2 = 2^m \int_{\mathbb{R}} \left| \frac{\widehat{\varphi}(2^m \omega)}{\widehat{k}(\omega)} \right|^2 d\omega\,, \\ \kappa_{mk}^2 &= \kappa_m^2 = 2^m \int_{\mathbb{R}} \left| \frac{\widehat{\psi}(2^m \omega)}{\widehat{k}(\omega)} \right|^2 d\omega\,, \end{aligned}$$

und die Skalierungskoeffizienten $h_{\ell k}^m = h_\ell^m$, $g_{\ell k}^m = g_\ell^m$ sind unabhängig vom Index k.

Beweis: Da A selbstadjungiert ist folgt

$$\widehat{k}(\omega)\, \widehat{v}_{m\ell}(\omega) = 2^{m/2} \widehat{\psi}(2^m \omega) e^{-i 2^m \ell \omega}\,.$$

Der Faltungssatz und die Rechenregeln für die Fourier–Transformation liefern das Ergebnis. ■

Bemerkung 2.4.51 Ist der Operator homogen von der Ordnung β, d.h. $(Af)\widehat{\ }(\omega) = |\omega|^\beta \widehat{f}(\omega)$, so gilt

$$\kappa_{mk} = 2^{(\beta-1)m} \kappa = 2^{(\beta-1)m} \int_{\mathbb{R}} \frac{|\widehat{\psi}(\omega)|^2}{|\omega|^{2\beta}}\, d\omega.$$

Zusammenfassend müssen wir eingestehen, daß die Wavelet–Vaguelette–Zerlegung zwar sehr schöne theoretische Eigenschaften besitzt, ihre Einsetzbarkeit allerdings bei dem derzeitigen Wissensstand i. allg. auf Faltungsgleichungen beschränkt bleibt.

Die Testfunktionen v_{mk} hätten wir auch als Wavelets wählen können. In diesem Fall wäre die Basis durch Lösen der Gleichungen

$$Au_{mk} = \kappa_{mk}\,\psi_{mk}$$

entstanden.

2.4.6.2 Wavelet–Wavelet–Zerlegungen

In diesem Abschnitt wollen wir untersuchen, was wir erreichen können, wenn wir sowohl für die Ansatz- als auch für die Testfunktionen Wavelets einsetzen. Orthogonale Wavelets sind hier zu unflexibel, um eine strukturierte Matrix A in (2.4.50) zu erreichen. Einen Ausweg liefern die biorthogonalen Wavelets.

Im folgenden betrachten wir also ein Quadrupel $(\varphi, \widetilde{\varphi}, \psi, \widetilde{\psi})$ von Funktionen in $L^2(\mathbb{R})$ mit den Eigenschaften: $(\varphi, \widetilde{\varphi})$ sei ein Paar biorthogonaler Skalierungsfunktionen, d.h. beide erfüllen Skalierungsgleichungen

$$\begin{aligned} \varphi(x) &= \sqrt{2}\sum_{k\in\mathbb{Z}} h_k\varphi(2x-k), \\ \widetilde{\varphi}(x) &= \sqrt{2}\sum_{k\in\mathbb{Z}} \widetilde{h}_k\varphi(2k-2), \end{aligned}$$

und die Fourier-Reihen H, $\widetilde{H}$ genügen der Orthogonalitätsbedingung

$$H(\omega)\,\overline{\widetilde{H}(\omega)} + H(\omega-\pi)\,\overline{\widetilde{H}(\omega+\pi)} = 1, \quad H(0) = \widetilde{H}(0) = 1. \tag{2.4.56}$$

Die zugehörigen biorthogonalen Wavelets seien ψ und $\widetilde{\psi}$ mit

$$\begin{aligned} \psi(x) &= \sqrt{2}\sum_{k\in\mathbb{Z}} (-1)^k\,h_{1-k}\,\varphi(2x-k), \\ \widetilde{\psi}(x) &= \sqrt{2}\sum_{k\in\mathbb{Z}} (-1)^k\,\widetilde{h}_{1-k}\,\widetilde{\varphi}(2x-k). \end{aligned}$$

Dazu äquivalent sind

$$\begin{aligned} \widehat{\psi}(\omega) &= -e^{-i\omega/2}\,\overline{\widehat{H}(\omega/2-\pi)}\,\widehat{\varphi}(\omega/2), \\ \widehat{\widetilde{\psi}}(\omega) &= -e^{-i\omega/2}\,\overline{H(\omega/2-\pi)}\,\widehat{\widetilde{\varphi}}(\omega/2). \end{aligned}$$

So können wir eine beliebige Funktion $f \in L^2(\mathbb{R})$ entwickeln:

$$f = \sum_{k\in\mathbb{Z}} \langle f,\ \varphi_{0,k}\rangle_{L^2}\, \widetilde{\varphi}_{0,k} + \sum_{m\leq 0}\ \sum_{k\in\mathbb{Z}} \langle f, \psi_{m,k}\rangle_{L^2}\, \widetilde{\psi}_{m,k}\,.$$

Das zentrale Ergebnis über Wavelet–Wavelet–Zerlegungen besagt, daß wir unter bestimmten Voraussetzungen an den Operator die Wavelet–Basis

$$\{\varphi_{0,k}\,,\ \psi_{mk} \mid m, k \in \mathbb{Z},\ m \leq 0\}$$

sowohl als Ansatz- als auch Testfunktionen wählen können und immerhin noch eine Blockdiagonalmatrix in (2.4.50) erhalten. In diesem Abschnitt wollen wir als Beispiel einen Differentialoperator mit konstanten Koeffizienten

$$Af(x) = \sum_{l=0}^{N} a_l\, \frac{\partial^{2l}}{\partial\, x^{2l}}\, f(x)$$

betrachten. Der Definitionsbereich und die Randbedingungen seien so gewählt, daß A selbstadjungiert ist. Im Fourier–Raum besitzt der Operator die Darstellung

$$(Af)\widehat{\ }(\omega) = \underbrace{\left(\sum_{l=0}^{N} a_l\,(-i\omega)^{2l}\right)}_{=:\,\sigma(\omega)} \widehat{f}(\omega)\,.$$

Satz 2.4.52 *Sei $(\varphi, \widetilde{\varphi})$ ein Paar biorthogonaler Skalierungsfunktionen mit*

$$\widetilde{H}(\omega/2) = \frac{H(\omega/2)\ P(\omega)}{|H(\omega/2)|^2\ P(\omega) + |H(\omega/2+\pi)|^2\ P(\omega+\pi)}\,, \tag{2.4.57}$$

wobei die Konvergenz von

$$P(\omega) = \sum_{n\in\mathbb{Z}} \sigma(\omega + 4\pi n)\,|\,\widehat{\varphi}(\omega/2\ +\ 2\pi n)\,|^2$$

vorausgesetzt sei. Dann gilt

$$\begin{aligned}
\langle A\psi_{m,k},\ \psi_{m',k'}\rangle_{L^2} &= 0 \quad \textit{für}\ \ m \neq m'\,,\\
\langle A\varphi_{0,l},\ \psi_{0,k}\rangle_{L^2} &= 0 \quad \textit{für}\ \ l, k \in \mathbb{Z}\,.
\end{aligned}$$

Beweis: Zunächst berechnen wir

$$\begin{aligned}
\langle A\varphi_{0,k},\ \psi_{0,k}\rangle_{L^2} &= \langle \widehat{A\varphi}_{0,k},\ \widehat{\psi}_{0,k}\rangle_{L^2}\\
&= \frac{1}{2\pi}\int_{\mathbb{R}} \sigma(\omega)\widehat{\varphi}(\omega)e^{-ik\omega}\overline{\widehat{\psi}(\omega)\ e^{i-l\omega}}\, d\omega
\end{aligned}$$

$$= \frac{1}{2\pi}\int_{\mathbb{R}} \sigma(\omega)\widehat{\varphi}(\omega)\overline{\widehat{\psi}(\omega)}e^{-i(k-l)\omega}\,d\omega$$

$$= \frac{1}{2\pi}\int_{\mathbb{R}} \sigma(\omega)H(\omega/2)\widehat{\varphi}(\omega/2)\overline{(-e^{-i\omega/2})\widehat{\varphi}(\omega/2)}\widetilde{H}(\omega/2-\pi)e^{-i(k-l)\omega}\,d\omega$$

$$= \frac{1}{2\pi}\sum_{n\in\mathbb{Z}}\int_{2\pi n}^{2\pi(n+1)} \sigma(\omega)\,|\,\widehat{\varphi}(\omega/2)\,|^2\;H(\omega/2) \times \widetilde{H}(\omega/2-\pi)(-e^{i\omega/2})e^{-i(k-l)\omega}\,d\omega$$

$$= \frac{1}{2\pi}\int_0^{2\pi} e^{-i(k-l)\omega}\sum_{n\in\mathbb{Z}}\sigma(\omega+2\pi n)\,|\,\widehat{\varphi}(\omega/2+\pi n)\,|^2\;H(\omega/2+\pi n) \times \widetilde{H}(\omega/2+\pi(n-1))e^{-i(\omega/2+n\pi)}\,d\omega\,.$$

Aufspalten der Summe in gerade und ungerade n liefert

$$\langle A\varphi_{0,k},\ \psi_{0,k}\rangle_{L^2} = \frac{1}{2\pi}\int_0^{2\pi} e^{-i(k-l)\omega} \times \Bigg(\sum_{\substack{m\in\mathbb{Z}\\ n=2m}}\sigma(\omega+4\pi m)\,|\,\widehat{\varphi}(\omega/2+2\pi m)\,|^2 H(\omega/2)\;\widetilde{H}(\omega/2+\pi)(-e^{-i\omega/2})$$
$$+\sum_{\substack{m\in\mathbb{Z}\\ n=2m+1}}\sigma(\omega+2\pi+4\pi m)\,|\,\widehat{\varphi}(\omega/2+\pi+2\pi m)\,|^2 \times H(\omega/2+\pi)\widetilde{H}(\omega/2)\;e^{-i\omega/2}\Bigg)\,d\omega$$

$$= \frac{1}{2\pi}\int_0^{2\pi} e^{-i(k-l)\omega}\;P(\omega)\;H(\omega/2)\;\widetilde{H}(\omega/2+\pi)(-e^{-i\omega/2})\,d\omega$$
$$+\frac{1}{2\pi}\int_0^{2\pi} e^{-i(k-l)\omega}\;P(\omega+2\pi)\;\widetilde{H}(\omega/2)\;e^{-i\omega/2}\,d\omega.$$

Da (2.4.56) und $0=\langle A\varphi_{0,k},\ \psi_{0,k}\rangle_{L^2}$ erfüllt sind, muß gelten

$$\begin{pmatrix} \overline{H(\omega/2)} & \overline{H(\omega/2+\pi)} \\ H(\omega/2+\pi)P(\omega+2\pi) & -H(\omega/2)P(\omega)\end{pmatrix}\begin{pmatrix}\widetilde{H}(\omega/2)\\ \widetilde{H}(\omega/2+\pi)\end{pmatrix} = \begin{pmatrix}1\\0\end{pmatrix}.$$

Auflösen des Gleichungssystems ergibt

$$\widetilde{H}(\omega/2) = \frac{H(\omega/2)\;P(\omega)}{|H(\omega/2)\,|^2P(\omega)+|H(\omega/2+\pi)\,|^2P(\omega+2\pi)}\,.$$

Betrachten wir nun $\langle A\psi_{m,k}\,,\ \psi_{m',k'}\rangle_{L^2}$. Sei $m > m'$, dann läßt sich wegen $W_{m'} \subset V_m$ das Wavelet $\psi_{m',k'}$ nach $\{\varphi_{m,l}\,|\,l \in \mathbb{Z}\}$ entwickeln. Da A als selbstadjungiert vorausgesetzt war, führt die Substitution $x := 2^{-m}x$ auf Terme der Form $\langle A\psi_{mk}\,,\ \varphi_{ml}\rangle)_{L^2} = 0$. ∎

Haben wir also eine derartige biorthogonale Basis, so bleibt die Orthogonalität zwischen unterschiedlichen Skalen erhalten. Für die numerische Effizienz ist jedoch entscheidend, daß alle Skalierungsgleichungen endlich sind, d.h. H und $\widetilde{H}$ müssen trigonometrische Polynome sein. Dies wird i. allg. aber für $\widetilde{H}$ wegen (2.4.57) nicht möglich sein. Betrachten wir daher den einfachen Fall

$$Af(x) = -\frac{\partial^{2m}}{\partial x^{2m}}\,f(x) \quad \text{mit} \quad \sigma(\omega) = \omega^{2m}\,.$$

Mit der Fourier–Reihe $H_N(\omega)$ der Koeffizienten der N-ten Daubechies–Skalierungsfunktion,

$$H_N(\omega) = \left(\frac{1+e^{i\omega}}{2}\right)^N q_N(\omega)\,,$$

definieren wir, siehe [25],

$$H(\omega) \;=\; \left(\frac{1+e^{i\omega}}{2}\right)^{N+m} q_N(\omega)\,, \tag{2.4.58}$$

$$\widehat{H}(\omega) \;=\; \left(\frac{1+e^{i\omega}}{2}\right)^{N-m} q_N(\omega)e^{im\omega}\,. \tag{2.4.59}$$

Korollar 2.4.53 *Seien H und $\widetilde{H}$ gemäß* (2.4.59) *und* (2.4.58) *definiert. Dann erfüllen H und $\widetilde{H}$ die Voraussetzungen von Satz* 2.4.52.

Der Beweis des obigen Korollars kann in [25] nachgelesen werden. Dort wird auch gezeigt, daß für hinreichend großes N die zugehörigen Skalierungsgleichungen biorthogonale L^2-Lösungen besitzen.

Verwenden wir diese Ansatzfunktionen, so erhalten wir für unseren einfachen Operator ein schnell lösbares, blockdiagonales Gleichungssystem. Jedoch sind die zur Zeit bekannten Wavelet–Wavelet–Zerlegungen für Differentialoperatoren eher von theoretischem Interesse.

2.4.7 Anmerkungen

Eine alternative Konstruktion von Wavelets mit kompaktem Träger wird vorgestellt, und auf zwei Familien von Wavelets mit speziellen Eigenschaften wird kurz eingegangen werden.

2.4.7.1 Wavelets und Ableitungen

Sowohl die Approximation von Ableitungen durch die Wavelet–Transformation, siehe Kapitel 1.4, als auch die Eigenschaft

$$\sum_n (-1)^n h_n = \sum_n g_n = 0\,,$$

siehe (2.2.32), (2.2.34), legen es nahe, die Koeffizienten g_n der diskreten Wavelet–Transformation als Differenzenformel zu konstruieren, vgl. hierzu auch Bemerkung 2.2.11. Ziel dieses Abschnitts ist es, aus einer vorgegebenen Differentiationsordnung orthogonale Wavelets zu konstruieren.

Definieren wir mit den Koeffizienten g_n die Formel

$$Tf(x) = \sum_{n=0}^{N} g_n f(x + n\delta)\,,$$

so liefert für hinreichend glatte Funktionen f die Taylorsche Formel

$$Tf(x) = \sum_{\nu=0}^{p} \gamma_\nu \delta^\nu f^{(\nu)}(x) + O(\delta^{p+1})\,,$$

wobei

$$\gamma_\nu = \sum_{n=0}^{N} n^\nu g_n \tag{2.4.60}$$

ist. Wenn wir eine Formel zur Approximation der Ableitung der Ordnung p konstruieren wollen, so sind zunächst die Momenten–Bedingungen

$$\gamma_\nu = 0 \quad \text{für} \quad \nu = 0, \ldots, p-1 \quad \text{und} \quad \gamma_p = c \neq 0 \tag{2.4.61}$$

zu erfüllen. Die zentralen Differenzenquotienten $g_n := (-1)^{p-n}\binom{p}{n}$ lösen (2.4.60) mit der linken Seite (2.4.61):

Lemma 2.4.54 *Für $0 \le \nu \le p-1$ gilt*

$$\sum_{n=0}^{p} n^\nu \binom{p}{n} (-1)^{p-n} = 0\,.$$

Beweis : Die Funktion $f(x) = (x-1)^p$ hat eine p–fache Nullstelle bei 1. Es gilt

$$f(x) = (x-1)^p = \sum_{n=0}^{p} \binom{p}{n} (-1)^{p-n} x^n\,.$$

Aus $f(1) = 0$ folgt sofort obige Aussage für $\nu = 0$. Durch Induktion folgt

$$\begin{aligned} f^{(\nu)}(x) &= \sum_{n=0}^{p} \binom{p}{n} (-1)^{p-n} x^{n-\nu} n(n-1)\cdots(n-\nu+1) \\ &= \sum_{n=0}^{p} \binom{p}{n} (-1)^{p-n} n^{\nu} x^{n-\nu} + \sum_{n=0}^{p} \binom{p}{n} (-1)^{p-n} q_{\nu-1}(n) x^{n-\nu} , \end{aligned}$$

wobei $q_{\nu-1}$ ein Polynom vom Grad kleiner ν und somit diese Summe für $x = 1$ Null ist. Wegen $f^{(\nu)}(1) = 0$ verschwindet auch die erste Summe. ∎

Aus $f^{(p)}(x) = p!$ ergibt sich

$$\sum_{n=0}^{p} (-1)^{p-n} \binom{p}{n} n^p = p! ,$$

also ist

$$T_p f(x) = \frac{\delta^{-p}}{p!} \sum_{n=0}^{p} (-1)^{p-n} \binom{p}{n} f(x+n\delta) = f^{(p)}(x) + O(\delta)$$

eine Formel zur Approximation der p–ten Ableitung.

Bei der Konstruktion orthogonaler Wavelets sind neben der Normalisierung noch zusätzliche Bedingungen zu stellen. Es muß gelten, siehe (2.2.27),

$$\sum_n h_n h_{n+2m} = 0 \quad \text{für} \quad m > 0 .$$

Um diese Bedingungen zu erfüllen, benötigen wir weitere Koeffizienten. Diese sollen nicht die Approximationseigenschaft verändern, wir verlangen deshalb, daß ihre p–ten Momente verschwinden. Somit setzen wir die g_n als Linearkombination mit noch zu bestimmenden α_ℓ von zentralen Differenzenquotienten für die Ableitung der Ordnung p bis $p + L$ an:

$$g_n = \sum_{\ell=0}^{L} \alpha_\ell (-1)^{p+\ell-n} \binom{p+\ell}{n} \quad \text{für} \quad 0 \le n \le p + L ,$$

wobei wir $\binom{m}{n} = 0$ für $n > m$ verwenden. Damit gilt

$$\sum n^{\nu} g_n = 0 \quad \text{für} \quad \nu < p$$

und

$$\sum n^p g_n = p! .$$

Die Normierungsbedingung ergibt mit

$$h_m = (-1)^{1-m} g_{1-m}$$

nun

$$\begin{aligned}\sqrt{2} \overset{!}{=} \sum_{m=-p-L+1}^{1} h_m &= \sum_{n=0}^{p+L}(-1)^n g_n = \sum_{\ell=0}^{L} \alpha_\ell (-1)^{p+\ell} \sum_{n=0}^{p+L} \binom{p+\ell}{n} \\ &= \sum_{\ell=0}^{L} \alpha_\ell (-1)^{p+\ell} 2^{p+\ell},\end{aligned}$$

wobei wir $\sum_{n=0}^{m} \binom{m}{n} = (1+1)^m = 2^m$ benutzt haben. Auflösen nach α_0 liefert

$$\alpha_0 = (-1)^p 2^{1/2-p} + \sum_{\ell=1}^{L} \alpha_\ell (-1)^{\ell+1} 2^\ell .$$

Daraus berechnen sich die Koeffizienten g_n zu

$$g_n = (-1)^n \binom{p}{n} 2^{1/2-p} + \sum_{\ell=1}^{L} \alpha_\ell (-1)^{p-n+\ell} \left\{ \binom{p+\ell}{n} - 2^\ell \binom{p}{n} \right\} .$$

Führen wir zur Abkürzung ein

$$a_{n\ell} = (-1)^{p-n+\ell} \left\{ \binom{p+\ell}{n} - 2^\ell \binom{p}{n} \right\}$$

und

$$y_n = (-1)^n \binom{p}{n} 2^{1/2-p} ,$$

so resultiert daraus

$$g_n = \sum_{\ell=1}^{L} a_{n\ell} \alpha_\ell + y_n .$$

Einsetzen in die Orthogonalitätsbeziehung

$$\sum_n h_n h_{n+2m} = \sum_n g_n g_{n+2m} = 0$$

ergibt für $m \geq 1$ ein System von quadratischen Gleichungen für die α_ℓ

$$\sum_n \left(\sum_{\ell=1}^{L} \sum_{\lambda=1}^{L} a_{n\ell} a_{n+2m,\lambda} \alpha_\ell \alpha_\lambda + \sum_{\ell=1}^{L} (a_{n\ell} + a_{n+2m,\lambda}) \alpha_\ell + y_n y_{n+2m} \right) = 0 .$$

Im folgenden soll der einfache Fall $p = 2$ und $L = 1$ betrachtet werden. Es treten vier Koeffizienten auf, die Orthogonalitätsbeziehung besteht hier also aus nur einer Gleichung, und zwar

$$h_2 h_0 + h_1 h_1 = g_1 g_3 + g_2 g_0 = 0 .$$

Aus der allgemeinen Formel berechnen sich die Koeffizienten mit $\alpha := \alpha_1$ zu

$$g_0 = 2^{-3/2} + \alpha\,, \quad g_1 = -2^{-1/2} - \alpha\,, \quad g_2 = 2^{-3/2} - \alpha\,, \quad g_3 = \alpha\,.$$

Eingesetzt in die obige Relation ergibt sich die quadratische Gleichung

$$g_1 g_3 + g_2 g_0 = -2\alpha^2 - 2^{-1/2}\alpha + 2^{-3} = 0\,.$$

Die Lösungen sind

$$\alpha_{1,2} = 2^{-5/2}\big(-1 \pm \sqrt{3}\big)\,.$$

Die Koeffizienten sind nun

$$\begin{aligned} g_0 &= 2^{-5/2}(1 \pm \sqrt{3}) \\ g_1 &= -2^{-5/2}(3 \pm \sqrt{3}) \\ g_2 &= 2^{-5/2}(3 \mp \sqrt{3}) \\ g_3 &= -2^{-5/2}(1 \mp \sqrt{3})\,. \end{aligned}$$

Dies sind die Koeffizienten des Daubechies–Wavelet ψ_2, siehe Tabelle 2.3 auf Seite 165 je nach Wahl des Vorzeichens der Wurzel ergeben sie sich in unterschiedlicher Reihenfolge. Somit resultiert aus allen Differentiationsformeln für die zweite Ableitung mit 4 Punkten unter Berücksichtigung der Orthogonalitätsbeziehung allein das Daubechies–Wavelet. Die Einführung weiterer Freiheitsgrade, also eine Erhöhung von L, ermöglicht, weitere Eigenschaften wie Glattheit des Waveletes oder Glättung der Daten zu realisieren.

2.4.7.2 Wavelets auf dem Intervall

Die bisher besprochenen Skalierungsfunktionen und Wavelets führen auf Multi–Skalen–Analysen des $L^2(\mathbb{R})$. Es liegt nun der Wunsch nahe, das Konzept einer MSA auf den $L^2(0,1)$ zu übertragen. Hierbei steht $[0,1]$ nur stellvertretend für irgendein endliches Intervall.

Eine einfache Methode, dies zu tun, besteht darin, die Skalierungsfunktion φ und das Wavelet ψ einer MSA des $L^2(\mathbb{R})$ zu periodisieren, siehe [97] und auch [32]:

$$\varphi^{\text{per}}_{j,k}(x) := \sum_{l\in\mathbb{Z}} \varphi_{j,k}(x+l), \qquad \psi^{\text{per}}_{j,k}(x) := \sum_{l\in\mathbb{Z}} \psi_{j,k}(x+l).$$

Diese Definitionen sind z.B. sinnvoll, wenn φ und ψ einen kompakten Träger besitzen, was wir fortan voraussetzen.

Die Funktionensysteme $\{\varphi^{\text{per}}_{j,k}\,|\,0 \le k \le 2^{|j|}-1\}$ und $\{\psi^{\text{per}}_{j,k}\,|\,0 \le k \le 2^{|j|}-1\}$ sind jeweils orthonormal für $j \le 0$. Bezeichnen wir ihre linerare Hülle mit V^{per}_j, vgl. (3.6.6), bzw. W^{per}_j, so ist $\{V^{\text{per}}_j\}_{j\le 0}$ eine MSA des $L^2(0,1)$ und es gelten $V^{\text{per}}_j \perp W^{\text{per}}_j$ sowie

$V_{j-1}^{\text{per}} = V_j^{\text{per}} \oplus W_j^{\text{per}}$, für $j \leq 0$.
Die zugehörige schnelle Transformation ist der periodisierte Mallat–Algorithmus:

$$c_k^{j+1} = \sum_l h_l \, c_{l+2k}^j, \qquad d_k^{j+1} = \sum_l g_l \, c_{l+2k}^j,$$

wobei $c^j \in I\!R^{2^j}$ periodisiert wurde: $c_{l+2^j}^j := c_l^j$.
Für gewisse Anwendungen ist diese Konstruktion ausreichend. Sie hat jedoch einen Schönheitsfehler: Wegen

$$\int_0^1 x^k \, \psi^{\text{per}}(x) \, dx = \int_{I\!R} (x - \lfloor x \rfloor)^k \, \psi(x) \, dx$$

übertragen sich die verschwindenden Momente von ψ i. allg. nicht auf ψ^{per}. Damit liegen die auf $[0,1]$ eingeschränkten Polynome nicht in V_j^{per}, vgl. hierzu Lemma 2.4.28. Das hat zur Konsequenz, daß eine Abschätzung des Approximationsfehlers $\|f - P_{V_j^{\text{per}}} f\|_{L^2(0,1)}$ analog zu (2.4.31) für die MSA $\{V_j^{\text{per}}\}_{j \leq 0}$ nicht möglich ist, wenn nur $f \in C^k(0,1)$ vorausgesetzt wird. Das Periodisieren erzeugt Unstetigkeiten in den Randpunkten 0 und 1. Innere Glattheit von f zahlt sich nicht aus:

Lemma 2.4.55 *Sei φ die orthogonale Skalierungsfunktion und sei ψ das orthogonale Wavelet einer MSA des $L^2(I\!R)$. Beide Funktionen haben kompakten Träger der Länge größer 1, und das Wavelet habe ein verschwindendes erstes Moment. Die periodischen Räume V_j^{per} und W_j^{per} seien definiert wie oben. Ist $f \in C^k(0,1)$, $k \geq 1$, dann gilt*

$$\|f - P_{V_j^{\text{per}}} f\|_{L^2(0,1)} = O\big(2^{-|j|/2}\big), \quad j \leq 0. \tag{2.4.62}$$

Eine bessere Asymptotik ist nicht *möglich, selbst wenn ψ verschwindende Momente höherer Ordnung hat.*

Beweis: Es besteht die Gleichheit $\|f - P_{V_j^{\text{per}}} f\|_{L^2(0,1)}^2 = \sum\limits_{l=j}^{-\infty} \sum\limits_{p=0}^{2^{|l|}-1} (d_p^l)^2$ mit

$$d_p^l = \langle f, \psi_{l,p}^{\text{per}} \rangle_{L^2(0,1)} = \int_{I\!R} f(x - \lfloor x \rfloor) \, \psi_{l,p}(x) \, dx.$$

O.B.d.A. sei $[0,T]$, $T \in I\!N \setminus \{1\}$, der Täger von ψ. Für $p \leq 2^{|l|} - T$ liegt der Träger von $\psi_{l,p}$ komplett in $[0,1]$, weswegen $d_p^l = \int_0^1 f(x) \, \psi_{l,p}(x) \, dx$ gilt. Wie im Beweis von Lemma 2.4.29 zeigt man: $|d_p^l| \leq C_1 \, 2^{3l/2}$ für $0 \leq p \leq 2^{|l|} - T$. Sei $2^{|l|} - T + 1 \leq p \leq 2^{|l|} - 1$, dann haben wir

$$|d_p^l| = 2^{l/2} \left| \int_0^T f\left(2^l(x+p) - \lfloor 2^l(x+p) \rfloor\right) \psi(x) \, dx \right| \leq 2^{l/2} \underbrace{\max_{\eta \in [0,1]} |f(\eta)| \int_0^T |\psi(x)| \, dx}_{= C_2}.$$

Die Asymptotik (2.4.62) folgt aus

$$
\begin{aligned}
\|f - P_{V_j^{\text{per}}} f\|^2_{L^2(0,1)} &\leq \sum_{l=j}^{-\infty} \Big(C_1^2 \sum_{p=0}^{2^{|l|}-T} 2^{3l} + C_2^2 \sum_{p=2^{|l|}-T+1}^{2^{|l|}-1} 2^l \Big) \\
&\leq \max\{C_1^2, C_2^2(T-1)\} \sum_{l=|j|}^{\infty} \big(2^{-2l} + 2^{-l}\big)
\end{aligned}
$$

und der Summationsformel für die geometrische Reihe. Die Beziehung

$$
\lim_{l\to-\infty} 2^{|l|/2}\, d^l_{2^{|l|}-1} = \lim_{\epsilon\nearrow 1} f(\epsilon) \int_0^1 \psi(x)\, dx + \lim_{\epsilon\searrow 0} f(\epsilon) \int_1^T \psi(x)\, dx
$$

impliziert, daß bei geeigneter Wahl von $f \in C^k(0,1)$ die Abschätzung (2.4.62) optimal ist, wenn eines der beiden Integrale über ψ nicht verschwindet. ∎

Die eben erläuterten Nachteile der periodischen Konstruktion einer MSA auf $L^2(0,1)$ können vermieden werden, wenn man die zugrundeliegenden Familien $\{\varphi_{j,k}\}$ und $\{\psi_{j,k}\}$ einschränkt auf das Intervall $[0,1]$ und die auf jeder Skala j verbleibenden endlich vielen Funktionen orthonormalisiert. Diese Vorgehensweise wurde zum ersten Mal in [98] von Meyer beschrieben. Ausgehend von der Daubechies–Familie φ_N, ψ_N, konstruiert er Räume $V_j^{[0,1]}$ (j hinreichend negativ), die $2^{|j|} - 2N - 2$ "innere" Funktionen und je $2N-2$ modifizierte Skalierungsfunktionen an den beiden Enden des Intervalls enthalten. Die Wavelet–Räume $W_j^{[0,1]}$ werden erzeugt durch $2^{|j|} - 2N - 2$ "innere" Wavelets und $2\,(N-1)$ Rand–Wavelets. Die inneren Funktionen sind gerade diejenigen $(\varphi_N)_{j,k}$ und $(\psi_N)_{j,k}$, deren Träger in $[0,1]$ liegen. Meyers Konstruktion führt auf eine Wavelet–Basis des $L^2(0,1)$ mit N verschwindenden Momenten, d.h. Polynome bis zum Grad $N-1$, die eingeschränkt sind auf $[0,1]$, sind in $V_j^{[0,1]}$ enthalten. Entsprechend gilt

$$
\|f - P_{V_j^{[0,1]}} f\|_{L^2(0,1)} = O\big(2^{-k\,|j|}\big)
$$

für $f \in C^k(0,1)$, $1 \leq k \leq N$ und j hinreichend negativ.
Die Dimension von $W_j^{[0,1]}$ ist $2^{|j|}$, die Räume $V_j^{[0,1]}$ jedoch sind größer, sie enthalten $2^{|j|} + 2N - 2$ unabhängige Funktionen. Neben diesem Ungleichgewicht von $V_j^{[0,1]}$ und $W_j^{[0,1]}$ hat die Konstruktion von Meyer weitere Nachteile, die von Cohen et al. in [20] diskutiert und durch eine neue Konstruktion behoben werden. Die Autoren erzeugen orthonormale Funktionensysteme

$$
\begin{aligned}
X_j &= \{\varphi^0_{j,k} \,|\, 0 \leq k \leq N-1\} \\
&\quad \cup \{(\varphi_N)_{j,k} \,|\, N \leq k \leq 2^{|j|} - N - 1\} \cup \{\varphi^1_{j,k} \,|\, 0 \leq k \leq N-1\}, \\
Y_j &= \{\psi^0_{j,k} \,|\, 0 \leq k \leq N-1\} \\
&\quad \cup \{(\psi_N)_{j,k} \,|\, N \leq k \leq 2^{|j|} - N - 1\} \cup \{\psi^1_{j,k} \,|\, 0 \leq k \leq N-1\},
\end{aligned}
$$

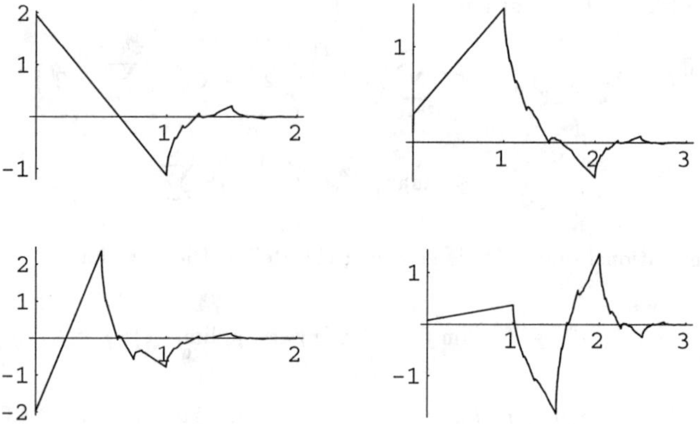

Abbildung 2.11: Die beiden Rand–Skalierungsfunktionen (oben) und Rand–Wavelets für den linken Rand der Konstruktion von Cohen et al. bzgl. der Daubechies–Familie der Ordnung 2. Die Skalierungsfunktionen sind linear auf $[0,1]$.

wobei $j \leq 0$ so ist, daß $2^{|j|} \geq 2N$ gilt. Die Räume $V_j^{\text{neu}} := \operatorname{span} X_j$ bilden eine MSA von $L^2(0,1)$, die alle Polynome bis zum Grad $N-1$ enthält. Zwischen $W_j^{\text{neu}} := \operatorname{span} Y_j$ und V_j^{neu} besteht der gewünschte Zusammenhang: $\dim V_j^{\text{neu}} = \dim W_j^{\text{neu}} = 2^{|j|}$, $V_j^{\text{neu}} \perp W_j^{\text{neu}}$ und $V_{j-1}^{\text{neu}} = V_j^{\text{neu}} \oplus W_j^{\text{neu}}$.
Die $\varphi_{j,k}^i$, $\psi_{j,k}^i$, $i = 0, 1$, sind die Randfunktionen, die notwendigerweise eingeführt werden müssen, siehe Abbildung 2.11. Sie erfüllen – wie die inneren Funktionen – eine Art von Skalierungsgleichung (dies gilt übrigens auch für die Konstruktion von Meyer). Die Funktionen am linken Rand erfüllen

$$\begin{aligned}
\varphi_{j,k}^0 &= \sum_{l=0}^{N-1} h_{k,l}^0\, \varphi_{j-1,l}^0 + \sum_{l=N}^{N+2k} h_{k,l}^0\, (\varphi_N)_{j-1,l}, \\
\psi_{j,k}^0 &= \sum_{l=0}^{N-1} g_{k,l}^0\, \psi_{j-1,l}^0 + \sum_{l=N}^{N+2k} g_{k,l}^0\, (\psi_N)_{j-1,l}.
\end{aligned}$$

Die Koeffizienten $h_{k,l}^0$, $g_{k,l}^0$ und $h_{k,l}^1$, $g_{k,l}^1$ (rechter Rand) können berechnet werden und sind in [20] tabelliert. Mit diesen Koeffizienten kann man die schnelle Wavelet–Transformation entsprechend modifizieren, d.h. mit den Wavelets auf dem Intervall läßt sich wie gewohnt rechnen, vgl. Kapitel 2.3.

2.4.7.3 Coiflets

In fast allen Anwendungen der Wavelet–Transformation liegen die Ausgangsdaten diskret vor, d.h. man hat eine endliche Folge $\{\widetilde{c}_k\}$ gegeben, die als Diskretisierung einer

Funktion f verstanden werden kann: $c_k = f(h\,k)$ mit der Abtastrate $h > 0$. Um die schnelle Wavelet–Transformation durchführen zu können, muß man aus den Werten $\{\widetilde{c}_k\}$ die Skalarprodukte $c_k^j = \langle f, \varphi_{j,k}\rangle_{L^2}$ berechnen. Dazu wurden angepaßte Quadraturformeln entwickelt [126].
Besonders einfach wäre, wenn $c_k^j \sim \widetilde{c}_k$ gelten würde. Den Projektionsoperator P_j könnte man dann als Vielfaches des Interpolationsoperators deuten. Eine Taylor–Entwicklung um den Punkt $x_{j,k} = 2^j(\alpha + k)$ liefert für $f \in C^2$

$$\begin{aligned} c_k^j &= 2^{j/2} \int_{\mathbb{R}} f\left(2^j(x+k)\right) \varphi(x)\, dx \\ &= 2^{j/2} f(x_{j,k}) \int_{\mathbb{R}} \varphi(x)\, dx + 2^{3j/2} f'(x_{j,k}) \int_{\mathbb{R}} (x-\alpha)\,\varphi(x)\, dx \qquad (2.4.63) \\ &\quad + 2^{5j/2} \frac{1}{2} \int_{\mathbb{R}} f''\left(\eta(x,\alpha,k,j)\right) (x-\alpha)^2 \varphi(x)\, dx. \end{aligned}$$

Ist f'' beschränkt, die Skalierungsfunktion normiert durch $\int \varphi(x)\, dx = 1$, und wählen wir $\alpha = \int x\, \varphi(x)\, dx$, dann gilt

$$c_k^j = 2^{j/2} f\left(2^j(k+\alpha)\right) + O\left(2^{5j/2}\right).$$

Wieder folgt durch eine Taylor–Entwicklung

$$c_k^j = 2^{j/2} f(2^j k) + O\left(2^{3j/2}\right) = 2^{j/2}\, \widetilde{c}_k + O\left(2^{3j/2}\right), \qquad (2.4.64)$$

falls die Abtastrate $h = 2^j$ ist. Für feine Diskretisierungen (j hinreichend negativ) haben wir $c_k^j \approx 2^{j/2}\, \widetilde{c}_k$.

Mit einem Blick auf (2.4.63) erkennen wir, daß sich die asymptotische Ordnung in (2.4.64) erhöht, sobald für die Skalierungsfunktion Momente höherer Ordnung verschwinden. Eine orthogonale Wavelet–Familie, die diese Eigenschaft hat, wurde von Daubechies in [33] vorgestellt und *Coiflets* genannt, da R. Coifman sie zu folgender Konstruktion anregte, siehe dazu auch [11]: Zu einer geraden natürlichen Zahl M (genannt die Ordnung des Systems) existieren zwei Funktionen φ_M, ψ_M und $3M-1$ reelle Zahlen h_k, $k = 0, \ldots, 3M-1$, normalisiert durch $\sum h_k = \sqrt{2}$, so daß gilt

$$\begin{aligned} \varphi_M(x) &= \sqrt{2} \sum_{k=0}^{3M-1} h_k\, \varphi_M(2x-k), \\ \psi_M(x) &= \sqrt{2} \sum_{k=0}^{3M-1} g_k\, \psi_M(2x-k) \end{aligned}$$

mit $g_k = h_{3M-1-k}$. Beide Funktionen haben einen kompakten Träger in $[0, 3M-1]$. Die Skalierungsfunktion φ_M erfüllt

$$\int_{\mathbb{R}} \varphi_M(x)\, dx = 1 \quad \text{sowie} \quad \int_{\mathbb{R}} x^l\, \varphi_M(x)\, dx = 0, \quad l = 1, \ldots, M-1, \qquad (2.4.65)$$

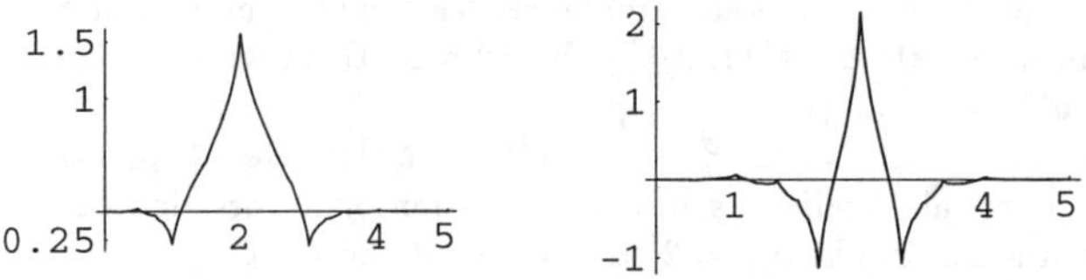

Abbildung 2.12: Die Skalierungsfunktion (links) und das Wavelet der Coiflet–Familie der Ordnung 2. Die scheinbare Symmetrie der Skalierungsfunktion ist typisch und liegt in den verschwindenden Momenten (2.4.65) begründet.

und das Wavelet ψ_M hat M verschwindende Momente

$$\int_{\mathbb{R}} x^l \, \psi_M(x) \, dx \; = \; 0, \quad l = 0, \ldots, M-1.$$

Die verschwindenden Momente der Skalierungsfunktion erkauft man sich durch einen größeren Träger. Das vergleichbare Daubechies-System mit M verschwindenden Momenten hat nur einen Träger der Länge $2M - 1$.
Setzen wir f als hinreichend glatt voraus, so kann man auf die übliche Art und Weise

$$\langle f, (\varphi_M)_{j,k} \rangle_{L^2} \; = \; 2^{j/2} \, f(2^j \, k) \, + \, O\big(2^{(M+1/2)j}\big)$$

nachweisen.
Die Koeffizienten h_k, $k = 0, \ldots, 3M - 1$, können in der Originalarbeit [33] oder in [32] nachgeschlagen werden.

2.5 Orthogonale zweidimensionale Wavelets

Für eine Vielzahl von Anwendungen, z.B. bei Problemen der Bildverarbeitung oder bei Wavelet–Galerkin–Verfahren für Differential- und Integral–Gleichungen, benötigen wir mehrdimensionale Wavelets. Wir beschränken uns hier jedoch auf den zweidimensionalen Fall, um die wesentlichen Resultate anschaulich darstellen zu können. Eine Verallgemeinerung auf beliebige Dimensionen bedarf weder für die Tensor–Wavelets (2.2.43) noch für die nicht–separablen Wavelets zusätzlicher Ideen.
Bei der Konstruktion zweidimensionaler Wavelets wollen wir soweit wie möglich die in den vorangegangenen Abschnitten vorgestellten Techniken und Ergebnisse einsetzen. Wir wählen deshalb nicht den Zugang über eine Diskretisierung der mehrdimensionalen kontinuierlichen Wavelet–Transformation, sondern wir nutzen den Zusammenhang zwischen Multi–Skalen–Analyse und Wavelets, siehe Kapitel 2.2.2.

Deshalb steht zunächst wiederum eine Skalierungsfunktion $\varphi \in L^2(\mathbb{R}^2)$, die eine zweidimensionale Multi–Skalen–Analyse zu einer Dilatationsmatrix A erzeugt, im Mittelpunkt, d.h. φ erfüllt eine Skalierungsgleichung

$$\varphi(x) \;=\; |\det A|^{1/2} \sum_{k\in\mathbb{Z}^2} h_k\, \varphi(Ax-k) \tag{2.5.1}$$

mit reellen Skalierungskoeffizienten $\{\, h_h \mid k \in \mathbb{Z}^2 \,\}$. Weiter sei φ normiert durch

$$\int_{\mathbb{R}^2} \varphi(x)\, dx \;=\; 1\,.$$

Wir beginnen nun, die Ergebnisse aus den vorhergehenden Kapiteln auf den zweidimensionalen Fall zu übertragen. Die Orthogonalität der Funktionen $\{\varphi(\cdot - k) | k \in \mathbb{Z}^2\}$ können wir – analog zu Lemma 2.2.4 – mit Hilfe der Fourier–Transformation ausdrücken.

Lemma 2.5.1 *Sei $\varphi \in L^2(\mathbb{R}^2)$. Dann sind äquivalent:*

1. $\varphi \perp \varphi(\cdot - m)$ *für* $m \in \mathbb{Z}^2$, $m \neq (0,0)^T$,
2. $\sum_{k\in\mathbb{Z}^2} |\widehat{\varphi}(\omega + 2\pi k)|^2 \;=\; 1/(4\pi^2)\,.$

Beweis: Sei $I = [0,2\pi] \times [0,2\pi]$. Aus $\varphi \perp \varphi(\cdot - k)$ und der Parsevalschen Identität folgt:

$$\begin{aligned} \delta_{(0,0)^T,m} &= \langle \varphi(\cdot), \varphi(\cdot - m)\rangle_{L^2(\mathbb{R}^2)} \\ &= \langle \widehat{\varphi}(\cdot), e^{-im^T\cdot}\widehat{\varphi}(\cdot)\rangle_{L^2(\mathbb{R}^2)} \\ &= \int_I e^{im^T\omega} \underbrace{\sum_{k\in\mathbb{Z}^2} |\widehat{\varphi}(\omega + 2\pi k)|^2}_{:=\,\Phi(\omega)}\, d\omega\,. \end{aligned}$$

Die erste Bedingung ist also äquivalent dazu, daß für die $(2\pi, 2\pi)$-periodische Funktion Φ alle Fourier–Koeffizienten für $m \neq (0,0)^T$ verschwinden. Demnach folgt $\Phi(\omega) = 1/(4\pi^2)$. ∎

Wir führen wiederum die Fourier–Reihe der Skalierungskoeffizienten ein:

$$H(\omega) \;=\; |\det A|^{-1/2} \sum_{k\in\mathbb{Z}^2} h_k\, e^{-ik^T\omega}\,. \tag{2.5.2}$$

Mit deren Hilfe wollen wir die Orthogonalitätsbedingung aus Satz 2.2.9 übertragen. Hier geht zum ersten Mal die Dilatationsmatrix ein, allerdings benötigen wir lediglich das Gitter $A^T\mathbb{Z}^2$, das von der transponierten Matrix A^T erzeugt wird. Wir wählen ein vollständiges System von Repräsentanten der Nebenklassen von $A^T\mathbb{Z}^2$ in $\mathbb{Z}^2$,

$$\{z_1, z_2, \ldots, z_{|\det A|}\},$$

d.h. für ein beliebiges $k \in \mathbb{Z}^2$ gibt es genau einen Index i mit

$$k - z_i \in A^T\mathbb{Z}^2 .$$

Ohne Einschränkung können wir $z_1 = 0$ wählen. Des weiteren berechnen wir die Fourier–Transformation der Skalierungsgleichung (2.5.1). Dies ergibt

$$\widehat{\varphi}(\omega) = H(A^{-T}\omega)\,\widehat{\varphi}(A^{-T}\omega). \tag{2.5.3}$$

Dabei bezeichnet A^{-T} die Transponierte der Inversen von A.

Satz 2.5.2 *Sei $\varphi \in L^2(\mathbb{R}^2)$. Ist $\{\varphi(\cdot - k) \mid k \in \mathbb{Z}^2\}$ eine Familie normierter, paarweise orthogonaler Funktionen und genügt φ einer Skalierungsgleichung* (2.5.1) *mit Skalierungskoeffizienten $\{h_k\} \in \mathbb{R}$, so erfüllt H die Orthogonalitätsbedingung*

$$\sum_{i=1}^{|\det A|} |H(\omega + 2\pi A^{-T} z_i)|^2 = 1, \quad H(0) = 1 . \tag{2.5.4}$$

Beweis: Da nach Voraussetzung der Mittelwert von φ ungleich Null ist, folgt mit (2.5.3) sofort $H(0) = 1$. Wir setzen (2.5.3) in die Gleichung aus Lemma 2.5.1 ein:

$$\begin{aligned}
\frac{1}{4\pi^2} &= \sum_{k\in\mathbb{Z}^2} |\widehat{\varphi}(\omega + 2\pi k)|^2 \\
&= \sum_{k\in\mathbb{Z}^2} |H(A^{-T}(\omega + 2\pi k))\,\widehat{\varphi}\left(A^{-T}(\omega + 2\pi k)\right)|^2 \\
&= \sum_{i=1}^{|\det A|} \Big(\sum_{k\in z_i + A^T\mathbb{Z}^2} |H(A^{-T}(\omega + 2\pi k))\,\widehat{\varphi}\left(A^{-T}(\omega + 2\pi k)\right)|^2 \Big) \\
&= \sum_{i=1}^{|\det A|} |H(A^{-T}(\omega + 2\pi z_i))|^2 \Big(\sum_{k\in z_i + A^T\mathbb{Z}^2} |\widehat{\varphi}\left(A^{-T}(\omega + 2\pi k)\right)|^2 \Big) \\
&= \sum_{i=1}^{|\det A|} |H(A^{-T}(\omega + 2\pi z_i))|^2 \Big(\sum_{k\in\mathbb{Z}^2} |\widehat{\varphi}(\underbrace{A^{-T}(\omega + 2\pi z_i)}_{:=\widetilde{\omega}} + 2\pi k)|^2 \Big) \\
&= \sum_{i=1}^{|\det A|} |H(A^{-T}(\omega + 2\pi z_i))|^2 \,\frac{1}{4\pi^2} .
\end{aligned}$$

Bei der letzten Umformung haben wir Lemma 2.5.1 mit $\widetilde{\omega} = A^{-T}(\omega+2\pi z_i)$ verwendet. Wir erhalten

$$\sum_{i=1}^{|\det A|} |H(A^{-T}(\omega + 2\pi z_i))|^2 = 1 .$$

Da jede Dilatationsmatrix A regulär ist, folgt die Aussage des Satzes. ∎

Die Wahl der Dilatationsmatrix A beeinflußt wesentlich die Eigenschaften der zugehörigen orthogonalen Skalierungsfunktionen. Dies wird bereits deutlich, wenn wir die Haar–Funktion verallgemeinern wollen. In diesem Fall suchen wir eine Funktion

$$\varphi(x) = \chi_\Omega(x) ,$$

wobei χ_Ω die Indikatorfunktion einer Menge Ω ist, die einer Skalierungsgleichung

$$\chi_\Omega(x) = |\det A|^{1/2} \sum_{k\in\mathbb{Z}^2} h_k \, \chi_\Omega(Ax - k)$$

genügt, d.h. die Menge Ω wird überdeckt mit verschobenen und dilatierten Bildern von sich selbst. Das öffnet eine Verbindung zu der Theorie der selbstähnlichen Überdeckungen der Ebene, die in [57] ausführlich beschrieben wird. Wir wollen diesen Weg nicht weiter verfolgen und bemerken lediglich, daß zwar für die diagonale Dilatationsmatrix $D = \begin{pmatrix} 2 & 0 \\ 0 & 2 \end{pmatrix}$ die zugehörige Skalierungsfunktion mit $\varphi(x) = \chi_{[0,1]\times[0,1]}(x)$ sofort angegeben werden kann, daß aber schon für die Rotationsmatrix

$$R = \begin{pmatrix} 1 & -1 \\ 1 & 1 \end{pmatrix}$$

nicht offensichtlich ist, wie die Menge Ω auszusehen hat. In diesem Fall führt die Verallgemeinerung der Haar–Funktion auf die Indikatorfunktion einer fraktalen Menge, den sogenannten "*twin dragon*".

Die richtige Wahl der Dilatationsmatrix ist auch aus der Sicht der Anwendungen wichtig. So kann man zwar für $A = D$ sofort orthogonale 2D–Skalierungsfunktionen durch Tensorprodukte eindimensionaler Skalierungsfunktionen konstruieren (2.2.43), aber zum einen benötigt man in diesem Fall – wie bereits in Kapitel 2.2.2 dargestellt – drei Wavelets, um eine vollständige Wavelet–Basis von $L^2(\mathbb{R}^2)$ zu erhalten. Zum anderen führt der Einsatz dieser Tensor–Wavelets zu einer Bevorzugung der Richtungen parallel zu den Koordinatenachsen. Insbesondere für die Kompression digitalisierter Bilder sind deshalb Dilatationsmatrizen A mit $|\det A| = 2$ interessant. Nur in diesem Fall gibt es ein einziges Wavelet ψ, so daß

$$\left\{ |\det A|^{-m/2} \psi\left(A^{-m}x - k\right) \;|\; k \in \mathbb{Z}^2 \;,\; m \in \mathbb{Z} \right\}$$

eine orthonormale Basis des $L^2(\mathbb{R}^2)$ erzeugt. Auf diesen Fall werden wir uns in den Abschnitten 2.5.2 und 2.5.3 konzentrieren.

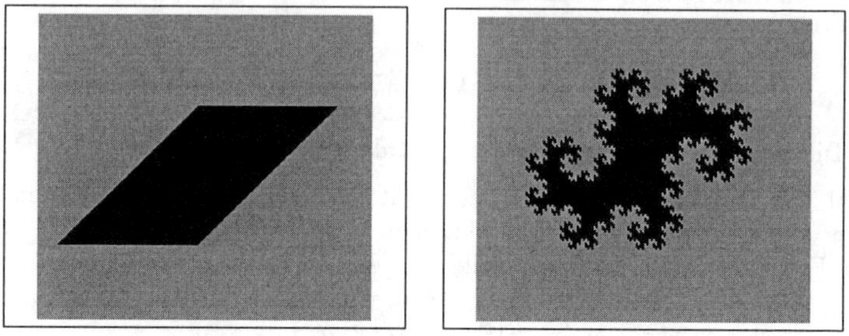

Abbildung 2.13: Die verallgemeinerten Haar–Funktionen für die Dilatationsmatrizen S (links) und R (rechts). Beide Funktionen sind orthogonal bzgl. ganzzahligen Verschiebungen: $\varphi(x) \perp \varphi(x-k)$ für alle $k \in \mathbb{Z}^2 \setminus \{(0,0)^T\}$.

2.5.1 Tensor–Wavelets

Tensor–Wavelets wurden bereits im Kapitel 2.2.2 vorgestellt, diese basieren auf der Dilatationsmatrix $D = \begin{pmatrix} 2 & 0 \\ 0 & 2 \end{pmatrix}$. Der Vollständigkeit halber geben wir hier lediglich das Hauptergebnis an.

Lemma 2.5.3 *Sei φ eine Tensor–Skalierungsfunktion $\varphi(x) = \varphi_1(x_1)\varphi_2(x_2)$, deren Faktoren φ_1, φ_2 eindimensionalen Skalierungsgleichungen mit Koeffizienten $h^1_{k_1}$ bzw. $h^2_{k_2}$, $k_1, k_2 \in \mathbb{Z}$, genügen. Dann erfüllt φ die Skalierungsgleichung*

$$\varphi(x) = 2 \sum_{k \in \mathbb{Z}^2} h_k \, \varphi(Dx - k),$$

$$h_k = h^1_{k_1} h^2_{k_2}, \quad k = (k_1, k_2)^T.$$

Seien ψ_1, ψ_2 die von den orthogonalen Skalierungsfunktionen φ_1 und φ_2 erzeugten eindimensionalen orthogonalen Wavelets. Die zugehörigen Tensor–Wavelets seien definiert durch ($x = (x_1, x_2)^T$)

$$\begin{aligned} \psi^1(x) &= \psi_1(x_1)\varphi_2(x_2), \\ \psi^2(x) &= \varphi_1(x_1)\psi_2(x_2), \\ \psi^3(x) &= \psi_1(x_1)\psi_2(x_2). \end{aligned} \tag{2.5.5}$$

Dann ist

$$\{\, 4^{-m/2}\psi^i\left(2^{-m}x - k\right) \mid k \in \mathbb{Z}^2, \;\; m \in \mathbb{Z}, \; i = 1,2,3 \,\}$$

eine orthonormale Basis des $L^2(\mathbb{R}^2)$.

2.5.2 Induzierte Wavelets

Im diesem Abschnitt geben wir einen Überblick über Möglichkeiten, wie wir ausgehend von orthogonalen 1D–Skalierungsfunktionen ebenfalls orthogonale Lösungen von 2D–Skalierungsgleichungen mit Dilatationsmatrizen A, die

$$|\det A| = 2$$

erfüllen, induzieren können. Die beiden einfachsten, nicht äquivalenten Beispiele derartiger Dilatationsmatrizen sind

$$R = \begin{pmatrix} 1 & -1 \\ 1 & 1 \end{pmatrix}, \quad S = \begin{pmatrix} 1 & 1 \\ 1 & -1 \end{pmatrix}.$$

In beiden Fällen ist nicht sofort einsichtig, wie wir 2D–Skalierungsfunktionen aus den uns bereits bekannten 1D–Lösungen erhalten. Betrachten wir jedoch die notwendige Orthogonalitätsbedingung (2.5.4) für diesen Spezialfall, so sehen wir – nach einer längeren, aber einfachen Rechnung – zunächst, daß wir ohne Einschränkung

$$z_1 = \begin{pmatrix} 0 \\ 0 \end{pmatrix}, \quad z_2 = \frac{1}{2} A^T y,$$

$$y \in \left\{ \begin{pmatrix} 1 \\ 0 \end{pmatrix}, \begin{pmatrix} 0 \\ 1 \end{pmatrix}, \begin{pmatrix} 1 \\ 1 \end{pmatrix} \right\}$$

annehmen dürfen. Wir wollen langwierige Fallunterscheidungen vermeiden und diskutieren im folgenden deshalb lediglich den Fall

$$y = \begin{pmatrix} 1 \\ 1 \end{pmatrix}.$$

Das ist unter anderem für unsere Standarbeispiele $A = R$ und $A = S$ die richtige Wahl. Somit ergibt sich die einfache Orthogonalitätsbedingung

$$|H(\omega)|^2 + \left|H\left(\omega + (\pi,\pi)^T\right)\right|^2 = 1, \quad H(0) = 1. \tag{2.5.6}$$

Ist nun φ_1 eine orthogonale 1D–Skalierungsfunktion, so erfüllt die Fourier-Reihe $H_1(\omega_1)$ der zugehörigen Skalierungskoeffizienten die eindimensionale Orthogonalitätsbedingung aus Satz 2.2.9. Davon ausgehend können wir trivialerweise eine Lösung von (2.5.6) konstruieren.

Lemma 2.5.4 *Sei $H_1(\omega_1)$ die Fourier-Reihe der Skalierungskoeffizienten einer orthogonalen* 1D*–Skalierungsfunktion. Dann erfüllt*

$$H(\omega) = H(\omega_1, \omega_2) = H_1(\omega_1)$$

die Orthogonalitätsbedingung (2.5.6) *für orthogonale* 2D*–Skalierungsfunktionen.*

Skalierungsfunktionen und Wavelets, die auf diesem Weg gewonnen werden, heißen *induzierte Wavelets.*
Die Orthogonalitätsbedingung (2.5.6) ist wie im eindimensionalen Fall lediglich eine notwendige Bedingung, siehe Kapitel 2.4.2. Um sicherzustellen, daß die 2D–Skalierungsgleichung mit diesen Koeffizienten wirklich eine Lösung in $L^2(\mathbb{R}^2)$ besitzt, die darüber hinaus eine orthogonale Familie bezüglich ganzzahligen Verschiebungen erzeugt, müssen wir untersuchen, ob das unendliche Produkt

$$\widehat{\varphi}_\infty = \prod_{m\geq 1} H\left((A^{-T})^m\omega\right), \tag{2.5.7}$$

das durch rekursives Einsetzen der Identität (2.5.3) entsteht, in $L^2(\mathbb{R}^2)$ konvergiert. Zu diesem Zweck können wir entweder wiederum zusätzliche Bedingungen an H angeben, unter denen die graphische Iteration konvergiert, oder wir überprüfen das sogenannte Cohen–Kriterium [17], vgl. Kriterium 2.4.6, das wir hier ohne Beweis wiedergeben.

Satz 2.5.5 *Die Fourier–Reihe* $H(\omega) = 2^{-1/2} \sum_{k\in\mathbb{Z}^2} h_k\, e^{-ik^T\omega}$ *erfülle die Orthogonalitätsbedingung* (2.5.6).
Das unendliche Produkt (2.5.7) *konvergiert in* $L^2(\mathbb{R}^2)$ *genau dann wenn eine kompakte Menge* $K \subset \mathbb{R}^2$ *existiert, welche die folgenden Bedingungen erfüllt:*

1. K *enthält eine offene Umgebung des Ursprungs,*
2. $|K| = 4\pi^2$ *und für alle* $\omega \in [-\pi,\pi]\times[-\pi,\pi]$ *existiert ein* $k \in \mathbb{Z}^2$ *mit* $\omega+2\pi k \in K$,
3. *für alle* $m > 0$, $\omega \in K$, *gilt* $H\left((A^{-T})^m\omega\right) \neq 0$.

Das Cohen–Kriterium ist für die induzierten Skalierungsfunktionen im allgemeinen leichter zu überprufen als die Konvergenz der graphischen Iteration. Denn erzeugen wir z.B. die induzierten Funktionen ausgehend von den Daubechies–Skalierungsfunktionen φ_N, so ist die Lage der Nullstellen von $H_N(\omega)$ explizit bekannt. In diesem Fall können wir eine geeigenete Menge K konstruieren, indem wir kleine Umgebungen der Ecken $(\pi,\pi)^T$ und $(-\pi,-\pi)^T$ von $[-\pi,\pi]\times[-\pi,\pi]$ herausnehmen und um $(0,-2\pi)^T$ bzw. $(0,2\pi)^T$ verschieben.
Die von den Daubechies–Funktionen zu den Dilatationsmatrizen S, R induzierten orthogonalen 2D–Skalierungsfunktionen und 2D–Wavelets bezeichnen wir mit

$$\varphi_{N,S}\,,\ \psi_{N,S} \quad \text{bzw.} \quad \varphi_{N,R}\,,\ \psi_{N,R}\,.$$

Je nachdem, ob wir S oder R gewählt haben, besitzen die induzierten Daubechies–Wavelets sehr unterschiedliche Eigenschaften. Dies wird schon deutlich, wenn wir die induzierten Haar–Skalierungsfunktionen $\varphi_{1,S}$ und $\varphi_{1,R}$ vergleichen, siehe Abbildung 2.13. Für die Dilatationsmatrix S vererben sich die Eigenschaften der 1D–Funktionen direkt, denn wie man sofort nachrechnet, erhalten wir das folgende Lemma.

Lemma 2.5.6 *Die induzierten Daubechies–Skalierungsfunktionen für die Dilatationsmatrix S und die zugehörigen Wavelets besitzen die Darstellung:*

$$\varphi_{N,S}(x) = \varphi_{N,S}(x_1, x_2) = \varphi_N(x_2)\varphi_N(x_1 - x_2),$$

$$\psi_{N,S}(x) = \psi_{N,S}(x_1, x_2) = \psi_N(x_2)\varphi_N(x_1 - x_2).$$

Insbesondere entstehen mit wachsendem N beliebig oft differenzierbare orthogonale 2D–Wavelets $\psi_{N,S}$ mit kompaktem Träger. Die Faktorisierung von $\psi_{N,S}$ nach Lemma 2.5.6 zeigt jedoch, daß der Einsatz dieser separablen Wavelets für praktische Probleme auf ähnliche Schwierigkeiten mit Vorzugsrichtungen stößt, wie dies auch für Tensor–Wavelets der Fall ist.

Die Faktorisierung ist nur möglich, da S ähnlich zu der Matrix $\begin{pmatrix} 0 & 1 \\ 2 & 0 \end{pmatrix}$ ist. Demgegenüber besitzt R ein Paar komplex konjugierter Eigenwerte, R kann also nicht ähnlich zu einer reellen Diagonalmatrix sein. Wir erhalten somit nicht–separable Wavelets $\psi_{N,R}$, wie sie z.B. für Anwendungen im Bereich der Kompression von Bilddaten wünschenswert sind. Allerdings sind die induzierten Wavelets $\psi_{N,R}$ nicht mehr stetig differenzierbar.

Satz 2.5.7 *Für alle* $N > 0$ *gilt* $\varphi_{N,R} \notin C^1(\mathbb{R}^2)$.

Beweis: siehe [18]. ■

In [18] wurde sogar allgemeiner gezeigt, daß Skalierungskoeffizienten $\{h_k\}$, die alle auf einer Geraden aufgereiht sind,

$$h_k = 0 \text{ falls } k = (k_1, k_2)^T, \; k_2 \neq 0,$$

niemals zu einem stetig differenzierbaren Wavelet für die Dilatationsmatrix R führen können.

2.5.3 Nicht–separable Wavelets für das Quincunx–Gitter

In diesem letzten Abschnitt über die Konstruktion orthogonaler Wavelets wollen wir Familien von orthogonalen Skalierungsfunktionen zu der Dilatationsmatrix R vorstellen. Die daran anschließende Frage nach differenzierbaren Skalierungsfunktionen diesen Typs ist allerdings nach wie vor offen. Zwar wurden von L. Villemoes kürzlich neue, auf [130] aufbauende Techniken vorgestellt, mit denen man das exakte asymptotische Verhalten von (2.5.7) für $\omega \to \infty$ untersuchen kann, ihre Anwendung auf unsere Beispiele hat jedoch noch keine positiven Ergebnisse geliefert. Erwähnen wollen wir noch die Arbeiten [74], die 2D–Skalierungsgleichungen mit acht Koeffizienten untersuchen, und die Ergebnisse von [69], die auf einer Untersuchung der Invarianz–Gruppe von (2.5.6) beruhen.

Um uns einen Überblick über mögliche orthogonale 2D–Skalierungsfunktionen für R zu verschaffen, greifen wir wieder den geometrischen Zugang aus Kapitel 2.4.3 auf. Wir führen also die Menge $\mathcal{H}_2$ aller trigonometrischen Polynome, die (2.5.6) erfüllen, ein:

$$\mathcal{H}_2 \;:=\; \{H \mid H \text{ löst } (2.5.6),\, H \text{ ist ein trigonometrisches Polynom}\}\,. \qquad (2.5.8)$$

Diese Menge $\mathcal{H}_2$ wollen wir studieren. Bereits im letzten Abschnitt haben wir eine Teilmenge von $\mathcal{H}_2$ beschrieben: ist $\{d_k \mid k = 0, \ldots, N\}$ eine 1D–Koeffizientenfolge, welche die 1D–Orthogonalitätsbedingung erfüllt, so erzeugt

$$h_{(k_1,k_2)^T} \;=\; \begin{cases} d_k & : \; k_2 = 0,\; 0 \le k_1 \le N \\ 0 & : \; \text{sonst} \end{cases}$$

ein trigonometrisches Polynom in $\mathcal{H}_2$. Für diesen Sachverhalt schreiben wir kurz

$$\mathcal{H}_1 \subset \mathcal{H}_2\,.$$

In $\mathcal{H}_1$ kennen wir einige ausgezeichnete Punkte: die von den Daubechies–Wavelets erzeugten trigonometrischen Polynome H_N. Von diesen Punkten ausgehend wollen wir $\mathcal{H}_2$ erforschen, indem wir die Tangentialräumen an $\mathcal{H}_2$ in den Punkten H_N bestimmen. Die Darstellung wird übersichtlicher, wenn wir die Hilfsfunktion

$$q(\omega) \;=\; |H(\omega)|^2 \qquad (2.5.9)$$

einführen. Die Orthogonalitätsbedingung (2.5.6) wird zu einer linearen Gleichung in q:

$$q(\omega) + q\left(\omega + \;\pi\;(1,1)^T\right) = 1, \qquad q \ge 0\,. \qquad (2.5.10)$$

Die Menge aller Lösungen dieser Gleichung ist

$$\mathcal{K}_2 \;=\; \left\{ q(\omega) = 1/2 + \sum_{\substack{k \in \mathbb{Z}^2 \\ k_1+k_2 \text{ ungerade}}} \alpha_k \;\cos(k^T\omega) \;\middle|\; q(0) = 1,\; q \ge 0 \right\}. \qquad (2.5.11)$$

Die Lösungsmenge $\mathcal{K}_2$ ist der Durchschnitt einer affinen Ebene mit dem Kegel der konvexen Funktionen und besitzt also eine einfache, lineare Struktur. Wir könnten analog zu der Konstruktion eindimensionaler orthogonaler Wavelets versuchen, Extremalpunkte von $\mathcal{K}_2$ auszuwählen und nachträglich ein geeignetes H zu konstruieren. Der Übergang von $q \in \mathcal{K}_1$ nach H beruhte auf dem Satz von Riesz, Satz 2.4.22, der im wesentlichen auf der Faktorisierung von Polynomen aufbaut. Eine Verallgemeinerung dieses Satzes steht deshalb in höheren Dimensionen nicht zur Verfügung. Man erkennt auch aus Dimensionsgründen, daß es nicht zu jedem $q \in \mathcal{K}_2$ eine Wurzel im Sinn von (2.5.9) geben kann. Mit anderen Worten, die Abbildung

$$\begin{aligned} q \;:\; \mathcal{H}_2 &\longrightarrow \mathcal{K}_2 \\ H &\longrightarrow q(H) = |H|^2 \end{aligned}$$

ist nicht surjektiv. Wir führen deshalb die Teilmenge

$$q(\mathcal{H}_2) \;=\; \mathcal{K}_{orth} \;\subset\; \mathcal{K}_2\,,$$

$$\mathcal{K}_{orth} \;=\; \{\; q \in \mathcal{K}_2 \mid q = |H|^2,\; H \;\text{ ist ein trigonometrisches Polynom }\}\,, \tag{2.5.12}$$

ein, für deren Elemente eine Wurzel H im Sinn von (2.5.9) existiert. Diese Menge beinhaltet zumindest die über den Induzierungsprozeß gewonnenen Elemente

$$q_1 \in \mathcal{K}_1 \;\Longrightarrow\; q(\omega_1,\omega_2) \;=\; q_1(\omega_1) \;\in \mathcal{K}_{orth}\,.$$

Mit anderen Worten wir haben die Inklusionen

$$\mathcal{K}_1 \subset \mathcal{K}_{orth} \subset \mathcal{K}_2\,. \tag{2.5.13}$$

Da $\mathcal{K}_1$ und $\mathcal{K}_2$ jeweils als Schnitt eines linearen Raums mit einer konvexen Menge entstehen, liegt es nahe anzunehmen, daß $\mathcal{K}_{orth}$ eine ähnliche Struktur besitzt. Das ist jedoch nicht der Fall, und wir benötigen im weiteren $\mathcal{K}_{orth}$ lediglich, um die Bestimmungsgleichungen für die Koeffizienten der trigonometrischen Polynome $H \in \mathcal{H}_2$ aufzustellen.

Wir sind an Wavelets und Skalierungsfunktionen mit kompaktem Träger interessiert. Daher beschränken wir uns auf trigonometrische Reihen H mit einer endlichen Anzahl von Koeffizienten:

$$H(\omega) \;=\; \sum_{0\le k_1,k_2\le n} h_k\, e^{ik^T\omega}\,. \tag{2.5.14}$$

Dieses trigonometrische Polynom vom Grad n hat $(n+1)^2$ Koeffizienten. Wir können natürlich jedes trigonometrische Polynom vom Grad n durch einen Punkt im $\mathbb{R}^{(n+1)^2}$, der die Koeffizienten des Polynoms festlegt, bestimmen. Demzufolge bestimmen die Koeffizienten der trigonometrischen Polynome H vom Grad n, die in $\mathcal{H}_2$ liegen, eine Teilmenge des $\mathbb{R}^{(n+1)^2}$. Für diese Teilmenge führen wir die Bezeichnung $\mathcal{H}_2^n$ ein und wir können mit jedem Punkt in $\mathcal{H}_2^n$ ein Element von $\mathcal{H}_2$ identifizieren. Ebenso definieren wir $\mathcal{H}_1^n$ als Teilmenge von $\mathcal{H}_1$. Beachten wir nun, daß H_N, das trigonometrische Polynom mit den Koeffizienten der Daubechies–Skalierungsfunktion, in $\mathcal{H}_1 \subset \mathcal{H}_2$ liegt, so erhalten wir für $(2N-1) \le n$

$$H_N \;\in\; \mathcal{H}_1^n \;\subset\; \mathcal{H}_2^n \;\subset\; \mathbb{R}^{(n+1)^2}\,. \tag{2.5.15}$$

Unser Ziel ist es, für $n = 2N-1$ den Tangentialraum an $\mathcal{H}_2^n$ im Punkt H_N zu berechnen.

Zuerst stellen wir die Gleichungen, die $\mathcal{H}_2^n \subset \mathbb{R}^{(n+1)^2}$ bestimmen, auf. Die Normierung $H(0) = 1$, siehe (2.5.6), führt zu der linearen Gleichung

$$\sum_{k\in\mathbb{Z}^2} h_k \;=\; \sqrt{2} \tag{2.5.16}$$

für die Koeffizienten $\{ h_k \mid k = (k_1, k_2)^T, 0 \le k_1, k_2 \le n = 2N-1 \}$. Des weiteren muß $q = |H|^2$ in $\mathcal{K}_2$ liegen. Ausmultiplizieren ergibt:

$$\begin{aligned} q(\omega) &= \sum_{k,l \in \mathbb{Z}^2} h_k h_l \, e^{-i(k-l)^T \omega} = \sum_{m \in \mathbb{Z}^2} \Big(\sum_{k \in \mathbb{Z}^2} h_k h_{k-m} \Big) e^{-im^T \omega} \\ &= \sum_{k \in \mathbb{Z}^2} h_k^2 + 2 \sum_{m_1=1}^{N} \Big(\sum_{k_1=0}^{N} h_{(k_1,0)^T} h_{(k_1-m_1,0)^T} \Big) \cos(m_1 \omega_1) \\ &\quad + 2 \sum_{\substack{m_1=-N \\ m_2=1}}^{N} \Big(\sum_{k \in \mathbb{Z}^2} h_k h_{k-m} \Big) \cos(m^T \omega). \end{aligned}$$

Wegen $q \in \mathcal{K}_2$ folgt, daß die Koeffizienten von $\cos(k^T \omega)$ für gerades k, d.h. $0 \ne k_1 + k_2$ gerade, verschwinden und daß der konstante Term gleich 1/2 ist. Zusammen mit (2.5.16) sind das n^2+n+2 Bedingungen. Wir können also die Menge der Koeffizienten

$$h = \{ h_k \mid k = (k_1, k_2)^T , \; 0 \le k_1, k_2 \le n = 2N-1 \} \in \mathcal{H}_2^n \subset \mathbb{R}^{(n+1)^2}$$

beschreiben als die Nullstellen der Funktion

$$F : \mathbb{R}^{(n+1)^2} \longrightarrow \mathbb{R}^{n^2+n+2},$$

die durch

$$\begin{aligned} F_1(h) &= \sum_k h_k - \sqrt{2}, \\ F_2(h) &= \sum_k h_k^2 - 1, \\ F_m(h) &= \sum_k h_k h_{k-m} \qquad \text{für } m \in \mathcal{M}, \end{aligned} \tag{2.5.17}$$

mit

$$\begin{aligned} \mathcal{M} = \; & \{ m = (m_1, 0)^T \mid 2 \le m_1 \le n \} \\ & \cup \{ m = (m_1, m_2)^T \mid 1 \le m_2 \le n, \; -n \le M_1 \le n, \; m_1 + m_2 \text{ gerade} \} \end{aligned}$$

bestimmt ist. Der Grundgedanke dieses Abschnittes ist es, $\mathcal{H}_2^n$ als implizite Funktion zu interpretieren:

$$\mathcal{H}_2^n = \{ h \in \mathbb{R}^{(N+1)^2} \mid F(h) = 0 \}. \tag{2.5.18}$$

Für die Berechnung der Tangentialräume können wir den Satz über implizite Funktionen anwenden, d.h. wir müssen die Jacobi–Matrix

$$JF(H_N) \tag{2.5.19}$$

von F an der Stelle H_N berechnen.
Bevor wir uns in die technischen Details der Beweise stürzen, fassen wir kurz unser Programm zur Konstruktion nicht–separabler orthogonaler 2D–Wavelets mit kompaktem Träger zur Dilatationsmatrix R zusammen:

1. Beschreibe $\mathcal{H}_2^n \subset \mathcal{H}_2$ als implizite Funktion gemäß (2.5.18):

$$H(\omega) = \sum_{0 \le k_1, k_2 \le n} h_k e^{-ik^T\omega} \in \mathcal{H}_2^n \iff F(H) = 0 .$$

   $F : \mathbb{R}^{(n+1)^2} \to \mathbb{R}^{(n+1)^2-n+1}$ wird durch die Gleichungen von (2.5.17) bestimmt.

2. Setze $n = 2N - 1$ und verwende den Satz über implizite Funktionen zur Berechnung des Tangentialraums an $\mathcal{H}_2^n$ im Punkt H_N. Das benötigt drei Teilschritte:
   a) Berechnung der Jacobi–Matrix J von F im Punkt H_N,
   b) Aufteilen der Koeffizienten $h \in \mathbb{R}^{(n+1)^2}$ in zwei Vektoren $x \in \mathbb{R}^{n-1}$ und $y \in \mathbb{R}^{n^2+n+2}$, so daß

$$\frac{\partial F}{\partial y}(H_N) \text{ regulär ist,}$$

   c) Berechne die Tangenten an $\mathcal{H}_2^n$ im Punkt H_N über

$$\left(\frac{\partial F}{\partial y}(H_N)\right)^{-1} \frac{\partial F}{\partial x}(H_N) = -\nabla g ,$$

   dabei ist $g(x)$ die implizit definierte Funktion $F(x, g(x)) = 0$.

3. Starte in $H_N \in \mathcal{H}_2^n$, folge einer Tangentenrichtung t_N und addiere einen Korrekturterm G, um auf der gekrümmten Fläche $\mathcal{H}_2^n$ zu bleiben:

$$H = H_N + s\, t_N + G(s) .$$

Wir führen noch eine weitere Notation ein: $H_N = \{h_k^N\} \in \mathcal{H}_2^n$ sei der Punkt der Koeffizienten der induzierten Daubechies–Skalierungsfunktion, demnach ist $h_k^N = 0$ für $k = (k_1, k_2)^T$ mit $k_2 \neq 0$. Um zwischen der Koeffizienten-Matrix h^N und dem 1D–Vektor der nicht–verschwindenden Koeffizienten zu unterscheiden, definieren wir

$$d_k = h^N_{(k,0)^T} \quad \text{für} \quad k = 0, \ldots, n = 2N - 1 . \tag{2.5.20}$$

Nun beginnen wir mit der Berechnung der Jakobi–Matrix. Die partiellen Ableitungen von F_1, F_2 sind einfach zu berechnen:

$$\frac{\partial F_1}{\partial h_k}(H_N) = 1 , \quad \frac{\partial F_2}{\partial h_k}(H_N) = 2h_k^N = \begin{cases} 2d_{k_1} & : \ k_2 = 0 \\ 0 & : \ k_2 \neq 0 \end{cases} . \tag{2.5.21}$$

Die partiellen Ableitungen von F_m für $m = (m_1, 0)^T$, $0 \le m_1 \le n$, m_1 gerade, nach $k = (k_1, k_2)^T$ sind

$$\frac{\partial F_m}{\partial h_k}(H_N) = \begin{cases} d_{k_1-m_1} + d_{k_1+m_1} & : \; k_2 = 0 \\ 0 & : \; \text{sonst} \end{cases} .$$

Wir fassen diese partiellen Ableitungen in der $(n-1)/2 \times (n+1)$-Matrix J_0 zusammen:

$$(J_0)_{ij} = \frac{\partial F_{(2i,0)^T}}{\partial h_{(j,0)^T}}(H_N) = d_{j-2i} + d_{j+2i}, \quad 1 \le i \le (n-1)/2 \; , \; 0 \le j \le n. \qquad (2.5.22)$$

Wir wollen die Zwischenschritte und Rechnungen jeweils an dem Beispiel $N = 2$, d.h. $n = 3$, illustrieren. In diesem Fall ist J_0 ein Zeilenvektor:

$$J_0 = (d_2, d_3, d_0, d_1).$$

Es fehlt noch die Berechnung der partiellen Ableitungen von F_m mit $m \in \mathcal{M}$, $m_2 \neq 0$:

$$\frac{\partial F_m}{\partial h_k}(H_N) = \begin{cases} d_{k_1-m_1} & : \; \text{falls } k_2 = m_2, \; m_1 \le k_1 \le n + m_1 \\ 0 & : \; \text{sonst} \end{cases} .$$

Wir fassen diese partiellen Ableitungen von F_m für ein festes m_2 zusammen. Ist m_2 ungerade, so entsteht eine $(n+1) \times (n+1)$-Matrix J_1:

$$(J_1)_{ij} = \frac{\partial F_{(-n+2i,m_2)^T}}{\partial h_{(j,m_2)^T}}(H_N) = d_{j+n-2i}, \quad 0 \le i, j \le n, \qquad (2.5.23)$$

$$J_1 = \begin{pmatrix} d_n & 0 & 0 & 0 & \ldots 0 \\ d_{n-2} & d_{n-1} & d_n & 0 & \ldots 0 \\ & \cdot & & & \cdot \\ & \cdot & & & \cdot \\ d_1 & d_2 & .. & d_n & 0 \\ 0 & d_0 & d_1 & .. & d_{n-1} \\ & \cdot & & & \cdot \\ & \cdot & & & \cdot \\ 0 & \ldots & 0 & 0 & d_0 \end{pmatrix} .$$

Für ein gerades m_2 ergibt sich eine $n \times (n+1)$-Matrix J_2:

$$(J_2)_{ij} = \frac{\partial F_{(-n+1+2i,m_2)^T}}{\partial h_{(j,m_2)^T}}(H_N) = d_{j+n-1-2i}, \quad 0 \le i \le n-1, \; 0 \le j \le n, \qquad (2.5.24)$$

$$J_2 = \begin{pmatrix} d_{n-1} & d_n & 0 & 0 & 0 & \ldots 0 \\ d_{n-3} & .. & d_{n-1} & d_n & 0 & \ldots 0 \\ \cdot & & & & & \cdot \\ \cdot & & & & & \cdot \\ d_0 & d_1 & .. & .. & .. & d_n \\ 0 & 0 & d_0 & .. & d_{n-3} & d_{n-2} \\ \cdot & & & & & \cdot \\ \cdot & & & & & \cdot \\ 0 & .. & .. & 0 & d_0 & d_1 \end{pmatrix}.$$

Für unser Beispiel $n = 3$ vereinfachen sich diese Matrizen zu

$$J_1 = \begin{pmatrix} d_3 & 0 & 0 & 0 \\ d_1 & d_2 & d_3 & 0 \\ 0 & d_0 & d_1 & d_2 \\ 0 & 0 & 0 & d_0 \end{pmatrix}, \quad J_2 = \begin{pmatrix} d_2 & d_3 & 0 & 0 \\ d_0 & d_1 & d_2 & d_3 \\ 0 & 0 & d_0 & d_1 \end{pmatrix}.$$

Jetzt wollen wir aus den Matrizen J_0, J_1, J_2 die Jacobi–Matrix $J = \partial F/\partial h$ zusammensetzen. Dazu ordnen wir die Koeffizienten h_k , $0 \leq k_1, k_2 \leq n$, in einem Vektor h' an:

$$h_{(k_1,k_2)^T} = h'_{k'}, \quad k' = k_1 + (n+1)k_2,$$

d.h. die Teilvektoren der Länge $n+1$ von h' entsprechen den Koeffzienten h_k mit dem gleichen Wert von k_2. Sie liegen also in derselben Zeile von $\mathbb{Z}^2$. Wir werden, sofern es keine Mißverständnisse verursacht, nicht zwischen h und h' unterscheiden. Beachten wir (2.5.21), so hat die volle Jacobi–Matrix die folgende Blockstruktur:

$$J = \begin{pmatrix} 1 & .. & .. & .. & .. & .. & 1 \\ d_0..d_n & 0 & .. & .. & .. & .. & 0 \\ & & & & & & \\ J_0 & & & & & & \\ & J_1 & & & & & \\ & & J_2 & & & & \\ & & & J_1 & & & \\ & & & \ldots & \ldots & .. & \\ & & & & & J_2 & \\ & & & & & & J_1 \end{pmatrix}.$$

Für $n = 3$ erhalten wir eine 14×16-Matrix.

Wir bestimmen den Rang von J_1 und J_2.

Lemma 2.5.8 *Seien J_1, J_2 wie oben definiert. Dann gilt*
a) *J_1 ist eine reguläre Matrix,*
b) *J_2 hat Rang n und $x = (x_0, \ldots, x_n)^T$, $x_j = (-1)^j d_{n-j}$, liegt im Nullraum von J_2:*

$$J_2 x = 0.$$

Beweis: Mit b^j, $j = 1, \ldots, (n+1)/2$, bezeichnen wir den j-ten Zeilenvektor von J_1. Da $d_n \neq 0$ ist, sind diese Vektoren linear unabhängig. Außerdem ist $d_0 \neq 0$ und wir schließen, daß die Menge der übrigen Zeilenvektoren c^j, $j = 1, \ldots, (n+1)/2$, wobei c_j den $(n+2-j)$-ten Zeilenvektor von J_1 bezeichnet, ebenfalls linear unabhängig sind. Wir können zeigen, daß diese beiden Mengen von Vektoren paarweise orthogonal sind, denn ($d_\ell = 0$ falls $\ell < 0$ oder $\ell > n$):

$$\begin{aligned} \langle b^j, c^i \rangle_{\mathbb{R}^{n+1}} &= \sum_{k=0}^{n} d_{k+n-2(j-1)}\, d_{k+n-2(n+1-i)} \\ &= \sum_{k=0}^{n} d_k\, d_{k+2(j-1-n-1+i)}\,. \end{aligned}$$

Des weiteren folgt aus der Orthogonalität der Daubechies–Skalierungsfunktion φ_N für $\ell \neq 0$:

$$\begin{aligned} 0 &= \langle \varphi_N(\cdot), \varphi_N(\cdot - \ell) \rangle_{L^2} \\ &= 2 \sum_{k,m=0}^{n} d_k\, d_m\, \langle\, \varphi_N(2\cdot - k), \varphi_N(2\cdot - 2\ell - m) \rangle_{L^2} \\ &= 2 \sum_{k=0}^{n} d_k\, d_{k-2\ell}\,. \end{aligned}$$

Wir setzen $\ell = -(j-n+i-2)$. Da die Indizes i, j zwischen 1 und $(n+1)/2$ laufen, folgt $\ell \neq 0$ und somit $\langle b^j, c^i \rangle_{\mathbb{R}^{n+1}} = 0$. Damit sind die $n+1$ Zeilenvektoren $\{b^j, c^j\}$ von J_1 linear unabhängig, das beweist Teil a).

Mit demselben Argument beweisen wir, daß auch die Zeilenvektoren von J_2 linear unabhängig sind. J_2 ist keine quadratische Matrix und es bleibt die Berechnung eines Vektors im Nullraum. Hierzu nutzen wir die Orthogonalität

$$\forall \ell \in \mathbb{Z} \;:\; \langle \varphi_N(\cdot)\,,\; \psi_N(\cdot - \ell)\, \rangle_{L^2} \;=\; 0$$

aus. Einsetzen der 1D–Skalierungsgleichung ergibt:

$$\begin{aligned} 0 &= \sum_{m,k \in \mathbb{Z}} d_k (-1)^m\, d_{1-m} \langle \varphi_N(2\cdot - k)\,,\, \varphi_N(2\cdot - 2\ell - m) \rangle_{L^2} \\ &= \sum_{\ell,k \in \mathbb{Z}} (-1)^k\, d_k\, d_{1+2\ell-k}\,. \end{aligned}$$

Ebenso berechnen wir den i-ten Koeffizienten von $J_2 x$:

$$\begin{aligned} (J_2 x)_i &= \sum_{k=0}^{n} d_{k+n-1-2i}\, (-1)^k d_{n-k} \\ &= \sum_{k=0}^{n} (-1)^{n-k} d_{-k+2n-2i-1}\, d_k \\ &= 0\,. \end{aligned}$$

Mit $\ell = n - i - 1$ folgt Teil b). ■

Wir wollen den Satz über implizite Funktionen auf

$$F \; : \; \mathbb{R}^{(n+1)^2} \longrightarrow \mathbb{R}^{n^2+n+2} \quad , \quad F(H_N) = 0 \; ,$$

anwenden. Dazu müssen wir $n-1$ "freie" Koeffizienten $x = (h_{f_1}, \ldots, h_{f_{N-1}})^T$ finden, so daß die verbleibenden "abhängigen" Koeffizienten $y = (h_{e_1}, \ldots, h^T_{e_{N^2+N+2}})$ zu einer regulären Jacobi–Matrix $\frac{\partial F}{\partial y}(H_N)$ führen. Das ist jedoch nicht möglich.

Lemma 2.5.9 *Für jede Wahl von $(n-1)$ freien Koeffizienten $x = (h_{f_1}, \ldots, h_{f_{N-1}})^T$ ist die Jacobi–Matrix von F in H_N nach den verbleibenden Koeffizienten $y = (h_{d_1}, \ldots, h_{d_{N^2+N+2}})^T$ singulär.*

Beweis: $H_N(\omega)$ erfüllt die 1D–Orthogonalitätsbedingung aus Satz 2.2.9, d.h. $H(0) = 1$ und

$$H_N(\pi) \;=\; \sum_{k=0}^{n} d_k \, e^{-ik\pi} \;=\; 0 \, .$$

Daraus folgt, daß sowohl die Summe der Koeffizienten von H_N mit ungeradem Index als auch die Summe der Koeffizienten mit geradem Index 1/2 beträgt.
In den Spalten von J_1 und J_2 stehen entweder alle Koeffizienten mit geradem oder ungeradem Index. Demzufolge ist die Summe der Zeilenvektoren von J_1 oder J_2 der Zeilenvektor $(1/2, \ldots, 1/2)$. Das gleiche gilt, wenn wir die Zeilenvektoren von J_0 zu der zweiten Zeile von J addieren. Also ist die erste Zeile von J gleich der Summe der übrigen Zeilen.
Die Matrix $\frac{\partial F}{\partial y}(H_N)$ entsteht aus J durch Streichen derjenigen Spalten, die zu den freien Koeffizienten gehören. Das ändert jedoch nicht die Summe der Zeilen von $\frac{\partial F}{\partial y}(H_N)$, d.h. die erste Zeile von $\frac{\partial F}{\partial y}(H_N)$ ist ein Vielfaches der übrigen Zeilen und $\frac{\partial F}{\partial y}(H_N)$ kann nicht regulär sein. ■

Die Probleme kommen von der linearen Gleichung $F_1(h) = \sum h_k - \sqrt{2} = 0$. Wir können diese Probleme umgehen, indem wir zunächst die erste Gleichung weglassen. Berechnen wir dann die Tangentialräume, so müssen wir diese lediglich mit der durch $F_1(h) = 0$ definierten Hyperebene schneiden, um die gewünschten Tangenten an $\mathcal{H}_2^n$ zu erhalten. $\widetilde{F}$ bezeichne F ohne die erste Gleichung, d.h. wir betrachten jetzt

$$\widetilde{F} \; : \; \mathbb{R}^{(n+1)^2} \;\longrightarrow\; \mathbb{R}^{n^2+n+1} \tag{2.5.25}$$

und berechnen den Tangentialraum im Punkt H_N an die implizite Funktion

$$\widetilde{F}(h) = 0 \, .$$

Wir haben keine großen Freiheiten, wie wir die n freien Koeffizienten wählen können: J_2 erscheint $(n-1)/2$–fach in J. J_2 hat keinen vollen Rang, d.h. wir müssen einen

freien Koeffizienten für jede Teilmatrix J_2 wählen.
Betrachten wir des weiteren die erste Zeile von $\widetilde{J}$ in Verbindung mit J_0, so entsteht eine $(n+1)/2\times(n+1)$-Matrix. Demnach müssen wir mindestens $(n+1)/2$ freie Koeffizienten unter den ersten $n+1$ Koeffizienten $\{h_k \mid k=(k_1,k_2)^T\ ,\ k_2=0\ ,\ 0\le k_1\le n\ \}$ wählen. Wir wählen als freie Koeffizienten:

$$x = (h_{(0,0)^T},\ldots,h_{((N-1)/2,0)^T},h_{(0,2)^T},\ldots,h_{(0,N-1)^T})^T.$$

Die verbleibenden Koeffizienten sammeln wir in y: die Jacobi–Matrix $\frac{\partial\widetilde{F}}{\partial y}$ entsteht, indem wir von der Matrix J_2 die erste Spalte und von J_0 die ersten $(n+1)/2$ Spalten streichen. Die Restmatrizen bezeichenen wir mit J_2' bzw. J_0'.

$$\frac{\partial\widetilde{F}}{\partial y}(H_N) = \begin{pmatrix} \begin{matrix} d_{(n+1)/2},\ldots,d_n \\ J_0' \end{matrix} & 0 & .. & .. & .. & .. & 0 \\ & J_1 & & & & & \\ & & J_2' & & & & \\ & & & J_1 & & & \\ & & & & .. & .. & \\ & & & & & J_2' & \\ & & & & & & J_1 \end{pmatrix}. \tag{2.5.26}$$

Die Tangenten an die durch $\widetilde{F}(x,g(x))=0$ implizit definierte Funktion g berechnen wir nach dem Satz über implizite Funktionen gemäß:

$$\nabla g = -\left(\frac{\partial\widetilde{F}}{\partial y}\right)^{-1}\frac{\partial\widetilde{F}}{\partial x}.$$

Die Matrix $\partial\widetilde{F}/\partial x$ besteht aus den Spalten von J, die wir zur Konstruktion von $\partial\widetilde{F}/\partial y$ gestrichen haben. Insbesondere enthält $\partial\widetilde{F}/\partial x$ keine Spalten, die zu einer Teilmatrix J_1 gehören. Die Zeilen von $\partial\widetilde{F}/\partial x$, die zu Koeffizienten h_m mit $m=(m_1,m_2)^T$, m_2 ungerade, gehören, besitzen nur Nulleinträge. Für $n=3$ erhalten wir:

$$J_2' = \begin{pmatrix} d_3 & 0 & 0 \\ d_1 & d_2 & d_3 \\ 0 & d_0 & d_1 \end{pmatrix},\quad \frac{\partial\widetilde{F}}{\partial y} = \begin{pmatrix} d_2\ d_3 & 0 & 0 & 0 \\ d_0\ d_1 & 0 & 0 & 0 \\ 0 & J_1 & 0 & 0 \\ 0 & 0 & J_2' & 0 \\ 0 & 0 & 0 & J_1 \end{pmatrix},\quad \frac{\partial\widetilde{F}}{\partial x} = \begin{pmatrix} d_0 & d_1 & 0 \\ d_2 & d_3 & 0 \\ & \mathcal{O} & \\ 0 & 0 & d_2 \\ 0 & 0 & d_0 \\ 0 & 0 & 0 \\ & \mathcal{O} & \end{pmatrix},$$

dabei bezeichnet $\mathcal{O}$ die 4×3–Nullmatrix. Wir sehen sofort, daß die Tangentenvektoren keine Anteile in Richtung h_m mit $m=(m_1,m_2)^T$, m_2 ungerade, besitzen können.

Lemma 2.5.10 *Die Tangentenvektoren*

$$t = (t_m \mid m=(m_1,m_2)^T,\ 0\le m_1,m_2\le n\ )$$

von $\mathcal{H}_2^n$ im Punkt H_N erfüllen

$$t_m = 0, \quad \textit{falls } m_2 \textit{ ungerade ist.}$$

Beweis: Die Tangentenvektoren sind die Lösungen des linearen Systems

$$\frac{\partial \widetilde{F}}{\partial y} t = \frac{\partial \widetilde{F}}{\partial x}.$$

Dieses große lineare System zerfällt in kleinere lineare Systeme mit den Matrizen

$$\begin{pmatrix} d_{(n+1)/2} \cdots d_n \\ J_0' \end{pmatrix}, \quad J_1, \quad J_2'.$$

Die Komponenten der Tangentenvektoren, die zu Koeffizienten h_m mit $m = (m_1, m_2)^T$, m_2 ungerade, gehören, sind die Lösungen von $J_1 t = 0$. Nach Lemma 2.5.8 ist J_1 eine reguläre Matrix. ∎

Darüber hinaus können wir die Gleichungssysteme mit der Matrix J_2' explizit lösen. Das ergibt die Komponenten der Tangentenvektoren zu den Koeffizienten h_m mit $m = (m_1, m_2)^T$, m_2 gerade.

Lemma 2.5.11 *Sei $t = (t_1, \ldots, t_n)^T$ der Lösungsvektor von*

$$J_2' \, t = (d_{n-1}, d_{n-3}, \ldots, d_0, 0, \ldots, 0)^T.$$

Dann gilt $t_k = (-1)^{k-1} \, d_{n-k}/d_n$, $k = 1, \ldots, n$.

Beweis: Das Daubechies–Wavelet ψ_N ist orthogonal zu der Skalierungsfunktion φ_N. Die 1D–Skalierungsgleichungen (2.2.11) und (2.2.33) ergeben:

$$\begin{aligned} 0 &= \langle \psi_N \, , \, \varphi_N(\cdot - \ell) \rangle_{L^2} \\ &= \sum_{m,k} d_k \, (-1)^m d_{1-m} \;\; \langle \varphi_N(2 \cdot -m) \, , \, \varphi_N(2 \cdot -2\ell - k) \rangle_{L^2} \\ &= 2 \sum_{k=0}^{n} (-1)^k d_k \, d_{1-2\ell-k} \, . \end{aligned}$$

Andererseits sind die Einträge der $n \times n$ Matrix J_2' gegeben durch

$$(J_2')_{\ell k} = d_{n+1-2\ell+k} \, , \quad 1 \le \ell, k \le n \, .$$

Ist t durch $t_k = (-1)^{k-1} \, d_{n-k}/d_n$, $k = 1, \ldots, n$, definiert, so folgt:

$$\begin{aligned} d_n \, (\, J_2' \, t)_\ell &= \sum_{k=1}^{n} d_{n+1-2\ell+k} (-1)^{k-1} d_{n-k} \\ &= \sum_{k=0}^{n-1} (-1)^k \; d_k \, d_{1-2(\ell-n)-k} \\ &= (-1)^{n+1} \; d_n \, d_{1-2(\ell-n)-n} = d_n \, d_{1+n-2\ell} \, . \end{aligned}$$

Bis auf den Faktor d_n erhalten wir die gewünschte rechte Seite. ∎

Zu einer vollständigen Beschreibung aller Tangentenvektoren t an $\mathcal{H}_2^n$ im Punkt H_N fehlt noch die Lösung des linearen Gleichungssystems mit Matrix J_0'. Die dabei entstehenden Tangentenvektoren haben jedoch nur Anteile in Richtung h_m , $m = (m_1, 0)^T$. Das sind die Tangentenvektoren an $\mathcal{H}_1^n$. Folgen wir diesen Tangentenvektoren, so kommen wir lediglich zu anderen induzierten Wavelets und Skalierungsfunktionen. Die für uns interessanten Tangentenrichtungen, die $\mathcal{H}_1^n$ verlassen und zu echten nicht-separablen Wavelets führen, haben wir somit bereits vollständig beschrieben. Genauer gesagt, wir haben diese Tangentenvektoren an die implizite Funktion g berechnet. Um die Tangentenrichtungen an $\mathcal{H}_2^n$ zu erhalten, müssen wir $(dx,\, tdx)^T$ betrachten.

Satz 2.5.12 *Sei $\mathcal{H}_2^N$ die Menge der Koeffizienten*

$$h \;=\; (\; h_m \mid m = (m_1, m_2)^T \;\; 0 \le m_1, m_2 \le n \;),$$

die der 2D–Orthogonalitätsbedingung (2.5.6) genügen. Sei $H_N \in \mathcal{H}_2^n$ der Punkt, der den Skalierungskoeffizienten der 1D–Daubechies–Skalierungsfunktion φ_N entspricht. Dann ist der Tangentialraum $\mathcal{T}_N$ von $\mathcal{H}_2^N$ im Punkt H_N die direkte Summe

$$\mathcal{T}_N \;=\; T_1 \bigoplus T_2$$

der linearen Räume T_1 und T_2. Dabei ist T_1 der induzierte Tangentialraum von $\mathcal{H}_1^n$, er enthält Tangentenvektoren $t = \{t_m\}$ mit $t_{(m_1,m_2)^T} = 0$ für $m_2 \neq 0$. T_2 wird von den $(n-1)/2$ Vektoren t^k, $k = 1, \ldots, (n-1)/2$,

$$t^k \;=\; \left(t_{(m_1,m_2)^T} \;\middle|\; t_{(m_1,m_2)^T} \;=\; \left\{ \begin{array}{ccc} (-1)^{m_1-1} d_{n-m_1} & : & m_2 = 2k \\ 0 & : & sonst \end{array} \right. \right),$$

aufgespannt.

Es fällt auf, daß die Koeffizienten der Tangenten identisch sind mit den Koeffizienten der Skalierungsgleichung (2.2.33).

Korollar 2.5.13 *Betrachten wir die Fourier–Reihen der Tangentenvektoren an $\mathcal{H}_2^n$, so erhalten wir*

$$t^k(\omega) \;=\; e^{-i2k\omega_2}\, G_N(\omega_1), \quad k = 1, \ldots, (n-1)/2,$$

wobei

$$G_N(\omega) \;=\; \sum_{k=0}^{n} (-1)^k\, d_{n-k}\, e^{-ik\omega} \;=\; e^{-in\omega}\, \overline{H_N(\pi + \omega)}$$

das trigonometrische Polynom der Skalierungskoeffizienten des Daubechies–Wavelets ψ_N, siehe (2.2.33), ist.

Für $n = 3$, d.h. $N = 2$, haben wir die Skalierungskoeffizienten bereits in Tabelle 2.3 angegeben:

$$4\sqrt{2}\begin{pmatrix} d_0 \\ d_1 \\ d_2 \\ d_3 \end{pmatrix} = \begin{pmatrix} 1 \\ 3 \\ 3 \\ 1 \end{pmatrix} + \sqrt{3}\begin{pmatrix} -1 \\ -1 \\ 1 \\ 1 \end{pmatrix}.$$

Die Tangentenvektoren an $\mathcal{H}_2^2$ im Punkt H_2 sind Linearkombinationen der induzierten 1D–Vektoren:

$$t^1 = \begin{pmatrix} 0 & 0 & 0 & 0 \\ 0 & 0 & 0 & 0 \\ 0 & 0 & 0 & 0 \\ -1 & 0 & -\sqrt{3} & 1+\sqrt{3} \end{pmatrix}, \quad t^2 = \begin{pmatrix} 0 & 0 & 0 & 0 \\ 0 & 0 & 0 & 0 \\ 0 & 0 & 0 & 0 \\ 0 & -1 & 1-\sqrt{3} & \sqrt{3} \end{pmatrix}$$

mit dem "echten" zweidimensionalen Tangentenvektor:

$$t^3 = \begin{pmatrix} 0 & 0 & 0 & 0 \\ -1-\sqrt{3} & 3+\sqrt{3} & -3+\sqrt{3} & 1-\sqrt{3} \\ 0 & 0 & 0 & 0 \\ 0 & 0 & 0 & 0 \end{pmatrix}.$$

Damit sind wir am Ende der Berechnung der Tangentialräume in den Punkten H_N. Für die Beweise haben wir lediglich verwendet, daß $H_N(\omega)$ die Orthogonalitätsbedingung aus Satz 2.2.9 erfüllt. Auf demselben Weg können wir also die Tangentialräume an beliebige induzierte Punkte $H \in \mathcal{H}_1^n$ berechnen. Außerdem ist die Konstruktion nicht auf den Fall der Dilatationsmatrix R beschränkt, sie ist vielmehr für beliebige Dilatationmatrizen A mit $|\det(A)| = 2$ und für beliebige Dimensionen anwendbar.

Wir beenden das Kapitel über die Konstruktion orthogonaler 2D–Wavelets mit einer Beispiel–Familie, die wir mit Hilfe der Tangenten–Methode gewinnen können. Für eine ausführlichere Beschreibung siehe [90]. Wir haben noch zwei Schwierigkeiten vor uns. Zum einen ist $\mathcal{H}_2^n$ ein gekrümmte Fläche, wir können also nicht einfach den Tangentenrichtungen folgen, sondern wir müssen zusätzlich Korrekturterme addieren, die uns auf $\mathcal{H}_2^n$ halten. Zum anderen ist $\mathcal{H} \in \mathcal{H}_2^n$ lediglich eine notwendige Bedingung dafür, daß die Lösung der zugehörigen Skalierungsgleichung eine orthogonale 2D–Skalierungsfunktion in $L^2(\mathbb{R}^2)$ erzeugt. Wir müssen außerdem noch das Cohen–Kriterium, Satz 2.5.5, überprüfen.

Wir beginnen mit der Bestimmung geeigneter Korrekturterme.

Satz 2.5.14 *Sei $H \in \mathcal{H}_1^n$, d.h. die Koeffizienten $H = \{h_k \mid k = 0, \ldots, n\}$, n ungerade, erfüllen die Orthogonalitätsbedingung aus Satz* 2.2.9. *G sei wie in Korollar* 2.5.13 *definiert. Seien weiterhin P und Q zwei (π, π)-periodische trigonometrische Polynome in $(\omega_1, \omega_2)^T$, die*

$$|P|^2 + |Q|^2 = 1, \quad P(0) = 1$$

erfüllen. Dann gilt

$$M(\omega_1,\omega_2) \;:=\; P(\omega_1,\omega_2)\; H(\omega_1) \;+\; Q(\omega_1,\omega_2)\; G(\omega_1) \;\in \mathcal{H}_2^n .$$

Beweis: Offensichtlich ist $M(0) = 1$. Ausmultiplizieren ergibt

$$|M|^2 \;=\; |P|^2|H|^2 + |Q|^2|G|^2 + PH\overline{QG} + \overline{PH}QG \;.$$

Die (π,π)-Periodizität von P, Q und die Orthogonalitätsbedingung für H ergeben

$$\begin{aligned} &|M(\omega_1,\omega_2)|^2 + |M(\omega_1+\pi,\omega_2+\pi)|^2 \\ &\quad= |P(\omega_1,\omega_2)|^2 + |Q(\omega_1,\omega_2)|^2 + (P\overline{Q})(\omega_1,\omega_2)\Big(H\overline{G}(\omega_1) + H\overline{G}(\pi+\omega_1)\Big) \\ &\qquad\qquad + (\overline{P}Q)(\omega_1,\omega_2)\Big(\overline{H}G(\omega_1) + \overline{H}G(\pi+\omega_1)\Big)\,. \end{aligned}$$

Da n ungerade und $G(\eta) \;=\; e^{-in\eta}\overline{H}(\pi+\eta)$ ist, verschwinden die Klammerterme. ∎

Die Bedingung an P und Q ähnelt der 2D–Orthogonalitätsrelation (2.5.6). Allerdings müssen P und Q nicht durch einen Shift des Argumentes gekoppelt sein. Das gibt uns mehr Freiheit, so können wir z.B. P als ein Polynom in $\cos(\omega)$ vorgeben und ein passendes Q mit dem Satz von Riesz, Satz 2.4.22, bestimmen.

Unter den in Satz 2.5.14 beschriebenen Polynomen M wollen wir eine Familie aussondern, für die wir das Cohen–Kriterium direkt überprüfen können. Die Lösungen der zugehörigen Skalierungsgleichungen führen dann tatsächlich auf orthogonale Skalierungsfunktionen und orthogonale Wavelets.

Lemma 2.5.15 *Sei $H_N(\omega)$ die Fourier–Reihe der Skalierungskoeffizienten der* 1D*–Daubechies–Skalierungsfunktion φ_N. Wie in Korollar* 2.5.13 *sei $G_N(\omega)$ die Fourier–Reihe des Tangentenvektors. Seien P und Q definiert durch*

$$P(\omega_2) \;=\; H_N(2\omega_2) \qquad \text{und} \qquad Q(\omega_1,\omega_2) \;=\; e^{i(\omega_1+\omega_2)}\; G_N(2\omega_2)\;.$$

Dann ist

$$M(\omega_1,\omega_2) \;:=\; P(\omega_2)H_N(\omega_1) \;+\; Q(\omega_1,\omega_2)G_N(\omega_1)$$

die Fourier–Reihe der Skalierungskoeffizienten einer nicht–separablen, orthogonalen 2D*–Skalierungsfunktion $\varphi \in L^2(\mathbb{R}^2)$ mit kompaktem Träger für die Dilatationsmatrix R.*

Beweis: Das angegebene M ist ein Spezialfall von Satz 2.5.14. Wir müssen zusätzlich das Cohen–Kriterium, Satz 2.5.5, überprüfen. Nullstellen von M liegen offensichtlich bei

$$(2n\pi, \pi/2\; + k\pi)^T,\;\; (\;(2n+1)\pi, k\pi)^T \;\; k,\, n \in \mathbb{Z}\,.$$

Falls $(\omega_1,\omega_2)^T$ eine weitere Nullstelle von m ist, dann gilt

$$|H_N(2\omega_2)|^2\; |H_N(\omega_1)|^2 \;=\; |H_N(\pi+2\omega_2)|^2\; |H_N(\pi+\omega_1)|^2$$

oder

$$\frac{|H_N(2\omega_2)|^2}{|H_N(\pi + 2\omega_2)|^2} = \frac{|H_N(\pi + \omega_1)|^2}{|H_N(\omega_1)|^2}.$$

Das Quadrat $q = |H_N|^2$ ist monoton fallend auf $[0, \pi]$ mit $q(0) = 1$ und $q(\pi) = 0$. Weiterhin ist q eine gerade Funktion, deren Ableitung q' ein Vielfaches von $\sin^{2N-1}(\omega)$ ist. Das heißt alle weiteren Nullstellen liegen auf den Geraden

$$\omega_2 = \pm\frac{1}{2}(\omega_1 - \pi) + k\,\pi, \quad k \in \mathbb{Z}.$$

Die Geraden $\omega_2 = -(\omega_1 - \pi)/2 + k\,\pi$ können ausgeschlossen werden, da H_N ein trigonometrisches Polynom ungeraden Grades ist, $\overline{H}_N(\omega) = H_N(-\omega)$:

$$M(\omega_1, -(\omega_1 - \pi)/2 + k\,\pi) = H_N(\omega_1)H_N(\pi - \omega_1)\,(1 - e^{i(\omega_1/2+\pi/2+k\pi)}).$$

Das ist ungleich Null, es sei denn ω_1 ist ein ungerades Vielfaches von π.

Wir müssen eine Menge K finden, die zu $[-\pi, \pi]^2$ kongruent ist und auf der das unendliche Produkt

$$\prod_{j>0} M\left((R^t)^{-j}\begin{pmatrix}\omega_1\\ \omega_2\end{pmatrix}\right)$$

keine Nullstelle besitzt. Die vorigen Überlegungen schränken die Lage möglicher Nullstellen auf die Geraden

$$\omega_2 = \frac{1}{2}(\omega_1 - \pi) + k\,\pi$$

und deren Bilder unter $(R^t)^j$ ein. Diese Geraden schneiden $[-\pi, \pi]^2$ in vier Geradenstücken. Verschieben wir diese Geradenstücke um $(0, 2\pi)^T$, so erhalten wir einen geeigneten Kandidaten für die Menge K. Mit Ausnahme der kritischen Punkte

$$\left(\frac{4}{5}\pi, \frac{2}{5}\pi\right), \quad \left(\frac{2}{5}\pi, -\frac{4}{5}\pi\right), \quad \left(-\frac{2}{5}\pi, \frac{4}{5}\pi\right), \quad \left(-\frac{4}{5}\pi, -\frac{2}{5}\pi\right) \tag{2.5.27}$$

wissen wir bereits, daß M auf $(R^t)^{-j}K$, $j > 0$, keine weiteren Nullstelle besitzt. An den kritischen Punkten gilt

$$|P(\omega_2)H_N(\omega_1)| \neq |Q(\omega_1, \omega_2)G(\omega_1)|, \text{ d.h. } \quad M \neq 0.$$

Damit haben wir eine geeignete Menge K gefunden. ∎

Aufbauend auf Satz 2.5.14 kann man mit den Techniken von Lemma 2.5.15 weitere Kandidaten für trigonometrische Polynome M konstruieren, die auf orthogonale Wavelets führen. So ist z.B.

$$P(\omega_1, \omega_2) = H_N(\omega_1 + \omega_2), \quad Q(\omega_1, \omega_2) = G_N(\omega_1 + \omega_2),$$

$$M(\omega_1, \omega_2) = P(\omega_1, \omega_2)\,H_N(\omega_1) + Q(\omega_1, \omega_2)\,G_N(\omega_1)$$

eine weitere mögliche Wahl. Mit $N = 2$ erhalten wir in diesem Fall diejenigen Koeffizienten $\{m_k \,|\, k \in \mathbb{Z}^2\}$,

$$M(\omega) = M(\omega_1, \omega_2) = \sum_{k \in \mathbb{Z}^2} m_k \, e^{i k^T \omega},$$

die wir im Kapitel 3.3 über Bildverarbeitung zur Datenkompression eingesetzt haben. Diese Koeffizienten wollen wir zum Abschluß explizit angeben. Für $N = 2$ ist

$$H_2(\omega_1) = \sum_{k_1=0}^{3} h_{k_1} \, e^{i k_1 \omega_1}.$$

Die Zahlenwerte der h_{k_1}'s sind in der Tabelle 2.3 (Seite 165) aufgelistet. Damit gilt

$$m_k = m_{(k_1,k_2)^T} = h_{k_2} \, h_{k_1-k_2} + (-1)^{k_1} \, h_{3-k_2} \, h_{3-k_1+k_2}. \tag{2.5.28}$$

Allerdings sind die daraus resultierende zweidimensionale nicht–separable Skalierungsfunktion und das zugehörige Wavelet nicht stetig. Bisher wurde nur ein stetiges Wavelet für die Dilatationsmatrix R gefunden, siehe [74]. Differenzierbare Wavelets für R sind bis jetzt nicht bekannt.
Der Nachweis der Differenzierbarkeit oder die Bestimmung des Hölder–Exponenten ist für nicht–separable 2D–Wavelets nicht mehr mit den Techniken aus Kapitel 2.4.4 durchführbar, da in höheren Dimensionen keine Polynomfaktorisierung mehr möglich ist. Die bislang besten Ergebnisse zur Differenzierbarkeitsordnung von Wavelets der Dilatationsmatrix R wurden in [130] erzielt.

Kapitel 3

Anwendungen der Wavelet–Transformation

3.1 Wavelet–Analyse eindimensionaler Signale

3.1.1 Vorbereitungen

Zentrales Anliegen der Signalverarbeitung ist es, aus einem Signal $s \in L^2(\mathbb{R})$ spezifische Information zu extrahieren, z.B. das Auftreten vordefinierter Muster, periodischer Anteile, Sprünge, Unregelmäßigkeiten o. ä. Die Wavelet–Transformation wird immer dann einen Beitrag zur Beantwortung dieser Fragen leisten können, wenn die gesuchten Phänomene eine Multi–Skalen–Struktur aufweisen. Typische Beispiele sind Kanten, Sprünge oder lokal variierende Differenzierbarkeitsordnungen, die sich über das asymptotische Verhalten der Wavelet–Transformation leicht erkennen lassen. Demgegenüber ist eine Lokalisierung von Unstetigkeitsstellen mit Hilfe der klassischen Fourier–Transformation kaum möglich. In diesen Bereich fällt die Analyse der Riemannschen Funktion, deren Differenzierbarkeit an bestimmten Punkten durch eine Wavelet–Analyse nachgewiesen werden konnte, vgl. Seite 78.
In den praxisrelevanten Fällen liegt das Signal nicht analytisch, sondern diskret vor. Wir nehmen also an, daß uns diskrete Werte

$$s_k = s(kh), \quad k \in \mathbb{Z},$$

eines gemessenen Signals vorliegen. Wir passen die Situation den Voraussetzungen der schnellen Wavelet–Transformation an, indem wir zwei "Vorverarbeitungsschritte" durchführen:

1. Zunächst interpretieren wir die s_k als Koeffizienten einer Funktion $\tilde{f}$,

$$\tilde{f}(t) = \sum_{k \in \mathbb{Z}} s_k \, \varphi(h^{-1}t - k),$$

die nach einer Skalierungsfunktion φ entwickelt wurde. Würde φ die Interpolationseigenschaft

$$\varphi(j) = \delta_{0,j}$$

besitzen, so hätten wir $\widetilde{f}(kh) = s(kh) = s_k$. Das ist für orthogonale Skalierungsfunktionen i. allg. nicht richtig. Jedoch gilt

$$\begin{aligned} \widetilde{f}(kh) &= h^{-1} \int_{\mathbb{R}} s(t)\, \varphi(h^{-1}t - k)\, dt \\ &= s_k + O(h), \end{aligned} \tag{3.1.1}$$

falls $s \in C^1$ und $\int \varphi(t)\, dt = 1$ ist, vgl. (2.4.63).

2. Die Substitution $x = h^{-1}t$ führt auf

$$f(x) = \widetilde{f}(h\, x) = \sum_{k \in \mathbb{Z}} s_k\, \varphi(x - k),$$

und f liegt somit in V_0, dem Grundraum der Multi–Skalen–Analyse zur Skalierungsfunktion φ. Nun kann die schnelle Wavelet–Transformation aus Kapitel 2.3 angewendet werden.

Wir fassen zusammen: Für die Analyse der diskreten Eingabedaten $c^0 = \{s_k \mid k \in \mathbb{Z}\}$ berechnen wir ihre schnelle Wavelet–Zerlegung

$$c^m = H\, c^{m-1}, \quad d^m = G\, c^{m-1}, \qquad m = 1, \ldots, M,$$

und interpretieren zum einen die c^m als geglättete Versionen von c^0 (bzw. s), zum anderen assoziieren wir mit einem großen Wert von d_k^m ein signifikantes Detail der Größe $h\, 2^m$ am Ort $h\, 2^m k$.

Die Wahl der Skalierungsfunktion und damit die Wahl des Wavelets sowie der diskreten Filter $\{h_k \mid k \in \mathbb{Z}\}$ bzw. $\{g_k \mid k \in \mathbb{Z}\}$ hängt von dem jeweiligen Problem ab und verlangt u. U. einiges Fingerspitzengefühl.

Bemerkung 3.1.1 Die Ordnung des Fehlers in (3.1.1) könnte für gewisse Anwendungen zu gering sein. Falls das abgetastete Signal s hinreichend glatt ist, kann man Newton–Cotes ähnliche Quadraturformeln höherer Ordnung benutzen, siehe [11] und [126].

3.1.2 EKG–Analyse

Die Standardmethode zur Untersuchung von Unregelmäßigkeiten der Herztätigkeit ist die Analyse des Elektrokardiogramms (EKG). Ein typisches diskretes Ausgangssignal, das wir mit c^0 bezeichnen, zeigt Abbildung 3.1. Das EKG zeichnet die Aktivitäten der

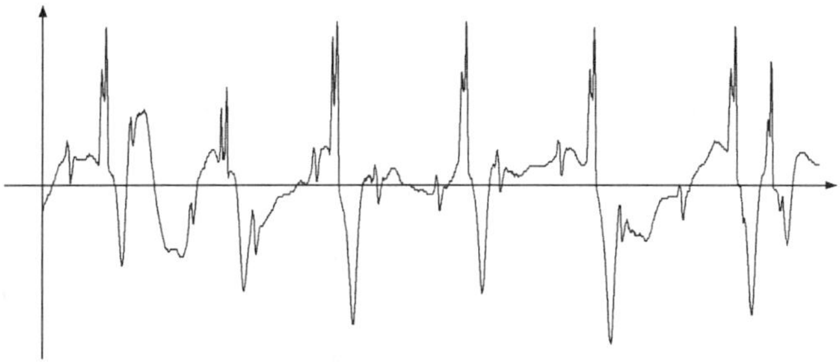

Abbildung 3.1: EKG–Signal eines Menschen.

Herzmuskeln auf. Die stark ausgeprägten Maxima stammen von den Kontraktionen des großen Herzmuskels. Fast im Rauschen des Signals versteckt sind noch die Ausschläge der Herzklappen sichtbar. Für die medizinische Diagnose sind insbesondere zwei Charakteristika interessant:

- ist der Herzklappenrhythmus synchron mit dem des Hauptmuskels ?
- ist der Hauptmuskel entspannt zwischen den Herzschlägen ?

Die erste Fragestellung zielt auf die Analyse von Herzrhythmusstörungen (Herzflattern), die zweite auf das Erkennen von sogenannten "late potentials". Ziel jeder automatischen Analyse von EKG–Signalen ist es, zumindest eindeutige Befunde zu erkennen. Der zuständige Arzt muß sich dann lediglich noch mit den strittigen Befunden befassen.

Aus diesem Datensatz haben wir einen Herzschlag herausgenommen und einer Multi–Skalen–Analyse unterworfen. Als Wavelet haben wir das Daubechies–Wavelet mit 4 Koeffizienten verwendet. Abbildung 3.2 zeigt die Histogramme der Koeffizienten von c^m, d^m, $m = 1, \ldots, 4$. Auf der ersten Stufe enthält die Differenzenfolge d^1 fast das gesamte Rauschen der Ausgangsdaten, c^1 ist eine tiefpaßgefilterte Version von f. In den folgenden Stufen ist d^m jeweils eine bandpaßgefilterte Version von c^0, die dritte Stufe entspricht dem Frequenzband, auf dem der Herzklappenrhythmus sichtbar wird. Um die Aussagekraft der diskreten Wavelet–Transformation zu verdeutlichen, haben wir die Koeffizienten d^3 nochmals in einer anderen Normierung dargestellt. Nimmt man nur den Bereich zwischen zwei Herzschlägen, dann ergibt der natürliche Spline durch die Koeffizienten $|d_k^3|^2$ die Kurve auf der rechten Seite von Abbildung 3.3. Die beiden Maxima geben die Zeitpunkte der Herzklappenaktivität an. Danach ist es kein Problem, den Rhythmus der Herzklappen mit der Pulsfrequenz zu vergleichen. Des weiteren können wir die Ausschläge der Herzklappen extrahieren und eventuell auftre-

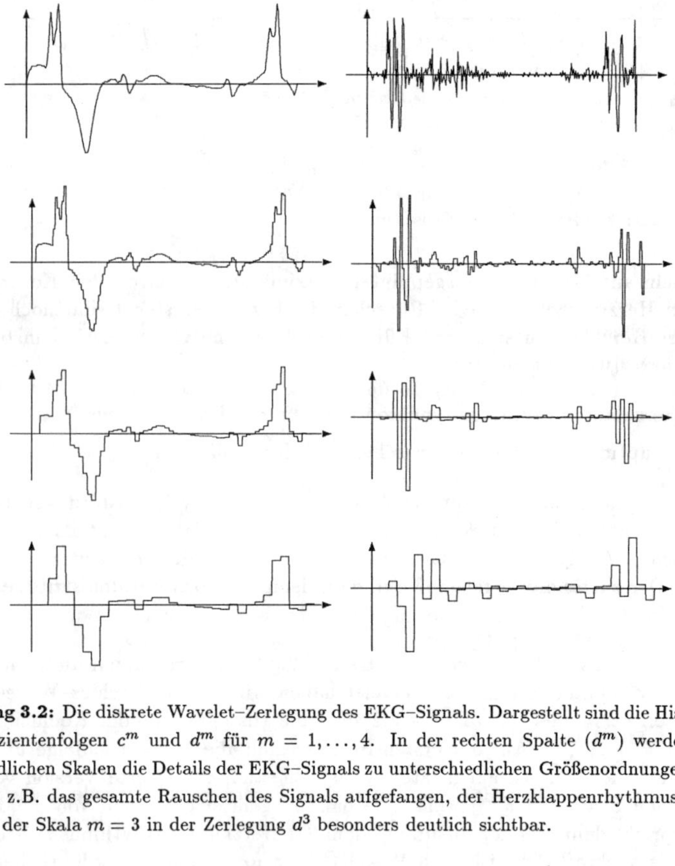

Abbildung 3.2: Die diskrete Wavelet–Zerlegung des EKG–Signals. Dargestellt sind die Histogramme der Koeffizientenfolgen c^m und d^m für $m = 1, \ldots, 4$. In der rechten Spalte (d^m) werden auf den unterschiedlichen Skalen die Details der EKG–Signals zu unterschiedlichen Größenordnungen sichtbar. In d^1 wird z.B. das gesamte Rauschen des Signals aufgefangen, der Herzklappenrhythmus ist als ein Detail auf der Skala $m = 3$ in der Zerlegung d^3 besonders deutlich sichtbar.

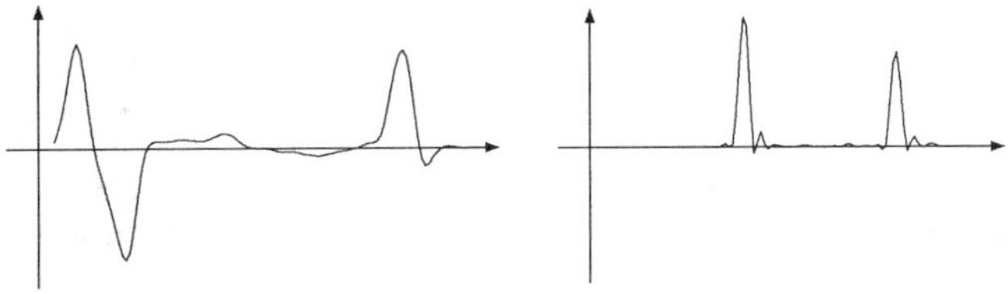

Abbildung 3.3: Links das Spline-geglättete Histogramm der Koeffizienten c^4. Rechts sind die Koeffizienten $|d^3|^2$ durch einen natürlichen Spline verbunden und auf einer exponentiellen Skala dargestellt. Deutlich sichtbar sind die Maxima, die den Zeitpunkten der Herzklappenaktivität entsprechen.

tende "late potentials" diagnostizieren, indem wir den Spline durch c^4 betrachten. Dies ergibt die linke Kurve in Abbildung 3.3. Eine Analyse von EKG–Daten mit herkömmlichen Methoden aus der Mustererkennung würde zu einem ähnlichen Ergebnis führen. Allerdings ist der dazu nötige "Anpassungsprozeß" der Grundalgorithmen erheblich, siehe [39, 40], verglichen mit der simplen Modifikation der Wavelet–Zerlegung, die wir beschrieben haben. Der Vorteil der Wavelets liegt eindeutig in der Aufspaltung des ursprünglichen Signals auf verschiedene Skalen. Unterschiedliche Eigenschaften des Signals werden auf unterschiedlichen Skalen sichtbar. Diese Zerlegung geschieht mit einem schnellen Algorithmus, so daß selbst bei Echtzeitanalysen keine Probleme entstehen.

3.2 Qualitätsbeurteilung von Gewebe

Auf den nächsten Seiten wollen wir kurz aufzeigen, wie Wavelets im industriellen Produktionsprozeß zur Qualitätssicherung eingesetzt werden können. Wir orientieren uns an der Arbeit [121] von Stark, siehe auch [91].

3.2.1 Einführung

Wir betrachten ein Vlies, das aus künstlichen Fasern gewebt wurde, siehe z.B. Abbildung 3.5. Derartige Vliese sind das Ausgangsmaterial vieler Produkte, z.B. von Windeln und Teppichen. Zwei charakteristische Merkmale von Vliesen können klar unterschieden werden:

- *Wolken*, das sind Anhäufungen (Cluster) benachbarter Fasern ohne erkennbare Orientierung,
- *Streifen* sind zusammengeklebte Fasern und weisen eine bevorzugte Richtung auf.

Abbildung 3.4: Schematische Darstellung von (eindimensionalen) Wolken (links) und Streifen (rechts). In die horizontale Richtung ist der Index i und in die vertikale Richtung der Wert von c_i aufgetragen.

Diese beiden Merkmale beeinflussen wesentlich die Qualität eines Vlieses: Große Wolken beeinträchtigen die optische Attraktivität des Materials, und Streifen verschlechtern die mechanischen Eigenschaften, da eine große Anzahl von Streifen, die in die gleiche Richtung verlaufen, die Zugfestigkeit des Gewebes mindern.
Für die automatische Überwachung des Produktionsprozesses muß ein quantitatives Qualitätsmaß bereitgestellt werden. Das Problem besteht also darin, geeignete Zahlen zu finden, die die Verteilung von Wolken und Streifen beschreiben sowie die Anisotropie messen.

Die grundlegenden Ideen werden wir zunächst im Eindimensionalen verdeutlichen. Gegeben sei ein Signal der Form $\{c_i\}_{1\leq i\leq n}$. In einer Dimension entsprechen den Wolken breite (globale) Merkmale mit einer niedrigen Frequenz, und den Streifen entsprechen kleine (lokale) Merkmale, deren Frequenz relativ groß ist, siehe Abbildung 3.4.
Das einfachste Konzept zum Messen der Unregelmäßigkeiten des gegebenen Signals besteht darin, den Euklidischen Abstand des Signals zur einheitlichen Verteilung zu ermitteln, d.h. das Quadrat der Varianz des Signals zu berechnen:

$$\sigma^2 = \sum_{i=1}^{n} (c_i - \langle c \rangle)^2,$$

wobei $\langle c \rangle = n^{-1} \sum_i c_i$ der Mittelwert von $\{c_i\}_{1\leq i\leq n}$ ist. Das Maß σ^2 kann jedoch nicht zwischen den Wolken und Streifen aus Abbildung 3.4 unterscheiden. Das gleiche gilt für jedes Qualitätsmaß der Form $\sum_i f(c_i)$, insbesondere scheiden somit l^p-Abstände aus.

Mit dem Multi–Skalen–Hintergrund, den wir uns in Kapitel 2 angeeignet haben, erkennen wir, daß Wolken und Streifen als Phänomene auf verschiedenen Skalen interpretiert werden können: Wolken gehören zu großen und Streifen zu kleinen Skalen.
Zerlegen wir nun die Folge $\{c_i\}_{1\leq i\leq n}$ mittels des Mallat–Algorithmus', siehe Kapitel 2.3, in ihre Anteile zu verschiedenen Skalen, so können wir jetzt wieder auf l^p-Abstände als Maße auf jeder Skala zurückgreifen.

Im nächsten Abschnitt konkretisieren wir unsere Vorgehensweise für den zweidimensionalen Fall und führen ein Anisotropiemaß ein.

3.2.2 Qualitätsmaße, Anisotropie und Beispiele

Unser Ausgangssignal ist ein digitalisiertes Bild eines Gewebeausschnitts, d.h. es liegt eine Matrix $c^0 = \{c_{ik}\}_{1 \le i,k \le n} \in \mathbb{R}^{n \times n}$ vor.
Mit Hilfe der eindimensionalen Operatoren H (2.3.2) und G (2.3.3) definieren wir Operatoren, die auf Matrizen operieren: $\mathcal{H} := H_s H_z$, $\mathcal{H}_v := H_s G_z$ und $\mathcal{H}_h := G_s H_v$. Hier bezeichnet H_z den Operator H, der aber nur auf die Zeilenindizes der Matrix wirkt. Analog wirkt H_s nur auf die Spaltenindizes. Entsprechendes gilt für G_s und G_z. Somit haben wir zum Beispiel

$$c^1 = \mathcal{H}_v c^0 \quad \text{mit} \quad c^1_{jl} = \sum_{k=1}^{n} \sum_{i=0}^{n} g_{i-2j}\, c^0_{ik}\, h_{k-2l}.$$

Unser zweidimensionales Signal können wir nun zerlegen in eine Folge von Matrizen (Bilder) niederer Dimension $c^J, d^J_h, d^J_v, d^{J-1}_h, d^{J-1}_v, \ldots, d^1_h, d^1_v$, wobei gilt

$$\begin{aligned} c^{j+1} &= \mathcal{H} c^j, \\ d^{j+1}_h &= \mathcal{H}_h c^j, \qquad j = 0, 1, \ldots, J-1, \\ d^{j+1}_v &= \mathcal{H}_v c^j. \end{aligned} \tag{3.2.1}$$

Die Signale d^j_h bzw. d^j_v weisen auf *h*orizontale bzw. *v*ertikale Strukturen der Größe zwischen $2^{j-1}\ell/n$ und $2^j \ell/n$ hin, vgl. Bemerkung 2.2.2 a). Hier bezeichnet ℓ die Seitenlänge des quadratischen Gewebeausschnitts, und ℓ/n ist die Abtastrate. Im weiteren beschränken wir uns auf Bilder mit 2^{2m} Bildelementen, d.h. $n = 2^m$. Da durch die Zerlegung (3.2.1) die Anzahl der Bildelemente in den d^j-Bildern ungefähr um den Faktor $2 \times 2 = 4$ reduziert wird, siehe Kapitel 2.3, definieren wir die mittlere Intensität der d^j-Signale durch

$$\langle d^j_x \rangle = 2^{-2(m-j)} \sum_{i,k} |(d^j_x)_{i,k}|, \quad x \in \{h, v\}.$$

Das Quadrat der Varianz ist gegeben durch

$$(\sigma^j_x)^2 = 2^{-2(m-j)} \sum_{i,k} \left(|(d^j_x)_{i,k}| - \langle d^j_x \rangle\right)^2, \quad x \in \{h, v\}.$$

Da die d^j-Bilder skalenabhängige Information über das Bild c^0 beinhalten, bietet sich folgende Vorgehensweise an:

1. Wähle eine natürliche Zahl J und zerlege das Bild c^0 gemäß (3.2.1) in $d^J_h, d^J_v, d^{J-1}_h, d^{J-1}_v, \ldots, d^1_h, d^1_v$.

2. Berechne die Varianzen $(\sigma^j_h)^2$ und $(\sigma^j_v)^2$ für $j = 1, \ldots, J$.

Abbildung 3.5: Ausschnitt aus einem Vlies

3. Berechne
$$a_j := (\sigma_v^j)^2/(\sigma_h^j)^2, \quad j = 1, \ldots, J \tag{3.2.2}$$
als Maß für die Anisotropie auf der Skala j.

Große Varianzwerte auf relativ kleinen Skalen j und zugehörige Anisotropiewerte a_j, die sich stark von der 1 unterscheiden, weisen auf Streifen hin. Ist zum Beispiel $a_j \ll 1$, so dominieren horizontale Streifen der Größe zwischen $2^{j-1}\ell/n$ und $2^j\ell/n$. Wolken zeichnen sich durch hohe Varianzwerte auf großen Skalen j aus. Die zugehörigen Anisotropiewerte a_j liegen in der Nähe der 1.
In unserem Beispiel haben wir den Gewebeausschnitt aus Abbildung 3.5 digitalisiert mit der Abtastrate $\ell/512$, d.h. die Matrix c^0 hat die Dimension $512 \times 512 = 2^{2m}$ mit $m = 9$. Die Zerlegungstiefe haben wir auf $J = 5$ festgesetzt. Die in der folgenden Analyse entdeckten Strukturen haben also eine Größe zwischen $\ell/512$ und $\ell/16$. Um vergleichbare Ergebnisse zu erzielen, normalisieren wir das Maximum von $|(d_x^j)_{i,k}|$ $(1 \leq j \leq 5$, $x \in \{h, v\}$, i und k laufen über alle Komponenten von $d_x^j)$ auf den vorgegebenen Wert 255.
Die Abbildung 3.6 zeigt die Anisotropiewerte a_j, $1 \leq j \leq 5$, basierend auf dem kubischen Spline–Wavelet, siehe Kapitel 2.4.1 sowie Abbildung 2.8 auf Seite 139, und dem Daubechies–Wavelet der Ordnung $N = 5$.

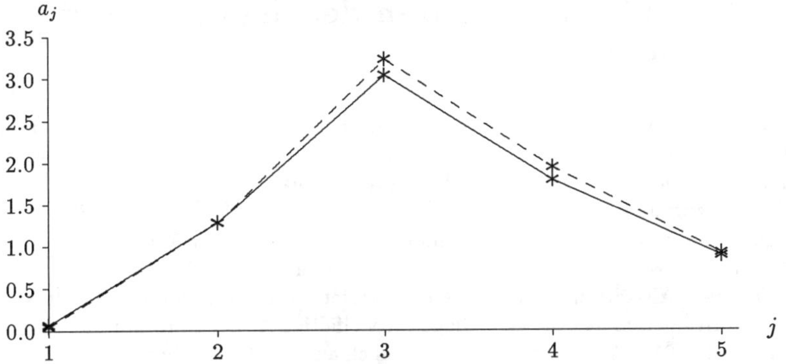

Abbildung 3.6: Anisotropiewerte a_j (3.2.2) für den Gewebeausschnitt aus Abbildung 3.5 basierend auf dem kubischen Spline–Wavelet (gestrichelte Linie) und dem Daubechies–Wavelet der Ordnung $N = 5$ (durchgezogene Linie).

Der Gewebeausschnitt in Abbildung 3.5 erweckt den Eindruck, daß Streifen mittlerer Dicke vorzugsweise in vertikaler Richtung verlaufen. Dieser Eindruck wird durch beide Anisotropiediagramme bestätigt: Auf der Skala $j = 3$ hat a_j ein ausgeprägtes Maximum ($a_3 = 3.226$ (Spline), $a_3 = 3.038$ (Daubechies)), das auf eine starke Dominanz vertikaler Streifen der Größe zwischen $\ell/128$ und $\ell/64$ hinweist. Darüber hinaus besteht auch eine deutliche Dominanz sehr dünner (einzelner) Fasern in horizontaler Richtung, denn a_1 ist sehr klein ($a_1 = 0.042$ (Spline), $a_1 = 0.065$ (Daubechies)). Visuell läßt sich dieses Ergebnis kaum bestätigen.
Die ausgeprägteren Extrema von a_j für das Spline–Wavelet beruhen auf seiner höheren Glattheit gegenüber dem Daubechies–Wavelet. Während das kubische Spline–Wavelet zweimal stetig differenzierbar ist, ist das Daubechies–Wavelet der Ordnung $N = 5$ hölderstetig nur von der Ordnung 1.6, siehe Tabelle 2.4. Wavelets mit einer höheren Glattheit liefern i. allg. eine genauere Analyse eines Signals, da weniger Störungen durch das Wavelet selbst verursacht werden.
Es soll noch angemerkt werden, daß sich die Anisotropiewerte für große j um die 1 stabilisieren (Wolken haben keine Richtung).

Weitere Experimente, die in [121] beschrieben sind, verifizieren die Anisotropiewerte a_j, $1 \leq j \leq J$, als gute qualitative Maße für den Grad von Anisotropie auf verschiedenen Skalen. Allerdings lassen sich mit ihnen nur Anisotropien in horizontaler bzw. vertikaler Richtung aufspüren. Das könnte man durch den Einsatz der zweidimensionalen Wavelet–Transformation beheben, die ein Signal nach beliebigen Richtungen zerlegt, siehe Bemerkung 1.6.23.

3.3 Datenkompression in der digitalen Bildverarbeitung

Einer der erfolgreichsten Anwendungsbereiche für die diskrete Wavelet–Transformation ist die digitale Bildverarbeitung. Schon 1983 wurde in [13] der sogenannte "pyramidal algorithm" vorgestellt, dem bereits der Grundgedanke einer Multi–Skalen–Zerlegung von Bildern zugrunde liegt. Der Durchbruch erfolgte einige Jahre später mit den Arbeiten von S. Mallat [93, 92], in denen zum einen der Begriff einer Multi–Skalen–Analyse mathematisch exakt definiert wurde und zum anderen die in Kapitel 2.3 beschriebenen effizienten Algorithmen zur diskreten Wavelet–Transformation entwickelt wurden. Diese Algorithmen bilden die Grundlage für vielfältige Anwendungen in der Bildverarbeitung, siehe [91]. Wir beschränken uns jedoch auf die Beschreibung der wesentlichen Gedanken zur Kompression digitalisierter Bilder. Für eine gut lesbare Einführung in die allgemeine Problematik der Bildverarbeitung verweisen wir auf [70].

Ein digitalisiertes Schwarzweißbild wird durch eine $(n \times n)$-Matrix $(f_{i,j})$, $1 \leq i,j \leq n$, mit ganzzahligen Einträgen beschrieben. Der Wert $f_{i,j}$ gibt dabei den Grauwert des Bildes im Pixel mit Koordinaten (i,j) wieder. Die Anzahl der möglichen Grauwerte ist in der Regel auf 256 beschränkt, d.h. der Speicherplatzbedarf des unverarbeiteten Bildes beträgt $S_{\text{orig}} = n^2$ Byte. Gelingt es nun, durch eine geeignete Kompressionsmethode das Bild mit weniger Parametern zu beschreiben, so kann der Speicherplatzbedarf auf S_{komp} reduziert werden. Der Quotient dieser beiden Zahlen definiert die *Kompressionsrate*

$$k = \frac{S_{\text{orig}}}{S_{\text{komp}}}.$$

Die Kompression von Farbbildern unterscheidet sich nur geringfügig, denn üblicherweise wird ein digitalisiertes Farbbild durch drei Matrizen R, G, B beschrieben, die jeweils die Farbanteile des Bildes zu den Farben Rot, Grün und Blau repräsentieren. Optimale Kompressionsraten werden allerdings dadurch erzielt, daß zuerst die RGB–Matrizen in die sogenannten YUV–Koordinaten tranformiert werden. Dabei beschreiben Y die Helligkeit und U bzw. V bestimmte Farbwerte des Bildes. Da das menschliche Auge feinste Helligkeitsunterschiede registriert, während selbst gröbere Farbabweichungen toleriert werden, können die Matrizen der UV–Koordinaten ohne sichtbaren Qualitätsverlust stärker komprimiert werden.

Methoden zur Datenkompression finden in zwei unterschiedlichen Bereichen der Bildverarbeitung Anwendung:

- Digitale Bildübertragung in Echtzeit: bei der Übertragung von Folgen hochauflösender Bilder übersteigt die anfallende Datenmenge die Kapazität jeder Übertragungsleitung. Durch die technischen Beschränkungen wird eine Kompressionsrate vorgegeben, für die eine bestmögliche Bildqualität realisiert werden soll.

- Speichern großer Datenmengen: der Einsatz von Kompressionsmethoden vermindert den Speicherplatzbedarf zum Archivieren digitalisierter Bilder. Die Beschränkungen an die Rechenzeit sind bei dieser Anwendung geringer, vielmehr soll versucht werden, eine geforderte Bildqualität mit einer optimalen Kompressionsrate zu erhalten.

Die harten Restriktionen an die Rechenzeit bei Anwendungen der ersten Kategorie können derzeit nur von Kompressionsalgorithmen, die auf linearen Transformationen

$$T : \mathbb{R}^{n^2} \longrightarrow \mathbb{R}^{n^2}$$

aufbauen, erfüllt werden. Es wird also ein Basiswechsel durchgeführt: nach der Transformation wird das Bild nicht mehr durch seine Pixelwerte, sondern durch seine Koeffizienten bezüglich einer anderen Basis des $\mathbb{R}^{n^2}$ beschrieben. Ziel ist es, die Basis so zu wählen, daß möglichst viele Koeffizienten sehr klein und damit vernachlässigbar werden. Ein typischer Algorithmus verfährt in drei Schritten:

1. Transformation: Berechnung der Koeffizienten
$$f_T = Tf,$$
wobei T eine lineare, invertierbare Abbildung des $\mathbb{R}^{n^2}$ ist. In Frage kommen hierfür Fourier- bzw. Kosinus–Transformation und die diskrete Wavelet–Transformation.

2. Quantisierung: Die (reellen) Koeffizienten f_T werden auf ganzzahlige Werte f_Q abgebildet. Dieser Schritt verfolgt zwei Ziele. Zum einen wird hier die eigentliche Komprimierung durchgeführt: betragsmäßig kleine Koeffizienten unterhalb eines vorgegebenen Abschneidewertes werden auf Null abgebildet. Zum anderen benötigen reelle Zahlen vergleichsweise viel Speicherplatz. Dieser kann vermindert werden, wenn von jedem Koeffizient nur die führenden Ziffern gespeichert werden. Die Genauigkeit, d.h. die Anzahl der berücksichtigten Ziffern, kann dabei von Koeffizient zu Koeffizient variieren. Wird z.B. in Schritt 1 die Fourier–Transformation eingesetzt, so ist es sinnvoll, die Koeffizienten niedriger Frequenzen mit einer größeren Genauigkeit zu berücksichtigen als die Koeffizienten hoher Frequenzen.
Diese sogenannten "Quantisierungstableaus" sind wesentlich für die Qualität der komprimierten Bilder verantwortlich. Ihre optimalen Werte sind allerdings unterschiedlich, je nachdem, ob man kontrastreiche Bilder, Portraits oder Landschaftsaufnahmen komprimieren möchte. Das Erstellen dieser Tableaus ist der zeitaufwendigste Teil, wenn man einen Komprimierungsalgorithmus für eine spezielle Anwendung ausrichten möchte.

3. Kodierung: Die nach der Quantisierung entstandenen ganzzahligen Koeffizienten f_Q werden im letzten Schritt binär abgespeichert. Dabei sollen häufig auftretende Werte mit möglichst wenig Bits kodiert werden, siehe das später folgende

kleine Beispiel. Die optimale Kodierung wird mit den sogenannten Entropie–Kodierungen (z.B. Huffman–, arithmetische Kodierung) erzielt.

Die Dekomprimierung der gespeicherten Daten erfolgt in umgekehrter Reihenfolge, dazu muß zusätzlich zu den Binärzahlen das "Bitmap" abgespeichert werden. Als Beispiel sei nach der Quantisierung die Koeffizientenfolge

$$9 \;\; 123 \;\; 17 \;\; 63 \;\; 129 \;\; 17 \;\; 123 \;\; 123 \;\; 52$$

entstanden. Mit Hilfe des durch eine Huffman–Kodierung entstandenen Bitmaps

$$\begin{array}{rcl} 123 & \longrightarrow & 0 \\ 17 & \longrightarrow & 10 \\ 63 & \longrightarrow & 1100 \\ 9 & \longrightarrow & 1101 \\ 129 & \longrightarrow & 1110 \\ 52 & \longrightarrow & 1111 \end{array}$$

kann die Koeffizientenfolge aus

$$11010101100111010001111$$

rekonstruiert werden. Der benötigte Speicheraufwand wurde hierdurch von neun Byte (= 72 Bit) auf 23 Bit, d.h. 2.56 Bit/Zahl reduziert. Das ist fast optimal, denn die minimale durchschnittliche Bitlänge kann nach unten durch die Entropie der Zahlenfolge abgeschätzt werden [128]. Die *Entropie* H einer Folge wird dadurch bestimmt, daß man die relativen Häufigkeiten $p(I)$ der auftretenden Zahlen I ermittelt und

$$H = -\sum_I p(I) \log_2 p(I)$$

berechnet. Für unser Beispiel beträgt $H = 2.42$.

Die Quantisierung ist natürlich nicht exakt umkehrbar, bei dem Rekonstruktionsprozeß erhalten wir lediglich eine Näherung f_T^{app} an die transformierten Daten des Bildes. Die Güte dieser Approximation wird durch den gewählten Abschneidewert und die Anzahl der berücksichtigten führenden Ziffern bestimmt. Umgekehrt beeinflussen diese Größen aber auch wesentlich die Kompressionsrate, so daß je nach Anwendung entschieden werden muß, welche Abweichungen noch akzeptabel sind bzw. welche Kompressionsrate mindestens erzielt werden muß.
Letztendlich wird dann das dekomprimierte Bild über die inverse Transformation T^{-1} berechnet

$$f_{\text{dekomp}} = T^{-1} f_T^{\text{app}} .$$

Eine mögliche Wahl für die lineare Transformation T ist die diskrete Fourier–Transformation oder, um komplexe Koeffizienten zu vermeiden, die diskrete Kosinus–Transformation. Damit lassen sich jedoch lokale Details nur ungenügend auflösen, da die Kosinus–Funktionen einen unbeschränkten Träger besitzen. Dies kann vermieden werden, wenn das Ausgangsbild zuerst in kleinere Teilbilder zerlegt wird. Das ist die Grundlage des weitverbreiteten JPEG–Standards [131], der eine Zerlegung in Teilbilder der Größe 8×8 oder 16×16, gefolgt von der diskreten Kosinus–Transformation als Kompressionsalgorithmus vorschlägt. Allerdings sind in den dekomprimierten Bildern, insbesondere bei hohen Kompressionsraten, die Begrenzungen der Teilbilder deutlich sichtbar.

Demgegenüber hat die Wavelet–Transformation den Vorteil, daß aufgrund der hierarchischen Struktur (Multi–Skalen–Eigenschaft) eine Zerlegung in Teilbilder entfällt.

Hierzu müssen wir eine zweidimensionale diskrete Wavelet–Transformation durchführen. Haben wir ein Wavelet zu einer Dilatationsmatrix A mit $|\det(A)| = 2$ gewählt, so können wir analog zu den eindimensionalen Algorithmen die Operatoren

$$\begin{aligned} H \ : \ \ell^2(\mathbb{Z}^2) &\longrightarrow \ell^2(\mathbb{Z}^2) \\ c &\longmapsto Hc = c *_2 h = \Big\{ (Hc)_k = \sum_{\ell \in \mathbb{Z}^2} h_{\ell - Ak} c_\ell \Big\}, \end{aligned}$$

$$\begin{aligned} G \ : \ \ell^2(\mathbb{Z}^2) &\longrightarrow \ell^2(\mathbb{Z}^2) \\ c &\longmapsto Gc = c *_2 g = \Big\{ (Gc)_k = \sum_{\ell \in \mathbb{Z}^2} g_{\ell - Ak} c_\ell \Big\} \end{aligned}$$

mit den zweidimensionalen diskreten Filtern $\{h_k | k \in \mathbb{Z}^2\}$ bzw. $\{g_k | k \in \mathbb{Z}^2\}$, siehe (2.2.46), einführen. Die Durchführung der zweidimensionalen Wavelet–Transformation besteht dann in der Berechnung von

$$\begin{array}{ll} \text{setze} & c^0_{i,j} = f_{i,j} \ \text{für } (i,j) \in \mathbb{Z}^2, \\ \text{berechne} & c^m = Hc^{m-1}, \ d^m = Gc^{m-1} \ \text{ für } m = 1, \ldots, M, \\ \text{speichere} & d^m, \ m = 1, \ldots, M, \ c^M. \end{array}$$

Gebräuchlicher ist jedoch der Einsatz von Tensor–Wavelets. Hierzu werden die Zeilen und Spalten des Bildes mit den eindimensionalen Algorithmen transformiert. Der Index S bzw. der Index Z kennzeichne jeweils Operatoren, die auf den Spalten bzw. Zeilen, des Bildes operieren. Es ist z.B.

$$\begin{aligned} H_Z \ : \ \ell^2(\mathbb{Z}^2) &\longrightarrow \ell^2(\mathbb{Z}^2) \\ c &\longmapsto H_Z c = \Big\{ (Hc)_{i,j} = \sum_{\ell \in \mathbb{Z}} h_{\ell - 2j} c_{i,\ell} \Big\} \end{aligned}$$

der Glättungsoprator auf den Zeilen. Analog werden H_S, G_S und G_Z definiert. Ein Schritt des darauf aufbauenden Algorithmus besteht dann in der Berechnung von

$$c^1 = H_S H_Z c^0, \ d^1_1 = H_Z G_S c^0, \ d^1_2 = G_Z H_S c^0, \ d^1_3 = G_Z G_S c^0.$$

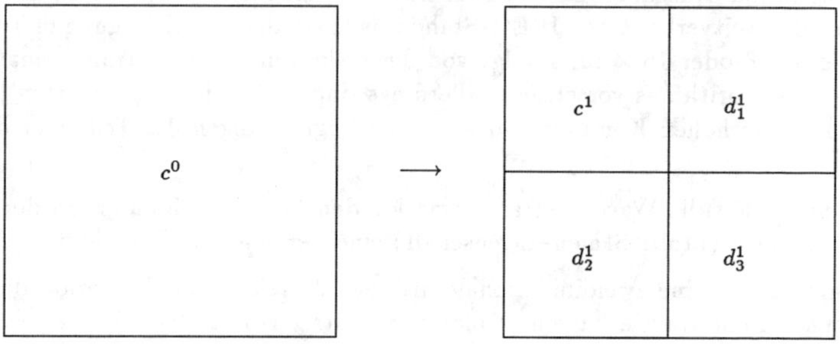

Abbildung 3.7: Schematische Darstellung des ersten Zerlegungsschrittes für die zweidimensionale diskrete Wavelet–Transformation mit einem Tensor–Wavelet.

Das Ausgangsbild, eine $(n \times n)$-Matrix, wird dadurch in vier Matrizen der Dimension $n/2$ überführt. Diese können wieder in der Ausgangsmatrix gespeichert werden, siehe Abbildung 3.7.

Nachfolgend wird im allgemeinen lediglich das Teilbild c^1 weiterzerlegt. Nach M Stufen sind dann

$$d_1^m,\ d_2^m,\ d_3^m,\ m = 1, \ldots, M, \quad c^M$$

abgespeichert, siehe Abbildung 3.8.

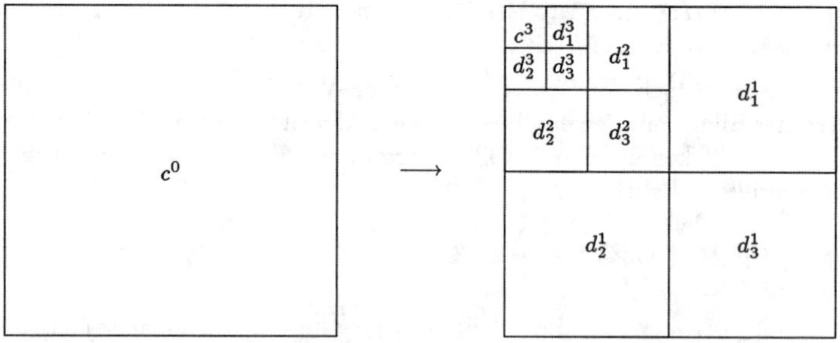

Abbildung 3.8: Darstellung der ersten drei Zerlegungsschritte für die zweidimensionale diskrete Wavelet–Transformation mit einem Tensor–Wavelet. Die Teilbilder d_1^m enthalten die waagrechten Details des Ausgangsbildes auf der Skala m, d_2^m und d_3^m enthalten die senkrechten und diagonalen Details.

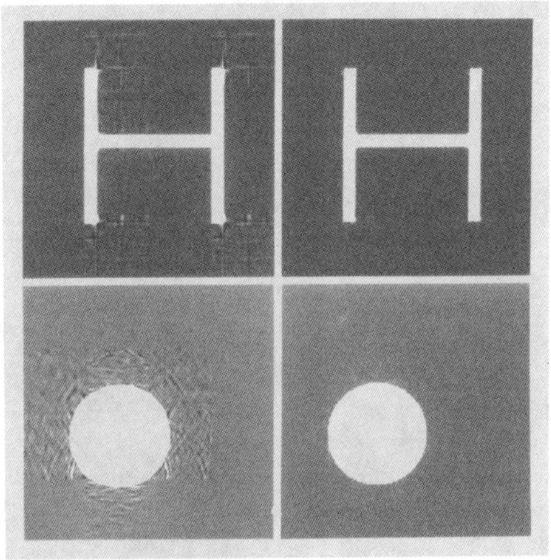

Abbildung 3.9: Anhand der beiden einfachen Testbilder "H" und "Kreis" werden die unterschiedlichen Artefakte bei hohen Kompressionsraten ($k = 100$) deutlich. Die beiden Darstellungen auf der linken Seite zeigen die Ergebnisse des Fourier–Kompressionsalgorithmus'. Das Bild rechts oben wurde mit Tensor–Wavelets (Daubechies $N = 3$), das Bild rechts unten mit dem nicht–separablen Wavelet (2.5.28) berechnet. Aufgrund der lokalen und hierarchischen Struktur der Wavelet–Basis weisen die Wavelet–komprimierten Bilder lediglich lokale Artefakte auf.

Die auftretenden Effekte haben wir an zwei Testbildern mit einer hohen Kompressionsrate illustriert, siehe Abbildung 3.9.
Es ist leicht, für ein spezielles Testbild ein geeignetes Wavelet sowie eine optimal angepaßte Quantisierung zu bestimmen, mit dem sich fast beliebig hohe Kompressionsraten ($k > 100$) erzielen lassen. Dies ist aber sicherlich kein realistisches Gütekriterium, stattdessen haben wir versucht, für eine Menge unterschiedlicher Testbilder und für eine vorgegebene Kompressionsrate die Parameter des Wavelet–Kompressionsalgorithmus anzupassen. Optimale Ergebnisse ergeben sich, wenn für Skalen kleiner Details höhere Abschneidewerte und weniger führende Ziffern berücksichtigt werden. Algorithmen dieser Bauart sind prinzipiell für Echtzeitanwendungen konzipiert, allerdings kann bei den anfallenden großen Datenmengen keine Software–Implementierung diesem hohen Anspruch gerecht werden. Das kann nur über festverdrahtete Hardware–Realisierungen (Chip) erreicht werden.

Zum Abschluß dieses Abschnitt über Kompressionsalgorithmen wollen wir noch erwähnen, daß durch komplexere Verfahren höhere Kompressionsraten erzielt werden können. S. Mallat schlägt in [96] vor, zuerst die wesentlichen Kanten eine Bildes, gekennzeichnet durch betragsmäßig große Wavelet–Koeffizienten, zu extrahieren und zu speichern. Allein aus der Kenntnis dieser Kanten kann eine stark geglättete Approximation f_k des Bildes durch einen trickreichen Iterationprozeß berechnet werden. Danach

Abbildung 3.10: Bei niedrigen Kompressionsraten bis ca. $k = 12$ sind für den Betrachter sowohl bei Fourier– als auch bei Wavelet–komprimierten Bildern keine Unterschiede zum Original erkennbar. Bei hohen Kompressionsraten zeigen sich jedoch deutliche Unterschiede. Das linke Bild wurde mit Tensor–Wavelets (Daubechies $N = 3$, $k = 50$) berechnet, das rechte Bild mit dem JPEG–Algorithmus (Fourier–Methode, $k = 50$).

wird dann $f - f_k$ mit dem üblichen Wavelet–Kompressionsalgorithmus komprimiert.

3.4 Regularisierung Inverser Probleme

3.4.1 Schlecht gestellte Probleme

Eine Vielzahl technischer und physikalischer Anwendungen führt auf Probleme, bei denen wir Wirkungen messen können, und deren Ursache wir bestimmen wollen. Mathematisch werden derartige Probleme fast immer mir Hilfe von Differential– oder Integralgleichungen modelliert. In diesem Abschnitt wollen wir Probleme betrachten, die auf Integralgleichungen führen.
Ein bekanntes Beispiel hierfür ist die Computer–Tomographie (CT), die sowohl im medizinischen Bereich als auch bei zerstörungsfreien Prüfverfahren eingesetzt wird, siehe z.B. [103] und [86]. Bei CT–Verfahren wird der zu untersuchende Körper mit Röntgenstrahlen durchleuchtet. Aus der Abminderung der Intensitäten dieser Strahlen wird auf die Struktur des Körpers zurückgeschlossen. Unter einigen vereinfachenden Annahmen (z.B. monochrome Strahlung, Vernachlässigung der Beugung) steht hier die Wirkung, d.h. die Abnahme der Intensität, mit der Ursache, d.h. der Dichte des im Strahlengang liegenden Körpers, in einem linearen Zusammenhang. Bezeichnet $f(x)$, $x \in \mathbb{R}^3$, die

Dichte des Körpers im Punkt x, und ist L die Gerade, entlang derer sich einer der Strahlen ausbreitet, so kann aus der Abminderung der Intensität auf das Integral von f entlang von L geschlossen werden. Gemessen wird also

$$g(L) = \int_L f(x)\, dx ,$$

daraus soll f bestimmt werden.
Betrachten wir nun allgemeiner lineare Integraloperatoren mit Kern k:

$$Af(x) = \int_\Omega k(x,y)f(y)\, dy ;$$

der Integrationsbereich Ω ist typischerweise $\mathbb{R}^n$ oder ein Gebiet $I \subset \mathbb{R}^n$, $n \geq 1$. Der Kern k beschreibt die mathematische Modellierung des physikalischen Vorgangs. Die zugehörige Operatorgleichung

$$\text{gegeben } g, \text{ gesucht } f \text{ mit } Af = g$$

wird als inverses Problem bezeichnet. Der scheinbar angenehme Fall, daß k ein stetiger oder sogar stetig differenzierbarer Kern ist, führt zwar i. allg. auf einen stetigen Operator, aber bei der Lösung des inversen Problems treten Komplikationen auf, denn es existiert keine stetige inverse Abbildung. Dies kann man bereits an dem einfachen Beispiel

$$\begin{aligned} Af(x) &= \int_0^1 k(x,y)f(y)\, dx , \\ k(x,y) &= \begin{cases} x(1-y) & : \ x \leq y \\ y(1-x) & : \ y \leq x \end{cases} . \end{aligned}$$

verdeutlichen. Die Lösung der Operatorgleichung $Af = g$ ist in diesem Fall

$$f = -g'' .$$

Kleine Änderungen der Daten g, z.B. hervorgerufen durch Meßfehler oder Rechenungenauigkeiten, können beliebig große Abweichungen der Lösung f verursachen, der Lösungsoperator ist also unstetig. Nach Hadamard werden diese Probleme schlecht gestellt genannt.
Die oben beschriebenen Schwierigkeiten treten immer dann auf, wenn A ein "glättender Operator" ist. Im folgenden betrachten wir Operatoren A,

$$A : \ L^2(\Omega) \longrightarrow H^\alpha(\Omega) , \ \alpha > 0, \tag{3.4.1}$$

die in der Skala der Sobolev–Räume um α Stufen glätten. Verschärfend nehmen wir an, daß der Operator zwischen diesen Räumen stetig invertierbar ist, d.h. es existieren Konstanten $0 < C_1,\ C_2$, mit

$$C_1\|f\|_{L^2(\Omega)} \leq \|Af\|_{H^\alpha} \leq C_2\|f\|_{L^2(\Omega)}\,. \tag{3.4.2}$$

Da allerdings bei realen Anwendungen lediglich gemessene Daten g^ϵ, die nur bis zu einer gewissen Genauigkeit mit Af übereinstimmen, zur Verfügung stehen und es wenig Sinn macht, Glattheitsvoraussetzungen von Meßfehlern zu fordern, muß der Bildraum des Operators modifiziert werden. Ersetzen wir den Bildraum von A durch $L^2(\Omega)$,

$$A:\ L^2(\Omega) \longrightarrow L^2(\Omega),$$

so können wir L^2–Meßfehler berücksichtigen. Betrachten wir sogar

$$A:\ L^2(\Omega) \longrightarrow H^t(\Omega),\ t \leq 0, \tag{3.4.3}$$

mit einem Sobolev–Raum negativer Ordnung, so können wir für $t < -n/2$ weißes Rauschen im Meßfehler modellieren.
In jedem Fall setzen wir voraus, daß der Datenfehler in der Norm des Bildraums beschränkt ist. Wir nehmen also an, daß wir lediglich fehlerbehaftete Daten g^ϵ zur Verfügung haben, deren Abweichung allerdings in dieser Norm durch ein $\epsilon > 0$ abschätzbar ist:

$$\|g - g^\epsilon\|_{H^t} \leq \epsilon\,. \tag{3.4.4}$$

Ist der Bildbereich eines solchen Operators nicht abgeschlossen, so besitzt A keine stetige Inverse. Das ist der Fall, wenn Ω eine kompakte Teilmenge des $\mathbb{R}^n$ ist. Die verallgemeinerte Inverse kann sofort mit Hilfe der Singulärwertzerlegung angegeben werden. Insbesondere der hochfrequente Anteil oder, in der Sprache der Wavelets, der Anteil zu kleinen Skalen wird besonders von den Datenfehlern beeinflußt. Zur numerischen Approximation der Lösung aus fehlerbehafteten Meßdaten müssen spezielle Methoden entwickelt werden, die einen optimalen Ausgleich zwischen Genauigkeit und Fehlerdämpfung liefern. Solche Verfahren werden *Regularisierungsverfahren* genannt. Im folgenden werden zwei Verfahren vorgestellt, bei denen erfolgreich Wavelets eingesetzt werden können, nämlich Projektionsverfahren auf aus Wavelets erzeugte Unterräume und Verfahren, bei denen durch eine Wavelet–Zerlegung der Anteil auf kleinen Skalen kontrolliert wird.
Zunächst führen wir Wavelet–Galerkin–Verfahren ein und studieren ihr Konvergenzverhalten, beschreiben dann Approximationseigenschaften der Wavelet–Zerlegungen in Sobolev–Räumen und untersuchen das algorithmische Verhalten dieser Methoden anhand eines leichten Testbeispiels. Danach beschreiben wir die Glättungsverfahren.

3.4.2 Wavelet–Galerkin–Verfahren

Galerkin–Verfahren sind Projektions–Verfahren, d.h. sie werden über Teilräume

$$X_h \subset X \quad \text{und} \quad Y_h^* \subset Y^*$$

definiert. Die numerische Approximation wird als dasjenige Element

$$f_h \in X_h$$

bestimmt, dessen Bild – getestet mit den Funktionalen aus Y_h^* – am besten mit den Daten übereinstimmt:

$$\forall v \in Y_h^* \ : \ \langle Af_h \, , \, v \rangle_Y \ = \ \langle g^\epsilon \, , \, v \rangle_Y \, . \tag{3.4.5}$$

Fixieren wir Basen in X_h und Y_h^*,

$$X_h \ = \ \operatorname{span}\{u_j \mid j \in I_h\} \, , \qquad Y_h^* \ = \ \operatorname{span}\{v_j \mid j \in I_h\} \, ,$$

so reduziert sich (3.4.5) auf ein lineares Gleichungssystem für die Entwicklungskoeffizienten $\xi = \{\xi_j | j \in I_h\}$:

$$f_h \ = \ \sum_{j \in I_h} \xi_j u_j \, , \tag{3.4.6}$$

$$A_h \xi = y \, , \tag{3.4.7}$$

wobei die Koeffizienten der Matrix A_h und der rechten Seite y gegeben sind durch $(j, k \in I_h)$:

$$\begin{aligned} (A_h)_{jk} \ &= \ \langle Au_k \, , \, v_j \rangle_Y \\ y_j \ &= \ \langle g^\epsilon, \, v_j \rangle_Y \, . \end{aligned}$$

Wir setzen voraus, daß dieses Gleichungssytem eindeutig lösbar ist. Den Lösungsoperator des Gleichungssystems wollen wir mit T_h bezeichnen:

$$T_h \ : \ g \mapsto T_h g = f_h \ \text{ mit } \ f_h \text{ löst (3.4.6), (3.4.7).}$$

3.4.2.1 Approximation in Sobolev–Räumen

Die Konvergenzeigenschaften von Galerkin–Verfahren beruhen entscheidend auf den Approximationeigenschaften der Ansatzfunktionen. Sind diese bekannt, so folgen sofort Aussagen über die Konvergenzgeschwindigkeit der Näherungslösung und das Verhalten bei gestörten Daten. Bei Wavelet–Ansatzfunktionen gilt sogar noch mehr: die Sobolev–Normen sind äquivalent zu einer ℓ^2–Norm auf den Wavelet–Koeffizienten, siehe [97].

Satz 3.4.1 *Gegeben sei ein orthogonales Wavelet $\psi \in H^r(\mathbb{R})$, und sei $0 \leq s < r$. Dann existieren positive Konstanten C_1, C_2 derart, daß für jedes beliebige $f \in H^s(\mathbb{R})$ gilt:*

$$C_1 \, \|f\|_s \ \leq \left\{ \sum_{m \in \mathbb{Z}} (1 + 2^{2ms}) \left(\sum_{k \in \mathbb{Z}} |d_k^m|^2 \right) \right\}^{1/2} \ \leq \ C_2 \|f\|_s \, .$$

Über die Dualitätssätze für Sobolev–Räume läßt sich dieses Ergebnis auch auf negative s ausdehnen, solange $|s| < r$ gilt. In voller Allgemeinheit kann dieser Satz auf Besov–Räume erweitert werden, siehe z.B. [77].
Damit können wir nun die Approximationseigenschaften von Wavelet–Zerlegungen bestimmen. Sei $f \in L^2(\mathbb{R})$ und

$$P_0 f = \sum_{k\in\mathbb{Z}} \langle f, \varphi_{0,k}\rangle_{L^2}\, \varphi_{0,k}$$

die Projektion auf V_0, den Basis–Raum der Multi–Skalen–Analyse. Durch sukzessives Addieren der Anteile von f auf den feineren Wavelet–Skalen erhalten wir die volle Darstellung von f:

$$f = \sum_{m\geq 0}\sum_{k\in\mathbb{Z}} d_k^m \psi_{m,k} + \sum_{k\in\mathbb{Z}} \langle f, \varphi_{0,k}\rangle_{L^2}\, \varphi_{0,k}\,. \tag{3.4.8}$$

Die Frage ist nun, wie gut die abgeschnittene Wavelet–Zerlegung

$$f_M = \sum_{m=0}^{M}\sum_{k\in\mathbb{Z}} d_k^m \psi_{m,k} + \sum_{k\in\mathbb{Z}} \langle f, \varphi_{0,k}\rangle_{L^2}\, \varphi_{0,k}$$

die Funktion f approximiert. Eine einfache Anwendung der Hölder–Ungleichung liefert

Lemma 3.4.2 *Gegeben sei ein Wavelet $\psi \in H^r(\mathbb{R})$ und eine Funktion $f \in H^\nu(\mathbb{R})$, $0 \leq \nu < r$. Sei $f_M, M \geq 0$, die abgeschnittene Wavelet–Zerlegung von f Dann ist für alle $s \leq \nu, |s| < r$, der Abschneidefehler beschränkt durch*

$$\|f - f_M\|_s \leq C\, 2^{-M(\nu-s)} \|f\|_\nu\,,$$

wobei die Konstante C unabhängig von f, M, ν und s ist.

Um dieses Ergebnis mit den Approximationseigenschaften anderer Funktionensysteme zu vergleichen, ist es üblich, den Faktor 2^{-M} als Schrittweite h zu interpretieren. In diesem Sinn besitzen Wavelets die gleichen Approximationseigenschaften wie Finite–Element–Approximationen.
Wavelets besitzen auch eine inverse Approximationseigenschaft.

Lemma 3.4.3 *Gegeben sei ein Wavelet $\psi \in H^r(\mathbb{R})$ und eine Funktion $f \in H^\nu(\mathbb{R})$, $0 \leq \nu < r$. Sei $f_M, M > 0$, die abgeschnittene Wavelet–Zerlegung von f:*

$$f_M = \sum_{m=0}^{M}\sum_{k\in\mathbb{Z}} d_k^m \psi_{m,k} + \sum_{k\in\mathbb{Z}} \langle f, \varphi_{0,k}\rangle_{L^2}\, \varphi_{0,k}\,.$$

Dann gilt für alle $s \leq \nu, |s| < r$, die Abschätzung

$$\|f_M\|_\nu \leq C 2^{M(\nu-s)}\, \|f_M\|_s\,.$$

Wir wollen nun den Fehler

$$\|T_h g^\epsilon - f\|_{L^2}$$

für Wavelet–Ansatzräume unter Berücksichtigung gestörter Daten studieren. Wir wählen also

$$X_h \;=\; \overline{\operatorname{span}\{\varphi_{0,k},\ \psi_{m,k} \mid k \in \mathbb{Z}\ ,\ 0 \geq m \leq M = -\log_2(h)\ \}}\ . \tag{3.4.9}$$

Wir beschränken uns hier auf die Methode der kleinsten Fehlerquadrate oder die duale Fehlerquadrat–Methode, d.h. wir wählen entweder

$$Y_h = AX_h \quad \text{oder} \quad X_h = A^* Y_h^*\ .$$

Die darauf aufbauenden Galerkin–Verfahren wurden z.B. in [102] studiert. Aussagen über die Konvergenzgeschwindigkeit lassen sich nur mit Zusatzinformation

$$f \in H^\nu(\Omega)\ ,\ \|f\|_{H^\nu} \leq \rho \tag{3.4.10}$$

beweisen. Diese Voraussetzung besagt, daß die exakte Lösung die Glattheitsordnung ν in der Sobolev–Skala besitzt. Die Abschätzung des Gesamtfehlers kann mit der Dreiecksungleichung in einen Approximationsfehler und einen Datenfehler aufgespalten werden:

$$\|T_h g^\epsilon - f\|_{L^2} \leq \|T_h g - f\|_{L^2} + \|T_h(g^\epsilon - g)\|_{L^2}\ .$$

Typisch für inverse Probleme ist, daß für kleiner werdende h zwar der Approximationsfehler gegen Null geht, aber der Datenfehler explodiert, da T_h die unstetige Inverse von A approximiert. Zusätzlich zur Abschätzung des Gesamtfehlers muß also eine Strategie zur Wahl des Parameters h angegeben werden.
In unserem Fall liefern die Standardtechniken für inverse Probleme, siehe z.B. [86], das folgende Optimalitätsergebnis:

Satz 3.4.4 *Gegeben seien ψ, $\varphi \in H^r(\mathbb{R})$, X_h gemäß (3.4.9) und $Y_h = AX_h$. Die Voraussetzungen (3.4.1), (3.4.4) und (3.4.10) seien für $0 < \nu < r$, $|\alpha| < r$ erfüllt. Dann sind die Fehlerquadrat–Methode und die duale Fehlerquadrat–Methode optimal, d.h. wird h_{opt} gewählt gemäß*

$$h_{opt} = C\left(\frac{\epsilon}{\rho}\right)^{1/(\nu+\alpha)},$$

so ist der Gesamtfehler asymptotisch beschränkt durch

$$\|f - f_{h_{opt}}\|_{L^2} \leq C(\rho)\epsilon^{\nu/(\nu+\alpha)}\ .$$

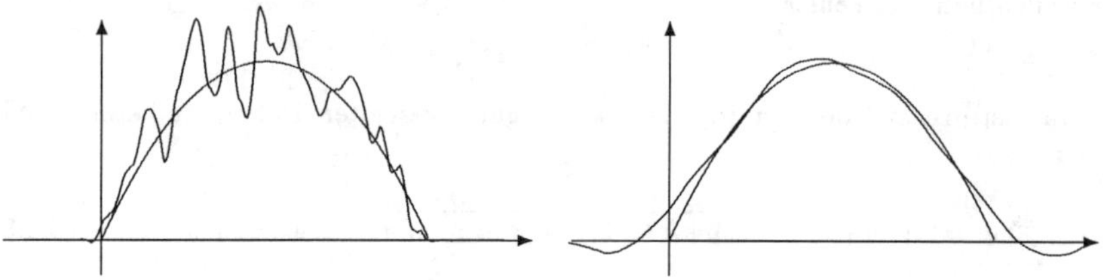

Abbildung 3.11: Die Abbildung zeigt die Rekonstruktion der Lösung aus fehlerbehafteten Daten. Im linken Bild wurde $M = 9$, im rechten Bild $M = 7$ gewählt. Deutlich zu erkennen ist der Einfluß des Datenfehlers, der trotz kleinerem Approximationsfehler die Lösung im linken Bild überlagert.

3.4.2.2 Ein numerisches Beispiel

Wir untersuchen die duale Fehlerquadrat–Methode für das am Anfang des Kapitels angegebene Testbeispiel. In diesem Fall lassen sich die Testfunktionale $v_{mk} \subset Y_h^*$ sofort berechnen. Denn aus

$$A^* v_{mk} = \psi_{m,k}$$

folgt sofort – bis auf Normierung –

$$v_{mk} = \psi''_{m,k} \,.$$

Das resultierende Gleichungssystem ist diagonal, wegen

$$\langle A\psi_{m,k}, v_{ml}\rangle_{L^2} = \langle \psi_{m,k}, A^* v_{ml}\rangle_{L^2} = \langle \psi_{m,k}, \psi_{m,l}\rangle_{L^2};$$

seine Lösung also trivial.
Für einen einfachen Test wollen wir die Lösung von

$$Af = g \quad \text{mit} \quad g(x) = (x^4 - 2x^3 + x)/12$$

bestimmen. In diesem Fall ist $f(x) = x(1-x)$.
Auf die rechte Seite haben wir 5% relativen Fehler addiert und die Wavelet–Galerkin–Approximation für unterschiedliche Werte von M berechnet. Es zeigt sich das typische Verhalten, daß für zu groß gewähltes M bzw. zu kleines h der Einfluß des Datenfehlers überwiegt, siehe Abbildung 3.11.

3.4.3 Mollifier–Methoden

Die oben beschriebene Fehlerverstärkung bei hohen Frequenzen beziehungsweise bei Lösungsanteilen auf kleinen Skalen führt zu dem Ansatz, statt der Funktion f eine geglättete Funktion $f_\gamma(x) = \langle e_\gamma(x,\cdot), f\rangle_{L^2}$ zu bestimmen. Ist e_γ zum Beispiel die Skalierungsfunktion zum Haar–Wavelet, man berechnet also lokale Mittel von f, so erhält man auf einer groben Skala zwar eine optimale Dämpfung der hochfrequenten Fehler, die Information über die Lösung ist durch diese Mittelbildung aber stark reduziert. Eine zu kleine Wahl der Skala hingegen liefert gute Approximationseigenschaften aber mit dem Preis der starken, meßfehlerbedingten Oszillationen im Ergebnis.

Zur Beschreibung der Vorgehensweise fixieren wir zunächst eine beliebige Funktion $e_\gamma(\cdot,\cdot)$. Liegt e_γ im Wertebereich des adjungierten Operators A^*, so können wir zwar nicht direkt $\langle e_\gamma(x,\cdot), f\rangle_{L^2}$ ausrechnen, aber wegen der Lösbarkeit von $A^*v_\gamma(x,\cdot) = e_\gamma(x,\cdot)$ gilt

$$\begin{aligned}\langle e_\gamma(x,\cdot), f\rangle_{L^2} &= \langle A^*v_\gamma(x,\cdot), f\rangle_{L^2} = \langle v_\gamma(x,\cdot), Af\rangle_{L^2}\\ &= \langle v_\gamma(x,\cdot), g\rangle_{L^2}\,.\end{aligned}$$

Es ergibt sich so eine approximative Inverse des Operators A, die statt f die Funktion $\langle e_\gamma(x,\cdot), f\rangle_{L^2}$ liefert und so von der Wahl von e_γ abhängt. Dies ist eine aktuelle Vorgehensweise zur Herleitung von Inversionsformeln, die auch in der Computer–Tomographie eingesetzt wird. Wählen wir $e_\gamma(x,\cdot)$ mit Mittelwert 1, so ergibt sich eine geglättete Version von f, siehe linke Seite der Abbildung 3.12. Mit dem Wavelet $e_\gamma(x,y) = E_\gamma(x-y)$ und $\widehat{E}(\xi) = \|\xi\|\chi_{1/\gamma}(\xi)$, wobei $\chi_{1/\gamma}$ die charakteristische Funktion der Kugel mit Radius $1/\gamma$ ist, erhalten wir lokale Inversionsformeln, bei denen die Konturen der Objekte bestimmt werden, siehe [44], [88] und vgl. Abbildung 3.12 rechts.

Ist $A^*v = \Phi$ für Wavelets beziehungsweise Skalierungsfunktionen Φ lösbar, so sind wir in der im letzten Abschnitt beschriebenen Situation. Dies ist nur in ganz speziellen Beispielen der Fall. Wir approximieren daher e_γ im Wertebereich von A^* durch Minimierung des Defektes $\|A^*v_\gamma(x,\cdot) - e_\gamma(x,\cdot)\|_{L^2}$. Das Minimum ergibt sich durch Lösen der Gleichung

$$AA^*v_\gamma(x,\cdot) = Ae_\gamma(x,\cdot)\,,$$

und mit dem so bestimmten v_γ definieren wir die approximative Inverse

$$S_\gamma g(x) = \langle v_\gamma(x,\cdot), g\rangle_{L^2}\,,$$

siehe [87]. Die Matrix des linearen Gleichungssystems ist unabhängig von x. Wenn v_γ vorberechnet ist, müssen nur noch Skalarprodukte dieser v_γ mit den Daten berechnet werden, was eine effiziente, parallele Implementierung ermöglicht.

Die Zerlegung der Folge $\{c_k^0 = S_\gamma g(x_k)\}$ für geeignete Stellen x_k mittels Wavelets und das daran sich anschließende Filtern der Daten ist nicht effizient. Statt dessen bestimmen wir als Näherungslösung

$$f_\gamma = S_\gamma g = \sum_k c_k^M \varphi_{Mk} + \sum_{m=M-L}^{M} \sum_\ell d_\ell^m \psi_{m\ell}\,,$$

wobei die Koeffizienten c_k^M und d_ℓ^m direkt mit dem oben skizzierten Verfahren approximiert werden. Wir berechnen Elemente v_{Mk} und $w_{m\ell}$ so, daß

$$c_k^M = \langle v_{Mk}, g\rangle_{L^2} \quad \text{und} \quad d_\ell^m = \langle w_{m\ell}, g\rangle_{L^2}$$

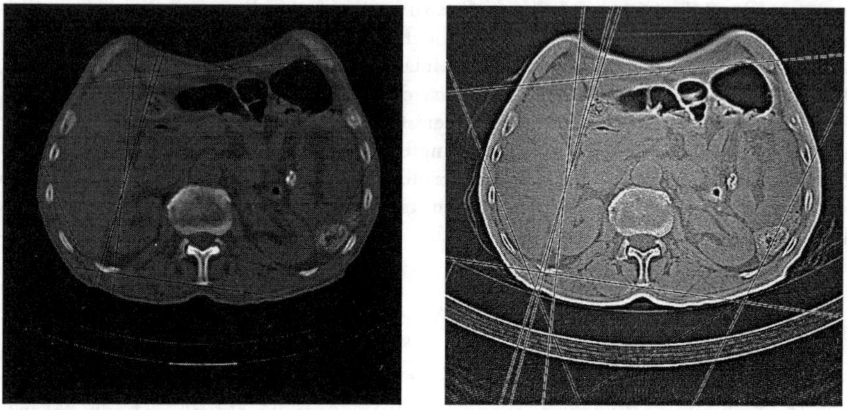

Abbildung 3.12: CT–Rekonstruktion aus dem Abdomenbereich. Beiden Bildern liegen dieselben Daten zugrunde. Links: geglättete Version. Rechts: lokale Rekonstruktion mit einem Wavelet. Hier ist eine Verstärkung der Konturen von Rippen, Wirbelsäule und Wirbelfortsatz zu beobachten. Auch die Liege und die Kleidung des Patienten sind als Dichteunterschied erkennbar.
Die Streifen in beiden Abbildungen beruhen auf Übertragungsfehler der entsprechenden Detektorpositionen, was mit dem lokalen Verfahren leicht korrigiert werden kann.

gilt. Die Elemente v_{Mk} und $w_{m\ell}$ ergeben sich als Lösungen der Gleichungen

$$AA^* v_{Mk} = A\varphi_{Mk} \quad \text{und} \quad AA^* w_{m\ell} = A\psi_{m\ell}\,.$$

Liegen N Daten vor, so ist der Bildraum von A der $\mathbb{R}^N$, und AA^* ist eine $(N \times N)$-Matrix, welche auf Grund der Schlechtgestelltheit des Ausgangsproblems eine schlechte Kondition hat. Eine grobe Regularisierung etwa durch Verschieben des Spektrums um δ von der Null weg, also Tikhonov–Phillips–Regularisierung, reduziert den gröbsten Anteil der auftretenden Fehler. Wir berechnen so eine Cholesky–Zerlegung der positiv definiten Matrix $AA^* + \delta I$ und lösen die Gleichungssysteme

$$(AA^* + \delta I)v_{Mk} = A\varphi_{Mk} \quad \text{und} \quad (AA^* + \delta I)w_{m\ell} = A\psi_{m\ell}\,.$$

Ist wie eingangs des Abschnitts dargestellt

$$(Af)_n = \int k(x_n, y)f(y)dy \ , n = 1, \ldots, N\,,$$

so ist $(AA^*)_{mn} = \int k(x_m, y)k(x_n, y)\ dy$. Für die rechte Seite der Gleichungssysteme sind die Integrale $\int k(x_n, y)\varphi_{Mk}(y)dy$ zu berechnen. Auf Möglichkeiten zur Auswertung dieser Integrale ist in Abschnitt 3.1 hingewiesen worden. Entweder wird $k(x, \cdot)$ an vielen Stellen ausgewertet und für eine feine Skala

$$A\varphi_{m\ell}(x) \approx k(x, y_\ell) \int \varphi_{m\ell}(y)dy = 2^{m/2}k(x, y_\ell)$$

approximiert. Oder es werden gewichtete Newton–Cotes Formeln mit den $\varphi_{m\ell}$ als Gewichten entwickelt, siehe z.B. [11]. Die $A\psi_{m\ell}$ ergeben sich in jedem Fall einfach durch die diskrete Wavelet–Transformation.
Auf diese Art und Weise werden die unterschiedlichen Frequenzen in $S_\gamma g$ getrennt; bei der Berechnung der Entwicklungskoeffizienten können die Anteile zu kleinen Skalen kontrolliert werden. Diskrepanzprinzipien, bei denen der Defekt $\|AS_\gamma g^\varepsilon - g^\varepsilon\|_{L^2}$ in der Größe von ε, dem Datenfehler, liegen soll, sind einfach zu realisieren, da die $A\psi_{m\ell}$ schon berechnet sind. Wegen der Lokalisierungseigenschaft der Wavelets ist dies auch der Ausgangspunkt für adaptive Verfahren.

3.5 Wavelet–Galerkin–Methoden für Zwei–Punkt–Randwertprobleme

Ausgehend von den Daubechies–Wavelets, die in Kapitel 2.4.3 eingeführt wurden, konstruieren wir Ansatzfunktionen für die Galerkin–Diskretisierung von Zwei–Punkt–Randwertproblemen. Die den Wavelets eigene Multi–Skalen–Struktur führt zu einer natürlichen Multi–Level–Zerlegung der Ansatzräume, die in der Terminologie der Finite–Elemente–Theorie als hierarchische Basis bezeichnet werden würde. In der Tat stimmt im Falle des Haar–Wavelets die erzeugte Basis mit der eindimensionalen hierarchischen Finite–Elemente–Basis stückweise linearer Ansatzfunktionen überein [141, 143]. Entsprechend ergeben sich für die Daubechies–Wavelets höherer Ordnung hierarchische Basen, die aus Funktionen mit höherer Glattheit bestehen.
Die Orthogonalität der Wavelets ermöglicht das Vorkonditionieren der Steifigkeitsmatrix. Die Kondition der vorkonditionierten Steifigkeitsmatrix ist beschränkt unabhängig von der Dimension.
Die vorgestellten Ergebnisse entstammen der Arbeit [139] von Xu und Shann.
Bevor wir mit den Wavelet-Galerkin–Methoden beginnen, erläutern wir kurz Galerkin–Methoden zur Diskretisierung von Zwei–Punkt–Randwertproblemen. Für ihre ausführliche Darstellung verweisen wir z.B. auf [12, 63, 64].

3.5.1 Zwei–Punkt–Randwertprobleme und ihre Diskretisierung durch Galerkin–Methoden

Gegenstand unseres Interesses sind eindimensionale, symmetrische Differentialgleichungen zweiter Ordnung der Art

$$-\left(q(x)\,u'(x)\right)' + p(x)\,u(x) = f(x), \quad x \in]\alpha,\beta[\,, \tag{3.5.1}$$

mit den Dirichlet–Randbedingungen

$$u(\alpha) = u(\beta) = 0\,. \tag{3.5.2}$$

Es versteht sich, daß $-\infty < \alpha < \beta < \infty$ ist. Die Koeffizientenfunktionen q und p seien glatt mit

$$0 < \underline{q} \leq q(x) \leq \overline{q}\,, \quad 0 < p(x) \leq \overline{p}\,. \tag{3.5.3}$$

Die rechte Seite f von (3.5.1) setzen wir als quadratintegrabel voraus, $f \in L^2(\alpha,\beta)$. Um zur *variationellen* oder *schwachen* Formulierung von (3.5.1) zu gelangen, führen wir den *Sobolev*–Raum

$$H_0^1 := H_0^1(\alpha,\beta) = \{\, v \in L^2(\alpha,\beta)\,|\, v' \in L^2(\alpha,\beta)\,,\ v(\alpha) = v(\beta) = 0\,\} \tag{3.5.4}$$

mit dem Skalarprodukt

$$\langle u,v\rangle_1 = \langle u,v\rangle_0 + \langle u',v'\rangle_0$$

und entsprechend induzierter Norm $\|\cdot\|_1$ ein. Es bezeichnet $\langle\cdot,\cdot\rangle_0$ das L^2–Skalarprodukt und $\|\cdot\|_0$ die zugehörige Norm. Dank der *Poincaré–Friedrichschen*–Ungleichung kennen wir die Äquivalenz der Halbnorm $|v|_1 = \|v'\|_0$ mit der Norm $\|\cdot\|_1$, d.h.

$$|v|_1 \leq \|v\|_1 \leq c_o\,|v|_1 \tag{3.5.5}$$

mit einer positiven Konstanten c_o, die nur von α und β abhängt. Von dieser Äquivalenz werden wir später regen Gebrauch machen.

Bemerkung 3.5.1 Ein mit Sobolev–Räumen nicht vertrauter Leser wird sich fragen, wie die Bedingung $v(\alpha) = v(\beta) = 0$ in (3.5.4) für integrable Funktionen zu verstehen ist? Wegen der *Sobolevschen Einbettungssätze* sind die Elemente aus $H_0^1(\alpha,\beta)$ jedoch stetige Funktionen in $[\alpha,\beta]$, deren Funktionswert an jedem Punkt wohldefiniert ist. Für eine mathematisch strenge Einführung der Sobolev–Räume verweisen wir auf die anfangs angegebene Literatur.

Multiplizieren wir beide Seiten von (3.5.1) mit einer Testfunktion $v \in H_0^1$ und integrieren von α bis β, so erhalten wir die schwache Formulierung von (3.5.1),

$$\text{gesucht } u \in H_0^1 : \quad a(u,v) = \langle f,v\rangle_0 \quad \text{für alle } v \in H_0^1\,, \tag{3.5.6}$$

mit der Bilinearform $a : H_0^1 \times H_0^1 \to I\!R$,

$$a(u,v) = \int_\alpha^\beta \big(q(x)u'(x)v'(x) + p(x)u(x)v(x)\big)\,dx\,. \tag{3.5.7}$$

Dafür haben wir partielle Integration sowie das Verschwinden von v an den Intervallenden ausgenutzt. Unter Verwendung der Bedingungen (3.5.3) an die Koeffizienten q und p sowie der Äquivalenz (3.5.5) zeigt man leicht die H_0^1–*Elliptizität*,

$$c_o^{-2}\,\underline{q}\,\|u\|_1^2 \leq a(u,u)\,, \tag{3.5.8}$$

und die *Stetigkeit* von a,

$$|a(u,v)| \leq \max\{\overline{q},\overline{p}\}\, \|u\|_1\, \|v\|_1 . \tag{3.5.9}$$

Gemäß dem Lemma von *Lax–Milgram* garantieren diese beiden Eigenschaften der Bilinearform a die eindeutige und – im Gegensatz zu den schlecht gestellten Problemen aus Kapitel 3.4 – stabile Lösbarkeit der Variationsaufgabe (3.5.6). Diese eindeutige Lösung wollen wir im weiteren mit u bezeichnen.
Wir diskretisieren die Variationsaufgabe (3.5.6), indem wir den Raum H_0^1 durch einen endlichdimensionalen Unterraum $S_n \subset H_0^1$ ersetzen:

$$\text{gesucht } u_n \in S_n : \quad a(u_n,v) = \langle f,v\rangle_0 \quad \text{für alle } v \in S_n . \tag{3.5.10}$$

Diese Vorgehensweise, die den Differentialoperator erhält und den Lösungsraum diskretisiert, heißt *Galerkin–Diskretisierung.* Da S_n endlichdimensional ist, genügt es, die Gleichheit (3.5.10) nur für Basiselemente zu fordern. Bezeichnet $\{v_1,\ldots,v_n\}$ eine Basis von S_n, so läßt sich u_n in ihr entwickeln, $u_n = \sum_{i=1}^n \xi_i\, v_i$. Die Entwicklungskoeffizienten $\xi^T = (\xi_1,\ldots,\xi_n)$ erfüllen das lineare Gleichungssystem

$$A\,\xi = b , \tag{3.5.11}$$

wobei $A_{ij} = a(v_i,v_j)$ und $b_i = \langle f,v_i\rangle_0$ ist. Die Matrix A heißt *Steifigkeitsmatrix* bzgl. der Basis $\{v_1,\ldots,v_n\}$. Sie ist *positiv definit*, d.h. symmetrisch und $x^TAx > 0$ für $x \neq 0$. Mit (3.5.11) hat somit auch (3.5.10) eine eindeutige Lösung u_n. Das Lemma von *Céa* zeigt die Fehlerabschätzung

$$\|u - u_n\|_1 \leq c_o\, \frac{\max\{\overline{q},\overline{p}\}}{\underline{q}} \inf_{w\in S_n} \|u - w\|_1 . \tag{3.5.12}$$

Je besser u durch den Raum S_n approximiert werden kann, desto kleiner ist der Diskretisierungsfehler. In den Räumen S_n, die üblicherweise zur Diskretisierung von (3.5.6) herangezogen werden, läßt sich i. allg. zu jedem $w \in H_0^1$ eine Interpolierende $w_I \in S_n$ bestimmen. Aus (3.5.12) gewinnt man dann eine Aussage über den Diskretisierungsfehler, wenn man den Interpolationsfehler $\|u - u_I\|_1$ der exakten Lösung abschätzen kann.

Beispiel:
Für eine Finite–Elemente(FE)–Diskretisierung von (3.5.6) unterteilen wir das Intervall $[\alpha,\beta]$ durch ein äquidistantes Gitter $\mathcal{G} = \{\, x_i = \alpha + i\,h \,|\, 0 \leq i \leq n+1,\ h = (\beta-\alpha)/(n+1)\,\}$ der Schrittweite h. Als endlichdimensionalen Ansatzraum wählen wir

$$S_h = \{\, v \in H_0^1 \,|\, v|_{[x_i,\,x_{i+1}]} \text{ linear, } v \text{ stetig} \,\} ,$$

der sich durch die Basisfunktionen $\{v_1,\ldots,v_n\} \subset S_h$,

$$v_i(x_k) := \begin{cases} 1 & : \quad i = k \\ 0 & : \quad \text{sonst} \end{cases} , \qquad k \in \{0,\ldots,n+1\} , \tag{3.5.13}$$

aufspannen läßt, $S_h = \operatorname{span}\{v_1, \ldots, v_n\}$. Bezeichnet u_h die Lösung von (3.5.10) mit $S_n = S_h$, so gilt

$$\|u - u_h\|_1 \leq c_o \frac{\max\{\overline{q}, \overline{p}\}}{\underline{q}} \|u - u_I\|_1 ,$$

wobei $u_I(x) = \sum_{i=1}^{n} u(x_i)\, v_i(x)$ die stückweise linear Interpolierende von u bzgl. des Gitters $\mathcal{G}$ ist. Nehmen wir von der Lösung u eine gewisse Glattheit an, die sich durch

$$u \in H^2(\alpha, \beta) = \{ w \in L^2(\alpha, \beta) \,|\, w',\, w'' \in L^2(\alpha, \beta) \}$$

ausdrückt (H^2 ist ein Sobolev–Raum ohne Randbedingungen), so läßt sich der Interpolationsfehler durch

$$\|u - u_I\|_1 \leq c_I\, h\, \|u\|_2$$

mit einer Konstanten $c_I > 0$ beschränken. Die Norm mit dem Index 2 bezeichnet die H^2–Norm. Es folgt die Fehlerabschätzung für die FE–Lösung u_h,

$$\|u - u_h\|_1 \leq c_I\, c_o \frac{\max\{\overline{q}, \overline{p}\}}{\underline{q}}\, h\, \|u\|_2 . \tag{3.5.14}$$

Durch ein Dualitätsargument, den sogenannten *Aubin–Nitsche*–Trick, gelangt man zu einer optimalen Fehlerasymptotik in der L^2–Norm,

$$\|u - u_h\|_0 \leq C\, h^2\, \|u\|_2 . \tag{3.5.15}$$

3.5.2 Wavelet–Galerkin–Methoden für Randwertprobleme

Die Untersuchungen dieses Abschnitts werden durch folgende Beobachtung motiviert: Integriert man das einfache Haar–Wavelet ψ_1, vgl. Abbildung 1.1 auf Seite 18, so erhält man die Dachfunktion

$$\Psi_1(x) = \begin{cases} x & : \quad 0 \leq x < 1/2 \\ 1 - x & : \quad 1/2 \leq x \leq 1 \\ 0 & : \quad \text{sonst} \end{cases} , \tag{3.5.16}$$

die man als Prototyp der stückweise linearen FE–Ansatzfunktionen (3.5.13) ansehen kann. In gleicher Weise führen die Stammfunktionen Ψ_N der Daubechies–Wavelets ψ_N, siehe Kapitel 2.4.3 und 2.4.4, zu Ansatzfunktionen höherer Ordnung (höherer Glattheitsstufen). Ihre Nützlichkeit im Hinblick auf eine Galerkin–Diskretisierung von (3.5.6) wollen wir nun systematisch studieren. Die Orthogonalität der Daubechies–Wavelets wird dabei entscheidend eingehen.

3.5.2.1 Die Wavelet–Ansatzräume

Wir beginnen mit der Einführung grundlegender Notationen. Aus Gründen der Einfachheit verschieben wir die Daubechies–Wavelets und verzichten auf den Index N,

$$\psi(\cdot) := \psi_N(\cdot - N + 1). \tag{3.5.17}$$

Somit haben das Wavelet ψ und die zugehörige Skalierungsfunktion $\varphi = \varphi_N$ den gemeinsamen Träger $[0, R]$, wobei $R = 2N - 1$ ist. Im weiteren beschäftigen wir uns mit den Räumen $L^2(\Omega) = H_0^0(\Omega)$ und $H_0^1(\Omega)$, $\Omega :=]0, R[$. Daher ist es unnötig, zu große Skalen zu betrachten: Das größte auftretende Detail kann nicht größer als R sein. Das berücksichtigen wir in der Definition

$$\psi_{j,k}(\cdot) := \begin{cases} \varphi(\cdot - k) & : \ j = 1 \\ 2^{-j/2}\,\psi(2^{-j}\,\cdot - k) & : \ j \leq 0 \end{cases}. \tag{3.5.18}$$

Wie üblich schreiben wir $\varphi_{j,k}(\cdot) = 2^{-j/2}\,\varphi(2^{-j}\,\cdot - k)$ für die Skalierungsfunktionen. In dieser Schreibweise gilt für die Räume $V_m \subset L^2(\mathbb{R})$ (2.2.10), $m \leq -1$,

$$V_m = \overline{\operatorname{span}\,\{\, \psi_{j,k} \,|\, m < j \leq 1,\ k \in \mathbb{Z} \,\}} \tag{3.5.19}$$

und $\{\, \psi_{j,k} \,|\, j \leq 1,\ k \in \mathbb{Z} \,\}$ ist eine ONB für $L^2(\mathbb{R})$. Die Indexmenge

$$I_j = \{\, k \in \mathbb{Z} \,|\, 1 - R \leq k \leq 2^{-\hat{j}} R - 1 \,\} \quad \text{mit} \quad \hat{j} = \min\{0, j\} \tag{3.5.20}$$

enthält gerade die Indizes k der Wavelets $\psi_{j,k}$, deren Träger für festes j einen nicht leeren Schnitt mit Ω haben. Die eingeschränkten Wavelets $\{\, \psi_{j,k}|_\Omega \,|\, j \leq 1,\ k \in I_j \,\}$ spannen nun den Raum $L^2(\Omega)$ auf. Die Darstellung einer Funktion aus $L^2(\Omega)$ als Reihenentwicklung bzgl. $\{\psi_{j,k}|_\Omega\}$ ist nicht eindeutig, deshalb sprechen wir von einem *Pseudo–Frame.*

Definition 3.5.2 *Eine Teilmenge $\{e_i \,|\, i \in \mathbb{N}\}$ eines Banachraums B heißt* Pseudo–Frame, *falls der Abschluß ihres Spanns den Raum B erzeugt, $B = \overline{span\{e_i\}}$.*

Wesentliche Eigenschaften der von φ und ψ erzeugten MSA des $L^2(\mathbb{R})$ lassen sich auf den $L^2(\Omega)$ übertragen:

Lemma 3.5.3 *Sei $V_m(\Omega) := \{\, \psi_{j,k}|_\Omega \,|\, m < j \leq 1,\ k \in I_j \,\}$, $m \leq 0$. Dann gilt:*

a) $V_m(\Omega) = \{\, \varphi_{j,k}|_\Omega \,|\, k \in I_m \,\}$,

b) $V_m(\Omega) \subset V_{m-1}(\Omega)$,

c) $\overline{\bigcup_{m \leq 0} V_m(\Omega)} = L^2(\Omega)$.

Im folgenden Lemma konstruieren wir aus Pseudo–Frames des $L^2(\alpha,\beta)$ Pseudo–Frames für $H_0^1(\alpha,\beta)$.

Lemma 3.5.4 *Sei* $\{e_i \,|\, i \in \mathbb{N}\}$ *ein Pseudo–Frame von* $L^2(\alpha,\beta)$. *Dann ist*

$$\{E_i|_{]\alpha,\beta[} \,|\, i \in \mathbb{N}\} \quad mit \quad E_i(x) = \int_\alpha^x e_i(t)\,dt \;-\; \overline{e_i}\,(x-\alpha)$$

ein Pseudo–Frame in $H_0^1(\alpha,\beta)$. *Es bezeichnet* $\overline{e_i}$ *den Mittelwert von* e_i,

$$\overline{e_i} = \frac{1}{\beta-\alpha}\int_\alpha^\beta e_i(t)\,dt.$$

Beweis: Wir zeigen, daß sich $v \in H_0^1$ durch eine Reihe bzgl. $\{\, E_i \,|\, i \in \mathbb{N} \,\}$ darstellen läßt. Die Ableitung w von v, $w = v'$, hat verschwindenden Mittelwert,

$$\int_\alpha^\beta w(t)\,dt = v(\beta) - v(\alpha) = 0\,. \tag{3.5.21}$$

Wegen $w \in L^2(\alpha,\beta)$ gibt es eine Folge $\{\,\gamma_i\,\}_{i\in\mathbb{N}} \subset \mathbb{R}$, so daß $w_M = \sum_{i=1}^M \gamma_i\, e_i$ in $L^2(\alpha,\beta)$ gegen w konvergiert, $\lim_{M\to\infty} \|w_M - w\|_0 = 0$. Wir schätzen den Mittelwert $\overline{w_M}$ ab,

$$\begin{aligned} |\overline{w_M}| &= \left|\frac{1}{\beta-\alpha}\int_\alpha^\beta w_M(t)\,dt\right| \overset{(3.5.21)}{=} \left|\frac{1}{\beta-\alpha}\int_\alpha^\beta w_M(t) - w(t)\,dt\right| \\ &\le (\beta-\alpha)^{-1/2}\,\|w_M - w\|_0\,. \end{aligned} \tag{3.5.22}$$

Die letzte Abschätzung folgt aus der Cauchy–Ungleichung. Wir fahren fort mit

$$\begin{aligned} \left\|w - \sum_{i=1}^M \gamma_i\,(e_i - \overline{e_i})\right\|_0 &= \Big\|w - \underbrace{\sum_{i=1}^M \gamma_i\, e_i}_{=\,w_M} + \underbrace{\sum_{i=1}^M \gamma_i\, \overline{e_i}}_{=\,\overline{w_M}}\Big\|_0 \\ &\le \|w_M - w\|_0 + (\beta-\alpha)^{1/2}\,|\overline{w_M}| \qquad (3.5.23) \\ &\overset{(3.5.22)}{\le} 2\,\|w_M - w\|_0\,. \end{aligned}$$

Schließlich wird v durch $v_M = \sum_{i=1}^M \gamma_i\, E_i|_{]\alpha,\beta[}$ in H_0^1 beliebig gut approximiert,

$$\begin{aligned} \|v - v_M\|_1 &\le c_o\,\|v' - v_M'\|_0 = c_o\left\|w - \sum_{i=1}^M \gamma_i\,(e_i - \overline{e_i})\right\|_0 \\ &\overset{(3.5.23)}{\le} 2\,c_o\,\|w_M - w\|_0 \overset{M\to\infty}{\longrightarrow} 0\,. \end{aligned}$$

■

Korollar 3.5.5 *Das Funktionensystem* $\{\Psi_{j,k}|_\Omega \mid j \leq 1,\ k \in I_j\}$ *mit*

$$\Psi_{j,k}(x) := \int_0^x \psi_{j,k}(t)\,dt - \overline{\psi_{j,k}}\,x \tag{3.5.24}$$

ist ein Pseudo–Frame von $H_0^1(\Omega)$.

Da $\overline{\bigcup_{m\leq 0} V_m(\Omega)} = L^2(\Omega)$ und jeder Teilraum $V_m(\Omega)$ endlichdimensional ist, konstruieren wir endlichdimensionale Teilräume von $H_0^1(\Omega)$ durch Integration der Pseudo–Frames von $V_m(\Omega)$,

$$S_m := \{\Psi_{j,k}|_\Omega \mid m < j \leq 1,\ k \in I_j\} \subset H_0^1(\Omega). \tag{3.5.25}$$

Lemma 3.5.6 *Der Raum* S_m *läßt sich auch durch integrierte Skalierungsfunktionen erzeugen,*

$$S_m = \{\Phi_{m,k}|_\Omega \mid k \in I_m\} \quad \textit{mit} \quad \Phi_{m,k}(x) := \int_0^x \varphi_{m,k}(t)\,dt - \overline{\varphi_{m,k}}\,x. \tag{3.5.26}$$

Beweis: Jedes $v \in S_m$ hat eine Entwicklung $v = \sum_{j=m+1}^{1} \sum_{k\in I_j} \gamma_{j,k}\,\Psi_{j,k}$ mit $\{\gamma_{j,k}\} \subset \mathbb{R}$ und damit ist $v'(\cdot) = \sum_{j,k} \gamma_{j,k}(\psi_{j,k}(\cdot) - \overline{\psi_{j,k}})$. $V_m(\Omega)$ enhält wegen (2.4.30) die konstante Funktion. Das impliziert $v' \in V_m(\Omega)$. Wegen Lemma 3.5.3 existieren Zahlen $\{\mu_k\} \subset \mathbb{R}$ mit $v' = \sum_{k\in I_m} \mu_k\,\varphi_{m,k}$. Wegen $\sum_{k\in I_m} \mu_k\,\overline{\varphi_{m,k}} = 0$ stimmen $w = \sum_{k\in I_m} \mu_k\,\Phi_{m,k}$ und v überein,

$$\|w - v\|_1 \leq c_o\,\|w' - v'\|_0 = \Big\|\sum_{k\in I_m} \mu_k\,\varphi_{m,k} - v'\Big\|_0 = 0.$$

∎

Ihre Bezeichnung suggeriert es schon: Die Räume S_m sollen als Ansatzräume für eine Galerkin–Diskretisierung (3.5.10) der Variationsaufgabe (3.5.6) dienen. Diese Art der Diskretisierung nennen wir daher *Wavelet–Galerkin–Diskretisierung.* Für eine aussagekräftige Fehlerabschätzung der damit erhaltenen Näherungslösung müssen wir uns mit den Approximationseigenschaften der Räume S_m beschäftigen, vgl. (3.5.12).
Wir führen die Sobolev–Räume $H^s(\Omega)$, $s \in \mathbb{N}$, ein:

$$H^s(\Omega) = \{v \in L^2(\Omega) \mid v^{(1)}, \ldots, v^{(s)} \in L^2(\Omega)\}.$$

Der Index s ist ein Maß für die Glattheit der Funktionen in $H^s(\Omega)$. Je größer s, desto glattere Funktionen enthält $H^s(\Omega)$, dessen Norm wir wie üblich mit $\|\cdot\|_s$ bezeichnen.

Satz 3.5.7 *Sei* $m \leq 0$ *und* $v \in H_0^1(\Omega) \cap H^{s+1}(\Omega)$. *Dann gilt*

$$\inf_{w \in S_m} \|v - w\|_1 \leq C\, \delta_m^s \, \|v\|_{s+1}\,, \quad 1 \leq s \leq N\,, \tag{3.5.27}$$

mit der Diskretisierungsschrittweite $\delta_m = 2^{-|m|}$ *und einer positiven Konstanten* C.

Zum Beweis des Satzes verweisen wir auf die eingangs erwähnte Originalliteratur [139]. Es fließen Ergebnisse aus der Approximationstheorie ein, die wir hier nicht näher erläutern wollen. Auch sind große Teile des Beweises rein technischer Natur.

Bemerkung 3.5.8 Dem Kenner der Finite–Elemente–Theorie fällt die Identität auf zwischen der Fehlerabschätzung (3.5.27) und der Finite–Elemente–Fehlerabschätzung unter Verwendung stückweiser Polynome s-ten Grads als Ansatzfunktionen, siehe (3.5.14) für $s = 1$. Dieser Zusammenhang wird klar, wenn wir daran erinnern, daß die Räume S_m auch die Polynome bis zum Grad $N - 1$ enthalten, siehe Lemma 2.4.28. Im Gegensatz zur üblichen Finite–Elemente–Notation bezeichnen wir die Diskretisierungsschrittweite mit δ_m anstatt mit h_m. Dadurch vermeiden wir Verwechslungen mit den Koeffizienten $\{h_k\}$ in der Skalierungsgleichung (2.2.11).

Ohne Einschränkung der Allgemeinheit setzen wir jetzt $\alpha = 0$ und $\beta = R$ in (3.5.1) und (3.5.2), d.h. $]\alpha, \beta[= \Omega$. Mit u_m bezeichnen wir fortan die Lösung der Variationsaufgabe (3.5.10) mit den Wavelet–Ansatzräumen S_m,

$$\text{gesucht } u_m \in S_m \ : \quad a(u_m, v) = \langle f, v\rangle_0 \quad \text{für alle } v \in S_m\,. \tag{3.5.28}$$

Satz 3.5.9 *Sei* u *die exakte Lösung aus* (3.5.6) *und* u_m *die Wavelet–Galerkin–Lösung aus* (3.5.28). *Falls* $u \in H_0^1(\Omega) \cap H^{s+1}(\Omega)$ *ist, gilt für* $1 \leq s \leq N$

$$\|u - u_m\|_1 \leq C_1\, \delta_m^s \, \|u\|_{s+1}, \tag{3.5.29}$$

$$\|u - u_m\|_0 \leq C_2\, \delta_m^{s+1} \, \|u\|_{s+1} \tag{3.5.30}$$

mit $\delta_m = 2^{-|m|}$ *und positiven Konstanten* $C_1, C_2 > 0$.

Beweis: Aus (3.5.27) und (3.5.12) folgt sofort (3.5.29). Die Aussage (3.5.30) ergibt sich aus (3.5.29) durch ein schon erwähntes, aber nicht näher erläutertes Dualitätsargument, den Aubin–Nitsche–Trick. ■

Die Wavelet–Galerkin–Lösung $u_m \in S_m$ können wir aus einem linearen Gleichungssystem gewinnen (3.5.11). Dazu müssen wir aber eine Basis von S_m kennen. Die erzeugenden Systeme (3.5.25) und (3.5.26) sind ja nur Pseudo–Frames und enthalten u.U. zu viele Elemente, die für eine eindeutige Darstellung eines Elements aus S_m gar nicht nötig sind. Welche Dimension S_m hat, und welche Funktionen aus (3.5.25) und (3.5.26) jeweils eine Basis von S_m bilden, soll nun geklärt werden. Zunächst beantworten wir diese Fragen für die Räume $V_m(\Omega)$.

Lemma 3.5.10 *Die beiden Funktionensysteme*

$$\{\varphi_{m,k}|_\Omega \mid 1-R \le k \le 2^{-m}R-1\} \quad \textit{und} \quad \{\psi_{j,k}|_\Omega \mid m < j \le 1,\ k \in D_j\} \tag{3.5.31}$$

mit den Indexmengen

$$\begin{aligned} D_1 &= \{k \in \mathbb{Z} \mid 1-R \le k \le R-1\} \\ D_j &= \{k \in \mathbb{Z} \mid N-R \le k \le 2^{-j}R-N\}, \quad j \le 0, \end{aligned}$$

bilden jeweils Basen von $V_m(\Omega)$, $m \le 0$. Die Dimension von $V_m(\Omega)$ ist daher $(2^{-m}+1)R-1$.

Beweis: Die erste Menge in (3.5.31) hat $(2^{-m}+1)R-1$ Elemente und spannt nach Lemma 3.5.3 a) den Raum $V_m(\Omega)$ auf. Wir zeigen ihre lineare Unabhängigkeit. Angenommen,

$$w(x) := \sum_{k=1-R}^{2^{-m}R-1} \alpha_k\, \varphi_{m,k}(x) \equiv 0 \quad \text{in} \quad \Omega\,. \tag{3.5.32}$$

Da der Träger von $\varphi_{m,k}$ für $0 \le k \le 2^{-m}R-R$ komplett in $[0,R]$ enthalten ist, folgt $\langle \varphi_{m,k}, \varphi_{m,l}\rangle_0 = \delta_{k,l}$, was $\alpha_k = 0$ für $0 \le k \le 2^{-m}R-R$ impliziert. Der Wert $w(x)$ für solche x, die $R-2 \le 2^{-m}x \le R-1$ erfüllen, wird in der Summe (3.5.32) einzig durch den Summanden $\alpha_{-1}\,\varphi_{m,-1}(x)$ bestimmt. In diesem Intervall verschwindet $\varphi_{m,-1}$ nicht identisch, das kann nur $\alpha_{-1} = 0$ bedeuten. Die gleiche Kette von Argumenten führt uns endlich auf $\alpha_k = 0$ für alle $1-R \le k \le 2^{-m}R-1$.

Die Basiseigenschaft der zweiten Menge in (3.5.31) ist für $m = 0$ trivial, denn beide Mengen sind dann identisch. Sei $m \le -1$. Da die Mächtigkeit der beiden Mengen in (3.5.31) übereinstimmt, genügt der Nachweis der linearen Unabhängigkeit der zweiten Menge. Dies ist technisch jedoch sehr aufwendig, weshalb wir die wesentlichen Beweisschritte zunächst für $N = 2$ und $m = -1$ ausführlich aufzeigen und den allgemeinen Fall dann skizzieren.

Seien nun $N = 2$ und $m = -1$. Die zweite Menge in (3.5.31) fällt mit der Vereinigung $\{\psi_{0,k} \mid -1 \le k \le 0\} \cup \{\varphi_{0,k} \mid -2 \le k \le 2\}$ zusammen. Angenommen,

$$\sum_{k=-1}^{1} \alpha_k\, \psi_{0,k}(x) + \sum_{k=-2}^{2} \beta_k\, \varphi_{0,k}(x) \equiv 0 \quad \text{in} \quad \Omega\,. \tag{3.5.33}$$

Da die Träger von $\psi_{0,0}$ und $\varphi_{0,0}$ mit Ω übereinstimmen, muß $\alpha_0 = \beta_0 = 0$ sein. Die Summe in (3.5.33) zerfällt:

$$\left(\alpha_{-1}\,\psi_{0,-1}(x) + \sum_{k=-2}^{-1} \beta_k\, \varphi_{0,k}(x)\right) + \left(\alpha_1\,\psi_{0,1}(x) + \sum_{k=1}^{2} \beta_k\, \varphi_{0,k}(x)\right) \equiv 0 \text{ in } \Omega. \tag{3.5.34}$$

Da die beiden Klammerausdrücke in $L^2(\Omega)$ orthogonal zueinander sind, muß jeder für sich Null sein. Wir betrachten den linken und drücken $\psi_{0,-1}$, $\varphi_{0,-2}$ und $\varphi_{0,-1}$ in der Basis $\varphi_{-1,l}$ aus, vgl. (2.2.11) und (2.2.33),

$$\begin{aligned} \varphi(x-k) &= \sum_{l=0}^{3} h_l\, \varphi_{-1,l+2k}\,, \quad k \in \{-2,-1\}\,, \\ \psi(x+1) &= \sum_{l=0}^{3} (-1)^l\, h_{R-l}\, \varphi_{-1,l-2}\,. \end{aligned}$$

Der linke Klammerausdruck in (3.5.34) schreibt sich damit als

$$\begin{aligned} &(\beta_{-1}\, h_3 - \alpha_{-1}\, h_0)\, \varphi_{-1,1}(x) + (\beta_{-1}\, h_2 + \alpha_{-1}\, h_1)\, \varphi_{-1,0}(x) \\ &+ (\beta_{-2}\, h_3 + \beta_{-1}\, h_1 - \alpha_{-1}\, h_2)\, \varphi_{-1,-1}(x) \\ &+ (\beta_{-2}\, h_2 + \beta_{-1}\, h_0 + \alpha_{-1}\, h_3)\, \varphi_{-1,-2}(x) \\ &+ \beta_{-2}\, h_1\, \varphi_{-1,-3}(x) + \beta_{-2}\, h_0\, \varphi_{-1,-4}(x)\,. \end{aligned} \tag{3.5.35}$$

Diese Summe muß in Ω identisch verschwinden. Die Träger von $\varphi_{-1,-3}$ und $\varphi_{-1,-4}$ liegen außerhalb von Ω, sie tragen also nichts zu der Summe in Ω bei. Wir lassen sie daher außer acht. Im Intervall $]1.5, 2[$ wird der Wert von (3.5.35) allein durch den Summanden $(\beta_{-1}\, h_3 - \alpha_{-1}\, h_0)\, \varphi_{-1,1}(x)$ bestimmt. Da $\varphi_{-1,1}$ nicht identisch verschwindet, bleibt nur noch $\beta_{-1}\, h_3 - \alpha_{-1}\, h_0 = 0$ übrig. Durch Wiederholen dieser Schlußweise gelangen wir zu folgendem überbestimmten linearen Gleichungssystem für die Koeffizienten β_{-2}, β_{-1} und α_{-1}:

$$\begin{aligned} \beta_{-1}\, h_3 - \alpha_{-1}\, h_0 &= 0 \\ \beta_{-1}\, h_2 + \alpha_{-1}\, h_1 &= 0 \\ \beta_{-2}\, h_3 + \beta_{-1}\, h_1 - \alpha_{-1}\, h_2 &= 0 \\ \beta_{-2}\, h_2 + \beta_{-1}\, h_0 + \alpha_{-1}\, h_3 &= 0\,. \end{aligned}$$

Die ersten beiden Gleichungen sind linear abhängig, denn $h_3\, h_1 = -h_2\, h_0$, siehe (2.2.27). Einsetzen der Substitution $\alpha_{-1} = -\beta_{-1}\, h_2/h_1$ in die beiden unteren Gleichungen liefert ein 2×2 System für β_{-2} und β_{-1}. Die zugehörige Matrix ist regulär, denn ihre Determinante verschwindet nicht. Damit müssen die Koeffizienten verschwinden, $\beta_{-2} = \beta_{-1} = \alpha_{-1} = 0$. Eine analoge Prozedur zeigt $\beta_2 = \beta_1 = \alpha_1 = 0$. Wir haben somit nachgewiesen, daß das rechte Funktionensystem in (3.5.31) für $N = 2$ eine Basis von $V_{-1}(\Omega)$ ist.

Gehen wir nun über zur Skizzierung des allgemeinen Falls. Hier führen wir eine vollständige Induktion über m durch. Den Induktionsanfang ($m = 0$) hatten wir bereits ausgeführt. Wir schließen nun von m auf $m-1$, wir nehmen also an, daß das rechte Funktionensystem in (3.5.31) eine Basis von $V_m(\Omega)$ bildet. Angenommen

$$w(x) := \sum_{j=m}^{1} \sum_{k \in D_j} \alpha_{j,k}\, \psi_{j,k}(x) \equiv 0 \quad \text{in} \quad \Omega\,. \tag{3.5.36}$$

Wir schreiben

$$w(x) = \sum_{j=m+1}^{1} \sum_{k\in D_j} \alpha_{j,k}\, \psi_{j,k}(x) + \sum_{k\in D_m} \alpha_{m,k}\, \psi_{m,k}(x)\,.$$

Der erste Summand liegt in $V_m(\Omega)$. Nach dem ersten Teil des Beweises gibt es daher eindeutig bestimmte Zahlen $\{\beta_k\} \subset \mathbb{R}$, so daß

$$w(x) = \sum_{k=1-R}^{2^{-m}R-1} \beta_k\, \varphi_{m,k}(x) + \sum_{k=N-R}^{2^{-m}R-N} \alpha_{m,k}\, \psi_{m,k}(x) \equiv 0 \quad \text{in} \quad \Omega$$

gilt. Die Orthogonalitätseigenschaften von Skalierungsfunktionen und Wavelets liefern $\alpha_{m,k} = \beta_k = 0$ für $0 \le k \le 2^{-m}R - R$. Die Darstellung von w zerfällt:

$$\begin{aligned} w(x) &= \left(\sum_{k=1-R}^{-1} \beta_k\, \varphi_{m,k}(x) + \sum_{k=N-R}^{-1} \alpha_{m,k}\, \psi_{m,k}(x) \right) \qquad (3.5.37) \\ &+ \left(\sum_{k=2^{-m}R-R+1}^{2^{-m}R-1} \beta_k\, \varphi_{m,k}(x) + \sum_{k=2^{-m}R-R+1}^{2^{-m}R-N} \alpha_{m,k}\, \psi_{m,k}(x) \right) \equiv 0 \quad \text{in} \quad \Omega\,. \end{aligned}$$

Wieder muß jeder Klammerausdruck für sich gleich Null sein. Wir entwickeln den ersten Klammerausdruck in der Basis $\varphi_{m-1,l}$, wobei wir gleich auf Basiselemente verzichten, deren Träger disjunkt mit Ω sind:

$$\sum_{l=2(1-N)}^{2N-3} \left(\sum_{k=1-N}^{-1} \alpha_{m,k}\, (-1)^l\, h_{R-l+2k} + \sum_{k=2(1-N)}^{-1} \beta_k\, h_{l-2k} \right) \varphi_{m-1,l}(x) \equiv 0 \quad \text{in} \quad \Omega\,.$$

Mit dem üblichen Schluß ergibt sich das lineare Gleichungssystem

$$\sum_{k=1-N}^{-1} \alpha_{m,k}\, (-1)^l\, h_{R-l+2k} + \sum_{k=2(1-N)}^{-1} \beta_k\, h_{l-2k} = 0\,, \qquad l = 2(1-N), \ldots, 2N-3\,,$$

das nur die triviale Lösung zuläßt. Zur Verifikation hiervon kann man Resultate der Arbeit [98] heranziehen. Ähnliche Untersuchungen für den zweiten Klammerausdruck in (3.5.37) zeigen, daß die Koeffizienten $\alpha_{m,k}$, $N - R \le k \le 2^{-m}R - N$, verschwinden. Aufgrund der Induktionsannahme müssen daher alle Koeffizienten $\alpha_{j,k}$ in (3.5.36) Null sein. ∎

Lemma 3.5.11 *Sei D_j die im vorigen Lemma definierte Indexmenge. Für $j \le 0$ sei $\widetilde{D}_j := D_j$, und es sei $\widetilde{D}_1 := D_1 \setminus \{1 - R\}$. Dann sind die beiden Funktionensysteme*

$$\{\, \Phi_{m,k}|_\Omega \mid 2 - R \le k \le 2^{-m}R - 1 \,\}\,, \qquad (3.5.38)$$

$$\{\, \Psi_{j,k}|_\Omega \mid m < j \le 1,\ k \in \widetilde{D}_j \,\} \qquad (3.5.39)$$

Basen für S_m, $m \le 0$, und S_m hat die Dimension $(2^{-m} + 1)R - 2$. Die Funtionen $\Phi_{m,k}$ und $\Psi_{j,k}$ sind in (3.5.26) bzw. (3.5.24) definiert.

Bemerkung 3.5.12 Die beiden ursprünglichen Darstellungen des Raums S_m (3.5.25) und (3.5.26) enthalten tatsächlich zuviele Elemente. Während man bei (3.5.26) nur ein Element streichen muß, sind es beim Pseudo–Frame (3.5.25) $|m|\,(R-1)+1$ Elemente.

Beweis von Lemma 3.5.11: Wir zeigen, daß aus der Darstellung

$$\sum_{k=2-R}^{2^{-m}R-1} \alpha_k\, \Phi_{m,k}(x) \equiv 0 \quad \text{in} \quad \Omega \tag{3.5.40}$$

zwangsläufig $\alpha_k = 0$ für alle k folgt. Differenziert man beide Seiten von (3.5.40) nach x, so erhält man

$$w(x) := \sum_{k=2-R}^{2^{-m}R-1} \alpha_k\, \varphi_{m,k}(x) = \sum_{k=2-R}^{2^{-m}R-1} \alpha_k\, \overline{\varphi_{m,k}} = \overline{w} \quad \text{in} \quad \Omega\,,$$

d.h. w ist eine konstante Funktion in Ω. Wegen $\sum\limits_{k=1-R}^{2^{-m}R-1} \varphi_{m,k}(x) = 2^{-m/2}$, $x \in \Omega$, haben wir

$$-2^{m/2}\,\overline{w}\,\varphi_{m,1-R} + \sum_{k=2-R}^{2^{-m}R-1} (\alpha_k - 2^{m/2}\,\overline{w})\,\varphi_{m,k} \equiv 0 \quad \text{in} \quad \Omega\,.$$

Die in der obigen Summe auftretenden $\varphi_{m,k}$ sind nach Lemma 3.5.10 linear unabhängig, was $\overline{w} = \alpha_k = 0$ für alle k zur Folge hat, m.a.W., die Menge (3.5.38) ist linear unabhängig. Wir werden nun noch nachweisen, daß sich $\Phi_{m,1-R}$ als Linearkombination der restlichen $\Phi_{m,k}$, $2 - R \le k \le 2^{-m}R - 1$, schreiben läßt. Mit Blick auf (3.5.26) spannt die Menge (3.5.38) dann den gesamten Raum S_m auf. Die Summe

$$w(x) := \sum_{k=1-R}^{2^{-m}R-1} \Phi_{m,k}(x) = \int_0^x \underbrace{\sum_{k=1-R}^{2^{-m}R-1} \varphi_{m,k}(t)\,dt}_{=\,2^{-m/2}\ \text{in}\ \Omega} + \sum_{k=1-R}^{2^{-m}R-1} \overline{\varphi_{m,k}}\; x \tag{3.5.41}$$

stellt eine lineare Funktion in $H_0^1(\Omega)$ dar. Wegen der Randbedingungen in $H_0^1(\Omega)$ muß w die Nullfunktion sein.
In analoger Weise überprüft man die lineare Unabhängigkeit des Systems (3.5.39), das die gleiche Mächtigkeit wie (3.5.38) hat. Somit ist auch (3.5.39) eine Basis von S_m. ∎

Abbildung 3.13 vermittelt einen visuellen Eindruck der Teilmenge $\{\, \Psi_{-1,k} \mid k \in \widetilde{D}_{-1} \,\}$ von (3.5.39) für $N = 2$.

3.5.2.2 Das lineare Gleichungssystem

Die Wavelet–Galerkin–Lösung u_m von (3.5.28) läßt sich nach Lemma 3.5.11 eindeutig darstellen durch

$$u_m = \sum_{j=m+1}^{1} \sum_{k \in \widetilde{D}_j} \xi_{j,k}\, \Psi_{j,k}$$

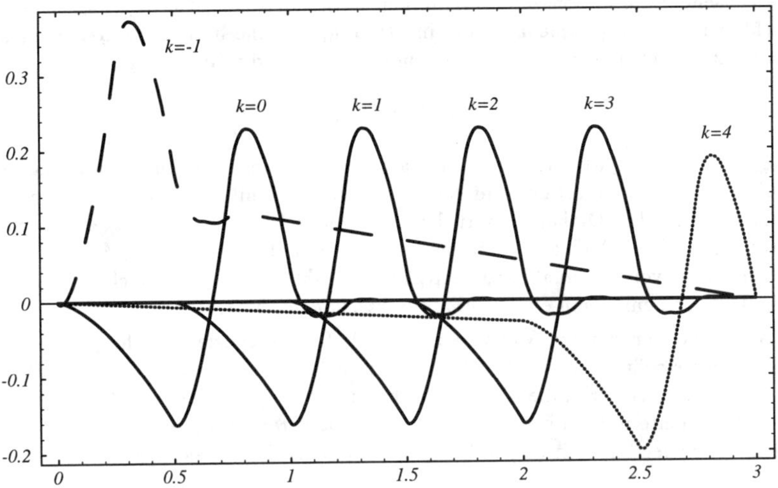

Abbildung 3.13: Die Ansatzfunktionen $\Psi_{-1,k}$, $k \in \widetilde{D}_{-1} = \{-1, 0, \ldots, 4\}$, vgl. (3.5.24), für $N = 2$.

mit reellen Zahlen $\xi_{j,k}$, die das lineare Gleichungssytem

$$\sum_{j=m+1}^{1} \sum_{k \in \widetilde{D}_j} \xi_{j,k}\, a(\Psi_{j,k}, \Psi_{i,l}) = \langle f, \Psi_{i,l} \rangle_0 , \quad m+1 \le i \le 1,\ l \in \widetilde{D}_j ,$$

erfüllen, vgl. (3.5.11).

Zur Vereinfachung der Notation ordnen wir die Indexpaare (j,k) lexikographisch an, d.h. die Ordnungsabbildung $\iota : \mathbb{Z}^2 \to \mathbb{N}$ erfüllt $\iota(j,k) \le \iota(i,l)$, falls $j \le i$ oder falls $j = i$ und $k \le l$ ist. Wir erhalten ein lineares System der Form $A\xi = b$, wobei die Matrix $A = (A_{ij}) \in \mathbb{R}^{n \times n}$, $n := \dim S_m$, und der Vektor $b \in \mathbb{R}^n$ die Einträge

$$A_{ij} = a(\Psi_i, \Psi_k), \quad b_i = \langle f, \Psi_i \rangle_0 \tag{3.5.42}$$

haben. Wie schon erwähnt, ist A symmetrisch und positiv definit, aber auch voll besetzt. Dennoch werden wir später eine Methode angeben, um das Matrix–Vektorprodukt $A\xi$ mit $O(n)$ anstatt mit $O(n^2)$ arithmetischen Operationen zu berechnen. Es bieten sich also iterative Methoden zur Auflösung von $A\xi = b$ an, z.B. das Verfahren der konjugierten Gradienten (CG–Verfahren), siehe z.B. [38], [65] oder [124]. Die Konvergenzgeschwindigkeit solcher Verfahren hängt entscheidend von der *Kondition* der Matrix A ab. Die Kondition $\kappa(A)$ von A ist das Verhältnis von größtem zu kleinstem Eigenwert

$$\kappa(A) = \lambda_{\max}(A)/\lambda_{\min}(A) .$$

Mit wachsender Konditionszahl verlangsamt sich i. allg. die Konvergenzgeschwindigkeit. Man muß mehr Rechenaufwand investieren, um eine bestimmte Genauigkeit im Ergebnis zu erzielen. Nun gilt für die Kondition von A die Beziehung

$$\kappa(A) = O(\delta_m^{-2})$$

mit $\delta_m = 2^{-|m|}$ $(m \leq 0)$. Verringert man auf der einen Seite den Diskretisierungsfehler (3.5.27), so zahlt man auf der anderen Seite den Preis mit einem zusätzlich erhöhten Rechenaufwand. Die Orthogonalität der Daubechies–Wavelets gestattet es jedoch, die Matrix A mit wenig Aufwand so zu modifizieren, daß die modifizierte Matrix eine von der Dimension von S_m unabhängige Konditionszahl besitzt. Die nachfolgend vorgestellte Technik nennt man eine *Vorkonditionierung* der Matrix A.

Mit A_0 bezeichnen wir die Matrix aus (3.5.42) für die spezielle Wahl $q(x) \equiv 1$ und $p(x) \equiv 0$ der Koeffizienten in der Bilinearform a (3.5.7). Ferner symbolisiere Π diejenige Permutationsmatrix, die die Basisfunktionen $\{\Psi_{j,k}\}$ in folgender Weise anordnet: Die Basiselemente mit Indizes $0 \leq k \leq 2^{-j}R - R$, deren Träger komplett in Ω liegen, werden *hinter* den anderen angeordnet. A_0 besitzt die Faktorisierung

$$A_0 = \Pi \begin{pmatrix} B & 0 \\ 0 & I \end{pmatrix} \Pi^T, \tag{3.5.43}$$

wobei B eine vollbesetzte quadratische Matrix ist. Die Dimension von B wächst wie $O(\operatorname{ld} n)$. B und B^{-1} sind relativ kleine, symmetrische und positiv definite Matrizen, deren Cholesky–Zerlegung ([38], [123]) mit vertretbarem Aufwand berechnet werden kann. Sei $B^{-1} = LL^T$. Die Matrix SS^T mit

$$S = \Pi \begin{pmatrix} L & 0 \\ 0 & I \end{pmatrix} \tag{3.5.44}$$

ist die Inverse von A_0. Wir interpretieren SS^T als angenäherte Inverse von A und hoffen, daß die Konditionszahl $\kappa(SS^TA)$ beschränkt bleibt. Das ist in der Tat richtig.

Satz 3.5.13 *Die Koeffizienten q und p der Bilinearform a* (3.5.7) *mögen* (3.5.3) *mit $\underline{q}$, $\overline{q}$ und $\overline{p}$ erfüllen. Sei A die Matrix aus* (3.5.42) *und sei S wie in* (3.5.44). *Dann gilt*

$$\kappa(SS^TA) = \kappa(S^TAS) \leq \frac{\Gamma}{\gamma} \frac{\max\{1, 1/\gamma\}}{\min\{1, 1/\Gamma\}} \tag{3.5.45}$$

mit $\Gamma = \max\{\overline{q}, \overline{p}\}$ und $\gamma = c_o^{-2}\, \underline{q}$ (c_o aus (3.5.5)*) unabhängig von der Dimension n von S_m bzw. unabhängig von der Diskretisierungsschrittweite $\delta_m = 2^{-|m|}$.*

Beweis: Beide Matrizen SS^TA und S^TAS sind regulär. Ihre Spektren stimmen somit überein, vgl. z.B. [65], i.e. $\kappa(SS^TA) = \kappa(S^TAS)$. Wir schätzen nun die beiden extremen Eigenwerte von S^TAS ab. Dazu definieren wir den Operator $P : \mathbb{R}^n \to S_m$

durch $P\xi = \sum_{i=1}^{n} \xi_i \Psi_i$. Über ihn läßt sich das Skalarprodukt $(S^T AS\xi, \xi)_{\mathbb{R}^n}$, $\xi \in \mathbb{R}^n$, durch die Bilinearform a ausdrücken:

$$(S^T AS\xi, \xi)_{\mathbb{R}^n} = (AS\xi, S\xi)_{\mathbb{R}^n} = a(PS\xi, PS\xi).$$

Die Abschätzungen (3.5.8) und (3.5.9) implizieren

$$\gamma \| PS\xi \|_1^2 \leq (S^T AS\xi, \xi)_{\mathbb{R}^n} \leq \Gamma \| PS\xi \|_1^2. \tag{3.5.46}$$

Wir müssen als nächstes $\| PS\xi \|_1^2$ abschätzen. Sei ξ partitioniert durch $\xi = (\xi^1, \xi^2)^T$ mit $\xi^1 \in \mathbb{R}^{n_1}$, wobei n_1 die Dimension der Matrix B aus (3.5.43) bezeichnet. Da Π nur eine Umordnung der Indizes bewirkt, dürfen wir

$$PS\xi = \underbrace{\sum_{i=1}^{n_1} (L\xi^1)_i \Psi_i}_{=:\, X} + \underbrace{\sum_{i=n_1+1}^{n} (\xi^2)_i \Psi_i}_{=:\, Y}$$

schreiben. Hierbei liegen die Träger der Wavelets $\psi_{j,k}$, die die Ansatzfunktionen Ψ_i, $n_1 + 1 \leq i \leq n$, via (3.5.24) erzeugen, vollständig in Ω. Das nutzen wir aus für den Nachweis von $\langle X', Y' \rangle_0 = 0$ sowie $\langle Y', Y' \rangle_0 = \|\xi^2\|^2_{\mathbb{R}^{n-n_1}}$. Die Normabschätzung $| PS\xi |_1^2 \leq \| PS\xi \|_1^2 \leq c_o^2 | PS\xi |_1^2$, vgl. (3.5.5), vereinfacht sich zu

$$| X |_1^2 + \|\xi^2\|^2_{\mathbb{R}^{n-n_1}} \leq \| PS\xi \|_1^2 \leq c_o^2 (| X |_1^2 + \|\xi^2\|^2_{\mathbb{R}^{n-n_1}}). \tag{3.5.47}$$

Es bleibt der Ausdruck $| X |_1^2$ abzuschätzen. Wieder bemühen wir (3.5.8) und (3.5.9) für

$$\frac{1}{\Gamma}\, a(X, X) \leq | X |_1^2 \leq \frac{1}{\gamma}\, a(X, X). \tag{3.5.48}$$

Der Wert von $a(X, X)$ kann leicht berechnet werden:

$$\begin{aligned} a(X, X) &= \sum_{i,j=1}^{n_1} (L\xi^1)_i \, a(\Psi_i, \Psi_j) \, (L\xi^1)_j \\ &= (BL\xi^1, L\xi^1)_{\mathbb{R}^{n_1}} \\ &= (\underbrace{L^T BL}_{= I} \xi^1, \xi^1)_{\mathbb{R}^{n_1}} = \|\xi^1\|^2_{\mathbb{R}^{n_1}}. \end{aligned} \tag{3.5.49}$$

Fassen wir die Abschätzungen (3.5.49), (3.5.48), (3.5.47) und (3.5.46) zusammen, so haben wir

$$\gamma \min\{1, 1/\Gamma\} \, \|\xi\|^2_{\mathbb{R}^n} \leq (S^T AS\xi, \xi)_{\mathbb{R}^n} \leq \Gamma \max\{1, 1/\gamma\} \, \|\xi\|^2_{\mathbb{R}^n},$$

was der Behauptung des Satzes entspricht. ∎

Anstatt das System $A\xi = b$ zu lösen, empfiehlt es sich, das äquivalente, aber gut konditionierte System

$$S^T AS\eta = S^T b, \quad \xi = S\eta, \tag{3.5.50}$$

zur iterativen Berechnung von ξ heranzuziehen. Die vorkonditionierte Matrix $S^T AS$ ist ebenfalls positiv definit, und das System (3.5.50) kann mittels des CG–Verfahrens aufgelöst werden. Hierfür muß niemals das Matrixprodukt $S^T AS$ als Ganzes berechnet werden. Es treten nur Matrix–Vektorprodukte auf. Die Auswertung von $S\eta$ kann sehr effizient ausgeführt werden, wohingegen $A\eta$ noch aufwendig erscheint. Ein einfacher Basiswechsel, wie er schon bei den hierarchischen Basen in der Finite–Elemente–Methode angewandt wurde [141, 143], ermöglicht die Berechnung von $A\eta$ mit $O(n)$ Multiplikationen reeller Zahlen. Wir erinnern daran, daß die $\Phi_{m,k}$, $2 - R \leq k \leq 2^{-m}R - 1$, ebenfalls eine Basis von S_m erzeugen. Mit $\widehat{A}$ bezeichnen wir die Steifigkeitsmatrix bzgl. dieser Basis,

$$\widehat{A}_{kl} = a(\Phi_{m,k}, \Phi_{m,l}). \tag{3.5.51}$$

Lemma 3.5.14 *Der Basiswechsel in* $V_m(\Omega)$, $m \leq 0$, *von* $\{\psi_{j,k}|_\Omega \mid m < j \leq 1,\ k \in D_j\}$ *nach* $\{\varphi_{m,k}|_\Omega \mid 1 - R \leq k \leq 2^{-m}R - 1\}$, *vgl.* (3.5.31), *werde durch die Matrix* $Q \in \mathbb{R}^{(n-1)\times(n-1)}$, $n = \dim S_m$, *beschrieben. Dann sind* $O(n)$ *reelle Multiplikationen ausreichend für die Berechnung von* $Q\xi$, $\xi \in \mathbb{R}^{n-1}$.

Beweis: Die Aussage folgt aus einer vollständigen Induktion über m, wobei die Skalierungsgleichungen (2.2.11) und (2.2.33) für den Übergang von $V_m(\Omega)$ nach $V_{m-1}(\Omega)$ ausgenutzt werden. ■

Da die Konstruktion der $\Psi_{j,k}$ aus den $\psi_{j,k}$ linear ist, hat der Basiswechsel in $V_m(\Omega)$ von $\psi_{j,k}$ nach $\varphi_{m,k}$ die gleiche Komplexität wie der Basiswechsel in S_m von $\Psi_{j,k}$ nach $\Phi_{m,k}$. Drücken wir diesen Basiswechsel mit Hilfe einer Matrix $\widehat{Q}$ aus, so gilt

$$A = \widehat{Q}^T \widehat{A} \widehat{Q}.$$

Die Matrix–Vektoroperation $\widehat{Q}\xi$ kommt auch mit $O(n)$ Multiplikationen aus. Wegen des Korrekturterms $\overline{\varphi_{m,k}}\, x$ in (3.5.26) stimmt der Träger von $\Phi_{m,k}$ mit $\overline{\Omega}$ überein, was zu einer immer noch vollbesetzten Steifigkeitsmatrix $\widehat{A}$ führt. Das ändern wir mittels eines erneuten Basiswechsels in S_m.

Lemma 3.5.15 *Das Funktionensystem*

$$\{\Theta_{m,k}|_\Omega \mid 2 - R \leq k \leq 2^{-m}R - 1\} \tag{3.5.52}$$

mit

$$\Theta_{m,k} := \Phi_{m,k-1} - \Phi_{m,k}$$

bildet eine Basis von S_m, $m \leq 0$. *Die* $\Phi_{m,k}$ *sind in* (3.5.26) *definiert.*

Beweis: Die Menge (3.5.52) ist offensichtlich eine Teilmenge von S_m. Da die Anzahl ihrer Elemente und die Dimension von S_m gleich sind, bleibt bloß noch die lineare Unabhängigkeit zu verifizieren. Im Fall von $N = 1$ ist der Nachweis trivial, wir setzen $N \geq 2$ voraus. Angenommen

$$w(x) := \sum_{k=2-R}^{2^{-m}R-1} \alpha_k \, \Theta_{m,k}(x) = 0 \quad \text{in} \quad \Omega .$$

Wir nutzen eine alternative Schreibweise für w,

$$w = \sum_{k=2-R}^{2^{-m}R-2} (\alpha_{k+1} - \alpha_k) \, \Phi_{m,k} + \alpha_{2-R} \, \Phi_{m,1-R} - \alpha_{2^{-m}R-1} \, \Phi_{m,2^{-m}R-1} .$$

Wegen $\sum_{k=1-R}^{2^{-m}R-1} \Phi_{m,k}(x) = 0$, $x \in \Omega$, vgl. (3.5.41), folgt $\Phi_{m,1-R} = -\sum_{k=2-R}^{2^{-m}R-1} \Phi_{m,k}$ und damit

$$w(x) := \sum_{k=2-R}^{2^{-m}R-2} (\alpha_{k+1} - \alpha_k - \alpha_{2-R}) \, \Phi_{m,k}(x) - (\alpha_{2^{-m}R-1} + \alpha_{2-R}) \, \Phi_{m,2^{-m}R-1} = 0 \quad \text{in} \quad \Omega .$$

In obiger Gleichung ist w in der Basis (3.5.38) vom S_m ausgedrückt, d.h.

$$\begin{aligned} \alpha_{k+1} - \alpha_k &= \alpha_{2-R} , \quad 2 - R \leq k \leq 2^{-m}R - 2, \\ -\alpha_{2^{-m}R-1} &= \alpha_{2-R} . \end{aligned}$$

Eine einfache Überlegung zeigt $\alpha_{k+1} = (k + R - 1) \, \alpha_{2-R}$, $2 - R \leq k \leq 2^{-m}R - 2$. Setzen wir speziell $k = 2^{-m}R - 2$ ein: $\alpha_{2^{-m}R-1} = (2^{-m}R + R - 3) \, \alpha_{2-R}$. Andererseits ist $\alpha_{2^{-m}R-1} = -\alpha_{2-R}$. Da $(2^{-m}R + R - 2) \neq 0$ für $N \geq 2$ ist, kann α_{2-R} nur gleich Null sein. Mit $\alpha_k = 0$, $2 - R \leq k \leq 2^{-m}R - 1$, endet der Beweis. ■

Für $0 \leq k \leq 2^{-m}R - R$ sind die Werte von $\overline{\varphi_{m,k}}$ in (3.5.26) identisch, der Träger von $\varphi_{m,k}$ liegt innerhalb von $\overline{\Omega}$. Das wirkt sich auf die Träger von $\Theta_{m,k}$ und $\Theta'_{m,k}$ wie folgt aus:

$$\operatorname{supp} \Theta_{m,k} = \operatorname{supp} \Theta'_{m,k} = \operatorname{supp} \varphi_{m,k-1} \cup \operatorname{supp} \varphi_{m,k} .$$

Bis auf $2R - 2$ Stück haben alle Basisfunktionen aus (3.5.52) einen lokalen Träger in $\overline{\Omega}$. Die zugehörige Steifigkeitsmatrix $\widetilde{A}$,

$$\widetilde{A}_{kl} = a(\Theta_{m,k}, \Theta_{m,l}) ,$$

ist entsprechend dünn besetzt, sie hat nur $O(n)$ Einträge, die nicht gleich der Null sind. Die Basistransformation in S_m von (3.5.38) nach (3.5.52) läßt sich offensichtlich mit einem Aufwand von $O(n)$ bewerkstelligen. Die Matrix M beschreibe diese Transformation. Dann gilt

$$A = \widehat{Q}^T M^T \widetilde{A} M \widehat{Q} ,$$

Tabelle 3.1: Vergleich von nicht vorkonditioniertem (CG) mit vorkonditioniertem CG-Verfahren (VCG)

m	n	$\delta_m^{-3}\,\|u-u_m\|_0$	CG	VCG
0	4	0.02546	3	3
-1	7	0.02622	6	6
-2	13	0.02502	12	9
-3	25	0.02509	14	10
-4	49	0.02457	16	10

und die Matrix–Vektormultiplikation $A\xi$ benötigt $O(n)$ Multiplikationen reeller Zahlen. Das vorkonditionierte System (3.5.50) kann also sehr effizient mit dem CG–Verfahren iterativ gelöst werden.
Den Unterschied zwischen dem nicht vorkonditionierten und dem vorkonditionierten System demonstrieren wir an einem

Beispiel:
Wir verwenden die Daubechies–Wavelets mit $N = 2$ als Ansatzfunktionen und betrachten das Randwertproblem (3.5.1), (3.5.2) mit $\alpha = 0$, $\beta = 3$ sowie $q(x) = e^{-x}$, $p(x) \equiv 0$. Die rechte Seite wurde so gewählt, daß $u(x) = \sin(\pi\, x/3)$ die exakte Lösung ist. In der Tabelle 3.1 sind die Verhältnisse $e_m = \delta_m^{-3}\,\|u-u_m\|_0$, $\delta_m = 2^{-|m|}$, für verschiedene m aufgetragen. Nach (3.5.30) ist die Folge der e_m beschränkt. Den Unterschied zwischen nicht vorkonditioniertem (CG) und vorkonditioniertem CG–Verfahren (VCG) erkennt man in den entsprechenden Spalten. Eingetragen wurde jeweils die Anzahl der Iterationsschritte, die nötig war, um die angegebene Genauigkeit e_m zu erzielen.

Bemerkung 3.5.16 Wir geben den Zusammenhang an zwischen der Wavelet–Basis (3.5.39) für $N = 1$ und der hierarchischen Basis im eindimensionalen stückweise linearen Finite–Elemente–Raum.
Wegen $N = 1$ folgen $R = 1$, $\Omega =]0,1[$ und $\widetilde{D}_{-1} = \emptyset$ in (3.5.39). Für $k \in \widetilde{D}_j = D_j$, $j \leq 0$, liegt der Träger von $\psi_{j,k}$ in $\overline{\Omega}$, d.h. $\overline{\psi_{j,k}} = 0$. Man sieht nun, daß $\Psi_{j,k}$ eine Dachfunktion, vgl. (3.5.16), im Intervall $[k/2^{-j}, (k+1)/2^{-j}]$ mit Höhe $2^{j/2-1}$ ist. Die Basisfunktionen (3.5.39) für S_m fallen somit mit der stückweise linearen hierarchischen Finite–Elemente–Basis zur Schrittweite $\delta_m = 2^{-|m|}$ zusammen [141, 143].
Die $\Theta_{m,k}$, $1 \leq k \leq 2^{-m} - 1$, aus (3.5.52) erzeugen wegen $\overline{\varphi_{j,k-1}} = \overline{\varphi_{j,k}}$ gerade die stückweise lineare Knotenbasis zur Schrittweite $\delta_m = 2^{-|m|}$, siehe (3.5.13).

3.6 Schwarz–Iterationen basierend auf Wavelet–Zerlegungen

Auf den folgenden Seiten wollen wir auf eine mögliche Anwendung von Wavelets zur numerischen Lösung von partiellen Differentialgleichungen, insbesondere singulär gestörter, hinweisen. Unsere Untersuchungen eines einfachen, zudem noch eindimensionalen, Modellfalls haben hierfür eher grundlegenden Charakter. Jedoch werden wir als Nebenprodukt weitere Eigenschaften der Daubechies–Wavelets kennenlernen, die auch ohne den Kontext dieses Kapitels Beachtung verdienen.

Wir betrachten das Modellproblem ($R \in \mathbb{N}$)

$$-\varepsilon\, u''(x) + u(x) = f(x), \quad x \in]\,0, R\,[, \tag{3.6.1}$$

$$u(0) = u(R) \tag{3.6.2}$$

mit $\varepsilon > 0$. Wählen wir als rechte Seite $f = \chi_{[R/4,3R/4]}$, die charakteristische Funktion des Intervalls $[\,R/4, 3R/4\,]$, so hat das eindimensionale Randwertproblem (3.6.1), (3.6.2) mit vielen partiellen Differentialgleichungen, wie sie z.B. in der Strömungsmechanik von Interesse sind, das Auftreten von *Grenzschichten* für $0 < \varepsilon \ll 1$ gemeinsam. Das sind Bereiche, in denen sich die Lösung extrem schnell ändert. Dieses Verhalten verstärkt sich mit kleiner werdendem ε. Das sieht man daran, daß im Extremfall $\varepsilon = 0$ die Lösung von (3.6.1), (3.6.2) trivialerweise mit der rechten Seite $\chi_{[R/4,3R/4]}$ zusammenfällt. Unser Modellproblem gehört in die Kategorie der *singulär gestörten* Probleme, deren sachgemäße Behandlung z.B. in [63] diskutiert wird.

Wir werden (3.6.1), (3.6.2), durch ein Galerkin–Verfahren diskretisieren, wie wir es schon in Kapitel 3.5.1 beschrieben haben. Im Gegensatz zu Kapitel 3.5.2 werden wir die endlichdimensionalen Ansatzräume direkt durch Daubechies–Skalierungsfunktionen erzeugen. Zur effizienten Lösung der entstandenen linearen Gleichungssysteme stellen wir eine Schwarz–Iteration vor, die auf einer Wavelet–Zerlegung des Ansatzraums basiert.

3.6.1 Wavelet–Galerkin–Diskretisierung des Modellproblems

Zunächst geben wir die schwache Formulierung, vgl. Kapitel 3.5.1, des Modellproblems (3.6.1), (3.6.2) an:

$$\text{gesucht } u \in H_p^1 : \quad a(u,v) = \langle f, v\rangle_0 \quad \text{für alle } v \in H_p^1\,. \tag{3.6.3}$$

Hier bezeichnet H_p^1 den Sobolev–Raum

$$H_p^1 = H_p^1(0,R) = \{\, v \in L^2(0,R)\,|\, v' \in L^2(0,R)\,,\ v(0) = v(R)\,\} \tag{3.6.4}$$

mit periodischen Randbedingungen. Dieser Raum umfaßt $H_0^1(0,R)$ und enthält die konstanten Funktionen. Die Bilinearform

$$a(u,v) = \int_0^R \big(\varepsilon\, u'(x)v'(x) + u(x)v(x)\big)\, dx \tag{3.6.5}$$

ist H_p^1-elliptisch und stetig, siehe (3.5.8) und (3.5.9). Damit hat das Variationsproblem (3.6.3) eine eindeutige Lösung u. Als endlichdimensionalen Ansatzraum wählen wir, vgl. Kapitel 2.4.7.2,

$$V_m^p = V_m^p(0,R) = \{\, v \in L^2(0,R) \,|\, v(x) = \sum_{k\in\mathbb{Z}} c_k \varphi_{m,k}(x),\ x \in [\,0,R\,], \quad \text{und} \quad c_k = c_{k+2^{-m}R}\,\}, \tag{3.6.6}$$

wobei $\varphi = \varphi_N$ die N-te Daubechies–Skalierungsfunktion ist. Das zugehörige Wavelet ψ definieren wir in etwas anderer Weise als in Satz 2.2.10,

$$\psi(x) = \sqrt{2} \sum_{k=0}^{2N-1} g_k\, \varphi(2x-k), \quad g_k = (-1)^k\, h_{2N-1-k}\,, \tag{3.6.7}$$

mit den Filterkoeffizienten $\{h_k\}_{0\le k\le 2N-1}$ der Daubechies–Skalierungsfunktion, siehe Tabelle 2.3 auf Seite 165. Die spezielle Wahl der Koeffizienten $\{g_k\}_{0\le k\le 2N-1}$ in (3.6.7) bewirkt nur eine Translation des Daubechies–Wavelets derart, daß die Skalierungsfunktion und das Wavelet den gleichen Träger $[0, 2N-1]$ haben, vgl. (3.5.17).
Für den späteren Gebrauch definieren wir noch die Räume

$$W_m^p = W_m^p(0,R) = \{\, v \in L^2(0,R) \,|\, v(x) = \sum_{k\in\mathbb{Z}} c_k \psi_{m,k}(x),\ x \in [\,0,R\,], \quad \text{und} \quad c_k = c_{k+2^{-m}R}\,\}. \tag{3.6.8}$$

Unter der Voraussetzung $N \ge 3$, d.h. φ und ψ sind differenzierbar, siehe Bemerkung 2.4.38 sowie Tabelle 2.4 auf Seite 178, und unter der Voraussetzung $R \in \mathbb{N}$ mit $R \ge 4N-3$ (das ist eine technische Voraussetzung) sind V_m^p und W_m^p für $m \le 0$ Unterräume von H_p^1 mit der Dimension $n_m := \dim V_m^p = \dim W_m^p = 2^{-m}R$. Außerdem überträgt sich (2.2.12): $V_{m-1}^p = V_m^p \oplus W_m^p$, $V_m^p \perp W_m^p$ in L^2.

Die eindeutige Wavelet–Galerkin–Approximation $u^m \in V_m^p$ ist durch

$$a(u^m, v^m) = \langle f, v^m\rangle_0 \quad \text{für alle } v^m \in V_m^p \tag{3.6.9}$$

gekennzeichnet. Die Fehlerabschätzung

$$\|u - u^m\|_0 \le C\, \delta_m^2\, \|u\|_2, \tag{3.6.10}$$

worin $\delta_m = 2^{-|m|}$ die Diskretisierungsschrittweite ist, kann z.B. mit Ergebnissen aus [136] gezeigt werden. Stellen wir u^m als periodische Funktion in V_m^p dar,

$$u^m(x) = \sum_{k\in\mathbb{Z}} u_k^m\, \varphi_{m,k}(x), \quad x \in [\,0,R\,], \tag{3.6.11}$$

Tabelle 3.2: Werte der Connection Coefficients $\Gamma_k = \Gamma_{-k}$ (3.6.13) für $N = 3$.

	Γ_0	Γ_1	Γ_2	Γ_3	Γ_4
$N=3$	5.267857	-3.390476	0.8761905	-0.1142857	-5.357143e-03

und testen die Gleicheit in (3.6.9) für alle $\varphi_{m,l}$, dann erhalten wir das lineare Gleichungssystem

$$A_m u^m = f^m \tag{3.6.12}$$

der Dimension n_m, wenn wir zusätzlich die Periodizität $u_k^m = u_{k+n_m}^m$ berücksichtigen. Im weiteren identifizieren wir die Funktion u^m (3.6.11) mit dem Vektor $u^m = (u_0^m, \ldots, u_{n_m-1}^m)^T$. Der Vektor f^m enthält die Komponenten $f_l^m = \langle f, \varphi_{m,l}\rangle_{L^2}$, und die positiv definite Steifigkeitsmatrix A_m läßt sich aufspalten in

$$A_m = \varepsilon\, \delta_m^{-2}\, C^m + I\,,$$

wobei die Einträge der Matrix $\delta_m^{-2}\, C^m$ die folgende Gestalt haben:

$$\begin{aligned}
\delta_m^{-2}\, C_{k,l}^m &:= \int (\varphi_{m,k})'(x)\,(\varphi_{m,l})'(x)\,dx \\
&= 2^{-3m} \int \varphi'(2^{-m}x - k)\,\varphi'(2^{-m}x - l)\,dx \\
&= 2^{-2m} \int \varphi'(y - (k-l))\,\varphi'(y)\,dy, \quad y = 2^{-m}x - l, \\
&= \delta_m^{-2}\,\Gamma_{k-l}.
\end{aligned}$$

In den obigen Integralen wird jeweils über die Träger der Integranden integriert. Die $4N-3$ Zahlen Γ_k, $2-2N \le k \le 2N-2$,

$$\Gamma_k = \int_{\mathbb{R}} \varphi'(x-k)\,\varphi'(x)\,dx, \tag{3.6.13}$$

heißen *Connection Coefficients* zweiter Ordnung. Sie wurden erstmals in den Arbeiten [10] und [80] untersucht. Eine ihrer vielen bemerkenswerten Eigenschaften liegt darin, daß sie ohne Differenzieren und Integrieren rein algebraisch berechnet werden können. Einsetzen der Skalierungsgleichung (2.2.11) in (3.6.13) ergibt

$$\begin{aligned}
\Gamma_k &= 8 \sum_{r=0}^{2N-1} \sum_{s=0}^{2N-1} h_r\, h_s \int_{\mathbb{R}} \varphi'(2x - (r+2k))\,\varphi'(2x - s)\,dx \\
&= 4 \sum_{r=0}^{2N-1} \sum_{s=0}^{2N-1} h_r\, h_s \int_{\mathbb{R}} \varphi'(y - (r+2k-s))\,\varphi'(y)\,dy
\end{aligned} \tag{3.6.14}$$

$$= 4 \sum_{r=0}^{2N-1} \sum_{s=0}^{2N-1} h_r\, h_s\, \Gamma_{r+2k-s}$$
$$= 4 \sum_{l=2-2N}^{2N-2} \Big(\sum_{r=0}^{2N-1} h_r\, h_{r-l+2k} \Big)\, \Gamma_l,$$

wobei wir $\Gamma_k = 0$ für $|k| \geq 2N-1$ ausgenutzt haben. Der Vektor $(\Gamma_{2-2N}, \dots, \Gamma_{2N-2})^T$ der Connection Coefficients ist somit ein Eigenvektor der Matrix $\Big(\sum_{r=0}^{2N-1} h_r\, h_{r-l+2k} \Big)_{k,l}$, $2-2N \leq k,l \leq 2N-2$, zum Eigenwert 4. Mit der weiteren Eigenschaft

$$\sum_{k=2-2N}^{2N-2} k^2\, \Gamma_k = -2,$$

die wir in Lemma 3.6.7 beweisen werden, können die Connection Coefficients auch eindeutig aus (3.6.14) bestimmt werden, siehe [10].

Die Matrix C^m ist *zyklisch* von der Ordnung n_m, d.h.

$$C^m = \mathrm{Zyk}_{n_m}(\Gamma_0, \dots, \Gamma_{2N-2}, 0, \dots, 0, \Gamma_{2N-2}, \dots, \Gamma_1) \qquad n_m \text{ Einträge} \tag{3.6.15}$$

$$:= \begin{pmatrix} \Gamma_0 & \Gamma_1 & \cdots & \Gamma_{2N-2} & 0 & 0 & \cdots & 0 & \Gamma_{2N-2} & \cdots & \Gamma_2 & \Gamma_1 \\ \Gamma_1 & \Gamma_0 & \cdots & \cdots & \Gamma_{2N-2} & 0 & \cdots & 0 & 0 & \Gamma_{2N-2} & \cdots & \Gamma_2 \\ \vdots & \vdots & \vdots & \vdots & \vdots & \vdots & \vdots & \vdots & \vdots & \vdots & \vdots & \vdots \\ \Gamma_1 & \cdots & \Gamma_{2N-2} & 0 & 0 & 0 & \cdots & \Gamma_{2N-2} & \cdots & \cdots & \Gamma_1 & \Gamma_0 \end{pmatrix}.$$

Wir haben die Symmetrie $\Gamma_k = \Gamma_{-k}$ berücksichtigt. Zyklische Matrizen sind eindeutig bestimmt durch ihre erste Zeile, aus der alle anderen sukzessive durch zyklische Vertauschung hervorgehen. Für den späteren Gebrauch notieren wir die Eigenwerte λ_μ, $0 \leq \mu \leq n_m - 1$, von C^m,

$$\lambda_\mu = \sum_{k=2-2N}^{2N-2} \Gamma_k\, e^{-i\,k\,2\pi\,\mu/n_m} = \Gamma_0 + 2 \sum_{k=1}^{2N-2} \Gamma_k \cos(k\,2\pi\,\mu/n_m), \tag{3.6.16}$$

und die zugehörigen Eigenvektoren v_μ, $0 \leq \mu \leq n_m - 1$, die bzgl. des Euklidischen Skalarprodukts orthonormal sind,

$$(v_\mu)_l = \frac{1}{\sqrt{n_m}}\, e^{-i\,\mu\,2\pi\,l/n_m}, \quad 0 \leq l \leq n_m - 1. \tag{3.6.17}$$

Durch elementares Nachrechnen kann $C^m v_\mu = \lambda_\mu\, v_\mu$ verifiziert werden. Insbesondere haben alle zyklischen Matrizen der Ordnung n_m dieselben Eigenvektoren v_μ, $0 \leq \mu \leq n_m - 1$. Zyklische Matrizen werden eingehend in [37] studiert.

Bemerkung 3.6.1

a) Wir können die Lösung u^m von (3.6.12) direkt nach der Orthonormalbasis v_μ, $0 \le \mu \le n_m - 1$, entwickeln,

$$u^m = \sum_{\mu=0}^{n_m-1} (\varepsilon\,\delta_m^{-2}\,\lambda_\mu + 1)^{-1}\,(\,f^m, v_\mu\,)_{\mathbb{R}^{n_m}}\,v_\mu\,, \tag{3.6.18}$$

und die iterative Lösung von (3.6.12) scheint sich zu erübrigen. Das trifft zu, falls die Diskretisierungsschrittweite δ_m nicht zu klein ist. Durch eine schnelle Fourier-Transformation lassen sich die Skalarprodukte in (3.6.18) mit $O(\delta_m^{-1}\ln\delta_m^{-1})$ wesentlichen arithmetischen Operationen auswerten. Ein schnelles iteratives Verfahren, das für einen Schritt $O(\delta_m^{-1})$ benötigt, wird für kleine Diskretisierungsschrittweiten auch im Modellfall attraktiv.
Die Situation ändert sich komplett, wenn wir in (3.6.1) ein variables $\varepsilon = \varepsilon(x)$ zulassen. Iterative Methoden zur Auflösung des zugehörigen Gleichungssystems stehen dann außer Frage.

b) Ein variables $\varepsilon = \varepsilon(x)$ in (3.6.1) kann auf zwei Arten behandelt werden.
Zum einen kann man ε in den Raum V_m^p projezieren, wir machen also den Ansatz $\varepsilon(x) = \sum \varepsilon_k^m \varphi_{m,k}(x)$. Die übliche Galerkin-Diskretisierung führt auf die Connection Coefficients

$$\Gamma_{k,l,p} = \int \varphi(x-k)\,\varphi'(x-l)\,\varphi'(x-p)\,dx$$

höherer Ordnung, die wieder einfach und stabil berechnet werden können [80].
Die zweite Möglichkeit ist einfacher. Wir entwickeln wieder $\varepsilon(x) = \sum \varepsilon_k^m \varphi_{m,k}(x)$ und approximieren das Produkt $\varepsilon(x)\,(u^m)'(x)$ durch $2^{-m}\sum \varepsilon_k^m\,u_k^m\,\varphi'_{m,k}(x)$. Die Matrix A_m des resultierenden Gleichungssystems hat dann die folgende Gestalt

$$A_m = \delta_m^{-2}\,C^m\,E^m + I$$

mit der Diagonalmatrix $E^m = \mathrm{diag}(\varepsilon_0^m, \ldots, \varepsilon_{n_m-1}^m)$ und der zyklischen Matrix C^m aus (3.6.15).

c) Die Behandlung allgemeiner Randbedingungen für die Differentialgleichung (3.6.1) (Dirichlet- oder Neumann-Randwerte) gestaltet sich problematischer. Hierfür bieten sich Penalisierungsverfahren an, siehe z.B. [53], [54] und [135], die auch schnelle Löser erlauben [55]. In Kapitel 3.7 gehen wir ausführlicher auf dieses Thema ein.

3.6.2 Eine additive Schwarz-Iteration

Die iterative Methode unserer Wahl wird die additive Schwarz-Iteration sein. Sie wird auch Unterraummethode genannt. Im Zeitalter der Parallelrechner werden additive Schwarz-Iterationen immer beliebter, da ihre Struktur geradezu zu einer parallelen

Verarbeitung einlädt. Eine Einführung in die abstrakte Theorie der Schwarz–Verfahren kann man in [65] finden.

Wir beginnen sofort mit einer speziellen Variante, die unserem Problem (3.6.12) angepaßt ist. Dazu führen wir die *periodischen* Mallat–Transformationen H_m, $G_m : \mathbb{R}^{n_m} \to \mathbb{R}^{n_{m+1}}$ ein:

$$\begin{aligned}(H_m w)_k &= \sum_{l=0}^{2N-1} h_l \, w_{l+2k}\,, \\ (G_m w)_k &= \sum_{l=0}^{2N-1} g_l \, w_{l+2k}\,,\end{aligned}$$

worin w periodisch, $w_l = w_{l+n_m}$, fortzusetzen ist. Die Koeffizienten h_l, g_l sind die aus (3.6.7). Durch die Periodisierung erben H_m und G_m die Eigenschaften der Operatoren aus Satz 2.3.4:

$$H_m^T H_m + G_m^T G_m = I\,, \tag{3.6.19}$$

$$G_m H_m^T = H_m G_m^T = 0\,, \tag{3.6.20}$$

$$H_m H_m^T = G_m G_m^T = I\,. \tag{3.6.21}$$

Mittels der Mallat–Transformationen H_m und G_m zerlegen wir den $\mathbb{R}^{n_m}$ in zwei orthogonale Unterräume der halben Dimension

$$U_h = \{ w \in \mathbb{R}^{n_m} \mid H_m^T H_m w = w \}\,, \tag{3.6.22}$$

$$U_g = \{ w \in \mathbb{R}^{n_m} \mid G_m^T G_m w = w \}\,. \tag{3.6.23}$$

Nach unseren Ausführungen in Kapitel 2 kann $H_m^T H_m$ als Tiefpaß- und $G_m^T G_m$ als Hochpaßfilter angesehen werden. In diesem Sinne wird der $\mathbb{R}^{n_m}$ durch U_h und U_g in seine hoch- und niederfrequenten Anteile zerlegt. Die zugehörigen *Unterraumkorrekturen* definieren wir durch

$$w^{\nu+1} = w^\nu - H_m^T (H_m A_m H_m^T)^{-1} H_m (A_m w^\nu - f^m)\,, \tag{3.6.24}$$

$$w^{\nu+1} = w^\nu - G_m^T (G_m A_m G_m^T)^{-1} G_m (A_m w^\nu - f^m) \tag{3.6.25}$$

mit dem beliebigen Startwert $w^0 \in \mathbb{R}^{n_m}$. Die beiden $(n_{m+1} \times n_{m+1})$-Matrizen $H_m A_m H_m^T$ und $G_m A_m G_m^T$ sind positiv definit, das folgt aus der Injektivität von H_m^T und G_m^T (3.6.21). Liegt der Spezialfall vor, daß die exakte Lösung von (3.6.12) im Unterraum U_h liegt und wir mit einem Startwert $w^0 \in U_h$, z.B. $w^0 = 0$, starten, dann liefert die Unterraumkorrektur (3.6.24) nach einem Schritt die Lösung. Entsprechendes gilt für U_g und den Korrekturprozeß (3.6.25). Im allgemeinen Fall konvergiert weder (3.6.24) noch (3.6.25).

Lemma 3.6.2 *Es gelten:*

a) $H_m A_m H_m^T \;=\; A_{m+1}$ *und*

b) $G_m A_m G_m^T \;=\; \varepsilon\, \delta_{m+1}^{-2}\, C_g^{m+1} \;+\; I$ *mit*

$$C_g^{m+1} \;=\; \mathrm{Zyk}_{n_{m+1}}\,(\Gamma_0^g, \ldots, \Gamma_{2N-2}^g, 0, \ldots, 0, \Gamma_{2N-2}^g, \ldots, \Gamma_1^g) \qquad (3.6.26)$$

und den Connection Coefficients Γ_k^g *des Wavelets* ψ,

$$\Gamma_k^g \;=\; \int_{\mathbb{R}} \psi'(x-k)\,\psi'(x)\,dx.$$

Beweis: Wir beweisen b). Die erste Aussage folgt analog.

$$\begin{aligned}(G_m C^m G_m^T)_{k,l} \;&=\; \sum_{r,s=0}^{2N-1} g_r g_s\, C_{r+2k,s+2l}^m \\ &=\; \delta_m^{-2} \sum_{r,s=0}^{2N-1} g_r g_s\, \Gamma_{r-s+2(k-l)} \qquad (3.6.27) \\ &=\; \delta_m^{-2} \sum_{p=2-2N}^{2N-2} \Big(\sum_{r=0}^{2N-1} g_r g_{r-p+2(l-k)} \Big)\, \Gamma_p\,.\end{aligned}$$

Auf die gleiche Weise wie in (3.6.14) erhält man unter Berücksichtigung von (3.6.7)

$$\Gamma_k^g \;=\; 4 \sum_{p=2-2N}^{2N-2} \Big(\sum_{r=0}^{2N-1} g_r\, g_{r-p+2k} \Big)\, \Gamma_p\,, \qquad (3.6.28)$$

was eingesetzt in (3.6.27) die Behauptung ergibt. ∎

Korollar 3.6.3 *Die Matrix* $A_{m+1}^g := G_m A_m G_m^T$ *kann als Steifigkeitsmatrix der Bilinearform* a (3.6.5) *bzgl.* $\{\psi_{m+1,0}, \ldots, \psi_{m+1,n_{m+1}-1}\}$ *aufgefaßt werden, d.h.*

$$(A_{m+1}^g)_{k,l} \;=\; a(\psi_{m+1,k}, \psi_{m+1,l})\,.$$

Die *additive Schwarz–Iteration* zur Lösung von (3.6.12) bzgl. der Unterräume U_h und U_g entsteht durch "simultane" Durchführung der Unterraumkorrekturen (3.6.24) und (3.6.25):

$$\begin{aligned} w^{\nu+1} \;&=\; w^\nu \;-\; \big(H_m^T A_{m+1}^{-1} H_m \;+\; G_m^T (A_{m+1}^g)^{-1} G_m\big)\,(A_m w^\nu - f^m) \qquad (3.6.29) \\ &=\; M_m^{\mathrm{add}}\, w^\nu \;+\; L_m^{\mathrm{add}} f^m\,, \quad w^0 \in \mathbb{R}^{n_m}.\end{aligned}$$

Die Matrix

$$M_m^{\mathrm{add}} = I - H_m^T A_{m+1}^{-1} H_m A_m - G_m^T (A_{m+1}^g)^{-1} G_m A_m \qquad (3.6.30)$$

heißt *Iterationsmatrix.* Sie beschreibt die Fortpflanzug des Anfangsfehlers. Wegen $u^m = M_m^{\text{add}} u^m + L_m^{\text{add}} f^m$ gilt

$$e^\nu = (M_m^{\text{add}})^\nu e^0$$

für den Fehler $e^\nu = w^\nu - u^m$ der ν-ten Iterierten. Dies impliziert die Äquivalenz

$$\lim_{\nu\to\infty} w^\nu = u^m \iff \lim_{\nu\to\infty} (M_m^{\text{add}})^\nu = 0 . \tag{3.6.31}$$

Die Konvergenz auf der rechten Seite von (3.6.31) kann dann und nur dann eintreten, falls der *Spektralradius* von M_m^{add} kleiner als 1 ist, siehe z.B. [38], [65], [124]. Unter dem Spektralradius $\varrho(B)$ einer quadratischen Matrix B verstehen wir den Betrag des betragsgrößten Eigenwerts,

$$\varrho(B) = \max\{\, |\lambda| \mid \lambda \text{ ist Eigenwert von } B\,\}.$$

Die Äquivalenz (3.6.31) schreiben wir dementsprechend um

$$\lim_{\nu\to\infty} w^\nu = u^m \iff \varrho(M_m^{\text{add}}) < 1 . \tag{3.6.32}$$

Je kleiner der Spektralradius $\varrho(M_m^{\text{add}})$ ist, desto schneller konvergiert die Folge $\{w^\nu\}_{\nu\in\mathbb{N}_0}$.

Setzt man ein klassisches Iterationsverfahren zur Lösung von (3.6.12) an, z.B. das Richardson-, das gedämpfte Jacobi- oder das Gauß–Seidel–Verfahren, so beobachtet man, daß der Spektralradius der Iterationsmatrizen dieser Verfahren gegen 1 strebt, sofern die Diskretisierungsschrittweite $\delta_m = 2^{-|m|}$ verfeinert wird ($m \to -\infty$) [65]. Die Konvergenz kommt praktisch zum Stillstand. Einen kleinen Approximationsfehler (3.6.10) muß man sich mit viel Rechenaufwand erkaufen. Die Effiktivität dieser Methoden ist daher beschränkt. Ihnen kommt jedoch Bedeutung zu als Glättungsiterationen in den sogenannten Zwei- bzw. Mehrgitterverfahren, deren Konvergenzgeschwindigkeit nicht durch die Diskretisierungsschrittweite beinflußt wird [65].
Unsere Schwarz–Iteration (3.6.29) hat auch diesen Vorteil. Zusätzlich hängt ihre Konvergenzgeschwindigkeit nicht vom Parameter $\varepsilon > 0$ in (3.6.1) ab.

Satz 3.6.4 *Die additive Schwarz–Iteration* (3.6.29) *konvergiert für jeden Startwert* $w^0 \in \mathbb{R}^{n_m}$ *gegen die Lösung* u^m *des Gleichungssystems* (3.6.12)*:* $\lim_{\nu\to\infty} w^\nu = u^m$.
Der Spektralradius der Iterationsmatrix M_m^{add} *ist gleichmäßig beschränkt sowohl in der Diskretisierungsschrittweite* δ_m *als auch im Parameter* $\varepsilon > 0$,

$$\varrho(M_m^{\text{add}}) \le \sqrt{\sigma} < 1 , \tag{3.6.33}$$

wobei die Konstante σ *die kleinste Schranke in der verschärften Cauchy–Ungleichung* (3.6.34) *ist:*

$$\Big| \int_0^R v'(x)\, w'(x)\, dx \Big|^2 \le \sigma \int_0^R |v'(x)|^2 dx \int_0^R |w'(x)|^2 dx \tag{3.6.34}$$

für $v \in V_m^p$ (3.6.6) *und* $w \in W_m^p$ (3.6.8).

Bemerkung 3.6.5 Numerische Approximationen ergeben $\sigma \approx 0.29$ für $N = 3$ und $\sigma \approx 0.19$ für $N = 4$.
Die Daubechies–Skalierungsfunktion φ und das Daubechies-Wavelet ψ sind zwar nicht orthogonal in H^1, aber mit Hinblick auf die angegebenen Werte für σ dürfen φ and ψ als "fast orthogonal" in H^1 bezeichnet werden:

$$|\langle \varphi, \psi \rangle_1| \leq \sqrt{\sigma}\, \|\varphi\|_1 \, \|\psi\|_1 \, .$$

Eine zu (3.6.34) äquivalente Cauchy–Ungleichung in der Energienorm $\|\cdot\|_{A_m}$ lautet

$$|(\xi, \eta)_{A_m}| \leq \sqrt{\sigma}\, \|\xi\|_{A_m} \, \|\eta\|_{A_m}$$

für $\xi \in U_h$ (3.6.22) und $\eta \in U_g$ (3.6.23). Das Skalarprodukt $(\xi, \eta)_{A_m} := (A_m \xi, \eta)_{\mathbb{R}^{n_m}}$ induziert die Energienorm. Der Winkel $(\arccos(\sqrt{\sigma}))$ zwischen U_h und U_g im Energieskalarprodukt spiegelt sich direkt in der Konvergenzgeschwindigkeit der additiven Schwarz–Iteration (3.6.29) wider. Die Orthogonalität von U_h und U_g (im Energieskalarprodukt) ist sogar gleichbedeutend mit der Konvergenz der Schwarz–Iteration nach nur einem Schritt.

Beispiel:
Das Randwertproblem (3.6.1), (3.6.2) mit $f = \chi_{[R/4, 3R/4]}$ diskretisieren wir durch den Galerkin–Ansatz (3.6.9). Dazu erzeugen wir die Räume V_m^p (3.6.6) durch die Daubechies–Saklierungsfunktion $N = 3$. Wir setzen $R = 4N - 3 = 9$ und $m = -7$, d.h. $n_m = 9 \cdot 128$ und $\delta_m = 1/128$. In Abbildung 3.14 sind Approximationen w^1 an die exakte Lösung u^m von (3.6.12) nach nur einem Schritt des additiven Schwarz–Verfahrens (3.6.29) mit Startwert $w^0 = 0$ aufgetragen und zwar für $\epsilon = 10$ (links oben) sowie $\epsilon = 10^{-3}$ (links unten). Daneben befinden sich jeweils die Graphen der Fehler $u^m - w^1$. Die relativen Fehler $\|u^m - w^1\|_{\mathbb{R}^{n_m}} / \|u^m\|_{\mathbb{R}^{n_m}}$ betragen $4 \cdot 10^{-3}$ $(\epsilon = 10)$ und $2 \cdot 10^{-3}$ $(\epsilon = 10^{-3})$.

Beweis von Satz 3.6.4: Zur Vereinfachung der Schreibweise definieren wir die Abbildung $P_m : \mathbb{R}^{n_m} \to \mathbb{R}^{n_m}$,

$$P_m \xi = \begin{pmatrix} H_m \xi \\ G_m \xi \end{pmatrix}, \tag{3.6.35}$$

die nach (3.6.19) und (3.6.21) unitär ist ($P_m^T P_m = I$), und wir definieren die Blockdiagonalmatrix

$$D_m = \begin{pmatrix} A_{m+1} & 0 \\ 0 & A_{m+1}^g \end{pmatrix}.$$

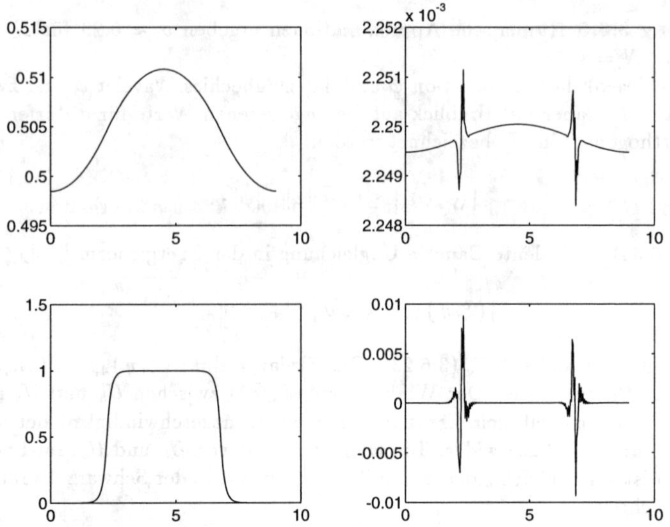

Abbildung 3.14: Approximationen w^1 an die exakte Lösung u^m von (3.6.9) nach nur einem Schritt der Schwarz–Iteration (3.6.29) mit Startvektor $w^0 = 0$: $\epsilon = 10$ (links oben), $\epsilon = 10^{-3}$ (links unten). Daneben sind jeweils die Fehler $u^m - w^1$ dargestellt. Zugrunde liegt die Daubechies–Skalierungsfunktion $N = 3$.

Damit haben wir $M_m^{\text{add}} = I - P_m^T D_m^{-1} P_m A_m$. Nun berechnen wir $\varrho(M_m^{\text{add}})$:

$$\begin{aligned} \varrho(M_m^{\text{add}}) &= \varrho\left(P_m M_m^{\text{add}} P_m^{-1}\right) = \varrho\left(P_m M_m^{\text{add}} P_m^T\right) \\ &= \varrho\left(I - D_m^{-1} P_m A_m P_m^T\right) \\ &= \varrho\begin{pmatrix} 0 & A_{m+1}^{-1} H_m A_m G_m^T \\ (A_{m+1}^g)^{-1} G_m A_m H_m^T & 0 \end{pmatrix} \\ &= \varrho\Big(\underbrace{A_{m+1}^{-1} H_m A_m G_m^T (A_{m+1}^g)^{-1} G_m A_m H_m^T}_{=:\ \mathcal{A}_{m+1}}\Big)^{1/2}. \end{aligned}$$

Die letzte Umformung folgt z.B. aus Lemma 5.2.3 in [65]. Ähnliche Rechnungen wie (3.6.27) und (3.6.28) verifizieren

$$H_m A_m G_m^T = \varepsilon\, \delta_{m+1}^{-2}\, \underbrace{\mathrm{Zyk}_{n_{m+1}}\left(\Gamma_0^c, \ldots, \Gamma_{2N-2}^c, 0, \ldots, 0, \Gamma_{2N-2}^c, \ldots, \Gamma_1^c\right)}_{=:\ C_c^{m+1}} \qquad (3.6.36)$$

mit den gemischten Connection Coefficients

$$\Gamma_k^c = \int_{\mathbb{R}} \varphi'(x-k)\,\psi'(x)\,dx.$$

Über die Eigenwerte λ_μ, λ_μ^g und λ_μ^c, $0 \le \mu \le n_{m+1}-1$, von C^{m+1} (3.6.15), C_g^{m+1} (3.6.26) und C_c^{m+1} (3.6.36) können wir $\varrho(\mathcal{A}_{m+1})$ ausdrücken und erhalten

$$\begin{aligned} \varrho(\mathcal{A}_{m+1}) &= \max_{0\le\mu\le n_{m+1}-1} \frac{\varepsilon^2\,\delta_{m+1}^{-4}\,|\lambda_\mu^c|^2}{(\varepsilon\,\delta_{m+1}^{-2}\,\lambda_\mu+1)(\varepsilon\,\delta_{m+1}^{-2}\,\lambda_\mu^g+1)} \\ &\le \max_{0\le\mu\le n_{m+1}-1} \frac{|\lambda_\mu^c|^2}{\lambda_\mu\,\lambda_\mu^g}, \end{aligned}$$

denn $\mathcal{A}_{m+1}$ wird als Produkt zyklischer Matrizen der Ordnung n_{m+1} durch die Vektoren v_μ, $0 \le \mu \le n_{m+1}-1$, (3.6.17) diagonalisiert. Im nächsten Abschnitt werden wir in Korollar 3.6.11 die Abschätzung

$$\max_{0\le\mu\le n_{m+1}-1} \frac{|\lambda_\mu^c|^2}{\lambda_\mu\,\lambda_\mu^g} \le \sigma < 1 \tag{3.6.37}$$

nachweisen. Dabei wird die Konstante σ genauer angegeben. Die Abschätzung (3.6.33) wäre also bewiesen. Wenden wir uns der verschärften Cauchy–Ungleichung (3.6.34) zu. Die beiden Funktionen $v \in V_m^p$ und $w \in W_m^p$ können wir darstellen durch $v(x) = \sum_{k\in\mathbb{Z}} c_k\,\varphi_{m,k}(x)$, $c_k = c_{k+n_m}$, und $w(x) = \sum_{k\in\mathbb{Z}} d_k\,\varphi_{m,k}(x)$, $d_k = d_{k+n_m}$. Es ergeben sich die Gleichungen

$$\Big|\int_0^R v'(x)\,w'(x)\,dx\Big|^2 = \delta_m^{-4}\,|(\,\mathbf{c}, C_c^m\mathbf{d}\,)_{\mathbb{R}^{n_m}}|^2, \tag{3.6.38}$$

$$\int_0^R |v'(x)|^2 dx = \delta_m^{-2}\,(\,C^m\mathbf{c}, \mathbf{c}\,)_{\mathbb{R}^{n_m}}, \tag{3.6.39}$$

$$\int_0^R |w'(x)|^2 dx = \delta_m^{-2}\,(\,C_g^m\mathbf{d}, \mathbf{d}\,)_{\mathbb{R}^{n_m}} \tag{3.6.40}$$

mit $\mathbf{c} = (c_0, \ldots, c_{n_m-1})^T$ und $\mathbf{d} = (d_0, \ldots, d_{n_m-1})^T$. Die drei zyklischen Matrizen A_m, A_m^g und C_m^c werden wieder durch die Basis v_μ, $0 \le \mu \le n_m - 1$, (3.6.17) diagonalisiert. Somit resultiert (3.6.34) aus (3.6.38), (3.6.39), (3.6.40) und (3.6.37). ∎

Die *multiplikative* Variante der Schwarz–Iteration bzgl. der Unterräume U_h und U_g entsteht durch die sequentielle Ausführung der beiden Unterraumkorrekturen (3.6.24) und (3.6.25). Die Iterationsmatrix M_m^{mult} der multiplikativen Schwarz–Iteration ist das Produkt der Iterationsmatrizen von (3.6.24) und (3.6.25):

$$\begin{aligned} M_m^{\text{mult}} &= \left(I - G_m^T (A_{m+1}^g)^{-1} G_m A_m\right) \left(I - H_m^T A_{m+1}^{-1} H_m A_m\right) \\ &= I - P_m^T T_m^{-1} P_m A_m \,. \end{aligned} \tag{3.6.41}$$

In obiger Gleichung ist P_m wie in (3.6.35) und

$$T_m^{-1} = \begin{pmatrix} A_{m+1}^{-1} & 0 \\ -(A_{m+1}^g)^{-1} G_m A_m H_m^T A_{m+1}^{-1} & (A_{m+1}^g)^{-1} \end{pmatrix}.$$

Dem Beweis von Satz 3.6.4 folgend, wobei D_m^{-1} durch T_m^{-1} zu ersetzen ist, zeigt man

Satz 3.6.6 *Der Spektralradius $\varrho(M_m^{\text{mult}})$ der Iterationsmatrix* (3.6.41) *der multiplikativen Schwarz–Iteration erfüllt:*

$$\varrho(M_m^{\text{mult}}) \le \sigma < 1$$

mit der Konstanten σ aus der verschärften Cauchy–Ungleichung (3.6.34).

3.6.3 Eine Abschätzung

Dieser Abschnitt ist allein dem Beweis der Abschätzung (3.6.37) gewidmet. In einer Reihe von Lemmata stellen wir die nötigen Eigenschaften der Connection Coefficients Γ_k, Γ_k^g und Γ_k^c bereit. Wir erinnern an ihre Definitionen, $2 - 2N \le k \le 2N - 2$,

$$\Gamma_k = \int_{\mathbb{R}} \varphi'(x-k)\, \varphi'(x)\, dx \,, \tag{3.6.42}$$

$$\Gamma_k^g = \int_{\mathbb{R}} \psi'(x-k)\, \psi'(x)\, dx \,, \tag{3.6.43}$$

$$\Gamma_k^c = \int_{\mathbb{R}} \varphi'(x-k)\, \psi'(x)\, dx \,. \tag{3.6.44}$$

Das folgende Lemma macht Aussagen über verschwindende und nichtverschwindende Momente von Γ_k.

Lemma 3.6.7 *Sei Γ_k wie in* (3.6.42) *definiert, dann gilt*

$$\sum_{k \in \mathbb{Z}} k^l\, \Gamma_k = 0 \;\; \textit{für} \;\; l \in \{0,1\} \qquad \textit{und} \qquad \sum_{k \in \mathbb{Z}} k^2\, \Gamma_k = -2 \,.$$

Beweis: Durch Differenzieren von (2.4.30) erhält man $\sum_k \varphi'(x-k) = 0$, was $\sum_k \Gamma_k = 0$ impliziert. Wegen der verschwindenden Momente des Wavelets kann man

$$x = \sum_{k\in\mathbb{Z}} c_k\, \varphi(x-k) \tag{3.6.45}$$

schreiben, siehe (2.4.29). Die Entwicklungskoeffizienten c_k in (3.6.45) lassen sich durch das erste Moment der Skalierungsfunktion berechnen:

$$\begin{aligned} c_k &= \int_{\mathbb{R}} x\,\varphi(x-k)\,dx = \int_{\mathbb{R}} (x+k)\,\varphi(x)\,dx \\ &= \mathrm{Mom}_1(\varphi) + k\,. \end{aligned} \tag{3.6.46}$$

Hier und später benutzen wir die Bezeichnung $\mathrm{Mom}_l(\varphi)$ für das l-te Moment $\int x^l \varphi(x)dx$ der Skalierungsfunktion φ. Aus (3.6.45) gewinnt man durch Ableiten, daß $\sum_k c_k\varphi'(x-k) = 1$ ist und daraus

$$\sum_{k\in\mathbb{Z}} c_k\,\Gamma_k = \int \varphi'(x)\,dx = \varphi(2N-1) - \varphi(0) = 0\,. \tag{3.6.47}$$

Die Kombination von (3.6.47) mit (3.6.46) führt auf $\sum_k k\Gamma_k = 0$.
Wieder liefert (2.4.29) die Darstellung

$$x^2 = \sum_{k\in\mathbb{Z}} c_k\, \varphi(x-k) \tag{3.6.48}$$

mit

$$\begin{aligned} c_k &= \int_{\mathbb{R}} x^2\,\varphi(x-k)\,dx = \int_{\mathbb{R}} (x+k)^2\,\varphi(x)\,dx \\ &= \mathrm{Mom}_2(\varphi) + 2k\,\mathrm{Mom}_1(\varphi) + k^2\,. \end{aligned} \tag{3.6.49}$$

Wir differenzieren (3.6.48) und erhalten $\sum_k c_k\varphi'(x-k) = 2x$, was

$$\sum_{k\in\mathbb{Z}} c_k\,\Gamma_k = 2\int x\,\varphi'(x)\,dx = 2\Big(x\,\varphi(x)\Big|_0^{2N-1} - \int \varphi(x)\,dx\Big) = -2$$

impliziert. Die Behauptung $\sum_k k^2\Gamma_k = -2$ resultiert aus (3.6.49) und dem ersten Teil des Lemmas 3.6.7. ■

Um die Beziehung zu (3.6.37) herzustellen, betrachten wir die trigonometrischen Summen

$$\lambda(\omega) = \sum_{k=2-2N}^{2N-2} \Gamma_k\, e^{-ik\omega}\,, \tag{3.6.50}$$

$$\lambda^g(\omega) = \sum_{k=2-2N}^{2N-2} \Gamma_k^g \, e^{-ik\omega}, \tag{3.6.51}$$

$$\lambda^c(\omega) = \sum_{k=2-2N}^{2N-2} \Gamma_k^c \, e^{-ik\omega}. \tag{3.6.52}$$

Wegen (3.6.16) sind $\lambda_\mu = \lambda(2\pi\,\mu/n_m)$, $\lambda_\mu^g = \lambda^g(2\pi\,\mu/n_m)$ und $\lambda_\mu^c = \lambda^c(2\pi\,\mu/n_m)$, $0 \le \mu \le n_m - 1$ jeweils die Eigenwerte der zyklischen Matrizen C^m (3.6.15), C_g^m (3.6.26) und C_c^m (3.6.36).

Lemma 3.6.8 *Seien* λ, λ^g *und* λ^c *wie* (3.6.50), (3.6.51) *und* (3.6.52), *dann gilt*

$$\lambda(\omega) = \sum_{l\in\mathbb{Z}} |\widehat{\varphi}(\omega + 2\pi\,l)|^2\,(\omega + 2\pi\,l)^2, \tag{3.6.53}$$

$$\lambda^g(\omega) = \sum_{l\in\mathbb{Z}} |\widehat{\psi}(\omega + 2\pi\,l)|^2\,(\omega + 2\pi\,l)^2, \tag{3.6.54}$$

$$\lambda^g(\omega) = \sum_{l\in\mathbb{Z}} \widehat{\varphi}(\omega + 2\pi\,l)\,\overline{\widehat{\psi}(\omega + 2\pi\,l)}\,(\omega + 2\pi\,l)^2. \tag{3.6.55}$$

Beweis: Wir werden nur (3.6.53) verifizieren. Die beiden anderen Behauptungen folgen ähnlich:

$$\begin{aligned}
\lambda(\omega) &= \sum_{k\in\mathbb{Z}} \Gamma_k\, e^{-ik\omega} = \sum_{k\in\mathbb{Z}} \Big(\int_{\mathbb{R}} \varphi'(x-k)\,\varphi(x)\,dx \Big)\, e^{-ik\omega} \\
&= \sum_{k\in\mathbb{Z}} \Big(\int_{\mathbb{R}} \omega^2\,|\widehat{\varphi}(\omega)|^2\, e^{ik\omega}\,d\omega \Big)\, e^{-ik\omega} \\
&= \sum_{k\in\mathbb{Z}} \Big(\sum_{l\in\mathbb{Z}} \int_{2\pi l}^{2\pi(l+1)} \omega^2\,|\widehat{\varphi}(\omega)|^2\, e^{ik\omega}\,d\omega \Big)\, e^{-ik\omega} \\
&= \sum_{k\in\mathbb{Z}} \sum_{l\in\mathbb{Z}} \Big(\int_0^{2\pi} (\omega + 2\pi\,l)^2\,|\widehat{\varphi}(\omega + 2\pi\,l)|^2\, e^{ik\omega}\,d\omega \Big)\, e^{-ik\omega} \\
&= \sum_{k\in\mathbb{Z}} \Big(\int_0^{2\pi} \Big(\sum_{l\in\mathbb{Z}} |\widehat{\varphi}(\omega + 2\pi\,l)|^2\,(\omega + 2\pi\,l)^2 \Big)\, e^{ik\omega}\,d\omega \Big)\, e^{-ik\omega}.
\end{aligned}$$

Neben dem Satz von Parseval haben wir $(\varphi')^\wedge(\omega) = -i\,\omega\,\widehat{\varphi}(\omega)$ benutzt. Die trigonometrische Summe λ ist die Fourier–Reihe der 2π-periodischen Funktion $\sum_l |\widehat{\varphi}(\omega + 2\pi\,l)|^2\,(\omega + 2\pi\,l)^2$. Daraus folgt (3.6.53). ∎

Lemma 3.6.9 *Die Funktion λ aus* (3.6.50) *hat Nullstellen nur an den Punkten $2\pi\, l$, $l \in \mathbb{Z}$. Es handelt sich jeweils um doppelte Nullstellen.*

Beweis: Nach Lemma 3.6.7 und der Definition von λ ist klar, daß $\lambda(2\pi\, l) = \lambda'(2\pi\, l) = 0$ und $\lambda''(2\pi\, l) \neq 0$ ist für alle $l \in \mathbb{Z}$. Nehmen wie an, es gäbe ein $\omega^\star \notin \{2\pi\, l \,|\, l \in \mathbb{Z}\}$ mit $\lambda(\omega^\star) = 0$. Nach (3.6.53) muß dann $\widehat{\varphi}(\omega^\star + 2\pi\, l) = 0$ für alle $l \in \mathbb{Z}$ sein. Das widerspricht aber der Gleichung (2.2.20) aus Lemma 2.2.4. ∎

Lemma 3.6.10 *Seien λ, λ^g und λ^c gemäß* (3.6.50), (3.6.51) *und* (3.6.52) *definiert, dann gilt*

$$\sigma := \sup_{0 \leq \omega \leq 2\pi} \frac{|\lambda^c(\omega)|^2}{\lambda(\omega)\, \lambda^g(\omega)} < 1. \tag{3.6.56}$$

Beweis: Für die Fourier–Transformierte von φ haben wir, vgl. (2.2.28),

$$\widehat{\varphi}(\omega) = H(\omega/2)\, \widehat{\varphi}(\omega/2)$$

mit dem Fourier–Filter H aus (2.2.29). Eine ähnliche Rechnung wie im Beweis von Korollar 2.2.12 unter Berücksichtigung der speziellen Wahl der Koeffizienten $\{g_k\}$ in (3.6.7) liefert

$$\widehat{\psi}(\omega) = -e^{-i(2N-1)\omega/2}\, \overline{H(\omega/2+\pi)}\, \widehat{\varphi}(\omega/2)\,.$$

Setzen wie diese Darstellungen für $\widehat{\varphi}$ und $\widehat{\psi}$ jeweils in (3.6.53), (3.6.54) sowie (3.6.55) ein und summieren getrennt über gerade und ungerade Indizes, so erhalten wir

$$\begin{aligned}
\lambda(\omega) &= 4\left(|H(\omega/2)|^2\, \lambda(\omega/2) + |H(\omega/2+\pi)|^2\, \lambda(\omega/2+\pi)\right), \\
\lambda^g(\omega) &= 4\left(|H(\omega/2+\pi)|^2\, \lambda(\omega/2) + |H(\omega/2)|^2\, \lambda(\omega/2+\pi)\right), \\
|\lambda^c(\xi)| &= 4\,|H(\omega/2)|\,|H(\omega/2+\pi)|\,\Big|\lambda(\omega/2) - \lambda^\kappa(\omega/2+\pi)\Big|.
\end{aligned}$$

Wegen $|H(\omega/2)|^2 + |H(\omega/2+\pi)|^2 = 1$ (2.2.30) können wir (3.6.56) umschreiben in $\sigma = \sup_{0 \leq \omega \leq 2\pi} \Lambda(\omega)$ mit

$$\Lambda(\omega) = \frac{|H(\omega/2)|^2\, |H(\omega/2+\pi)|^2 \left(\lambda(\omega/2) - \lambda(\omega/2+\pi)\right)^2}{|H(\omega/2)|^2\, |H(\omega/2+\pi)|^2 \left(\lambda(\omega/2) - \lambda(\omega/2+\pi)\right)^2 + \lambda(\omega/2)\, \lambda(\omega/2+\pi)}.$$

Hieran sehen wir sofort, daß $\sigma \leq 1$ sein muß. Nehmen wir an, es gäbe $\omega^\star \in [0, 2\pi]$ mit $\Lambda(\omega^\star) = 1$. In diesen Punkten muß das Produkt $\lambda(\omega^\star/2)\, \lambda(\omega^\star/2+\pi) = 0$ sein. Aus Lemma 3.6.9 folgt $\omega^\star \in \{0, 2\pi\}$. Diese beiden Nullstellen sind doppelte Nullstellen. Für $\omega^\star \in \{0, 2\pi\}$ verschwindet aber auch das Produkt $|H(\omega^\star/2)|^2\, |H(\omega^\star/2+\pi)|^2$ und zwar von höherer Ordnung als $\lambda(\omega^\star/2)\, \lambda(\omega^\star/2+\pi)$. Das sieht man an der Faktorisierung

(2.4.22) von H, da nach unseren generellen Voraussetzungen $N \geq 3$ ist. Der Quotient $\lambda(\omega/2)\,\lambda(\omega/2+\pi)/\big(|H(\omega/2)|^2\,|H(\omega/2+\pi)|^2\big)$ divergiert bestimmt, wenn ω gegen 0 oder 2π strebt. Das heißt nichts anderes als $\Lambda(0)=\Lambda(2\pi)=0$, was im Widerspruch zu unserer Annahme steht. Also muß $\Lambda(\omega)<1$ für alle $\omega \in [0,2\pi]$ sein. Die Stetigkeit von Λ impliziert (3.6.56). ∎

Korollar 3.6.11 *Seien λ_μ, λ_μ^g und λ_μ^c, $0 \leq \mu \leq n_m - 1$ jeweils die Eigenwerte der zyklischen Matrizen C^m (3.6.15), C_g^m (3.6.26) und C_c^m (3.6.36), dann gilt*

$$\max_{0\leq\mu\leq n_{m+1}-1} \frac{|\lambda_\mu^c|^2}{\lambda_\mu\,\lambda_\mu^g} \leq \sigma,$$

mit der Konstanten $\sigma < 1$ aus (3.6.56).

Beweis: Gemäß (3.6.16) folgt $\lambda_\mu = \lambda(2\pi\,\mu/n_m)$, $\lambda_\mu^g = \lambda^g(2\pi\,\mu/n_m)$ und $\lambda_\mu^c = \lambda^c(2\pi\,\mu/n_m)$. Die Funktionen λ, λ^g und λ^c sind in (3.6.50), (3.6.51) und (3.6.52) definiert. ∎

3.6.4 Verallgemeinerung der Schwarz–Iteration auf Wavelet–Pakete–Räume

Die praktische Ausführung der Unterraumkorrekturen (3.6.24) und (3.6.25) erfordert einen zu großen Aufwand. Die zu lösenden linearen Systeme haben zwar die halbe Dimension des Ausgangssystems (3.6.12), was aber je nach Feinheit der Diskretisierung noch sehr groß sein kann. Dieses Problem können wir dadurch vermeiden, daß wir jeden der Unterräume U_h (3.6.22) und U_g (3.6.23) mittels der Mallat–Transformationen erneut splitten. Wir erhalten vier Unterräume, die in analoger Weise in acht Unterräume zerlegt werden können, usw. Diese Prozedur stoppt, wenn wir den $\mathbb{R}^{n_m}$ in $2^{|m|}$ Unterräume der Dimension $n_0 = R$ aufgespaltet haben. Die Unterraumkorrekturen bezüglich dieser Räume benötigen einen vertretbaren Rechenaufwand. Analog zu (3.6.29) und (3.6.41) werden die additive sowie die multiplikative Schwarz–Iteration bzgl. der eben beschriebenen Zerlegung des $\mathbb{R}^{n_m}$ konstruiert.

Wir führen eine systematische Notation für die Mallat–Transformationen ein: H_m notieren wir mit $H_{m,0}$ und G_m mit $H_{m,1}$. Sei $1 \leq l \leq |m|$. Für einen Vektor $\kappa = (\kappa_0,\ldots,\kappa_{l-1}) \in \mathcal{I}^l$, $\mathcal{I} = \{0,1\}$, definieren wir eine Verallgemeinerung $\mathcal{H}_{m,\kappa} : \mathbb{R}^{n_m} \to \mathbb{R}^{n_{m+l}}$ der Mallat–Transformationen durch das Produkt

$$\mathcal{H}_{m,\kappa} w := H_{m+l-1,\kappa_{l-1}}\, H_{m+l-2,\kappa_{l-2}} \cdots H_{m+1,\kappa_1}\, H_{m,\kappa_0}\, w\,.$$

Das folgende Diagramm klärt die Struktur von $\mathcal{H}_{m,\kappa}$:

$$\mathbb{R}^{n_m} \xrightarrow{H_{m,\kappa_0}} \mathbb{R}^{n_{m+1}} \xrightarrow{H_{m+1,\kappa_1}} \mathbb{R}^{n_{m+2}} \xrightarrow{H_{m+2,\kappa_2}} \cdots\cdots \xrightarrow{H_{m+l-1,\kappa_{l-1}}} \mathbb{R}^{n_{m+l}}\,.$$

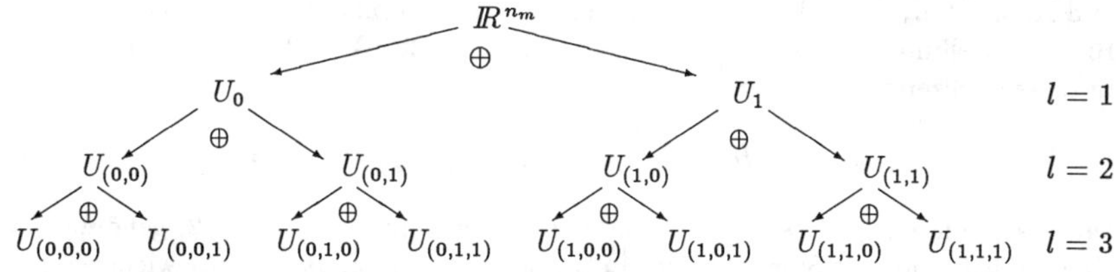

Abbildung 3.15: Die Zerlegung (3.6.59) des $\mathbb{R}^{n_m}$ für verschiedene Zerlegungsstufen l. Der Zusammenhang (3.6.60) zwischen den verschiedenen Zerlegungsstufen ist angedeutet.

Über (3.6.19), (3.6.20) und (3.6.21) zeigt man induktiv:

$$\sum_{\kappa \in \mathcal{I}^l} \mathcal{H}_{m,\kappa}^T \mathcal{H}_{m,\kappa} = I\,, \tag{3.6.57}$$

$$\begin{aligned} \mathcal{H}_{m,\kappa} \mathcal{H}_{m,\kappa}^T &= I\,, \\ \mathcal{H}_{m,\kappa} \mathcal{H}_{m,\iota}^T &= 0\,, \quad \kappa \neq \iota\,. \end{aligned} \tag{3.6.58}$$

Analog zu (3.6.22) und (3.6.23) erhalten wir die Unterräume

$$U_\kappa = \{ w \in \mathbb{R}^{n_m} \mid \mathcal{H}_{m,\kappa}^T \mathcal{H}_{m,\kappa} w = w \}\,, \quad \kappa \in \mathcal{I}^l\,.$$

Für $l = 1$ bekommen wir die Räume U_h und U_g zurück: $U_0 = U_h$ und $U_1 = U_g$. Wegen (3.6.57) und (3.6.58) gilt

$$\mathbb{R}^{n_m} = \bigoplus_{\kappa \in \mathcal{I}^l} U_\kappa \quad \text{und} \quad U_\kappa \perp U_\iota \text{ für } \kappa \neq \iota\,. \tag{3.6.59}$$

Die Zerlegungen des $\mathbb{R}^{n_m}$ in die Unterräume U_κ für verschiedene l sind über die Beziehung

$$U_{(\kappa_0,\ldots,\kappa_{l-1})} = U_{(\kappa_0,\ldots,\kappa_{l-1},0)} \oplus U_{(\kappa_0,\ldots,\kappa_{l-1},1)} \tag{3.6.60}$$

gekoppelt. Der binäre Baum in Abbildung 3.15 stellt diesen Zusammenhang schematisch dar. Von der Zerlegungsstufe $l-1$ gelangt man zur Zerlegung der Stufe l, wenn man alle Unterräume durch die Projektionen $H_{m+l-1,0}^T H_{m+l-1,0}$ und $H_{m+l-1,1}^T H_{m+l-1,1}$ in ihre nieder- und hochfrequenten Anteile zerlegt. Die Räume einer Zerlegungsstufe in Abbildung 3.15 repräsentieren von rechts nach links immer höhere Frequenzbereiche. Die Unterraumkorrektur bezüglich U_κ ist gegeben durch

$$w^{\nu+1} = w^\nu - \mathcal{H}_{m,\kappa}^T A_{m+l,|\kappa|}^{-1} \mathcal{H}_{m,\kappa} (A_{m,0} w^\nu - f^m) \tag{3.6.61}$$

mit

$$A_{m+l,|\kappa|} := \mathcal{H}_{m,\kappa} A_{m,0} \mathcal{H}_{m,\kappa}^T \tag{3.6.62}$$

und $A_{m,0} := A_m$. Der Betrag $|\kappa|$ von κ ensteht, indem man die Komponenten von κ als Binärdarstellung einer Zahl interpretiert: $|\kappa| := \kappa_0\, 2^{l-1} + \kappa_1\, 2^{l-2} + \ldots + \kappa_{l-2}\, 2 + \kappa_{l-1}$. In dieser Schreibweise haben wir $A_{m,1} = A_m^g$ und

$$A_{m+l,2|\kappa|+i} \;=\; H_{m+l-1,i}\, A_{m+l-1,|\kappa|}\, H^T_{m+l-1,i} \quad \text{für} \quad i = 0, 1 \,. \tag{3.6.63}$$

Die Matrizen $A_{m+l,|\kappa|}$, $|\kappa| \geq 2$, die zu den Unterräumen U_κ, $|\kappa| \geq 2$, gehören, haben eine ähnlich einfache Struktur wie $A_{m+l,0}$ oder $A_{m+l,1}$. Sie sind auch wieder zyklische Matrizen, die durch Connection Coefficients eindeutig bestimmt sind. Diese Connection Coefficients werden durch neue Funktionen, die *Wavelet–Pakete*, erzeugt. Die Wavelet–Pakete werden rekursiv konstruiert durch

$$\left.\begin{aligned} \psi^{2p}(x) \;&=\; \sqrt{2}\sum_{k=0}^{2N-1} h_k\, \psi^p(2x-k)\,, \\ \psi^{2p+1}(x) \;&=\; \sqrt{2}\sum_{k=0}^{2N-1} g_k\, \psi^p(2x-k)\,, \end{aligned}\right. \qquad p \;=\; 0, 1, 2, \ldots$$

wobei $\psi^0 := \varphi$ und $\psi^1 := \psi$ gesetzt wurde. Nach Konstruktion sind sie paarweise orthogonal und ihr Träger ist in $[0, 2N-1]$ enthalten. Darüber hinaus ist das Funktionensystem $\{\, \psi^p(x-k) \mid p \in \mathbb{N}_0,\ k \in \mathbb{Z}\,\}$ eine ONB des $L^2(\mathbb{R})$ [22, 99]. Abbildung 3.16 zeigt ψ^0, ψ^1, ψ^2 und ψ^3 für $N = 3$.

Wavelet–Pakete wurden ursprünglich zu Zwecken der Signalanalyse und der Bildverarbeitung (best basis algorithms) in [21] und [22] eingeführt. Weitere Details hierzu können auch in [99] gefunden werden. Der Auslöser, der zur Konstruktion der Wavelet–Pakete führte, war der Wunsch, die Wavelet–Räume W_m (2.2.12) in analoger Weise wie die Räume V_m (2.2.10) in nieder- und hochfrequente Anteile zu zerlegen. Man erhoffte sich, dadurch eine bessere Frequenzauflösung zu erzielen. Dieses Ziel wurde nicht vollständig erreicht, jedoch werden Wavelet–Pakete in der Bildkompression [21] und mittlerweile auch in der Numerik erfolgreich eingesetzt [112], [113].

Die Connection Coefficients

$$\Gamma^p_k = \int_{\mathbb{R}} (\psi^p)'(x-k)\,(\psi^p)'(x)\,dx\,, \quad 2-2N \leq k \leq 2N-2\,, \tag{3.6.64}$$

der Wavelet–Pakete charakterisieren die Matrizen $A_{m+l,|\kappa|}$ (3.6.62).

Lemma 3.6.12 *Sei* $1 \leq l \leq |m|$, *und sei* $\kappa \in \mathcal{I}^l$. *Für die Matrizen* $A_{m+l,|\kappa|}$ (3.6.62) *gilt*

$$A_{m+l,|\kappa|} \;=\; \epsilon\, \delta^{-2}_{m+l}\, C^{m+l}_{|\kappa|} \;+\; I\,, \tag{3.6.65}$$

wobei $C^{m+l}_p = \mathrm{Zyk}_{n_{m+l}}(\Gamma^p_0, \ldots, \Gamma^p_{2N-2}, 0, \ldots, 0, \Gamma^p_{2N-2}, \ldots, \Gamma^p_1)$ *ist.*

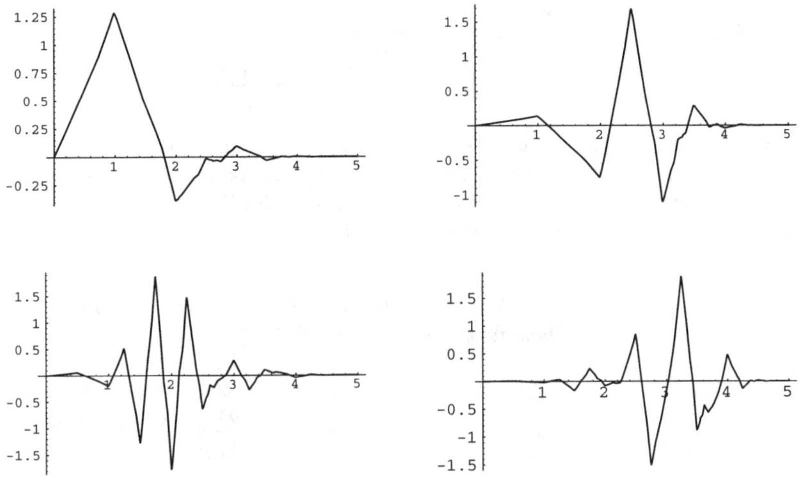

Abbildung 3.16: Die ersten vier Wavelet–Pakete, ausgehend von der Daubechies–Skalierungsfunktion φ für $N = 3$. Oben links: $\psi^0 = \varphi$, oben rechts: $\psi^1 = \psi$, unten: ψ^2 (links) und ψ^3 (rechts).

Bemerkung 3.6.13 Mit den Notationen $C^m = C_0^m$, $C_g^m = C_1^m$ und $\Gamma_k = \Gamma_k^0$, $\Gamma_k^g = \Gamma_k^1$, ist die Behauptung (3.6.65) für $l = 1$ konsistent mit den Aussagen von Lemma 3.6.2.

Beweis von Lemma 3.6.12: Einsetzen der Definition der Wavelet–Pakete in (3.6.64) liefert eine Rekursion für die Connection Coefficients:

$$\Gamma_k^{2p} = 4 \sum_{j=2-2N}^{2N-2} \Big(\sum_{r=0}^{2N-1} h_r\, h_{r-j+2k} \Big) \Gamma_j^p \,, \tag{3.6.66}$$

$$\Gamma_k^{2p+1} = 4 \sum_{j=2-2N}^{2N-2} \Big(\sum_{r=0}^{2N-1} g_r\, g_{r-j+2k} \Big) \Gamma_j^p \,. \tag{3.6.67}$$

Aus (3.6.63) folgt nun induktiv die Behauptung. ■

Korollar 3.6.14 *Die Matrizen* $A_{m+l,|\kappa|}$ (3.6.62), $\kappa \in \mathcal{I}^l$, $1 \leq l \leq |m|$, *können als Steifigkeitsmatrizen der Bilinearform* a (3.6.5) *bzgl.* $\{\psi_{m+l,0}^{|\kappa|}, \ldots, \psi_{m+l,n_{m+l}-1}^{|\kappa|}\}$ *aufgefaßt werden, d.h.*

$$(A_{m+l,|\kappa|})_{k,j} = a(\psi_{m+l,k}^{|\kappa|}, \psi_{m+l,j}^{|\kappa|}) \,.$$

Die additive Schwarz–Iteration zur Zerlegungsstufe l entsteht durch "simultane" Durchführung der Unterraumkorrekturen (3.6.61) für $\kappa \in \mathcal{I}^l$, vgl. (3.6.29),

$$w^{\nu+1} = w^\nu - \beta \sum_{\kappa \in \mathcal{I}^l} \mathcal{H}_{m,\kappa}^T A_{m+l,|\kappa|}^{-1} \mathcal{H}_{m,\kappa} (A_{m,0} w^\nu - f^m) \,, \tag{3.6.68}$$

wobei $\beta \in I\!R$ ein Dämpfungsparameter ist, auf den wir gleich eingehen werden. Sind $l = 1$ und $\beta = 1$, so stimmt die Iterationsmatrix

$$M_{m,l}^{\text{add}} = I - \beta \sum_{\kappa \in \mathcal{I}^l} \mathcal{H}_{m,\kappa}^T A_{m+l,|\kappa|}^{-1} \mathcal{H}_{m,\kappa} A_{m,0}$$

von (3.6.68) mit der Iterationsmatrix M_m^{add} (3.6.30) überein. Die Matrizen $A_{m+l,|\kappa|}$ können vor dem Start der Iteration berechnet werden: Dank der Rekursionen (3.6.66) und (3.6.67) lassen sich die Connection Coefficients Γ_k^p der Wavelet–Pakete mit $p \geq 1$ aus den Connection Coefficients Γ_k^0 der Skalierungsfunktion mit dem Aufwand $O(2^l N^2)$ berechnen.

Lemma 3.6.15 *Die additive Schwarz–Iteration* (3.6.68) *zur Zerlegungsstufe* l, $1 \leq l \leq |m|$, *konvergiert für jeden Dämpfungsparameter* $\beta \in]0, 2^{1-l}[$, *d.h.* $\varrho(M_{m,l}^{\text{add}}) < 1$.

Beweis: Wir haben $\varrho(M_{m,l}^{\text{add}}) = \varrho(A_{m,0}^{1/2} M_{m,l}^{\text{add}} A_{m,0}^{-1/2}) = \varrho(I - \beta \mathbf{P}_m)$ mit $\mathbf{P}_m = \sum_{\kappa \in \mathcal{I}^l} P_{m,\kappa}$ und $P_{m,\kappa} = A_{m,0}^{1/2} \mathcal{H}_{m,\kappa}^T (\mathcal{H}_{m,\kappa} A_{m,0} \mathcal{H}_{m,\kappa}^T)^{-1} \mathcal{H}_{m,\kappa} A_{m,0}^{1/2}$. Aufgrund der Symmetrie der Matrix $\mathbf{P}_m$ sind ihre Eigenwerte reell, deswegen bestimmen wir β so, daß

$$-1 < 1 - \beta\gamma < 1 \quad \text{bzw.} \quad 0 < \beta\gamma < 2 \qquad \text{für alle } \gamma \in \sigma(\mathbf{P}_m) \tag{3.6.69}$$

gilt. Hier bezeichnet $\sigma(\mathbf{P}_m)$ das Spektrum von $\mathbf{P}_m$, das ist die Menge aller Eigenwerte. Da die Matrizen $P_{m,\kappa}$ Orthogonalprojektoren sind ($P_{m,\kappa}^2 = P_{m,\kappa}$, $P_{m,\kappa}^T = P_{m,\kappa}$), gilt $\|P_{m,\kappa}\|_{I\!R^{n_m}} = 1$ sowie $0 < \sum_{\kappa \in \mathcal{I}^l} \langle P_{m,\kappa} w, w \rangle_{I\!R^{n_m}} = \langle \mathbf{P}_m w, w \rangle_{I\!R^{n_m}} = \sum_{\kappa \in \mathcal{I}^l} \|P_{m,\kappa} w\|_{I\!R^{n_m}}^2 \leq 2^l \|w\|_{I\!R^{n_m}}^2$, $w \neq 0$. Daraus folgt $0 < \gamma \leq 2^l$ für alle $\gamma \in \sigma(\mathbf{P}_m)$. Wählen wir $0 < \beta < 2^{1-l}$, so ist (3.6.69) erfüllt. ■

Bemerkung 3.6.16 Die Aussage von Lemma 3.6.15 ist quantitativ wesentlich schlechter als unser Resultat (3.6.33) in Satz 3.6.4 für die additive Schwarz–Iteration zur Zerlegungsstufe 1. Wir haben keine gleichmäßige Beschränktheit von $\varrho(M_{m,l}^{\text{add}})$ in ϵ und δ_m mehr, falls $l \geq 2$ ist. Im Beweis des obigen Lemmas gehen keine speziellen Eigenschaften unserer Wavelet–Zerlegungen ein. In der Tat gilt diese schwache Konvergenzaussage für eine grosse Klasse von Zerlegungen des $I\!R^{n_m}$ in Unterräume, siehe [65].
Bisher existieren noch keine stärkeren Abschätzungen für den Spektralradius von $M_{m,l}^{\text{add}}$, $l \geq 2$, jedoch weisen numerische Experimente auf seine gleichmäßige Beschränktheit in ϵ und δ_m hin.

Beispiel:
Die Randwertaufgabe und ihre Diskretisierung übernehmen wir von dem Beispiel auf Seite 277. Wir berechnen Approximationen an die exakte Lösung u^m durch die ungedämpfte ($\beta = 1$) Schwarz–Iteration (3.6.68) zur Zerlegungsstufe $l = |m| = 7$ mit Startwert $w^0 = 0$. In Abbildung 3.17 sind für $\epsilon = 10$ (oben links) und $\epsilon = 10^{-3}$ (unten links) die Iterierten w^2 nach zwei Schritten dargestellt. Daneben befinden sich jeweils die Graphen der Fehler $u^m - w^2$. Die relativen Fehler $\|u^m - w^2\|_{I\!R^{n_m}} / \|u^m\|_{I\!R^{n_m}}$ betragen $8 \cdot 10^{-5}$ ($\epsilon = 10$) und $2 \cdot 10^{-2}$ ($\epsilon = 10^{-3}$).

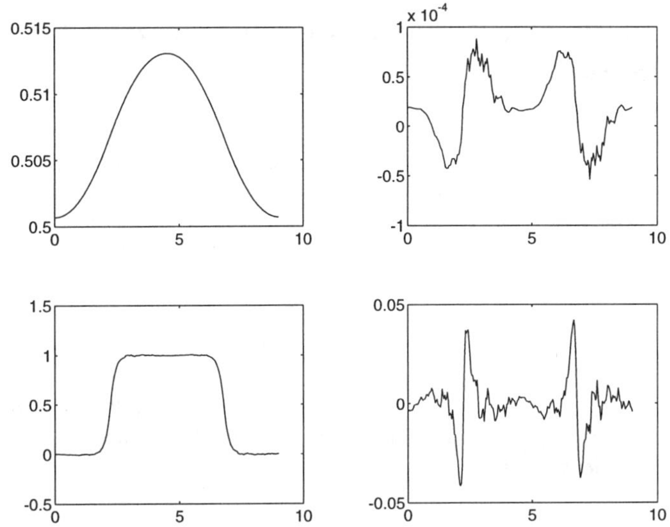

Abbildung 3.17: Approximationen w^2 an die exakte Lösung u^m von (3.6.9) nach zwei Schritten der ungedämpften ($\beta = 1$) Schwarz–Iteration (3.6.68) mit Startvektor $w^0 = 0$: $\epsilon = 10$ (links oben), $\epsilon = 10^{-3}$ (links unten). Daneben sind jeweils die Fehler $u^m - w^2$ dargestellt. Zugrunde liegt die Daubechies–Skalierungsfunktion $N = 3$.

Der Vollständigkeit halber geben wir noch ein Konvergenzergebnis für die multiplikative Schwarz–Iteration zur Zerlegungsstufe l an. Die multiplikative Schwarz–Iteration entsteht durch sequentielle Ausführung der Unterraumkorrekturen (3.6.61) und hat die Iterationsmatrix

$$M_{m,l}^{\text{mult}} = \prod_{\kappa \in \mathcal{I}^l} \left(I - \mathcal{H}_{m,\kappa}^T \, A_{m+l,|\kappa|}^{-1} \, \mathcal{H}_{m,\kappa} \, A_{m,0} \right).$$

Lemma 3.6.17 *Die multiplikative Schwarz–Iteration zur Zerlegungsstufe l, $1 \leq l \leq |m|$, konvergiert, d.h. $\varrho(M_{m,l}^{\text{mult}}) < 1$.*

Der Beweis des obigen Lemmas kann z.B. in [65], Kapitel 11.2.4, nachgelesen werden und beruht auf der Interpretation der multiplikativen Schwarz–Iteration als ein Block–Gauß–Seidel-Verfahren. In ähnlicher Weise kann die additive Schwarz–Iteration (3.6.68) als ein (gedämpftes) Block–Jacobi–Verfahren verstanden werden.

3.7 Ausblick auf zweidimensionale Randwertprobleme

In diesem Abschnitt wollen wir kurz andeuten, wie man mit Wavelets zweidimensionale Randwertprobleme mittels eines Penalisierungs- und Einbettungsverfahrens (penalty/fictitious domain formulation, siehe z.B. [53], [134] und [135]) diskretisieren und effizient lösen kann.

Wir betrachten das folgende elliptische Modellproblem ($\alpha > 0$)

$$-\alpha\,\Delta u + u = f \quad \text{in } \omega, \tag{3.7.1}$$

$$u = g \quad \text{auf } \partial\omega, \tag{3.7.2}$$

wobei $f \in L^2(\omega)$, $g \in H^{1/2}(\partial\omega)$, ω ein Gebiet in $\mathbb{R}^2$ und $\Delta = \partial^2/\partial x^2 + \partial^2/\partial y^2$ der Laplace–Operator ist (zwei Raumdimensionen stellen keine prinzipielle Schranke des vorgestellten Verfahrens dar).

3.7.1 Ein Penalisierungs- und Einbettungsverfahren

Die Formulierung des Randwertproblems (3.7.1), (3.7.2) mittels eines Penalisierungs- und Einbettungsverfahrens lautet:
Der Einbettungsbereich $\Omega =]0, R[^2$, $R \in \mathbb{N}$, sei ein Quadrat, das das Gebiet ω beinhaltet, $\omega \subset \Omega$. Wir suchen ein $u^\varepsilon \in H^1_p(\Omega)$, dem Sobolev–Raum der Ordnung 1 mit periodischen Randbedingungen auf Ω, so daß

$$\int_\Omega (\alpha\nabla u^\varepsilon \cdot \nabla v + u^\varepsilon v)\,dxdy + \varepsilon^{-1}\int_{\partial\omega} u^\varepsilon v\,ds = \int_\Omega \widetilde{f}\,dxdy + \varepsilon^{-1}\int_{\partial\omega} gv\,ds \tag{3.7.3}$$

für alle $v \in H^1_p(\Omega)$ ist. Hierbei ist $\widetilde{f}$ eine beliebige L^2-Fortsetzung von f in Ω.
Die Lösung u^ε von (3.7.3) konvergiert gegen $\widetilde{u}$ in $H^1_p(\Omega)$, falls der Penalisierungsparameter $\varepsilon > 0$ gegen 0 strebt. Der Grenzwert $\widetilde{u}$ ist die Lösung des Variationsproblems: gesucht $\widetilde{u} \in H^1_p(\Omega)$, $\widetilde{u} = g$ auf $\partial\omega$,

$$\int_\Omega (\alpha\nabla\widetilde{u} \cdot \nabla v + \widetilde{u}v)\,dxdy = \int_\Omega \widetilde{f}\,dxdy, \tag{3.7.4}$$

für alle $v \in H^1_p(\Omega)$ mit $v = 0$ auf $\partial\omega$, siehe [51] bzw. [55].
Für eine Wavelet–Galerkin–Diskretisierung von (3.7.3) approximieren wir $H^1_p(\Omega)$ durch den Tensorproduktraum $X_m := V^p_m \otimes V^p_m$. Die Räume V^p_m wurden in (3.6.6) definiert. Die Projektion μ^m des Bogenmaßes μ von $\partial\omega$ auf X_m erfüllt:

$$\int_\Omega \widetilde{g}^m\,\mu^m dxdy \overset{m\to-\infty}{\longrightarrow} \int_\Omega \widetilde{g}\,\mu\,dxdy = \int_{\partial\omega} g\,ds, \tag{3.7.5}$$

wobei $\widetilde{g}$ eine L^2-Fortsetzung von g in Ω ist, und $\widetilde{g}^m$ bezeichnet die orthogonale Projektion von $\widetilde{g}$ in X_m, siehe [135].
Da wir den Penalisierungsparameter ε sehr klein wählen werden, setzen wir in unserer Wavelet–Galerkin–Diskretisierung von (3.7.3) die Entwicklungskoeffizienten $\mu^m_{i,j}$ von $\mu^m(x,y) = \sum_{i,j} \mu^m_{i,j}\varphi_{m,i}(x)\varphi_{m,j}(y)$ gleich 1, falls $\mathrm{supp}(\varphi_{m,i}(x)\varphi_{m,j}(y)) \cap \partial\omega \neq 0$ ist, ansonsten setzen wir $\mu^m_{i,j} = 0$. Geometrisch betrachtet liegt der Träger des numerischen Bogenmaßes μ^m innerhalb einer Tubenumgebung von $\partial\omega$ der Weite $2N\delta_m$, wobei $\delta_m = 2^{-|m|}$ die Diskretisierungsschrittweite und N die Ordnung des Daubechies–Wavelets ist.
Beschränken wir das Variationsproblem (3.7.3) auf den Raum X_m und approximieren die Kurvenintegrale wie in (3.7.5) angedeutet, so erhalten wir das lineare System

$$\alpha\,(C^m u^{m,\varepsilon} + u^{m,\varepsilon}C^m) + u^{m,\varepsilon} + \varepsilon^{-1}\mu^m \times u^{m,\varepsilon} = \widetilde{f}^m + \mu^m \times \widetilde{g}^m, \tag{3.7.6}$$

wobei C^m die zyklische Matrix der Ordnung n_m aus (3.6.15) ist, und $u^{m,\varepsilon}$, μ^m, $\widetilde{f}^m$, $\widetilde{g}^m$ sind Matrizen der Dimension n_m gebildet aus den Entwicklungskoeffizienten der Funktionen mit gleicher Bezeichnung, d.h. wir identifizieren die Entwicklung

$$u^{m,\varepsilon}(x,y) = \sum_{i,j\in\mathbb{Z}} u^{m,\varepsilon}_{i,j}\,\varphi_{m,i}(x)\varphi_{m,j}(y) \;\in X_m \tag{3.7.7}$$

mit der quadratischen Matrix

$$u^{m,\varepsilon} = \begin{pmatrix} u^{m,\varepsilon}_{0,0} & \cdots & u^{m,\varepsilon}_{0,n_m-1} \\ \vdots & & \vdots \\ u^{m,\varepsilon}_{n_m-1,0} & \cdots & u^{m,\varepsilon}_{n_m-1,n_m-1} \end{pmatrix}. \tag{3.7.8}$$

Die Matrixoperation $\times$ in (3.7.6) ist die elementweise Multiplikation zweier Matrizen derselben Dimension. Durch unsere spezielle Wahl enthält das numerische Bogenmaß μ^m nur 0 und 1 als Einträge.

Bemerkung 3.7.1 Die Geometrie des Gebiets ω spiegelt sich im Besetzungsmuster von μ^m wider. Allein aus der Kenntnis der charakteristischen Funktion von ω kann μ^m automatisch generiert werden, d.h. zur Erzeugung der Gleichungssysteme (3.7.6) bzw. (3.7.9) kann ein Programmcode erstellt werden, der unabhängig von der Geometrie von ω ist.

Die Näherungslösung $u^{m,\varepsilon}$, (3.7.7) bzw. (3.7.8), konvergiert bzgl. der H^1-Norm gegen die schwache Lösung des Randwertproblems (3.7.1), (3.7.2) innerhalb von ω, falls $\varepsilon \to 0$ und $m \to -\infty$. Auf dem Rand $\partial\omega$ hat $u^{m,\varepsilon}$ die Darstellung $u^{m,\varepsilon} = g + C\varepsilon$, wobei die Konstante C nur von der Norm $\|u^\varepsilon\|_1$ abhängt, und diese ist gleichmäßig beschränkt in ε, siehe [51].
Geht man in (3.7.6) über zur lexikographischen Anordnung der Unbekannten, so gelangt man zum Gleichungssystem (3.7.9) der Dimension n_m^2,

$$(A_m + \varepsilon^{-1}M_m)U^\varepsilon_m = F_m + \varepsilon^{-1}\,M_m G_m \tag{3.7.9}$$

mit

$$A_m = \delta_m^{-2}\alpha(C^m \otimes I + I \otimes C^m) + I \otimes I. \tag{3.7.10}$$

Hier bezeichnet $\otimes$ das Tensorprodukt von Matrizen. Die Matrix M_m, die das numerische Bogenmaß μ^m repräsentiert, ist eine Diagonalmatrix mit Diagonaleinträgen 0 oder 1.

Bemerkung 3.7.2 Da die Elemente der Matrix A_m mit dem Faktor δ_m^{-2} wachsen, wenn m kleiner wird, sind die diskreten Versionen (3.7.6) bzw. (3.7.9) des Penalisierungsverfahrens (3.7.3) nur dann sinnvoll, falls der Penalisierungsparameter ε wesentlich kleiner als δ_m^2 ist: $\varepsilon \ll \delta_m^2$.

3.7.2 Numerische Aspekte und Experimente

Die Konvergenzgeschwindigkeit des CG–Verfahrens, angewandt auf das System (3.7.9), wird durch die Spektralkondition $\kappa(A_{m,\varepsilon})$ der positiv definiten Matrix $A_{m,\varepsilon} = A_m + \varepsilon^{-1}M_m$ bestimmt, siehe z.B. [38] oder [65]. Einfache Überlegungen zeigen die Gleichheit $\kappa(A_{m,\varepsilon}) = O(\delta_m^{-2}\varepsilon^{-1})$. Gemäß der Bemerkung 3.7.2, $\varepsilon \ll \delta_m^2$, beeinflußt ε^{-1} die Kondition von $A_{m,\varepsilon}$ am stärksten. Daher versuchen wir den Einfluß von ε zu eliminieren. Wegen $\varepsilon \ll \delta_m^2$ untersuchen wir den Grenzwert der Familie $\{U_m^\varepsilon\}_{\varepsilon>0}$ von Lösungen von (3.7.9), wenn ε gegen 0 strebt.

Lemma 3.7.3 *Sei* $U_m^\varepsilon = A_{m,\varepsilon}^{-1}(F_m + \varepsilon^{-1}M_mG_m)$ *die Lösung von* (3.7.9), *dann gibt es ein* $U_m \in \mathbb{R}^{n_m^2}$, *so daß*

$$\|U_m^\varepsilon - U_m\|_\infty = O(\varepsilon)$$

ist. Darüber hinaus wird U_m *durch*

$$(I - M_m)A_mU_m = (I - M_m)F_m \quad und \quad M_mU_m = M_mG_m$$

eindeutig bestimmt.

Beweis: Ohne Einschränkung der Allgemeinheit dürfen wir annehmen, daß $M_m = \operatorname{diag}(d_i \,|\, 1 \le i \le n)$ ist, wobei $d_i = 1$ für $1 \le i \le k < n$ und $d_i = 0$ für $k+1 \le i \le n$. Zur Vereinfachung haben wir $n = n_m^2$ gesetzt. Über die Cramersche Regel kann die i-te Komponente von U_m^ε ausgedrückt werden durch

$$(U_m^\varepsilon)_i = \frac{1}{\det \varepsilon A_{m,\varepsilon}} \underbrace{\det\left(\varepsilon a_{m,\varepsilon}^1 \cdots \varepsilon a_{m,\varepsilon}^{i-1}\ \varepsilon F_m + M_mG_m\ \varepsilon a_{m,\varepsilon}^{i+1} \cdots \varepsilon a_{m,\varepsilon}^n\right)}_{=:\ \Delta_i(\varepsilon)},$$

worin $a_{m,\varepsilon}^i$ die i-te Spalte von $A_{m,\varepsilon}$ bezeichnet. Mit der Einheitsmatrix I_k auf $\mathbb{R}^k$ schreiben wir

$$\varepsilon A_{m,\varepsilon} = \begin{pmatrix} I_k & 0 \\ 0 & \varepsilon I_{n-k} \end{pmatrix} \begin{pmatrix} \varepsilon A_{m,k} + I_k & \varepsilon B \\ B^t & A'_{m,k} \end{pmatrix}.$$

mit den folgenden Notationen: $A_{m,k} = \{(A_m)_{ij} \mid 1 \le i,j \le k\}$, $A'_{m,k} = \{(A_m)_{ij} \mid k+1 \le i,j \le n\}$ und $B = \{(A_m)_{ij} \mid 1 \le i \le k,\ k+1 \le j \le n\}$. Es folgt $\det \varepsilon A_{m,\varepsilon} = \varepsilon^{n-k} P(\varepsilon)$ und $P(0) = \det A'_{m,k} > 0$. Auf die gleiche Weise zeigen wir: $\Delta_i(\varepsilon)$ kann in der Form $\Delta_i(\varepsilon) = \varepsilon^{n-k}\widetilde{\Delta}_i(\varepsilon)$ geschrieben werden. Deswegen existiert der Grenzwert $(U_m)_i := \lim_{\varepsilon\to 0}(U^\varepsilon_m)_i = \widetilde{\Delta}_i(0)/P(0)$. Sowohl $P(\varepsilon)$ als auch $\widetilde{\Delta}_i(\varepsilon)$ sind Polynome in ε vom Mindestgrad 1. Daher gelten die asymptotischen Aussagen $P(\varepsilon) = P(0) + O(\varepsilon)$ und $\widetilde{\Delta}_i(\varepsilon) = \widetilde{\Delta}_i(0) + O(\varepsilon)$. Beide zusammen implizieren $|(U^\varepsilon_m)_i - (U_m)_i| = O(\varepsilon)$.
Wir multiplizieren (3.7.9) von links jeweils mit $I - M_m$ und εM_m, um $(I - M_m)A_m U^\varepsilon_m = (I - M_m)F_m$ sowie $\varepsilon M_m A_m U^\varepsilon_m + M_m U^\varepsilon_m = \varepsilon M_m F_m + M_m G_m$ zu erhalten. Die Behauptung folgt aus dem Grenzübergang für $\varepsilon \to 0$. ■

Anstatt des sehr schlecht konditionierten Systems (3.7.9) lösen wir nun

$$(I - M_m)A_m(I - M_m)\,\xi_m = (I - M_m)(F_m - A_m M_m G_m) \tag{3.7.11}$$

auf dem Bild range$(I - M_m)$ von $I - M_m$. Der Grenzwert U_m ist dann durch

$$U_m = \xi^*_m + M_m G_m$$

gegeben, wobei ξ^*_m die eindeutige Lösung von (3.7.11) in range$(I - M_m)$ ist.
Die Realisierung des CG–Verfahrens zur Auflösung von (3.7.11) bereitet keine Schwierigkeiten. In der Tat muß die CG–Iteration nur auf den Unterraum range$(I - M_m)$ eingeschränkt werden, was sehr einfach ist.

Wir betrachten das Randwertproblem (3.7.1), (3.7.2) mit einer Kreisscheibe als Gebiet ω,

$$\omega = \{(x,y) \in \mathbb{R}^2 \mid x^2 + y^2 < 1/16\}, \tag{3.7.12}$$

und wählen die rechte Seite f als identisch 1, $f \equiv 1$, und die Randvorgabe g als identisch 0, $g \equiv 0$. Eine der numerischen Schwierigkeiten bzgl. dieser Wahl ist das Auftreten von Grenzschichten für kleine α.
Die exakte Lösung von (3.7.1), (3.7.2) mit den o.g. Vorgaben hat die analytische Darstellung

$$u(x,y) = 1 - \frac{\mathrm{J}_0(i\sqrt{x^2+y^2}/\sqrt{\alpha})}{\mathrm{J}_0(i/\sqrt{\alpha}/4)}, \quad i = \sqrt{-1}, \tag{3.7.13}$$

wobei J_0 die Besselfunktion 1. Art der Ordnung 0 ist, vgl. [1].
Als Einbettungsbereich Ω definieren wir das Quadrat

$$\Omega = \{(x,y) \in \mathbb{R}^2 \mid |x|, |y| < 1/2\}. \tag{3.7.14}$$

Bemerkung 3.7.4 Der kleinstmögliche (quadratische) Einbettungsbereich für ω aus (3.7.12) wäre das Quadrat $\widetilde{\Omega} = \{(x,y) \in \mathbb{R}^2 \mid |x|, |y| < 1/4\}$. Wir benutzen jedoch den größeren Bereich Ω (3.7.14), um die Wirkung des numerischen Bogenmaßes μ^m sowie die Periodizität der Lösung über dem Einbettungsbereich graphisch deutlicher hervorzuheben.

Tabelle 3.3: Anzahl der Iterationen, die benötigt werden, um eine Euklidische Norm des Residuums kleiner als 1/100 zu erhalten.

	$\alpha = 1$	$\alpha = 0.01$	$\alpha = 0.0001$
CG^ε	1538	1219	136
CG	781	608	68

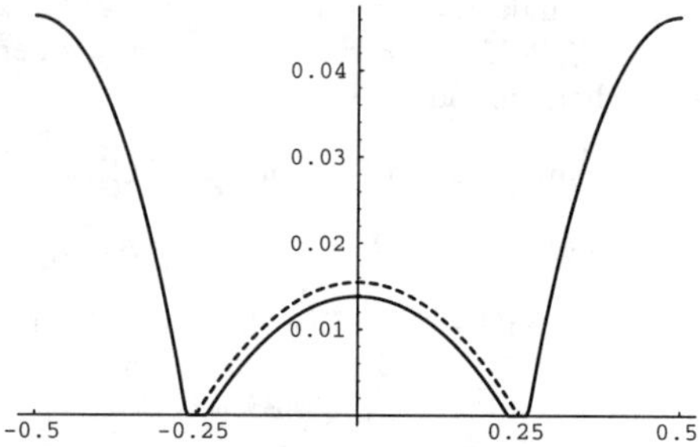

Abbildung 3.18: Querschnitt durch den Ursprung der Näherungslösung nach 781 Schritten von CG (durchgezogene Linie) und der exakten Lösung (gestrichelte Linie) für $\alpha = 1$ und $\delta_{-8} = 1/256$.

Im folgenden bezeichnet CG^ε das CG–Verfahren angewandt auf (3.7.9) mit $\varepsilon = 10^{-8}$, und mit CG bezeichnen wir das CG–Verfahren zur Lösung von (3.7.11).
Die Tabelle 3.3 beinhaltet die Anzahl der benötigten Iterationsschritte von CG^ε und CG, um die Euklidische Norm des Residuums kleiner als 1/100 zu machen. Die Diskretisierungsschrittweite hat den Wert $\delta_{-8} = 1/256$. Da die beiden Verfahren CG^ε und CG ungefähr den gleichen Rechenaufwand pro Iterationsschritt benötigen, verdoppelt der Übergang vom System (3.7.9) zum besser konditionierten System (3.7.11) die Konvergenzgeschwindigkeit.
In den Abbildungen 3.18 und 3.19 werden Querschnitte durch den Ursprung sowohl der Näherungslösung (durchgezogene Linie) als auch der exakten Lösung (3.7.13) (gestrichelte Linie) für $\alpha = 1$ und $\alpha = 10^{-4}$ gezeigt. Die dargestellten Approximationen wurden erhalten, indem das Verfahren CG gestoppt wurde, nachdem die Euklidische Norm des Residuums kleiner als 1/100 war. Zusätzlich zum "region of interest" $[-0.25, 0.25]$ ist die Näherungslösung über dem ganzem Querschnitt des Einbettungsbereichs aufgezeichnet. Der Träger des numerischen Bogenmaßes μ^m mit der Breite $2N\delta_{-8}$ kann klar erkannt werden. Ohne spezielle Diskretisierungstechniken erlauben Wavelet–Galerkin–Methoden die stabile Approximation der exakten Grenzschichten, vgl. Abbildung 3.19, eine Beobachtung, die z.B. schon früher in [133] gemacht wurde. Kein Gibbs–Phänomen tritt auf. Analytische Untersuchungen zum Gibbs–Phänomen der Wavelet–Transformation können in [107] gefunden werden.
Zum Schluß studieren wir das Verhalten der Konvergenzgeschwindigkeit von CG in

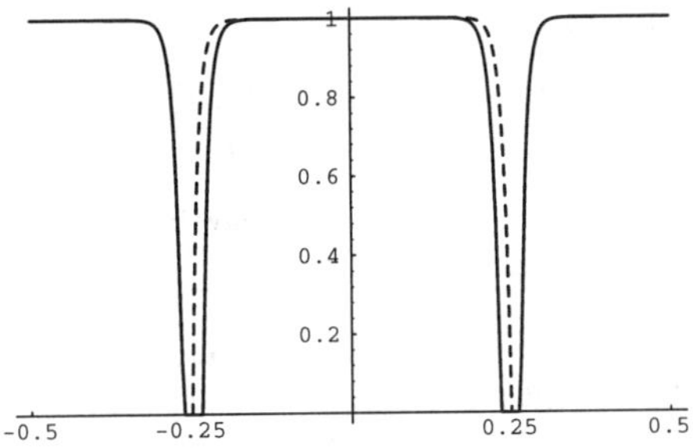

Abbildung 3.19: Querschnitt durch den Ursprung der Näherungslösung nach 68 Schritten von CG (durchgezogene Linie) und der exakten Lösung (gestrichelte Linie) für $\alpha = 10^{-4}$ und $\delta_{-8} = 1/256$.

Tabelle 3.4: Anzahl der Iterationen, die benötigt werden, um eine Euklidische Norm des Residuums kleiner als $r_m = 0.01 \cdot 2^{8+m}$, $m = -6, -7, -8, -9$ zu erhalten

	$\delta_{-6} = 1/64$	$\delta_{-7} = 1/128$	$\delta_{-8} = 1/256$	$\delta_{-9} = 1/512$
CG	168	371	781	1599
VCG	36	54	79	118

Abhängigkeit von der Schrittweite. Für eine sinnvolle Aussage müssen wir das Abbruchkriterium an die Diskretisierungsschrittweite koppeln. Wir stoppen CG, falls die Euklidische Norm des Residuums kleiner als $r_m = 0.01 \cdot 2^{8+m}$ ist. Die nötige Anzahl von Iterationsschritten für die Schrittweiten $\delta_m = 2^m$, $m = -6, -7, -8, -9$, ist in Tabelle 3.4 ausgedruckt. Die mit "VCG" gekennzeichnete Zeile in Tabelle 3.4 enthält die Anzahl der Iterationsschritte des vorkonditionierten CG–Verfahrens aus [55], angewandt auf (3.7.11). Als Vorkonditionierer wurde ein symmetrisches Mehrgitterverfahren für die Matrix A_m (3.7.10) gewählt.
Wird die Schrittweite halbiert, dann verdoppelt sich die Anzahl der Iterationen für CG, wohingegen die Anzahl der Iterationen für VCG nur mit dem Faktor 1.5 wächst. Der Geschwindigkeitsgewinn beim Übergang von CG zu VCG ist erheblich.

Bemerkung 3.7.5 Wavelet–Galerkin–Diskretisierungen von partiellen Differentialgleichungen erfreuen sich zur Zeit immer größerer Beliebtheit (Zusätzlich zu der in diesem Kapitel bereits zitierten Literatur sei auf [26], [27], [28], [72] und [77] verwiesen). Die folgenden vier Gründe sprechen u.a. für die Diskretisierung durch Wavelets:

- ohne besondere Techniken lassen sich Unstetigkeiten und Bereiche großer Gradienten in der Lösung stabil approximieren (boundary layers),

- die Lösung wird in einer Basis dargestellt, die sich hervorragend zur Datenkompression eignet, vgl. Kapitel 3.3. Das ist von Bedeutung, wenn das Rechenzentrum und der "Kunde" über eine große Entfernung kommunizieren müssen und die Ergebnisse in Realzeit vorliegen sollen,

- benutzt man das oben beschriebene Penalisierungsverfahren, so ist der Programmcode unabhängig von der Geometrie des Randwertproblems,
- durch ihre Multi–Level–Struktur scheinen Wavelets für eine adaptive Gitterverfeinerung geeignet, siehe z.B. [120].

Natürlich haben Diskretisierungen durch Wavelets auch Nachteile: Die Probleme bei der Modellierung der Randvorgaben verlangen Penalisierungsverfahren oder ähnliche Methoden, für die nur bedingt effiziente Löser vorhanden sind. Auch ist der Rechenaufwand etwas höher als bei Finite–Differenzen- oder Finite–Elemente–Diskretisierungen. Zum jetzigen Zeitpunkt ist noch nicht abzusehen, ob sich Wavelets in der Numerik partieller Differentialgleichungen durchsetzen werden. Sie besitzen jedoch ein Potential, das weitere Untersuchungen verdient.

Anhang: Fourier–Transformation

Die Fourier–Transformation tritt als wesentliches Hilfsmittel in diesem Buch auf, es sollen deshalb hier die wichtigsten der benötigten Eigenschaften zusammengestellt werden. Ausführliche Abhandlungen zur Fourier–Analysis findet man z.B. in den Büchern [115] von Rudin und [140] von Yosida.
Im folgenden sei f eine schnell fallende Funktion aus $\mathcal{S}(\mathbb{R}^n)$ oder eine Funktion aus $L^1(\mathbb{R}^n)$. Die *Fourier–Transformierte* von f ist erklärt als

$$\mathcal{F}f(\xi) = \widehat{f}(\xi) = (2\pi)^{-n/2} \int_{\mathbb{R}^n} f(x) \mathrm{e}^{-\imath x^T \xi} dx \,,$$

wobei $x^T \xi = \sum_{\ell=1}^n x_\ell \xi_\ell$ ist. Mit $\langle f, g \rangle_{L^2} = \int_{\mathbb{R}^n} f(x) \overline{g(x)}\, dx$ bezeichnen wir das Skalarprodukt auf $L^2(\mathbb{R}^n)$. Es gilt die *Parsevalsche Relation*

$$\|f\|_{L^2} = \|\widehat{f}\|_{L^2} \,.$$

So kann die Fourier–Transformation auf $L^2(\mathbb{R}^n)$ und sogar auf den Raum der temperierten Distributionen $\mathcal{S}'(\mathbb{R}^n)$ fortgesetzt werden. Die Fourier–Transformation ist wegen der Parsevalschen Relation eine Isometrie auf $L^2(\mathbb{R}^n)$, sie wird also durch den adjungierten Operator invertiert; es gilt $\mathcal{F}^{-1} = \mathcal{F}^*$ mit

$$\mathcal{F}^{-1} \widehat{f}(x) = f(x) = (2\pi)^{-n/2} \int_{\mathbb{R}^n} \widehat{f}(\xi) \mathrm{e}^{\imath x^T \xi} d\xi \,.$$

Die Relation $\langle f, g \rangle_{L^2} = \langle \mathcal{F}^* \mathcal{F} f, g \rangle_{L^2} = \langle \mathcal{F} f, \mathcal{F} g \rangle_{L^2}$ ist ausgeschrieben

$$\int_{\mathbb{R}^n} f(x) \overline{g(x)}\, dx = \int_{\mathbb{R}^n} \widehat{f}(\xi) \overline{\widehat{g}(\xi)}\, d\xi \,,$$

und entsprechend folgt aus $\langle \mathcal{F} f, g \rangle_{L^2} = \langle f, \mathcal{F}^* g \rangle_{L^2}$ die Formel

$$\int_{\mathbb{R}^n} \widehat{f}(\xi) \overline{g(\xi)}\, d\xi = \int_{\mathbb{R}^n} f(x) \overline{\widehat{g}}(x)\, dx \,.$$

Bezeichnen wir für hinreichend glatte Funktionen f und g mit $f * g$ die Faltung von f und g, definiert als

$$(f * g)(x) = \int_{\mathbb{R}^n} f(y) g(x - y)\, dy = \int_{\mathbb{R}^n} f(x - y) g(y)\, dy \,,$$

so ergibt die einfache Rechnung

$$(2\pi)^{-n/2} \int_{\mathbb{R}^n} (f * g)(x) \mathrm{e}^{-\imath x^T \xi} \, d\xi$$

$$= (2\pi)^{-n/2} \int_{\mathbb{R}^n} f(y) \int_{\mathbb{R}^n} g(x-y) \mathrm{e}^{-\imath x^T \xi} \, dx \, dy$$

$$= (2\pi)^{-n/2} \int_{\mathbb{R}^n} f(y) \mathrm{e}^{-\imath y^T \xi} \, dy \int_{\mathbb{R}^n} g(z) \mathrm{e}^{-\imath z^T \xi} \, dz$$

den *Faltungssatz*

$$\mathcal{F}(f * g) = (2\pi)^{n/2} \, \mathcal{F}f \, \mathcal{F}g \, .$$

Für die in Kapitel 1.2 eingeführten affinen Operatoren gibt es einfache Zusammenhänge mit der Fourier–Transformation. Mit $b \in \mathbb{R}^n$ folgt aus

$$\int_{\mathbb{R}^n} f(x-b) \mathrm{e}^{-\imath x^T \xi} \, dx = \int_{\mathbb{R}^n} f(y) \mathrm{e}^{-\imath (y+b)^T \xi} \, dy$$

für den Translationsoperator $T^b f(x) = f(x-b)$ die Relation

$$\mathcal{F}T^b = E^b \mathcal{F} \, ,$$

wobei E^b eine Multiplikation gemäß $E^b g(\xi) = \mathrm{e}^{-\imath b \xi} g(\xi)$ ist. Für $a \in \mathbb{R}$, $a \neq 0$, liefert

$$|a|^{-n/2} \int_{\mathbb{R}^n} f(a^{-1}x) \mathrm{e}^{-\imath x^T \xi} \, dx = |a|^{n/2} \int_{\mathbb{R}^n} f(y) \mathrm{e}^{-\imath y^T a \xi} \, dy$$

für den Dilatationsoperator $D^a f(x) = |a|^{-n/2} f(a^{-1}x)$ die Formel

$$\mathcal{F}D^a = D^{1/a} \mathcal{F} \, .$$

Ist $\alpha \in \mathbb{N}_0^n$ ein Multiindex, $x^\alpha = x_1^{\alpha_1} \cdots x_n^{\alpha_n}$ und

$$d^\alpha f = \frac{\partial^{|\alpha|} f}{\partial x_1^{\alpha_1} \cdots \partial x_n^{\alpha_n}} \, ,$$

so gilt für die Ableitung nach ξ

$$d_\xi^\alpha \mathrm{e}^{-\imath x^T \xi} = (-\imath)^{|\alpha|} x^\alpha \mathrm{e}^{-\imath x^T \xi} \, ,$$

damit haben wir

$$d^\alpha \widehat{f} = (-\imath)^{|\alpha|} \mathcal{F}(x^\alpha f) \, .$$

Die Ableitung der Fourier–Transformierten ist also die Fourier–Transformierte der Funktion g mit $g(x) = x^\alpha f(x)$. Umgekehrt liefert für hinreichend glatte Funktionen f partielle Integration zusammen mit dem Verschwinden des Grenzwertes der Funktion f und ihrer Ableitungen für große Argumente

$$\begin{aligned} \mathcal{F}(d^\alpha f)(\xi) &= (2\pi)^{-n/2} \int_{\mathbb{R}^n} d_x^\alpha f(x) \mathrm{e}^{-\imath x^T \xi} \, dx \\ &= (2\pi)^{-n/2} (-1)^{|\alpha|} \int_{\mathbb{R}^n} f(x) d_x^\alpha \mathrm{e}^{-\imath x^T \xi} \, dx \\ &= \imath^{|\alpha|} \xi^\alpha \mathcal{F}f(\xi) \, . \end{aligned}$$

Die Fourier–Transformation der Ableitung geht also über in die Multiplikation der Fourier–Transformierten mit ihrem Argument

$$\mathcal{F}(d^\alpha f)(\xi) = \imath^{|\alpha|}\xi^\alpha \mathcal{F}f(\xi)\,.$$

Basierend auf der Fourier–Transformierten der Funktion f definieren wir für $s \in \mathbb{R}$ folgende Normen

$$\|f\|_s = \Big(\int_{\mathbb{R}^n} (1+|\xi|^2)^s\ |\widehat{f}(\xi)|^2\ d\xi\Big)^{1/2},$$

wobei $|\xi|^2 = \xi^T\xi$ für $\xi \in \mathbb{R}^n$ bedeutet. Zunächst bezeichnen wir für $s \geq 0$ mit $H^s(\mathbb{R}^n)$ den *Sobolev–Raum*

$$H^s(\mathbb{R}^n) = \{f \in L^2(\mathbb{R}^n) \mid \|f\|_s < \infty\}\,.$$

Je größer der Index s, desto schneller muß $\widehat{f}$ fallen, damit das Integral existiert. Es ergibt sich somit sofort die Einbettung $H^{s+t}(\mathbb{R}^n) \subset H^s(\mathbb{R}^n)$ für $t \geq 0$. Insbesondere ist wegen der Parsevalschen Relation $H^0(\mathbb{R}^n) = L^2(\mathbb{R}^n)$. Für negatives s ist die gleiche Konstruktion möglich, statt $f \in L^2(\mathbb{R}^n)$ starten wir nun von $f \in \mathcal{S}'(\mathbb{R}^n)$:

$$H^s(\mathbb{R}^n) = \{f \in \mathcal{S}'(\mathbb{R}^n) \mid \|f\|_s < \infty\}\,.$$

Die Räume $H^s(\mathbb{R}^n)$ und $H^{-s}(\mathbb{R}^n)$ sind für $s \in \mathbb{R}$ Dualräume bezüglich des L^2-Skalarprodukts.
Es sei nun $f \in H^{\max(s,t)}(\mathbb{R}^n)$ und $\theta \in [0,1]$. Dann liefert die Anwendung der Hölderschen Ungleichung

$$\begin{aligned}
\|f\|^2_{\theta s+(1-\theta)t} &= \int_{\mathbb{R}^n} (1+|\xi|^2)^{\theta s+(1-\theta)t}|\widehat{f}(\xi|^2\ d\xi \\
&= \int_{\mathbb{R}^n} \Big((1+|\xi|^2)^s|\widehat{f}(\xi)|^2\Big)^\theta \Big((1+|\xi|^2)^t|\widehat{f}(\xi)|^2\Big)^{1-\theta}\ d\xi \\
&\leq \Big(\int_{\mathbb{R}^n} (1+|\xi|^2)^s|\widehat{f}(\xi)|^2\ d\xi\Big)^\theta \Big(\int_{\mathbb{R}^n} (1+|\xi|^2)^t|\widehat{f}(\xi)|^2\ d\xi\Big)^{1-\theta} \\
&= \|f\|_s^{2\theta}\ \|f\|_t^{2(1-\theta)}
\end{aligned}$$

die Interpolationsabschätzung

$$\|f\|_{\theta s+(1-\theta)t} \leq \|f\|_s^\theta \|f\|_t^{1-\theta}\,.$$

Ist δ die Diracsche Delta–Distribution mit $\delta_y f = f(y)$, so ist $\delta_y \in \mathcal{S}'(\mathbb{R}^n)$ und $\widehat{\delta_y}(\xi) = (2\pi)^{-n/2}\mathrm{e}^{-\imath y^T\xi}$, also $|\widehat{\delta_y}(\xi)| = (2\pi)^{-n/2}$. Dies impliziert

$$\begin{aligned}
\|\delta_y\|_s^2 &= (2\pi)^{-n}\int_{\mathbb{R}^n} (1+|\xi|^2)^s\ d\xi \\
&= (2\pi)^{-n}\mathrm{vol}(S^{n-1})\int_0^\infty (1+r^2)^s\ r^{n-1}\ dr\ ,
\end{aligned}$$

und das letzte Integral ist endlich für $s < -n/2$. Wegen der Dualität der Sobolev–Räume und der Tatsache, daß die Delta–Distribution aus dem Dualraum der stetigen Funktionen ist, ergibt sich sofort der *Sobolevsche Einbettungssatz*

$$H^s(\mathbb{R}^n) \subset C(\mathbb{R}^n) \quad \text{für} \quad s > n/2\,,$$

der zu

$$H^s(\mathbb{R}^n) \subset C^k(\mathbb{R}^n) \quad \text{für} \quad s > n/2 + k\,,\ k \in \mathbb{N}_0\,,$$

verallgemeinert werden kann. Die obige Einbettung ist stetig.

Sowohl für Teilmengen Ω des $\mathbb{R}^n$ als auch für den $\mathbb{R}^n$ selbst wird häufig eine weitere Norm benutzt, insbesondere dann, wenn Differentialgleichungen studiert werden. Wir benutzen dasselbe Symbol wie oben, was durch eine Bemerkung nach der Definition gerechtfertigt wird. Für ganzzahliges m definieren wir

$$\|f\|_{H^m(\Omega)} = \Big(\sum_{|\alpha| \le m} \|d^\alpha f\|^2_{L^2(\Omega)} \Big)^{1/2} .$$

Es gilt wegen der Parsevalschen Relation

$$\begin{aligned} \|f\|^2_{H^m(\Omega)} &= \sum_{|\alpha|\le m} \|\mathcal{F}(d^\alpha f)\|^2_{L^2} \\ &= \sum_{|\alpha|\le m} \|\xi^\alpha \widehat{f}\|^2_{L^2} \\ &= \int_{\mathbb{R}^n} \Big(\sum_{|\alpha|\le m} \xi^{2\alpha} |\widehat{f}(\xi)|^2 \Big)\, d\xi\,. \end{aligned}$$

Aus

$$c_1(1 + |\xi|^2)^m \le \sum_{|\alpha|\le m} \xi^{2\alpha} \le c_2(1 + |\xi|^2)^m$$

folgt die Äquivalenz der beiden Normen.

Literaturverzeichnis

[1] Abramowitz M., Stegun I. A.: *Handbook of Mathematical Functions*, Dover Publications, New York

[2] Adelson E.H., Simoncelli E.P.: *Subband Image Coding with Three-tap Pyramids*, Picture Coding Symp., Tech. Report, MIT, 1990

[3] Antoine J.P., Murenzi R.: *Isotropic and Anisotropic Multidimensional Wavelets: Applications to the Analysis of Two-Dimensional Fields*, Proc. of the Workshop "Wavelets and Turbulence", Princeton, 1991

[4] Aslaksen E.W., Klauder J.R.: *Unitary representations of the affine group*, J. Math. Phys., 9, 1968, S. 206-211

[5] Aubin J.P.: *Applied Functional Analysis*, J.Wiley, New York, 1979

[6] Auscher P., Tchamitchian P.: *Bases d'ondelettes sur les courbes corde-arc, noyau de Cauchy et espaces de Hardy associés*, Rev. Mat. Iberoamer., 5, 1989, S. 139-170

[7] Battle G.: *A block spin construction of ondelettes. Part I: Lemarié functions*, Comm. Math. Phys., 110, 1987, S. 601-615

[8] Battle G., Federbush P.: *Ondelettes and Phase Cell Cluster Expansions, A Vindication*, Comm. Math. Phys., 109, 1987, S. 417-419

[9] Bemelmans J.: *Free Boundary Problems for the Navier-Stokes Equations*, Lect. Notes Math. 1357, S. Hildebrandt, R. Leis (eds.), 1988, S. 96-116

[10] Beylkin G.: *On the representation of operators in bases of compactly supported wavelets*, SIAM J. Numer. Anal., Vol. 6, No. 6, S. 1716-1740, 1992

[11] Beylkin G., Coifman R., Rokhlin V.: *Fast wavelet transforms and numerical algorithms I*, Comm. Pure Appl. Math., 43, 1991, S. 141-183

[12] Braess D.: *Finite Elemente*, Springer-Lehrbuch, Springer Verlag, Berlin, 1992

[13] Burt P.J., Adelson E.H.: *The Laplacian pyramid as a compact image code*, IEEE Trans. Comm., 31, 1983, S. 20-51

[14] Calderón A.P.: *Intermediate spaces and interpolation, the complex method*, Studia Math., 24, 1964, S. 113-190

[15] Chui C.K.: *Wavelet Analysis and its Applications I: An Introduction to Wavelets*, Academic Press, New York, 1992

[16] Chui C.K. (Ed.): *Wavelet Analysis and its Applications II: Wavelets: A Tutorial in Theory and Applications*, Academic Press, New York, 1992

[17] Cohen A.: *Ondelettes, Analyses Multirésolutions et Filtres miroir en Quadrature*, Inst. H. Poincaré, Anal. non lin., 7, 1990 S. 439-459

[18] Cohen A., Daubechies I.: *Non–separable Bidimensional Wavelet Bases*, AT&T Bell Laboratories, 1991, Preprint, eingereicht zur Veröffentlichung (Rev. Mat. Iberoamer.)

[19] Cohen A.: *Biorthogonal Wavelets* in [16], S.123-152

[20] Cohen A., Daubechies I., Vial P.: *Wavelets on the interval and fast wavelet transforms*, Applied and Computational Harmonic Analysis, 1, 1993, S. 54-81

[21] Coifman R., Meyer Y., Quake S., Wickerhauser V.: *Signal processing and compression with wavelet packets*, preprint, Yale University, New Haven, Ct, 1990

[22] Coifman R., Meyer Y., Wickerhauser V.: *Size properties of wavelet packets* in *Wavelets and Their Applications* Ruskai M.B., Beylkin G., Coifman R., Daubechies I., Mallat S., Meyer Y., Raphael L., (eds.), Jones & Bartlett, Boston, 1992, S. 453-470

[23] Colella D., Heil C.: *Distributional Solutions of Dilation Equations*, 1991, Preprint, eingereicht zur Veröffentlichung

[24] Dahlke S., Maaß P.: *The affine uncertainty principle in one and two dimensions*, Bericht Nr. 93, Institut für Geometrie und Praktische Mathematik, RWTH Aachen, 1993

[25] Dahlke S., Weinreich I.: *Wavelet bases adapted to pseudodifferential operators* , Applied and Computational Harmonic Analysis, 1(3), 1994, S. 267-283

[26] Dahmen W., Kunoth A.: *Multilevel Preconditioning*, Numer. Math., 63, 1992, S. 314-344

[27] Dahmen W., Prößdorf S., Schneider R.: *Wavelet approximation methods for pseudodifferential equations I: Stability and convergence*, Preprint Nr. 77, RWTH Aachen, 1992, erscheint in Math. Zeitschrift

[28] Dahmen W., Prößdorf S., Schneider R.: *Wavelet approximation methods for pseudodifferential equations II: Matrix compression and fast solution*, Advances in Computational Mathematics 1, 1993, S. 259-335

[29] Daubechies I.: *Time–Frequency Localisation Operators: A Geometric Phase Space Approach*, IEEE Trans. Inform. Theory, 34(4), 1988, S. 605-612

[30] Daubechies I.: *Orthonormal bases of compactly supported wavelets*, Comm. Pure Appl. Math., 41(7), 1988, S. 909-996

[31] Daubechies I.: *The Wavelet Transform, Time-Frequency Localization and Signal Analysis*, IEEE Trans. Inform. Theory, 36, 1990, S. 961-1005

[32] Daubechies I.: *Ten Lectures on Wavelets*, SIAM Publ., Philadelphia, 1992

[33] Daubechies I.: *Orthonormal bases of compactly supported wavelets II. Variations on a theme*, SIAM J. Math. Anal., 24(2), 1993, S. 499-519

[34] Daubechies I., Grossmann A., Meyer Y.: *Painless Nonorthogonal Expansions*, J. Math. Phys., 27(5), 1986, S. 1271-1283

[35] Daubechies I., Paul T.: *Time–frequency localisation operators - a geometric phase space approach II. The use of dilations*, Inverse Problems, 4, 1988, S. 661-680

[36] David G.: *Wavelets and Singular Integrals on Curves and Surfaces*, Lect. Notes Math. 1465, Springer, 1991

[37] Davis P.J.: *Circulant Matrices*, John Wiley & Sons, New York, 1979

[38] Deuflhard P., Hohmann A.: *Numerische Mathematik. Eine algorithmisch orientierte Einführung*, de Gruyter, Berlin, 1991

[39] Doncarli C., Görig L., Auger F.: *Detection of late potentials in ECG by means of an adaptive smoother and wavelet transforms* , in *Signal processing V: theories and applications* (Eds. Torres L. et al), Proc. EUSIPCO, Barcelona, Elsevier Publ., 1990, S. 437-440

[40] Duan H., Zhong J., Rao W., Lu W.: *A new method for analysing clinical visual evoked potentials*, IEEE Eng. Med. Bio., 13, 1991, S. 399-341

[41] Eirola T.: *Sobolev characterization of solutions of dilation equations*, SIAM J. Math. Anal., 23, 1992, pp. 1015-1030

[42] Erdelyi A. (Ed.): *Tables of Integral Transforms I*, McGraw Hill Book Comp., New York, 1954

[43] Esteban D., Galland C.: *Application of quadrature mirror filters to split-band voice coding schemes*, Proc. IEEE Int. Conf. Acoust. Signal Speech Process., Hartford, Connecticut, 1977, S. 191-195

[44] Faridani A., Ritman E.L., Smith K.T.: *Local tomography*, SIAM J. Appl. Math., 52, 1992, S. 459-484

[45] Feauveau J.C.: *A new approach for subband processing*, Proc. ICASSP, Albuquerque, New Mexico, 1990

[46] Feichtinger H., Gröchenig K.H.: *Coherent frames and irregular sampling*, in *Recent Advances in Fourier Analysis and its Applications* (Eds. J. Peetre et al), Springer Lect. Notes Math. 1302, 1988, S. 52-73

[47] Feichtinger H., Gröchenig K.H.: *Banach spaces related to integrable group representations and their atomic decompositions I*, J. Funct. Anal., 86, 1989, S. 307-340

[48] Feichtinger H., Gröchenig K.H.: *Banach spaces related to integrable group representations and their atomic decompositions II*, Monatsh. f. Math., 108, 1989, S. 129-148

[49] Feichtinger H., Gröchenig K.H.: *Non–orthogonal wavelet and Gabor expansions, and group representations,* in *Wavelets and their applications*, Beylkin G., Coifman R., Daubechies I., Mallat S., Meyer Y., Raphael L. and Ruskai B. (Eds.), Jones and Bartlett, Cambridge, MA, 1992

[50] Gabor D.: *Theory of Communication*, J. Inst. Electr. Engrg., London, 93(III), 1946, S. 429-457

[51] Glowinski R.: *Numerical Methods for Nonlinear Variational Problems*, Springer Series in Computational Physics, Springer-Verlag, 1985

[52] Glowinski R., Lawton W.M., Ravachol M., Tenenbaum E.: *Wavelet solutions of Linear and Nonlinear Elliptic, Parabolic and Hyperbolic Problems in One Space Variable*, in *Computing Methods in Applied Sciences and Engineering* (Eds. Glowinski R. et al), SIAM Press, Philadelphia, 1990, S. 55-120

[53] Glowinski R., Periaux J., Ravachol M., Pan T.W., Wells R. O., Zhou X.: *Wavelet Methods in Computational Fluid Dynamics*, in *Algorithmic Trends in Computational Fluid Dynamics*, M. Y. Hussaini, et al. (eds.), S. 259-276, Springer-Verlag, 1993

[54] Glowinski R., Pan T.W., Wells R. O., Zhou X.: *Wavelet and Finite Element Solutions for the Neumann Problem using Fictitious Domains*, Technical Report 92-01, Rice University, Houston, 1993

[55] Glowinski R., Rieder A., Wells R. O., Zhou X.:*A wavelet multigrid preconditioner for Dirichlet boundary value problems in general domains*, Technical Report 93-06, Rice University, Houston, 1993

[56] Goupillaud P., Grossmann A., Morlet J.: *Cycle-Octave and Related Transforms in Seismic Signal Analysis*, Geoexploration 23, Elsevier Science Publ., 1984/85, S. 85-102

[57] Gröchenig K.H., Madych W.: *Multiresolution analysis, Haar bases and self-similar tilings of $\mathbb{R}^n$*, IEEE Trans. Inform. Theory, 1992

[58] Gröchenig K.H.: *Irregular Sampling of Wavelet and Short Time Fourier Transforms*, Constructive Approximation, Vol. 9, Nos. 2-3, 1993, S. 283-298

[59] Grossmann A., Holschneider M., Kronland-Martinet R., Morlet J.: *Detection of Abrupt Changes in Sound Signals with the Help of Wavelet Transforms*, in Inverse Problems: An Interdisciplinary Study; Advances in Electronics and Electron Physics, Suppl. 19, Academic Press, New York, 1987, S. 298-306

[60] Grossmann A., Morlet J.: *Decomposition of Hardy functions into square integrable wavelets of constant shape*, SIAM J. Math. Anal., 15, 1984, S. 723-736

[61] Grossmann A., Morlet J., Paul T.: *Transforms Associated to Square Integrable Group Representations I: General Results*, J. Math. Phys., 26(10), 1985, S. 2473-2479

[62] Grossmann A., Morlet J., Paul T.: *Transforms Associated to Square Integrable Group Representations II: Examples*, Ann. l'Inst. Henri Poincaré, Phys. Theor., 45(3), 1986, S. 293-309

[63] Großmann Ch., Roos H.-G.: *Numerik partieller Differentialgleichungen*, Teubner Studienbücher, Teubner Verlag, Stuttgart, 1992

[64] Hackbusch W.: *Theorie und Numerik elliptischer Differentialgleichungen*, Teubner Studienbücher, Teubner Verlag, Stuttgart, 1986

[65] Hackbusch W.: *Iterative Lösung großer schwachbesetzter Gleichungssysteme*, Teubner Studienbücher, Teubner Verlag, Stuttgart, 1991

[66] Hammer H., Maaß P. , Rieder A., Meyer J.-U.: *Wavelet Analysis of Auscultatory Blood Pressure Signals*, Abstracts of the Second European Conference on Engineering and Medicine 1993, Stuttgart, Germany, Elsevier Publishers, Amsterdam, 1993, S. 322-323

[67] Heil C.E., Walnut D.F.: *Continuous and discrete wavelet transforms*, SIAM Review, 31(4), 1989, S. 628-666

[68] Holschneider M., Tchamitchian P.: *On the Wavelet Analysis of Riemann's Function*, in Tchamitchian P.: *Bases D'Ondelettes Et Integrales Singulières: Analyse Des Functions Et Calcul Sur Les Opérateurs*, Habilitation CPT-89/P.2273, Université D'Aix-Marseille II, Faculté des Sciences de Luminy

[69] Holschneider M., Pinkall U.: *Quadrature Mirror Filters and Loop Groups*, Preprint Max–Planck–Gruppe 'Mathematik', Potsdam, 1993

[70] Jähne B.: *Digitale Bildverarbeitung*, Springer Verlag, Heidelberg, 1991

[71] Jaffard S.: *Exposants de Hölder en des points donnés et coefficients d'ondelettes*, C. R. Acad. Sci. Paris, t. 308, Série I, 1989, S. 79-81

[72] Jaffard S.: *Wavelet Methods for Fast Resolution of Elliptic Problems*, SIAM J. Num. Anal., 29, 1992, S. 965-987

[73] Kawata T.: *Fourier analysis in probability theory*, Academic Press, New York, 1972

[74] Kovacevic J., Vetterli M.: *Nonseparable Multidimensional Perfect Reconstruction Filter Banks and Wavelet Bases for* $\mathbb{R}^n$, IEEE Trans. Inform. Theory, Special Issue on Wavelets, 38, 1992, S. 533-555

[75] Kreyszig E.: *Introductory functional analysis with applications*, Wiley Publ., New York, 1978

[76] Kronland-Martinet R., Morlet J., Grossmann A.: *Analysis of Sound Patterns through Wavelet Transforms*, J. of Pattern Recognition and Artificial Intelligence, 1(2), 1987, S.273-302

[77] Kunoth A.: *Multilevel Preconditioning*, Dissertation, Fachbereich Mathematik, FU Berlin, 1994

[78] Landau H.J., Pollak H.O.: *Prolate spheriodal wave functions, Fourier Analysis and uncertainty II*, Bell Syst. Tech. J., 40, 1961, S. 65-84

[79] Landau H.J., Pollak H.O.: *Prolate spheriodal wave functions, Fourier Analysis and uncertainty III*, Bell Syst. Tech. J., 41, 1962, S. 1295-1336

[80] Latto A., Resnikoff H.L., Tenenbaum E.: *The evaluation of connection coefficients of compactly supported wavelets* in *Proceedings of the USA-French Workshop on Wavelets and Turbulence*, Princeton University, 1991

[81] Latto A., Tenenbaum E.: *Compactly supported wavelets and the numerical solution of Burger's equation*, C.R. Acad. Sci. Paris, t. 311, Serie I, 1990, S. 903-909

[82] Lawton W.: *Tight frames of compactly supported affine wavelets*, J. Math. Phys., 31(8), 1990, S. 1898-1901

[83] Lemarié P.G.: *Ondelettes A Localisation Exponentielle*, J. Math. Pure et Appl., 67, 1988, S. 227-236

[84] Lemarié P.G., Meyer Y.: *Ondelettes et bases Hilbertiennes*, Rev. Mat. Iberoamer., 2(2), 1986, S. 1-18

[85] Liandrat J., Perrier V., Tchamitchian P.: *Numerical Resolution of the Regularized Burgers Equation Using the Wavelet Transform*, Technical Report CPT-89/P. 2320, Centre de Physique Théorique, Marseille, 1989

[86] Louis A.K.: *Inverse und schlecht gestellte Probleme*, Teubner Studienbücher Mathematik, B.G. Teubner, Stuttgart, 1989

[87] Louis A.K., Maaß P.: *A mollifier method for linear operator equations of the first kind*, Inverse Problems, 6, 1990, S. 427-440

[88] Louis A.K., Maaß P.: *Contour Reconstruction in* 3-D *X-Ray CT*, IEEE Transactions on Medical Imaging, 12(4), 1993, S. 764-769

[89] Maaß P.: *Wideband Approximation and Wavelet Transform*, Proc. IMA 39, (Eds. F.A. Grünbaum, M. Bernfeld, R.E. Blahut), 1990, S. 83-89

[90] Maaß P.: *Families of Orthogonal 2D-Wavelets with Compact Support*, angenommen zur Veröffentlichung (SIAM J. Math. Anal.)

[91] Maaß P., Stark H.-G.: *Wavelets in Image Processing*, 1994, zur Veröffentlichung angenommen bei *Surveys on Mathematics in Industry*

[92] Mallat S.: *A compact multiresolution representation: the wavelet model*, Proc. IEEE Workshop Comput. Vision, Miami Florida, 1987

[93] Mallat S.: *A Theory for Multiresolution Signal Decomposition: The Wavelet Representation*, IEEE Trans. Pattern Anal. Machine Intell., 11, 1989, S. 674-693

[94] Mallat S.: *Multiresolution Approximations and Wavelet Orthonormal Bases of* $L^2(\mathbb{R})$, Trans. Amer. Math. Soc., 315(1), 1989, S.69-87

[95] Mallat S.: *Image coding from the wavelet transform*, eingereicht bei IEEE Trans. Pattern Rec. and Machine Intell. 102, 1992

[96] Mallat S.: *Wavelet Transform Maxima and Multiscale Edges*, in *Wavelets and their Applications* (Eds. M.B. Ruskai et al), Jones and Bartlett Publ., Boston, 1992

[97] Meyer Y.: *Ondelettes et Opérateurs I - Ondelettes*, Hermann Press, Paris, 1990, englische Übersetzung: *Wavelets and Operators*, Cambridge University Press, 1992

[98] Meyer Y.: *Ondelettes sur l'intervalle*, Rev. Math. Iberoamer.,Vol. 7, No. 2, 1991, S.115-133

[99] Meyer Y.: *Wavelets, Algorithms & Applications*, SIAM, Philadelphia, 1993

[100] Murenzi R.: *Ondelettes Multidimensionelles et Applications à L'Analyse D'Images*, Thèse, Université Catholique de Louvain, Louvain–La–Neuve, Belgien, 1990

[101] Natanson, I.P.: *Theorie der Funktionen einer reellen Veränderlichen*, Akademie–Verlag, Berlin, 1961

[102] Natterer F.: *Regularisierung schlecht gestellter Probleme durch Projektionsverfahren*, Numer. Math., 28, 1977, S. 329-341

[103] Natterer F.: *The Mathematics of Computerized Tomorgaphy*, John Wiley & Sons, Chichester, 1986

[104] Neumann J. v.: *Mathematische Grundlagen der Quantenmechanik*, Grundlehren der math. Wissenschaften, Band 38, Springer-Verlag, Heidelberg, 1968

[105] Paul T.: *Affine coherent states and the radial Schrödinger equation*, Ann. Inst. H. Poincaré, Phys. Theor., 1985

[106] Polya G., Szegö G.: *Aufgaben und Lehrsätze aus der Analysis*, Vol. II, Springer Verlag, Berlin, 1971

[107] Rasmussen H.O.: *The Wavelet Gibbs Phenomenon* in *Wavelets, Fractals, and Fourier Transforms*, Farge M., Hunt J.C.R., Vassilicos J.C. (eds.), Clarendon Press, Oxford, 1993

[108] Resnikoff H.: *The Ultra-Wave Explorer*, Aware-Tech. Report AD890223.1, 1989

[109] Rieder A.: *Approximationseigenschaften der Wavelet–Transformation*, Dissertation, FB Mathematik, TU Berlin, 1990

[110] Rieder A.: *Wavelet Transform on Sobolev Spaces and Approximation Properties*, Num. Math., 58, 1991, S. 875-894

[111] Rieder A.: *The high frequency behaviour of continuous wavelet transforms*, Applicable Analysis, 52, 1994, S. 125-141

[112] Rieder A., Wells R.O. Jr., Zhou X.: *A wavelet approach to robust multilevel solvers for anisotropic elliptic problems*, Preprint CML Tr93-07, Computational Mathematics Laboratory, Rice University, Houston, TX, 1993, erscheint in *Applied and Computational Harmonic Analysis (ACHA)*

[113] Rieder A., Zhou X.: *On the robustness of the damped V-cycle of the wavelet frequency decomposition multigrid method*, Preprint CML Tr93-10, Computational Mathematics Laboratory, Rice University, Houston, TX, 1993, erscheint in *Computing*

[114] Rioul O., Vetterli M.: *Wavelets and Signal Processing*, IEEE Signal Process. Mag., Oktober 1991, S. 14-38

[115] Rudin W.: *Functional Analysis*, McGraw-Hill, New York, 1979

[116] Ruskai M.B. et al (Eds.): *Wavelets and Their Application*, Jones and Bartlett Publ., Boston, 1992

[117] Schempp W., Dreseler B.: *Einführung in die harmonische Analyse*, B.G. Teubner, Stuttgart, 1980

[118] Slepian D., Pollak H.O.: *Prolate spheriodal wave functions, Fourier Analysis and uncertainty, I*, Bell Syst. Tech. J., 40, 1961, S. 43-64

[119] Smith K.T., Solmon D.C.: *Lower Dimensional Integrability of L^2-Functions*, J. Math. Anal. Appl., 51, 1975, S. 539-549

[120] Schneider K.:*Entwicklung eines adaptiven Algorithmus zur numerischen Lösung der partiellen Differentialgleichung des zweidimensionalen, instationären thermodiffusiven Modells einer Flamme unter Benutzung einer Waveletbasis*, Diplomarbeit, Fachbereich Mathematik, Universität Kaiserslautern, 1992

[121] Stark H.-G.: *Multiscale analysis, wavelets and texture quality*, Berichte der AG Technomathematik, Nr. 41, Fachbereich Mathematik, Univ. Kaiserslautern, 1990

[122] Stark H.-G.: *Continuous wavelet transformations and continuous multiscale analysis*, J. Math. Anal. Appl., 167, 1992

[123] Stoer J.: *Einführung in die Numerische Mathematik I*, Heidelberger Taschenbücher, Springer-Verlag, Berlin

[124] Stoer J., Bulirsch R.: *Einführung in die Numerische Mathematik II*, Heidelberger Taschenbücher, Springer-Verlag, Berlin

[125] Strang G.: *Wavelets and dilation equations: a brief introduction*, SIAM Review, 31, 1989, S. 614-627

[126] Sweldens W., Piessens R.: *Quadrature formulae and asymptotic error expansions for wavelet approximations of smooth functions*, SIAM J. Numer. Anal., 31(4), 1994

[127] Tchamitchian P.H.: *Biorthogonalité et théorie des opérateurs*, Rev. Math. Iberoamer., 3, 1987, S. 163-189

[128] Topsøe F.: *Informationstheorie. Eine Einführung*, Teubner Studienbücher Mathematik, Teubner–Verlag, Stuttgart, 1974

[129] Vaidyanathan P.P.: *Theory and design of M-channel maximally decimated quadrature mirror filters with arbitrary M, having the perfect reconstruction property*, IEEE Trans. Acoust. Signal Speech Process., 35, 1987, S. 476-492

[130] Villemoes L.F.: *Continuity of Nonseperable Quincunx Wavelets*, Applied and Computational Harmonic Analysis, 1(2), 1994, S. 180-187

[131] Wallace G.P.: *The JPEG still picture compression standard*, Comm. of the ACM, 34, 1991

[132] Weidmann J.: *Lineare Operatoren in Hilberträumen*, Mathematische Leitfäden, B.G. Teubner, Stuttgart, 1976

[133] Weiss J.: *Wavelets and the study of two dimensional turbulance*, in Proceedimgs of the French-USA Workshop on Wavelets, June 191, Y. Maday (ed.), Springer-Verlag, 1992

[134] Wells R.O. Jr., Zhou X.: *Representing the geometry of domains by wavelets with applications to partial differential equations* in *Curves and Surfaces in Computer Graphics III*, vol. 1834, S. 23-33, SPIE, 1992

[135] Wells R.O. Jr., Zhou X.: *Wavelet Solutions for the Dirichlet Problem*, Technical Report 92-02, Computational Mathematics Laboratory, Rice University, Houston, 1992

[136] Wells R.O. Jr., Zhou X.: *Wavelet interpolation and approximate solutions of elliptic differential equations* in *Noncompact Lie Groups*, Wilson R., Tanner E.A. (Eds.), Proceedings of NATO Advanced Research Workshop, Kluwer, 1994

[137] Wickerhauser M.V.: *Picture Compression by Best-Basis Sub-Band Coding*, Tech. Report, Yale Univ., New Haven, 1991

[138] Wloka J.: *Partielle Differentialgleichungen. Sobolevräume und Randwertaufgaben*, Mathematische Leitfäden, B.G. Teubner, Stuttgart, 1982

[139] Xu J.-C., Shann W.-C.: *Galerkin–Wavelet Methods for Two–Point Boundary Value Problems*, Numer. Math., 63, 1992, S. 123-144

[140] Yosida K.: *Functional Analysis*, Grundlehren der math. Wissenschaften, Springer-Verlag, Heidelberg, 1964

[141] Yserentant H.: *On the multi-level splitting of finite element spaces*, Numer. Math., 49(1986), S. 379-412

[142] Zettler W., Huffman J., Linden D.C.P.: *Application of compactly supported wavelets to image compression*, AWARE Techn. Report AD900119, 1990

[143] Zienciewicz O.C., Kelly D.W., Gago J., Babuška I.: *Hierarchical finite element approaches, error estimates and adaptive refinement*, in: *The mathematics of finite elements and applications IV*, Academic Press, London, 1982, S. 313-346

Index